边界层气象学基础

王成刚　王咏薇　严家德　曹　乐　姜海梅　编著

气象出版社
China Meteorological Press

内容简介

本书以边界层气象学中的基础概念、基本物理过程、主要研究方法等为核心，以大气湍流及大气边界层动力学为基础，系统地介绍了大气湍流的主要特征、不同层结条件下的大气边界层基本特征、大气边界层的日变化过程、不同下垫面对大气边界层的影响过程、地表能量平衡过程等。

本书编写过程中，新增了近年来边界层气象学领域的新方法、新进展、新成果等内容。同时，还对之前的教材内容作了适当调整，以便初学者更好地把握学科体系。

本书可作为大气科学类高年级本科生、研究生的教学及参考之用，亦可供气象、环保、农田、水利等部门参考。

图书在版编目（CIP）数据

边界层气象学基础 / 王成刚等编著. -- 北京 : 气象出版社, 2022.11 (2025.4 重印)
ISBN 978-7-5029-7841-9

Ⅰ. ①边… Ⅱ. ①王… Ⅲ. ①大气边界层—气象学 Ⅳ. ①P421.3

中国版本图书馆CIP数据核字(2022)第200588号

Bianjieceng Qixiangxue Jichu

边界层气象学基础

王成刚　王咏薇　严家德　曹　乐　姜海梅　编著

出版发行：气象出版社

地　　址：北京市海淀区中关村南大街46号　　**邮政编码**：100081

电　　话：010-68407112（总编室）　010-68408042（发行部）

网　　址：http://www.qxcbs.com　　**E-mail**：qxcbs@cma.gov.cn

责任编辑：黄红丽　林雨晨　　**终　　审**：吴晓鹏

责任校对：张硕杰　　**责任技编**：赵相宁

封面设计：地大彩印设计中心

印　　刷：三河市君旺印务有限公司

开　　本：720 mm×960 mm　1/16　　**印　　张**：20.25

字　　数：420千字　　**彩　　插**：2

版　　次：2022年11月第1版　　**印　　次**：2025年4月第2次印刷

定　　价：108.00元

前　言

大气边界层是指距地球表面1～2 km范围内的低层大气。由于直接受下垫面的影响，大气边界层有着与自由大气明显不同的特征，如湍流运动剧烈、气象要素日变化明显等。同时，大气边界层也是地球表面与自由大气进行物质、能量、热量、水汽交换的主要区域。故此，边界层气象学成为大气科学中一个重要分支。

之前的边界层气象学主要关注发生在1～2 km范围内的物理过程，然而随着学科的发展，人们越来越认识到发生在该层中的大气化学过程、生物过程、海洋过程、地质过程及人为活动等都与大气边界层的生消演变机制密切相关，因此，在环境科学、生物学、农业学、海洋学、地质学等学科中也备受关注。

本人在本科、硕士、博士阶段分别系统性地学习了3遍此课程，工作后又主讲这门课程近15个年头。这期间最深的体会是这门课可能是整个大气科学领域中最难、最有趣、最具应用价值的一门课。如果能有一本较为浅显易懂，深入浅出的教材，将会吸引更多的学生加入到该领域的研究和探索中来。基于此目的，本人主持编著了此教材，书中一些内容是在《边界层气象学导论》(Stull，1991)，《边界层气象学基础》(蒋维楣等，1991)，《微气象学》(Arya，1991)，《大气边界层动力学》(赵鸣等，2006)，《大气湍流基础》(张宏昇，2014)等众多经典教材的基础上进行修订、补充而成。在此也向各位前辈的基础性工作致以崇高的敬意。

本书定位于初学者的入门书籍，书中着重介绍了边界层气象学中的一些基基概念、基本理论和基本物理过程，初学者对这三块内容须认真掌握，为自己打下扎实的基础。本书编撰的过程中力求逻辑清晰、结构严谨、内容深入浅出、语言通俗易懂，故书中附了大量图片便于初学者更加直观地理解和掌握所学内容。

在此期间，蒋维楣教授、苗俊峰教授给予了很多指导性的意见与建议，为本书的定位与编撰指明了方向。王咏薇副教授、严家德副教授、曹乐副教授、姜海梅副教授、王建栋副教授、李煜斌教授、苑广辉博士、张元杰博士等对书中各章内容进行了补充。此外，本人课题研究团队的学生魏夏潞、王嘉鑫、周莅澳、吴义凯、艾鑫、彭巍、李天欣、顾元豪等帮助做了大量的文字、图片的编辑工作。在此对所有给予本书帮助的老师、前辈、同事、学生等一并表示感谢。

这里还要特别感谢南京信息工程大学教材出版基金和国家自然科学基金(NO. 41975011)的资助。

鉴于教材编写工程较大，本人水平有限，不妥和谬误之处在所难免，敬请各位读者批评指正。

王成刚
2022 年 5 月

目　录

第1章　绪　　论

1.1　大气边界层定义

“边界层”是流体力学中非常重要的一个基本概念，是指流体与刚性界面之间形成的一个运动属性与流体内部不同的区域。其具体表现为当运动的流体与固体相互接触时，由于流体本身的黏性，导致在固体边界法线方向形成的一个速度梯度较大的薄层，该层就是边界层。图 1.1 为黏性流体经过粗糙下垫面时，边界层形成过程的示意图。由图 1.1 可见，此过程通常可以分为 3 个阶段，即层流边界层、过渡区及湍流边界层。

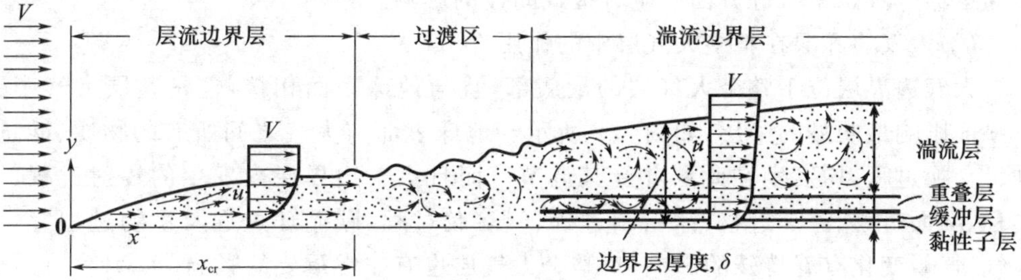

图 1.1　流体力学范畴中，边界层形成的示意图

大气作为流体的一种，在运动过程中也会与陆地（或海洋）形成一个运动属性不同的区域，即“大气边界层”（atmospheric boundary layer，ABL）。由于大气边界层在运动过程中会受到地球自转、地球曲率的影响故又称“行星边界层”（planetary boundary layer，PBL）。

大气边界层可定义为最邻近下垫面且受下垫面强迫作用最明显，存在各种尺度的湍流，湍流输送起着重要作用并导致气象要素有显著日变化的一层大气。该层与其上部自由大气的物理属性有较大差异，详见表 1.1。这些差异将在后文详细展开讨论。

就学科隶属关系，“边界层气象学”属大气科学的一个分支，是一门涉及流体力学、大气物理学、气象学、气候学、大气探测学、大气化学、生态学、空气污染气象学等多个学科的交叉综合学科。当然，边界层气象学之所以能成为一门单独的学科，是由其自身内在独特的研究内容及其重要的应用价值所决定的。

表 1.1　边界层大气和自由大气的特征比较(Stull,1991)

性质	边界层大气	自由大气
湍流	湍流几乎时时刻刻充满整个边界层	偶尔有零散的湍流
摩擦	地面摩擦、湍流摩擦作用为主	空气分子的黏滞摩擦作用为主
扩散	平流与湍流作用相当	平流输送为主
风场	低层接近对数风速廓线,次地转且常穿越等压线;高层接近地转风	典型地转风
垂直输送	受湍流控制	受垂直风速和积云对流控制
厚度	10^2～10^3 m,日变化明显	8～18 km,日变化不明显

(1)大气边界层对人类活动的影响

大气边界层的典型厚度只有 10^2～10^3 m,虽然很薄但人类几乎所有的活动都发生在这个薄层。也就是说边界层内的大气状态及其变化过程,会时时处处地影响人类活动。例如,边界层内大气运动状况会直接影响大气污染物的扩散能力,影响空气质量,进而影响人类健康。此外,边界层大气的性质及其变化还会对工业、农业、交通运输、能源、军事等方面产生直接或间接的影响。

(2)大气边界层在整个大气层中的作用

大气边界层位于整个大气层的最底部,且与地球表面相接,也是整层大气中受下垫面影响最明显的一层,如图 1.2 所示。地球表面与大气之间所有的物质、能量、动量交换过程,均发生在此层并受其调节。而且大气边界层内发生的辐射过程、云过程、陆面过程、海洋过程、冰雪圈过程、气溶胶过程、碳循环过程及生物过程等,对天气、气候变化有着特殊的影响,对整个大气层也有非常重要的影响。

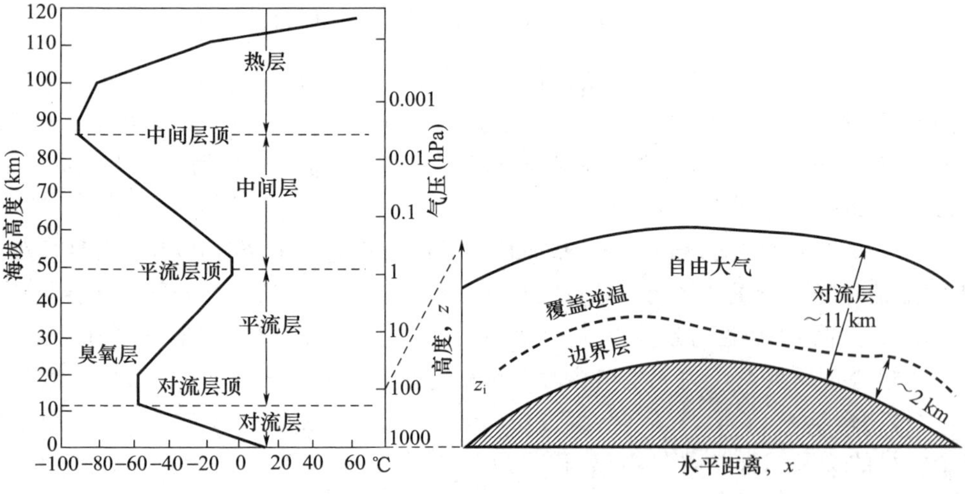

图 1.2　大气边界层在整个大气层中的位置示意图

(3)大气边界层在地球系统中的作用

大气边界层是整个地球系统中最主要的桥梁纽带。地球系统中的五大圈层:大气圈、生物圈、海洋圈、岩石圈、冰雪圈是一个相互作用和相互影响的系统。在这个系统中,大气边界层与各圈层的结合最为紧密,各圈层的特征信息会首先传输、保存在大气边界层内,然后再通过自由大气传输到其他圈层并发生相互作用。

1.2 大气边界层的主要特征

(1)湍流运动特征

湍流是大气边界层中最主要的运动形态,也是边界层大气区别于自由大气最主要的一个特征。虽然自由大气中有时也有湍流存在,诸如在飞机上遇到的"颠簸"气流,但这些湍流通常是短暂,小范围,且强度小。而在大气边界层中,湍流的出现范围、持续时间、强度、尺度等参数要远大于自由大气。

当然,湍流运动成为大气边界层中最主要的运动方式,也是由大气边界层所处位置决定的。一方面,由于地球表面固定不动,因此与地表接触的"界面大气"其运动速度也为零(海表面水流速度相对空气较小,也可近似为零),也就是说,从自由大气到地球表面,风速存在明显的垂直切变,极易导致大气运动变得杂乱无章。加之地球表面各种起伏的地形会对气流产生阻挡和扰动作用,使得湍流运动在大气边界层范围内几乎处处可见,如图 1.3 示意。这种由风切变或地形强迫所形成的湍流运动称为动力湍流或机械湍流。

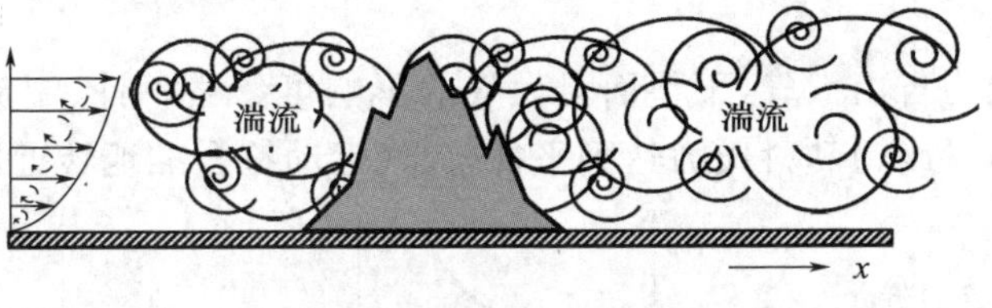

图 1.3 地形对大气阻挡所产生的湍流运动示意图

另一方面,由于边界层大气紧贴地表,地表温度的剧烈变化使边界层内的气温梯度比自由大气大很多。中午,由于强烈的太阳辐射使地表迅速增温,在地表与大气之间形成了一个很强的超绝热层,层结极不稳定。"下热上冷"的气温分布,会使底层气块产生一个向上的净浮力,致使上下层空气产生明显的交换过程,加剧了湍流的生成。到了夜间,地表因长波辐射而冷却,形成与白天相反的温度梯度,垂直运动减弱,湍流运动也相应较弱。这种由温度层结形成的湍流称为热力湍流。

在动力与热力的共同作用下,湍流运动几乎是时时刻刻地充斥在整个大气边界层内。

(2)垂直分层特征

大气边界层是受下垫面影响最显著的一层，而下垫面对边界层大气的热力强迫、动力强迫作用并非处处相等，这种影响会随距地高度的增加而减弱。故此，在大气边界层范围内会形成一个明显的多层结构，而且各层的物理属性有明显差异，白天的典型分布特征，见图 1.4 示意。根据各层受力差异，大气边界层又可分为以下几层：

1)黏性子层

紧靠地面的一个薄层，通常不超过 1 cm 厚。该层范围内，分子黏性力是最主要的作用力，比湍流应力大很多。由于该层通常很薄，故在实际问题中多忽略不计。

2)近地层

由黏性子层顶到距地 50～100 m，湍流应力是此层最主要的作用力。大气运动呈明显的湍流性，且湍流通量值随高度变化很小，通常可认为这一层湍流通量近似不变，故也称为常通量层或常应力层。

3)混合层(埃克曼层)

由近地层顶到距地 1～2 km 为此层范围，特点是湍流应力、气压梯度力和科氏力的量级相当，均不能忽略。风速表现为随高度增加而增加，风向随高度增加逐渐向右偏转(北半球)。

4)卷夹层

混合层与自由大气的过渡带，通常有逆温层覆盖，气温、水汽、风速等物理量在此层有明显的跃变特征，见图 1.4b。大气边界层顶通常定义在卷夹层中部。

5)自由大气

卷夹层以上为自由大气，下垫面对大气的影响可忽略不计、湍流运动不再显著。自由大气内气压梯度力和科氏力达到平衡，大气运动符合准地转近似。

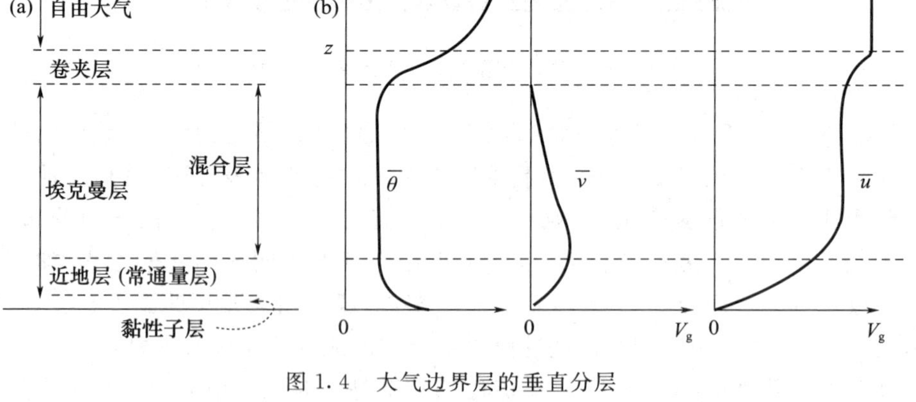

图 1.4 大气边界层的垂直分层

(a)白天大气边界层垂直结构，(b)相应的位温、水平风速分量的垂直廓线此外，在夜间，大气边界层在垂直方向上还会发展生成稳定边界层和残余层。在有天气系统过境时，边界层垂直结构也会有明显变化，相应内容在后文有详细阐述。

(3)日变化特征

大气边界层的发生、发展具有明显的日变化特征，如图1.5示意。其厚度浅时只有几十米，厚则可达几千米。白天在地面加热过程的驱动下，边界层的发展比较迅速，午后达到最厚。午后随着地表能量支出开始大于收入，地表温度开始下降，因而边界层的厚度逐渐变薄。入夜后，地面净辐射转为负值，地表冷却，导致大气边界层由底部开始降温然后上传，逐渐发展成具有逆温层结的稳定大气边界层。夜间，由于湍流运动受到了稳定层结的抑制，故稳定边界层的发展比白天混合层的发展要弱得多，厚度也薄得多。

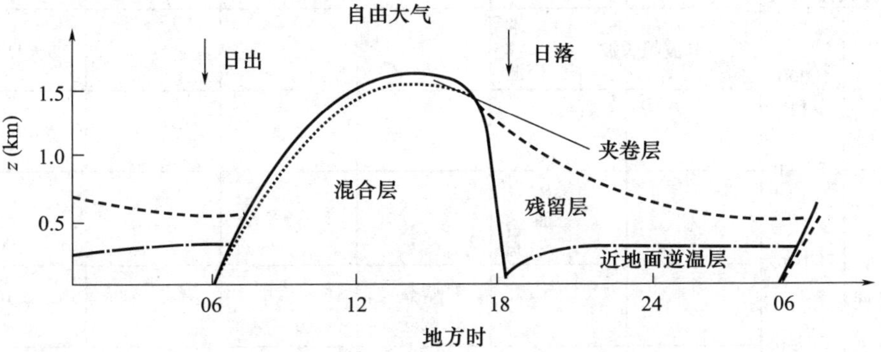

图1.5 大气边界层垂直结构的日变化过程示意图(李旭辉，2018)

除此之外，大气边界层范围内的气温、风、湍流强度、大气污染物浓度、植被呼吸过程等也有明显的日变化。由于大气边界层最靠近地表，白天地面获得的太阳辐射可通过湍流交换以感热和潜热的形式向上输送，加热上层大气；夜间地面的辐射冷却同样也逐渐影响到上层大气，这种热量输送过程造成大气边界层内气温的日变化。再加上湍流对动量、水汽等物质的输送，致使大气边界层中的物理、化学、生物过程均具有明显的日变化特征。

(4)多尺度特征

众所周知，实际大气中存在着各种尺度的运动系统，从湍流微团(10^{-6} km)到天气学中的超长波(10^{5} km)，可跨越10多个量级，而且不同尺度的系统具有不同的物理属性。通常情况下，大气运动可分为大、中、小尺度三类系统，见图1.6。发生在边界层范围的系统主要集中在小尺度及少部分中尺度范围内。其水平尺度主要集中在"毫米～千米"范围，时间尺度在"秒～天"之间(Arya，2001)。需要特别说明，边界层范围内的系统尺度同时也是湍涡的尺度，也就是说边界层内的湍涡有毫米量级，也有千米量级。下一章会详细讲述不同尺度的湍涡特征及其作用。

著名气象学家Richardson(1922)把不同尺度的天气系统形象地比作一部大小齿轮组成的机器,大齿轮会推动着小齿轮转动,小齿轮又会影响大齿轮转动。也就是说,这些不同尺度的运动系统之间有着明显的相互作用。小尺度运动系统往往是在大尺度运动系统的背景下发生发展起来的;反过来,小尺度系统又会对大尺度运动系统的发展变化有反馈作用。例如,大尺度湍涡会从平流运动中获取能量,同时大尺度湍涡产生的湍流应力又会影响平流运动。正是由于边界层内各种尺度系统的互相影响、互相作用才造成了复杂多变的物理过程。因此,可以说大气边界层范围内的各种物理过程具有明显多尺度特征。

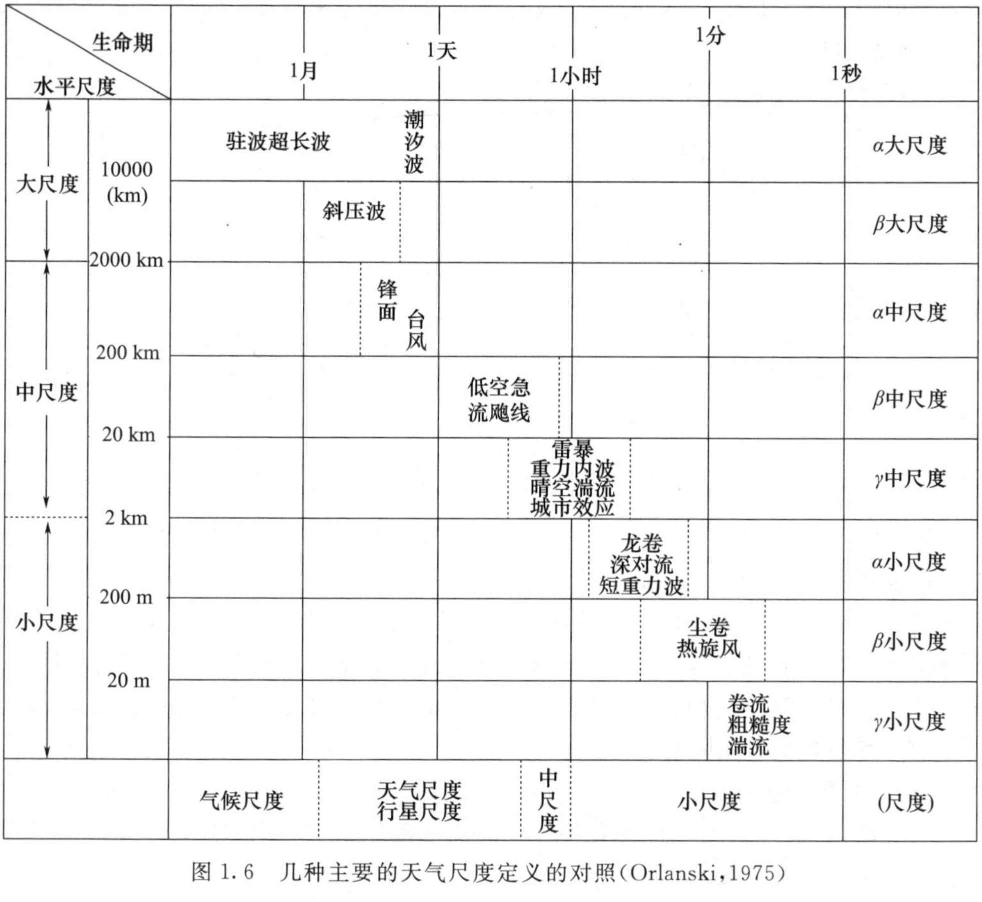

图 1.6　几种主要的天气尺度定义的对照(Orlanski,1975)

1.3 研究对象与研究内容

1. 研究对象

从广义上讲,边界层气象学有三个研究对象,分别为:(1)下垫面;(2)边界层大气；(3)自由大气。在这三者中，边界层大气，即距地表 $10^2 \sim 10^3$ m 范围内的大气是整个学科最重要的研究对象。但这个薄层不是孤立存在的，大气边界层如同一个“夹心饼干”，被下垫面和自由大气“夹”在中间。大气边界层是受下垫面影响最显著的一层，下垫面的物理属性、化学属性、生物属性会有很大差异，在大气湍流的输送作用下，就会产生不同属性的大气边界层。同时，自由大气也会通过湍流交换、平流输送、卷夹过程等将上层大气动力、热力属性向下层传输。就这个意义而言，这两个研究对象对大气边界层状态和特性的变化起重要作用。因此，需要对这三者以及它们之间的相互关系进行深入探究。

2. 研究内容

边界层气象学的研究内容主要包括：

(1)大气边界层中湍流的基本特征、基本结构、基本理论；

(2)湍流输送机制，及其在地-气(海-气)相互作用中的影响；

(3)湍流运动对边界层气象要素的影响；

(4)大气边界层的垂直结构及其演变特征；

(5)相似理论及边界层内风、温、湿的垂直分布规律及随时间的变化规律；

(6)大气边界层动力学与非线性问题；

(7)非定常、非平坦、非均匀条件下的大气边界层；

(8)大气边界层与自由大气的相互作用；

(9)大气边界层的探测技术与观测试验；

(10)大气边界层的数值模拟及其应用。

1.4　研究方法

如前所述，边界层气象学这门学科中有着不同的研究对象，以及丰富的研究内容，这就要求建立一套相应的研究方法来解决上述问题。迄今，这套方法主要包括以下三个主要方向：理论研究、观测试验、数值模拟。

1. 理论研究

大气边界层的理论研究是建立在观测试验、模拟研究和理论分析的基础上，是将大气边界层的内在规律上升到理论的过程。该方法主要运用物理学和力学的基本规律，尤其是流体力学中的各种理论及定律。同时，理论研究还可以作为观测和模拟研究的指导，用来解释大气边界层内所发生的各种物理过程及其演变特征，为大气边界层在大气科学技术其他领域中的应用提供坚实的理论基础和方法，为解决生产实践问题提供科学依据。

现阶段，大气边界层的理论研究成果主要包括：大气湍流统计理论；湍流闭合理论；混合长理论；M-O 相似理论；大气边界层动力学理论；以及各种条件下边界层演化理论等。这些理论的建立及应用都凝聚了无数科学家的心血。

近些年，大气边界层的理论研究进展相对缓慢，主要是湍流的研究进入了一个瓶颈期。著名物理学家 Feynman(1967)曾说，湍流是经典物理学中最后一个未被解决的难题，而边界层气象学正是以大气湍流研究为基础的一门学科。因此，只有在湍流研究，流体力学研究，混沌学研究，非线性科学等相关学科共同进步时，才会在本学科获取更多、更新的理论研究成果。

2. 观测试验

边界层气象的观测试验主要包括：野外观测试验和实验室物理模拟两种手段。野外观测试验是最直接、最真实的试验方法，长期以来，一直在本学科占有重要地位。早期有关大气边界层的认知多是从观测分析获取。后来，随着大气边界层探测技术的迅猛发展，尤其是飞机观测、声、光、电、微波、红外等各种遥感探测技术的发展，使边界层探测向更高、更密、更广的时空发展，促进了边界层气象学的飞跃。但再先进的探测技术，也很难完全满足边界层气象研究的要求，而且观测试验受天气影响较大，试验条件难以控制。此外，试验时间、试验规模、试验效果也同样有一定局限性。

于是，人们转而期望实验室内的物理模拟，以求弥补野外观测试验的不足。实验室物理模拟，主要借助空气和水这类流体介质及一些实验装置，来模拟真实大气的运动状况，例如边界层风洞、水槽和对流室等。该方法主要运用相似原理和相似方法，制作缩小的模型，根据几何相似，运动学相似、动力学相似以及排放条件相似等，对各类大气边界层问题实施模拟研究。实验室物理模拟具有实验条件可控制，实验结果直观形象，花费相对较小等优点。但该方法同样有相似条件、边界条件的限制，必须通过一些假设条件来满足试验需求，故实验室物理模拟的结果也多为相对理想条件下的结果。图 1.7 为上海中心大厦建成前，为测量人体舒适度及风环境进行的风洞模拟实验。

3. 数值模拟

近年来，随着计算机和计算能力的飞速发展，数值模拟方法愈来愈受到人们的青睐。由于大气边界层动力支配方程的非线性特点，迫使人们只能通过数值方法求解这一问题。即在一定的初始条件和边界条件下，建立尽可能完善的数学物理模型，通过一定的参数化方法给出模式所需的各种参数，在此基础上给出数值模拟结果。

近几十年，国内外研究学者以湍流理论为基础，建立并发展了多种湍流闭合方案，完善了大气边界层中各种物理过程的模拟。现今，大气边界层数值模拟已经是推动边界层气象学研究最常用的一种方法。此外，自 20 世纪 70 年代开始，还建立并发展了一些新的模拟方法，如直接数值模拟方法与大涡数值模拟方法，这些模拟方法为实现大气边界层的高时空分辨率的模拟作出了突出贡献。

图1.7　上海中心大厦建成前为测量人体舒适度及风环境进行的风洞模拟实验(王成刚 等,2016)

1.5　学科历史回顾与发展

1.5.1　历史回顾

边界层气象学的兴起与发展,很大程度上得益于湍流研究的进展。人类很早就对湍流有了认知,但直到19世纪末,Reynolds(1883)才开启了现代湍流理论的研究,开创性地提出了一个无量纲参数(雷诺数 Re),并作为从层流到湍流的判据。Taylor(1915)第一次提出了大气湍流的概念,认为大气湍流交换是“类似于分子扩散,却更为剧烈的交换过程”。Richardson 假设湍流是由大小不同的湍涡组成,湍流动能由大湍涡向小湍涡分级递减。Prandtl 提出了“混合长”理论。Taylor 提出了湍流均匀各向同性理论,给出表征湍流细微结构的尺度,初步奠定了湍流统计理论的基础。Karman 推导出了著名的 Karman-Howarth 方程。周培源提出了湍流应力方程模式理论,标志着湍流模式理论的开始。Kolmogorov 通过量纲分析得到湍流能谱与频率之间存在−5/3幂次关系,对湍流小尺度结构与大尺度能量传输过程作出了重要贡献。Priestley 提出自由对流大气湍流理论。Lorenz(1963)从确定性的微分方程组中计算出非周期轨道。使得湍流发生机制的研究迅速发展。Ruelle 和 Takens 把耗散系统中出现的非周期称为混沌。混沌理论从概念上和方法论上对湍流的研究都有重大突破,逐步发展确立了现代湍流非线性动力学理论。

“边界层”一词是由 Prandtl 在(1904)的一篇论文中提出的。1905年,Ekman 从地球流体力学角度，首先提出了著名的埃克曼螺线（Ekman spiral），并引申到大气层。至此，人们逐渐开始形成了大气边界层的概念。20 世纪 50 年代开始，由于农业、航空、大气污染和军事科学的需要，掀起了边界层气象的研究热潮。Monin 和 Obukhov 提出了具有划时代意义的 M-O 相似理论，建立了近地层湍流统计量和平均量之间的联系。1982 年，Dyer 和 Bradley 利用 1976 年澳大利亚国际湍流对比实验 ITCE 对其进行完善，使该理论有了极大的应用价值。迄今为止，可以说平坦地面上几十米高度内近地层的规律已基本弄清。M-O 相似理论不仅奠定了近地层气象学的基础，也成为后来整个边界层研究的重要基础之一。

在此基础上，人们一方面著于对边界层上部开始探索，将相似理论推广到了整个边界层。另一方面，随着大气探测技术与数值模拟技术的快速发展。人们开始对边界层进行更系统更全面的研究，20 世纪 70 年代开始，有关起伏地形上的边界层研究逐渐兴起。除进行了一系列观测研究外，还使用了解析方法和数值方法，如 Jackson 和 Hunt（1975）用解析方法对过山边界层气流的研究，Taylor 等（1987）关于起伏地形上气流的数值研究等。由于问题远比均匀下垫面复杂，所以还有很多问题未解决。20 世纪 80 年代以来，非均匀下垫面的研究已成为大气边界层研究中的热点。

除此之外，人们还对大气边界层日变化特征，大气边界层动力学，稳定边界层，强稳定边界层，边界层急流，植被层内部边界层结构和湍流结构问题，生物圈与大气边界层间的相互作用，陆-气、海-气之间的相互作用，边界层与自由大气的相互作用，城市边界层气象研究，有云条件下的边界层过程，边界层中的云和雾等问题也都进行了深入探讨。通过多年持续不断地探索，这些方面取得了许多可喜的成果。

综上，从边界层气象学的研究方法及学科发展历程，可归纳如图 1.8 的发展脉络。

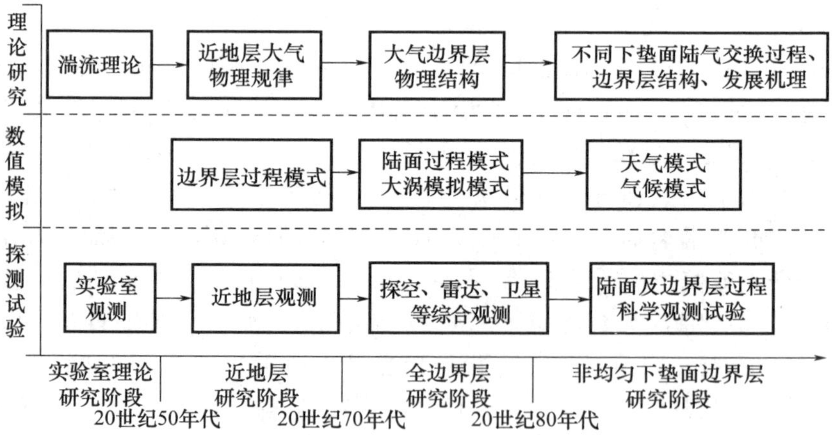

图 1.8 大气边界层学科发展脉络图（车军辉 等，2021）

1.5.2 发展趋势

尽管在这100多年的历程中，边界层气象学的研究取得了令人瞩目的进展，但所面临的困难和问题依然很多，主要在以下一些领域。

(1)大气湍流

大气湍流是边界层气象学研究中最为关键的核心问题。迄今，人们对大气湍流的认识仍然不足，例如湍流的间歇性、湍流的拟序结构，湍流能量反梯度输送等很多大气湍流现象仍不能很清晰地解释。此外，湍流的多尺度特征、非线性特征、随机性特征等致使现有的研究方法很难再推进大气湍流的认知，而新兴的混沌理论、自组织理论、非线性动力学能否解决这些问题还存有很多疑点。只有在湍流机制和湍流本质研究中有了新的突破才能进一步推进边界层气象学的研究。

(2)非均一和非平坦下垫面的大气边界层研究

非均一和非平坦下垫面不仅会造成大气边界层结构和运动状态在时间和空间上的重大差异，而且会给大气数值模式的边界层参数化带来很多困难。

非均一下垫面是指一个区域内包含多种物理属性不同的下垫面，诸如：海-陆下垫面、湖-陆下垫面、沙漠-绿洲下垫面等。下垫面的非均一性会产生较为复杂的内边界层，同时会影响各物理过程的相互作用。

非平坦下垫面是指一个区域内有高低起伏的地势，诸如：高山、山脉、盆地、沟壑等。非平坦下垫面会对边界层动力结构、热力结构、水汽输送等都有非常突出的影响。

复杂下垫面是非均一、非平坦下垫面的结合体。城市下垫面就是一个非常典型的复杂下垫面。随着城市面积的不断扩大，城市内包含的下垫面种类越来越多(森林、公园、草地、花园、广场、小区、工业区、商业区等)，同时各种形态各异的建筑物出现，使得城市大气边界层更加复杂，城市冠层内的湍流输送、建筑物阻力和尾流湍流、多重反射、粗糙度的确定以及日益普及的空调和汽车热源效应的影响等，都是这一领域的研究难点。

(3)特殊地域的大气边界层特征

地球表面是一个复杂多样的下垫面综合体，前人的工作主要集中在人类活动较为频繁的区域，而对一些极端气候区大气边界层的认识和研究都还不充分。

深海地区：地球有近2/3的表面被海洋占有，因此，海-气间的相互作用对气候变化及整个地球系统都有非常重要的影响。海洋大气边界层的各种物理过程明显区别于陆地，诸如海洋大气边界层总是湿润的；海洋下垫面的粗糙度是由边界层内的风速决定的，同时也和表面波有着紧密的关系；海洋巨大的热容量会导致边界层内的物理量昼夜变化较小等。因此，在海洋上使用一些经典的大气边界层理论要特别小心谨慎。而且，有关海-气界面内风、波、潮流的耦合机制，海表面状况对海气界面的各种湍流交换过程的影响，还都不十分清楚。

两极地区：极地区域是全球变化的敏感地区，也是地球系统中的重要组成部分。极地作为大气的主要冷源，对全球大气环流和气候变化起着重要作用。然而，人们对极地-海洋-大气耦合系统中垂直和水平能量交换的物理过程理解不够全面，对极地怎样影响全球气候变化的过程还存在较大不确定性。

青藏高原地区：青藏高原作为地球的第三极，高耸的地形条件，使其具有十分显著的动力作用和热力作用，这导致高原地表与大气之间的相互作用对高原及周边地区的天气过程和气候变化的影响至关重要。

干旱荒漠区：全球范围内分布着广阔的干旱荒漠区，这一区域的大气边界层特征与其他区域亦有明显的差异。下垫面通过边界层对大气加热作用，会对气候和大气环流有较大影响。同时，沙漠绿洲的存在会导致干旱荒漠区的边界层结构更为复杂。

(4)大气边界层与云的相互作用

大气边界层与云的相互作用表现在多方面，特别是在云覆盖范围很广的海洋区域，云体特征足以对局地边界层过程，甚至全球气候变化过程产生影响。云对短波和长波辐射有很强的相互作用。当云产生降水时，还可以对地表能量平衡、大气湍流、边界层垂直结构等产生影响。然而不同的云状、云量、云高、云厚对大气边界层物理过程的影响有很大差异，这其中有很多问题不清楚，仍需要开展更深入的研究。

(5)大气边界层与气溶胶的相互作用

大气气溶胶是指悬浮在大气中的固态及液态小微粒，大量气溶胶的存在不仅直接影响空气质量，还会通过辐射效应改变大气边界层热力、动力结构，进而影响大气稳定度和对流活动。近期，基于 IPCC AR5 中 15 个气候模式开展的综合比对研究表明，IPCC AR5 中气候模式和大多数其他气溶胶化学传输模式低估了大气中黑碳对太阳辐射的吸收。反过来，大气边界层内的湍流扩散、平流输送也会影响气溶胶的分布状态。二者之间复杂的相互作用仍有很多需要探究的地方。

1.6 学科应用

边界层气象学是一门应用性学科，在很多领域中都扮演着十分重要的角色。下面将举例阐述该学科与相关学科之间的联系。

(1)天气、气候学

大气边界层是大气层的最底部，是太阳辐射、大气动能、大气热能、水汽及各种物质的集散地，所以大气边界层在整个大气层及其活动中担当了极其重要的角色。与此同时，发生在大气边界层中的各种物理、化学、生物过程，是天气、气候系统响应外部强迫和调整内部变化的重要环节。例如暴雨、沙尘暴和冰雹等突发性强对流气象灾害和极端气候事件都是与大气边界层过程有密切联系。

(2)空气污染气象学

空气污染气象学就是运用大气科学的原理与方法，研究大气污染物由排放源进入大气层的散布规律。大气污染物的排放、扩散、输送、化学转换、沉降等过程几乎都发生在边界层范围内，因此边界层气象学与空气污染气象学的关系极为密切。边界层中大气湍流的扩散规律、风的变化规律、大气层结状况、逆温状况等都是空气污染气象学中最为关键的物理参数。因此可以说，边界层气象学的发展对空气污染气象学的研究至关重要。

(3)农业气象学

众所周知，所有的农作物都生长在大气边界层中。在农作物生长发育和产量形成过程中，光、热、风、水、气(CO_2)和营养物质是农作物生长所必需的基本因子。而大气边界层中的辐射过程、热量传输过程、水汽传输过程、动量传输过程、降水过程、大气污染过程、水汽凝结过程等正是影响这些因子的主要过程，对农作物的呼吸过程、生长过程、花粉传播过程、病虫害蔓延等都有着显著影响。可以说，大气边界层中的各种过程对一个地区农业收成的丰歉、品质的优劣和成本的高低，有举足轻重的影响。

(4)水文气象学

水文气象学是使用气象学与水文学的原理和方法，针对水文循环与水分平衡中与降水、蒸发、土壤水含量、径流等相关问题进行研究。而发生在大气边界层范围内，“水-土-植-气”之间的辐射过程、能量平衡过程、热量传输、水汽传输过程是决定一个区域降雨量、降雨强度、降雨时长、降雨分布、地表径流、地下径流、土壤含水量、植被截留、地面蒸发、植被蒸腾等物理过程的最主要驱动力。

当然，大气边界层中其他气象要素也是水文气象学中的关键指标，例如气温、水温就可以影响冰川积雪的消融，影响流域总蒸散量影响降水形态，改变流域下垫面与近地面层空气之间的温差等。同样大气边界层中的风也可影响整个区域的蒸发量，促进水分循环。

(5)交通气象学

交通气象是为了保障交通安全，提高交通运输质量所进行的气象监测、预报、警报和服务工作。针对公路、水路、铁路、海运、空运等不同的交通方式，交通气象学主要关注浓雾、降雨、降雪、大风、侧风、阵风、高温、路面结冰、路面积水、山洪、山体坍塌、滑坡、泥石流、湖风、江风、海风、浪高、重污染等气象现象。而这些现象多发生在大气边界层范围内，因此，如何以大气边界层理论为基础，结合现代化的监测设备和先进的预报模式对重点区域、重点时段提供精细化交通气象服务，将是整个学科的核心研究任务。

(6)城市气象学

随着城市化的快速发展,越来越多的人口进入城市,现代化的高大建筑物成为人类的主要居住地。但近些年,城市热岛、城市干岛、城市雨岛、城市污染岛等问题的频频出现,这些现象多是由于城市在规划、设计、布局及建设过程中没有充分考虑局地大气边界层的辐射过程、热量传输过程、水汽传输过程、动量传输过程、大气污染物扩散过程等造成的。因此,为了保障人类有舒适居住环境,有必要在城市的设计、规划、施工中充分考虑当地的气候、气象条件,当然对大气边界层中各种物理过程的考虑更是不容忽视。

(7)清洁能源利用(风能、太阳能)

随着化石能源的大幅减少以及大气污染问题的日益严重,寻找及使用清洁能源已是整个人类迫在眉睫的问题。太阳能、风能作为两种最为主要的气象清洁能源,具有永久性、再生性、无污染性等巨大优势,备受人们关注。现阶段,人们在风能利用、太阳能光伏产业等方面开展了大量的工作。但为了更有效地利用这两种能源,就要求气象工作者尤其是大气边界层研究人员要充分发挥作用,不仅要对太阳辐射、边界层风的分布及变化规律有充分的了解,还要能使这些能源能与常规能源有机地融为一体,更好地服务于人类的生产和生活。

除此之外,边界层气象学还和很多其他学科有明显的"交集",这里不再赘述。上述这些例子已表明,大气边界层的特征及其各种物理、化学、生物过程会直接影响人类的生活与生存,因此,边界层气象学研究有十分重要的实际应用价值。

1.7 教材使用

1.7.1 章节安排

边界层气象学的主要研究内容可简单形象地描述为"三根绳子,一把锁"。

"三根绳子"狭义上是指温度、湿度、风的垂直廓线,广义上是指边界层中各种物理量的垂直廓线及大气边界层的垂直结构。读者会在后文中看到很多外场观测、数值模拟的垂直廓线图,这些都是反映不同时段、不同稳定度、不同下垫面条件下"三根绳子"的状态及其变化过程。

"一把锁"是指大气边界层内的湍流运动。大气湍流是整个边界层气象学中最关键、最核心的物理过程,同时也是决定"三根绳子"的状态,大气边界层的垂直结构、大气边界层中各种物理过程的最终原因。几乎所有的大气边界层问题,都会涉及到大气湍流,只有打开这把"锁",才能真正解决这些问题。也可以说"三根绳子"是"表","一把锁"是"里",两者密不可分,相互影响。

书中各章的内容,也同样紧紧围绕"三根绳子,一把锁"展开。

第2章着重阐述大气湍流基础。这一章内容尤为关键，大气湍流的基本特征，生消机制，湍流输送过程等一些基本概念、基本理论将一直贯穿全书。

第3章将阐述大气边界层动力学。本章以基本控制方程组为核心，通过介绍质量守恒方程，动量守恒方程，热量守恒方程，水汽守恒方程以及理想气体状态方程，来讲述边界层大气应遵循的各种规律。

第4—7章，每章内容以大气稳定度对湍流的影响，以及在此影响下大气边界层的垂直结构特征为基础，分别介绍了"中性""不稳定""稳定"层结条件下的大气边界层的基本特征。

第8章介绍大气边界层的日变化过程。包括辐射日变化、气温日变化、风场日变化、湿度日变化、湍流日变化及大气边界层垂直结构的日变化过程等。

第9—11章，主要介绍边界层气象学中的第二个主要研究对象"下垫面"。内容包括：下垫面的种类及属性，下垫面对边界层大气的强迫过程，简单下垫面对大气边界层的影响，非均一、非平坦下垫面对大气边界层的影响，最后介绍了最为复杂的城市下垫面对大气边界层影响。

第12—13章，主要介绍了大气边界层研究中常用的两种主要技术方法：大气边界层数值模拟方法及外场观测方法。

1.7.2　本书的使用

本教材在编写过程中本着简明易懂，深入浅出，便于自学的宗旨，对边界层气象学这一领域内的主要内容进行了科学的、系统性的梳理。书中以边界层气象学的基本概念、基本特征、基本物理过程、基本动力框架为核心内容，适当包括了一些与大气边界层相关的其他内容。本书主要供大气科学类各专业以及生态、环境、海洋等相关专业的本科生或研究生开设"边界层气象学"和"微气象学"课程使用。

本书的读者应具备高等数学、流体力学、热力学、大气物理学、大气探测学、天气学等课程的知识储备，这些先行课程的学习对更好地理解本书内容将有很大益处。本科生在使用本书时，建议将该课程设置为3个学分，课程持续16周，每周3小时，共计48课时。可以将第1—8章作为重点，主要讲述有关边界层气象和大气湍流的基本概念、基本理论、基本观测事实和变化规律，以及如何运用这些基本理论和基本规律的方法。

研究生在使用时，建议将该课程设置为2个学分，课程持续16周，每周2小时，共计32课时。在已有的基础上，可将重点放在第9—13章，主要讲述非均一、非平坦下垫面，城市下垫面，大气边界层数值模拟，大气边界层的外场观测。当然还可以增加，本书未涉及到的海洋大气边界层，大气边界层与自由大气的相互影响，大气边界层-云-气溶胶的相互影响，大气边界层中物理-化学过程的相互作用等学科前沿性内容。

第2章　大气湍流基础

2.1　湍流现象

2.1.1　雷诺实验

对于初学者来说，“湍流（turbulence）”这个词可能有些陌生，但对于“湍流现象”，它就像我们的老朋友一样，在日常生活中经常遇到，诸如大气中的乱云飞渡、河流中的险滩急流、热电厂上空的滚滚浓烟（图2.1）等都是湍流运动。简单地说，在流体运动过程中，只要出现了“无序、杂乱”的运动现象，那就是湍流。

图2.1　烟囱排出的烟气在空中无序的运动状态

虽然湍流现象一直存在，但直到18世纪末，人们才开始对湍流进行全面、系统、深入的研究，此间雷诺（Reynolds）实验堪称是里程碑式的工作。1883年，雷诺将一根粗直玻璃圆管水平放置，并在圆管内注入清水，与此同时在圆管中央放入一根细小的注射针管，并在针管中注射深色液体，如图2.2。实验发现，如果大管中水流足够慢，那么注射针管出来的深色液体可以从入口到出口始终保持一条完整直线，且细线平行于大管管壁，既不增宽，也不与相邻流体相互混合。如果大管中的水流速度增大，笔直的深色液体则不复存在，开始出现摇摆；当流速超过某一数值时，深色细流多处断裂，且明显与周围清水混合，到玻璃管下游时，玻璃管中的水已变浅色，分不出原有颜色的细流了，即深色细流与大管内的流体充分混合。雷诺把前一种流体的运动类型称为“层流”(laminar flow)，后一种称为“湍流”。

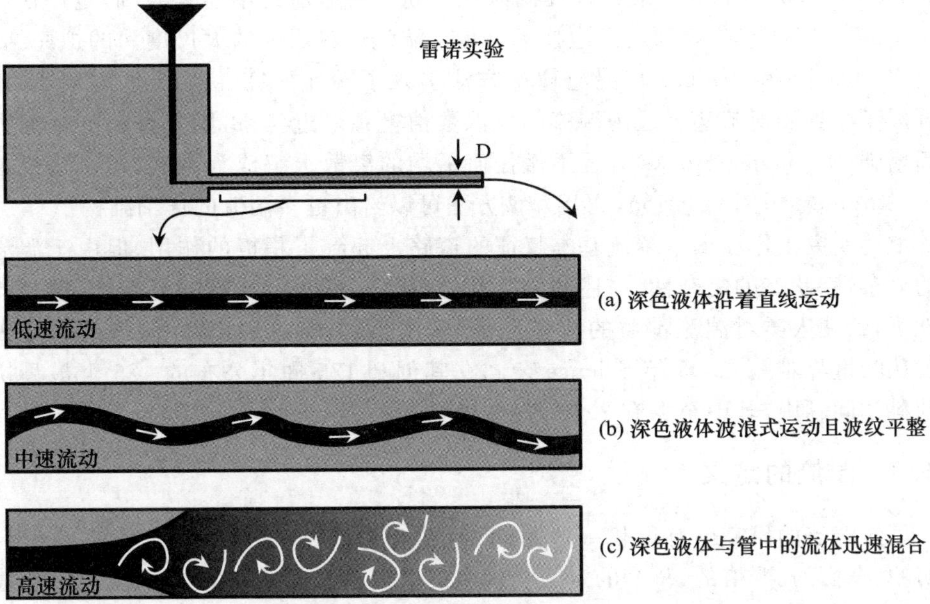

图 2.2　经典雷诺实验(Reynolds，1883)

(a)小 Re 数条件下的层流状态；(b)临界 Re 数条件下，层流到湍流的过渡状态；(c)大 Re 数条件下的湍流状态

在实验过程中，雷诺找到了由层流状态转变到湍流状态的判据：Re 数。

$$Re=\frac{UL}{\nu}=\frac{\text{惯性力}}{\text{黏性力}} \tag{2.1.1}$$

式中，U 为速度尺度，L 为与流动有关的特征长度，ν 为运动学黏性系数。实验表明，当 Re 数超过某一临界值时，流体运动转为不稳定，并发展成湍流；当 Re 数小于另一临界值时，流体运动非常稳定，始终处于层流状态；在上、下临界值间是不稳定的过渡状态。由于湍流运动极其复杂再加上流体本身属性还有很大差异，因此不同流体的临界 Re 数值仍然不确定。

2.1.2　湍流研究历史

自雷诺实验之后，有关湍流的研究进入一个快速发展期。1904 年，Prandtl 首先提出了湍流混合长理论。1922 年，Richardson 发现湍流动能串级过程。1935 年，Taylor 提出了湍流各向同性理论，并给出了表征湍流细微结构的尺度，初步奠定了湍流统计理论的基础。1938 年，Karman 推导出了著名的 Karman-Howarth 方程。1940 年，我国著名的湍流研究泰斗周培源提出了湍流应力方程模式理论，标志着湍流模式理论的开始。1941 年，Kolmogorov 通过量纲分析得到湍流能谱与频率之间存在 $-5/3$ 幂次关系，该发现对湍流能量级串的研究作出了重要贡献。1949 年 Batchelor 和 Townsend 发现大尺度湍涡在时间上的运动是不连续的，而是存在着间歇性。1967 年，Kline 等利用氢泡技术显示了湍流边界层内的大尺度涡的拟序结构。1971 年，Ruelle 和 Takens 将混沌理论方法引入了湍流研究。1972 年 Deardorff 首次开展了中性和对流边界层内湍流的大涡数值模拟。近年来，随着数值计算能力的不断增强，对 Navier-Stocks 方程不做任何平均的离散求解成为现实，即直接模拟法(direct numerical simulation，DNS)，该方法可以给出更多湍流的详细结构。

上述研究工作在揭示湍流基本特征的道路上起到了积极的作用，但由于湍流尺度的复杂性、状态的复杂性、描述的复杂性、测量的复杂性、计算的复杂性、预测的复杂性等，致使人类对湍流本质的认知仍是“管中窥豹，略见一斑”。湍流的研究仍然被公认为世界难题，2005 年 Science 杂志在其创刊 125 周年公布的 125 个最具挑战性的科学问题中，其中至少有 2 个问题与湍流相关。

2.1.3 湍流的定义

虽然湍流的研究已有很长一段时间，但迄今为止，人们对湍流还没有给出一个确切的、全面的、严格的、科学的定义。现有的一些说法还多停留在湍流的定性描述上，如早期，Reynolds(1883)把湍流定义为“一种蜿蜒曲折、起伏不定的流动”。Taylor(1915)和 Karman(1938)对湍流的定义是“湍流是液体和气体中出现的一种无规则流动现象”。Hinze(1975)认为“只提不规则运动不全面，湍流的各个量在时间和空间上表现出随机性”。周培源先生(1940)的定义是“湍流是一种不规则的涡旋运动”。

为了让初学者更容易理解，更容易建立湍流的概念模型，本书综合前人的工作，对湍流归纳如下定义：湍流是流体运动过程中出现的一种无规则的、随机的、复杂的、多尺度涡旋运动。

2.1.4 大气湍流与其他湍流的区别

大气是自然界中一种独特的流体。由于人类生产、生活都离不开大气，故大气湍流的研究备受关注(张宏昇，2014)。在开始正式讨论大气湍流之前，首先需将大气湍流与其他流体湍流区别开，两者的不同之处有以下几点：

(1)大 Re 数特征。对于地球大气，若特征长度 L 仅取 100 m，速度尺度 U 取 2 m/s，空气分子的黏性系数 $\nu=1.46\times10^{-5}\,m^2/s$，此时 Re 数就可高达 10^7。而实际大气的特征长度、特征速度往往会更大，故大气中的 Re 数一般都很高。因此，边界层内的大气具有完全的湍流运动性质。

(2)多尺度特征。实际大气是“漫无边际”的，故大气湍流具有明显的多尺度特征。其空间特征尺度可以大到地球半径尺度，也可以小到毫米尺度，量级跨度可达 10^{10}；时间特征尺度则从数秒到数月，跨度也很大。

(3)垂直分布特征。实际大气具有明显垂直分层特征，即大气密度、温度、湿度、速度等物理量在垂直方向上随高度剧烈变化，从而会造成湍流状态的差异。如高、低空温度层结的差异，会导致低层大气湍流明显大于高空。

(4)下垫面影响。大气常常与多种下垫面(如草原、森林、山地、城市、沙漠、水面等)相互接触，使得大气湍流具有多种形式的结构。这些都是大气湍流与其他湍流的重要差别。

(5)科氏力影响。大气始终处于旋转的地球之上，因此讨论大气湍流运动时，必须考虑科氏力的作用。当然，在水平运动尺度较小的时候，该力也可近似忽略。

综上可知，地球大气无时无刻不处于湍流运动状态，而这种运动形式会导致气象要素及其他物理量在空间与时间上产生无规则变化。这种变化又会引起大气中动量、热量、水汽及物质的水平，垂直输送，直接影响边界层大气的动力和热力结构，对天气、气候、大气环境和生态平衡等方面产生重要作用。其次，大气湍流运动有时还会对建筑物、桥梁、铁塔、飞机等物体产生晃动影响，有时甚至是破坏性的。此外，大气湍流还会导致大气折射指数产生时空变化，从而对电波和声波的散射产生影响(刘式达 等，2008)。故此，大气湍流研究成为大气科学中的一个重要分支，尤其是在边界层气象学、环境科学和海洋科学、军事、航空、通讯等领域备受关注。

2.2　大气湍流的基本特征

基于前人的工作，大气湍流的基本特征大致可归纳为，大雷诺数性、随机性、非线性、扩散性、多尺度性、耗散性、间歇性、连续性、相关性、涡旋性。具体如下：

(1)大雷诺数性：如前所述，大气湍流是一种在大雷诺数条件下才出现的一种运动现象，Re 数越高越容易出现湍流。

(2)随机性：大气湍流形态的时空分布呈混乱的、无规则的、随机的，运动轨迹不可预测。这里的无规则并非噪声的无规则，而是有一定统计规律的、具有确定意义的随机性。从运动学角度来看，大气湍流运动必定是不可预测的，但从统计学角度，大气湍流可以用确定的微分方程或者演变规律进行描述。

(3)非线性：大气湍流是高度的非线性运动，当大气流动达到一定的运动状态或某一物理量数值超过临界值时，小湍流动会自发增长，扰动幅度迅速增加。

(4)扩散性：大气湍流可以引起动量、热量、水汽和物质的迅速混合和传递。这种扩散能力比分子扩散能力大 5～6 个量级，对气象要素的空间分布及输送起关键性作用。

(5)涡旋性:大气湍流运动可以想象成由空间中无数个大小不同、形状不同、运动状态各异的湍涡组成,它们肆意地分裂、合并、拉长、旋转。最大湍涡可达整个湍流层的厚度,小的可到毫米量级。它们无序地叠加在一起就构成了湍流的涡旋结构,同时也造成了复杂的湍流运动。

(6)多尺度性:大气湍流的尺度范围很广,大气中充满了大大小小的涡旋。这些涡旋是以高频扰动涡为特征的有旋三维运动,有时也可能是准二维的。不同的大气流动过程中,其湍流能量往往集中在某几个不连续的尺度范围内,不同尺度范围的湍流涡旋在不同的大气流动过程中的作用不尽相同。

(7)间歇性:大气中不同尺度的涡旋并不是充满整个空间,在空间上可能存在不连续性;在时间上也可能存在时有时无的现象,称之为间歇性。大气湍流运动的间歇性具有内间歇性和外间歇性之别。内间歇性是指充分发展的湍流场中某些物理量并不是在空间或时间序列的每一点都存在,即有奇异性;外间歇性是指在实际大气中有湍流区与湍流区共存的现象,即空间某个区域湍流运动剧烈而另一个区域则无任何湍流迹象。

(8)连续性:大气湍流仍是连续介质运动,属于流体质点,即宏观小微观大。只有在连续性的基础上,才可以用 Navier-Stokes 方程组刻画大气湍流运动规律。

(9)相关性:湍流运动在时间或空间上并不是独立的,而是有相互关联,但这种关联度会随着时间间隔或空间距离的增大而变小,最后趋近于零。

(10)耗散性:耗散性是大气湍流消亡的必要条件。大气湍流运动具有的耗散性,是由于空气分子的黏性作用要耗散湍流能量。因此,湍流运动需要从外界不断汲取能量才能得以维持。若外界供给的能量消失,耗散作用会将湍流动能转换为内能,致使湍流运动逐渐消亡。

(11)拟序及猝发性:在大气湍流混合层和剪切湍流边界层中存在大尺度的相干结构和猝发现象,说明湍流不是完全无秩序、无内部结构的运动。

2.3 大气湍流的产生机制

湍流作为流体的一种运动方式,它的产生、消亡过程一直是该领域中最重要的问题。从能量学角度看,大气湍流的产生、发展、维持都需要外界能量的供给。在大气中,湍流能量主要从动力做功和热力做功获取。大气湍流的产生和维持主要有三大类型,如图 2.3 所示。

(1)动力湍流(机械湍流):在大气层中,地表作为不滑动的底壁,移动速度为 0,而自由大气的相对移动速度通常较大,故自由大气与地球表面之间存在较大的垂直风切变。风切变的存在为湍流的生成提供了机械动能,而且湍流一旦形成,湍流摩擦力将会源源不断地将平均动能转化为湍流动能,使湍流维持下去。此外,在地形起伏的地方，如森林、建筑物、山地、丘陵、河谷等地方，这些障碍物对气流会有阻挡作用，使气流产生流动脱体和涡旋，也同样具备触发湍流和能量补充的条件。因此，在靠近地表的气层中，大气会一直维持湍流运动。

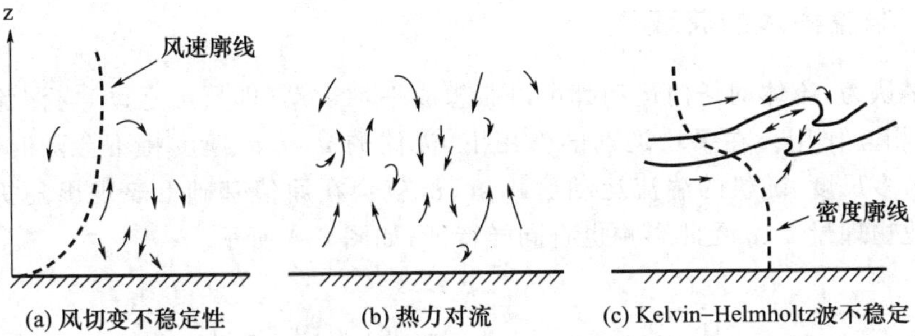

图 2.3　大气湍流的产生和维持示意图（盛裴轩 等，2013）

（2）热力湍流：地表在太阳辐射的作用下，通常会在大气边界层中产生对流泡或热羽。这些对流泡的出现通常都是随机的，在热泡的“上冲”作用下，气流将表现出明显的湍流运动。与此同时，由于气层的不稳定和卷夹作用，热泡和热羽也会部分地破碎为小尺度湍流。这种直接或间接的热力作用，是白天大气湍流产生的主要方式。

（3）波动湍流：波动是大气中常见的一种现象，如重力波、引力波。在稳定层结条件下，大气流动经常存在较强的风切变，这时会产生切变重力波。当波动剧烈，会将低层密度较大的气块输送至高层，造成空气密度倒置，运动会变得更不稳定。随着波动振幅的增大，湍流产生，湍流一旦形成，上下层混合加强，风切变又会随之减弱，运动又恢复到之前的无湍流状态，如此往复。该类型湍流常常出现在夜间的稳定边界层中和白天的混合层顶。这类湍流的动能最初通常来自波动的位能。此外，波动产生的湍流往往在空间上是离散的，在时间上是间歇的。

2.4　大气湍流样本的提取

大气湍流是一种随机的、非定常的、混沌的无规则流动状态，内部由无数不同形状、不同尺度的涡旋组成，且存在复杂的相互作用。针对这样的研究对象，如何用数学方法定量描述湍流属性就是一个非常关键的问题。Kolmogorov（1941）首先想到了统计学方法，并提出了湍流统计理论。

该方法的研究思路是：先将湍流运动从整体运动中提取出来（即大气湍流的样本提取），在此基础上，就可以把湍流运动当作时间或空间的随机函数进行统计计算。例如，在某个固定点上按时间顺序获得的湍流样本，称为湍流量的时间序列。

同样，在固定时刻由空间各点得到的湍流样本称为空间序列。在此基础上，再计算各统计特征量，如平均值，方差，协方差，相关系数等，这些统计特征量即可定量描述湍流的一些基本属性。

2.4.1 湍流样本的获取

雷诺认为，流体的任何运动都可以假想成平均运动(即层流运动)与湍流运动的叠加，并相互作用。在平均运动的作用下，流体的 u、v、w 速度将不会随时间变化。当叠加了多尺度、随机的湍流运动后，u、v、w 就会在原值基础上表现出随机涨落特征。其他物理量 T、q 受此影响也有同样特征，如图 2.4 所示。

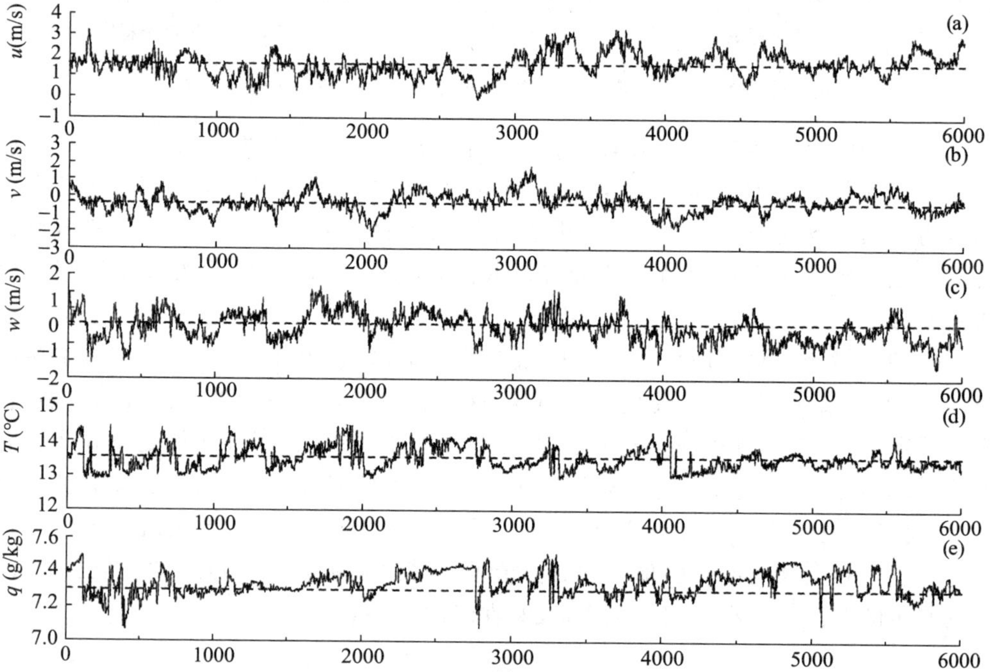

图 2.4　2015 年 2 月 14 日苏州东山观测点，利用涡动相关系统观测得到的风速(u,v,w)、温度(T)、比湿(q)随时间变化的分布图

故此，流体运动中的各个物理量可以分解成平均量和脉动量之和，用数学方法描述就是任意变量(A)都可分解为平均量($\overline{A}$)和湍流脉动量(A')之和，该分解称之为雷诺分解：

$$A=\overline{A}+A' \tag{2.4.1}$$

大气边界层中最常关注的要素有：风矢量的三个分量 u,v,w；位温 θ；比湿 q 以及污染物浓度 c 等。它们可分别写成下列形式：

$$
\begin{gathered}
u=\overline{u}+u',v=\overline{v}+v',w=\overline{w}+w' \\
p=\overline{p}+p' \\
\rho=\overline{\rho}+\rho' \\
\theta=\overline{\theta}+\theta' \\
q=\overline{q}+q' \\
c=\overline{c}+c'
\end{gathered}
\tag{2.4.2}
$$

注意，公式中 u'，v'，w' 为湍流运动的三个分量，θ'，p'，ρ'，q'，c' 为湍流运动致使各物理量产生的脉动变化值。

2.4.2　雷诺平均

由前可知，要想从整体运动中分离出湍流量（或脉动量），就必须先找出平均量。对瞬时运动值进行平均，是获取平均量的一种方法，但前人的研究结果表明，不同的平均方法会得到不同的平均量。故此，采用哪种平均方法在湍流研究中占有重要地位。常用的平均方法通常有三种：系综平均、空间平均和时间平均。

(1)系综平均是指对随机过程中全体样本函数集的均值。其定义为：

$$\overline{A}(x,y,z,t)=\int_{-\infty}^{+\infty}A(x,y,z,t)f(A)\mathrm{d}A \tag{2.4.3a}$$

式中，$A(x,y,z,t)$ 为随空间和时间变化的随机变量，$f(A)$ 是 $A(x,y,z,t)$ 的概率密度函数。即 A 值在 A 至 $A+\mathrm{d}A$ 值之间的概率为 $f(A)\mathrm{d}A$。

其离散形式表明在某一地点 (x_i,y_i,z_i)、某一时间 (t_i)、N 种大气条件下的 N 个随机变量 A 的平均值求和：

$$\overline{A}(x_i,y_i,z_i,t_i)=\frac{1}{N}\sum_{i=1}^{N}A_i(x_i,y_i,z_i,t_i) \tag{2.4.3b}$$

(2)空间平均是在某一固定时刻 (t_0)，对某一空间域内所有样本数据进行平均：

$$\overline{A}(t_0)=\frac{1}{S}\int_0^S A(s,t_0)\mathrm{d}s \tag{2.4.4a}$$

$$\overline{A}(x_i,y_i,z_i,t_0)=\frac{1}{N}\sum_{i=1}^{N}A(x_i,y_i,z_i,t_0) \tag{2.4.4b}$$

式(2.4.4a)、式(2.4.4b)分别为空间平均的积分形式和离散形式，式中 S 为总体采样面积。

(3)时间平均则是在空间某一固定点 (x_0,y_0,z_0)，对某一时段内的所有样本数据进行平均。

$$\overline{A}(x_0,y_0,z_0)=\frac{1}{\tau}\int_{t=0}^{\tau}A(x_0,y_0,z_0,t)\mathrm{d}t \tag{2.4.5a}$$

$$\overline{A}(x_0,y_0,z_0,t_i)=\frac{1}{N}\sum_{i=1}^{N}A(x_0,y_0,z_0,t_i) \tag{2.4.5b}$$

式(2.4.5a)、式(2.4.5b)分别为时间平均的积分形式和离散形式,式中 τ 为总体采样时间。

2.4.3 泰勒(Taylor)假说

在实际情况中,由于不能控制大气,故不可能在同一时间、同一地点、同样的天气条件下,获取大量湍流运动的样本观测值。因此,严格的系综平均是不存在的。另外,由于大气湍流的不均匀性、随机性,在较大空间范围内进行同步测量,同样存在很大的技术难度。相对而言,在空间一个点上做长时间的测量,进行时间平均是比较容易实现。例如在气象塔上进行测量,它能提供气流经传感器的时间序列数据。但是,湍流运动是一个三维空间的问题,能否将测量的时间序列数据用来研究湍流的空间结构呢?

Taylor(1915)认为,在某些条件下,在气块经过测量仪器的过程中,可以认为气块中的湍流是被"冻结"的。这样就可以利用风速,将作为时间函数的湍流观测资料转化为相应的空间测量值。即,在固定点上湍流的时间序列观测结果,等于同时段沿平均风方向上,空间序列的观测值,该假设条件也被称为"湍流冻结"假设,当然实际湍流并不是真的被冻结。

图 2.5 为一个直径为 100 m 的湍涡经过传感器的过程。在初始状态下,见图 2.5a,湍涡前端(A 点)气温为 10 ℃,高于其尾端(B 点)气温 5 ℃。此时,从空间角度来看,两点间的气温梯度为$\partial T/\partial x=0.05$ ℃/m。在泰勒假说条件下,湍涡状态不发生变化,且随着 u 风速 10 m/s,整体平移。最初,传感器测得温度为 10 ℃,10 秒钟后它测得的温度为 5 ℃,见图 2.5b。此时,从时间角度看,测量点温度的局地变化为$\partial T/\partial t=-0.5$ ℃/s。将两种测量结果联系在一起,则有下式成立:

$$\frac{\partial T}{\partial t}=-u\frac{\partial T}{\partial x} \tag{2.4.6a}$$

$$-0.5(℃/s)=-10(m/s)\times 0.05(℃/m)$$

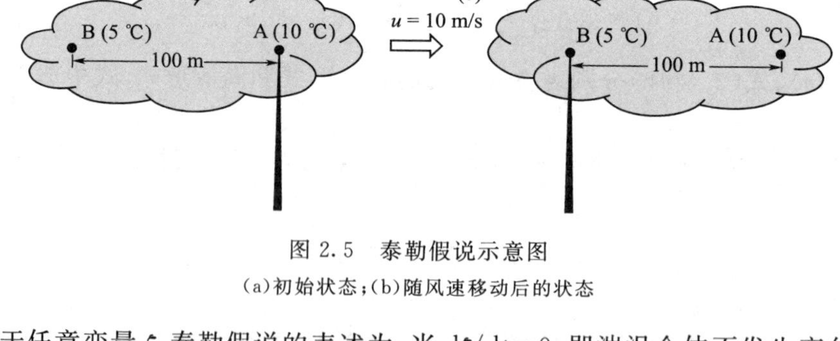

图 2.5 泰勒假说示意图

(a)初始状态;(b)随风速移动后的状态

对于任意变量 ξ,泰勒假说的表述为:当 $d\xi/dt=0$,即湍涡个体不发生变化,其全微分的形式为：

$$\frac{\mathrm{d}\xi}{\mathrm{d}t}=\frac{\partial\xi}{\partial t}+u\frac{\partial\xi}{\partial x}+v\frac{\partial\xi}{\partial y}+w\frac{\partial\xi}{\partial z}=0 \tag{2.4.6b}$$

则有：

$$\frac{\partial\xi}{\partial t}=-u\frac{\partial\xi}{\partial x}-v\frac{\partial\xi}{\partial y}-w\frac{\partial\xi}{\partial z} \tag{2.4.6c}$$

该式为泰勒假说的一般形式，应用更广。此外，Willis 和 Deardorff(1976)证明在平稳湍流、均匀湍流且风速不太小的条件下，即 $\sigma_M<0.5U$ 时(σ_M 为风速标准差)，泰勒假设是适用的。

2.4.4　平均法则

假设 A 和 B 为时间变量，C 为常数，有下面一些常用的平均运算规则：

$$\begin{aligned}&\overline{CA}=C\overline{A}\\&\overline{(A+B)}=\overline{A}+\overline{B}\\&\overline{(\overline{A}B)}=\overline{A}\cdot\overline{B}\end{aligned} \tag{2.4.7}$$

对于微分和积分运算，也可导出：

$$\begin{aligned}\overline{\frac{\partial A}{\partial t}}&=\frac{1}{N}\left[\frac{\partial A_1}{\partial t}+\frac{\partial A_2}{\partial t}+\cdots+\frac{\partial A_i}{\partial t}+\cdots\frac{\partial A_N}{\partial t}\right]\\&=\frac{\partial}{\partial t}\left[\frac{1}{N}(A_1+A_2+\cdots A_i+\cdots+A_N\right]=\frac{\partial\overline{A}}{\partial t}\end{aligned} \tag{2.4.8}$$

类似地，还有：

$$\overline{\frac{\partial A}{\partial x_i}}=\frac{\partial\overline{A}}{\partial x_i}\quad 及\quad \overline{\frac{\mathrm{d}A}{\mathrm{d}t}}=\frac{\mathrm{d}\,\overline{A}}{\mathrm{d}t} \tag{2.4.9}$$

$$\overline{\int A\mathrm{d}t}==\int\overline{A}\mathrm{d}t\quad 及\quad \overline{\int A\mathrm{d}x_i}==\int\overline{A}\mathrm{d}x_i \tag{2.4.10}$$

此外，平均法则同样可以用在被分离成平均和湍流两部分的变量上。假设变量 $A=\overline{A}+a'$，$B=\overline{B}+b'$。针对瞬时值 A 也可用上述法则对其求平均：

$$\overline{(A)}=\overline{\overline{A}+a'}=\overline{A}+\overline{a'} \tag{2.4.11}$$

为使等式两边相等，必然有：

$$\overline{a'}=0 \tag{2.4.12}$$

还可导出下列关系：

$$\overline{(A\cdot B)}=\overline{(\overline{A}+a')(\overline{B}+b')}=\overline{A}\overline{B}+\overline{a'b'} \tag{2.4.13}$$

特别注意 $\overline{a'b'}$ 为非线性乘积该值并不等于 $\overline{a'}\cdot\overline{b'}$，故此项不一定为零。此后还有其他高阶非线性乘积，例如 $\overline{a'^2}$、$\overline{a'b'^2}$、$\overline{a'^2b'^2}$ 也不一定等于零。这些非线性乘积都有固定的物理意义，将在后文介绍。

2.5 大气湍流的统计特征

在雷诺分解、雷诺平均、泰勒假说的基础上，就可以从复杂的大气运动中提取出湍流的贡献，即可利用统计学参数，如方差、均方差、相关系数等特征量来描述大气湍流的一些特征。

2.5.1 方差

方差是用来表征随机变量在其平均值附近的离散程度，定义为：

$$\sigma_A^2 = \frac{1}{N}\sum_{i=0}^{N-1} (A_i - \overline{A})^2 \tag{2.5.1}$$

因为，$A=\overline{A}+a'$，上式可改写成

$$\sigma_A^2 = \frac{1}{N}\sum_{i=0}^{N-1} a'^2_i = \overline{a'^2} \tag{2.5.2}$$

当 A 取三个速度的分量 u,v,w，位温 θ，比湿 q 以及污染物浓度 c 时，它们的方差可分别写成下列形式：$\overline{u'^2}$，$\overline{v'^2}$，$\overline{w'^2}$，$\overline{\theta'^2}$，$\overline{q'^2}$，$\overline{c'^2}$。这些方差值用于表征与平均量的离散程度，湍流运动越剧烈这些值就越大。在统计学中存在有偏方差和无偏方差的区别，在样本数 N 足够大的条件下，两者的差异可以忽略。为了方便起见，本书中不考虑两者的差异，统一使用 N，后文也一样。

湍流平均动能（turbulent kinetic energy，TKE）是湍流研究中最重要、最常用的一个参量，用于表征湍流动能的大小，其表达式即三个方向上的速度方差：

$$\text{TKE}/m = \bar{e} = \frac{1}{2}(\overline{u'^2}+\overline{v'^2}+\overline{w'^2}) = \frac{1}{2}(\sigma_u^2+\sigma_v^2+\sigma_w^2) \tag{2.5.3}$$

式中，m 为气块质量。

2.5.2 标准差

方差的平方根称为标准差，用于表示瞬时值与平均值间的偏离程度：

$$\sigma_A = (\sigma_A^2)^{1/2} = (\overline{a'^2})^{1/2} \tag{2.5.4}$$

标准差与方差相比，其优点是具有原变量相同的量纲。图 2.6 表示风速 U 随时间变化的测量值与其标准差间的关系。

在近地层大气中，脉动速度标准差 σ_u，σ_v，σ_w 通常随水平风速的增大而增大，因此用它们的相对比值可以定量表示湍流的强弱，即湍流强度 I，简称湍强：

$$I = \sigma_A/\overline{U} \quad (A=u,v,w) \tag{2.5.5a}$$

在三个方向上的分量由下式表示：

$$I_x = \frac{\sigma_u}{\overline{U}},\ I_y = \frac{\sigma_v}{\overline{U}},\ I_z = \frac{\sigma_w}{\overline{U}} \tag{2.5.5b}$$

式中，$\overline{U}=(\overline{u^2}+\overline{v^2}+\overline{w^2})^{1/2}$。

图2.7是在墨西哥La Ventosa地区获取的三种不同稳定度条件下（图2.7中A,B,C），湍强与风速值的关系。由图可以见，当风速较小时湍强较大，且随着风速的增加湍强减少。在风速由0 m/s增加到4 m/s时，对应的湍强会迅速减少；当风速继续增加时，湍强的减少开始变得平缓。而在更高风速范围内，湍强基本保持不变。该观测试验表明，湍强对于风速有很强的敏感性，即低风速区对应着较高的湍强，高风速区对应低湍强。

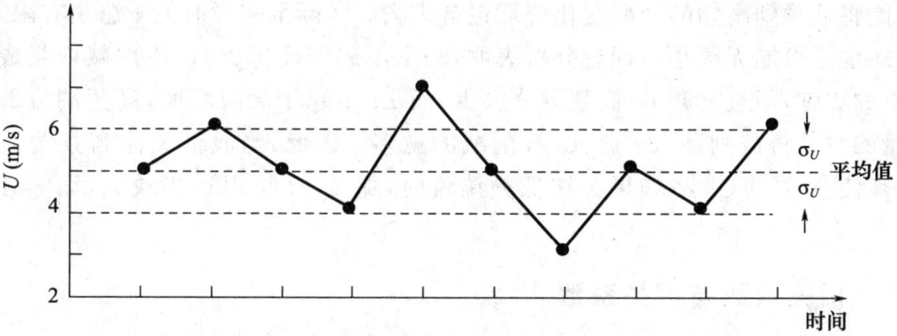

图2.6　标准差与湍流变化间的关系

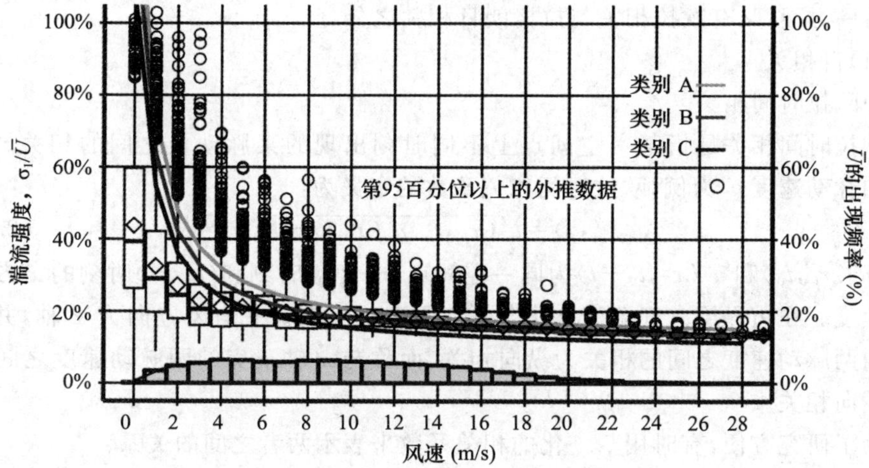

图2.7　湍流强度与平均风速间的关系（Lopez-Villalobos et al.，2018）

此外，在湍流扩散理论及其应用中，还经常用风向方位角及高度角的方差（σ_A^2，σ_E^2）或标准差（σ_A，σ_E）来表征湍流运动的强弱。

取x轴沿平均风方向时，方位角的脉动为：

$$A'=\arctan(v'/\overline{U})\simeq(v'/\overline{U})$$

因此

$$\sigma_A^2 \simeq (\overline{v'^2}/\overline{U}^2) = (\sigma_v^2/\overline{U}^2)$$

$$\sigma_A \simeq (\sigma_v/\overline{U}) = I_y \tag{2.5.6a}$$

$$\sigma_E \simeq (\sigma_w/\overline{U}) = I_z \tag{2.5.6b}$$

可见，风向标准差与湍强之间存在十分密切的关系。

必须指出，在计算均值、方差、标准差等统计量时，选择合适的采样时段 τ 和采样间隔 Δt，才能使这些统计量正确反映湍流的特性。因为大气湍流具有宽广的尺度范围，为获得真实的湍流统计量，从理论上讲，要求采样时段为无限长，采样间隔趋于零，才能将低频到高频的全部变化特征包含进去。实际上采样时段 τ 总是有限，采样间隔 Δt 也不可能无限小。理论分析表明，当 τ 不趋于无穷大时，将削减低频成分对统计量的贡献，而且 τ 愈小，低频成分愈少；而 Δt 不趋于无限小时，高频湍流部分对统计量的贡献将被削减，Δt 愈大，被削减的愈多。因此，当我们关注高频湍流特征时，必须使 Δt 尽可能小；如果关注低频湍流时，那么 Δt 可以适当放大，而 τ 必须足够大。

2.5.3 相关函数与相关系数

“相关”是表征随机变量之间关系程度的统计量。在湍流研究中，常用“相关”表示两脉动量之间的关系。按变量之间的关系不同，“相关”有“自相关”和“互相关”之分。另一方面，又有欧拉相关与拉格朗日相关之分。

(1)自相关

1)欧拉时间相关

欧拉时间相关是指某一空间点上不同时刻出现的某脉动量之间的相关。以 x 方向的脉动速度 u' 为例，欧拉时间相关函数的定义为：

$$f_{uu}(t) = \overline{u'(x_0, t_0)u'(x_0, t_0 + t)} \tag{2.5.7}$$

式中，$u'(x_0, t_0)$ 和 $u'(x_0, t_0+t)$ 为同一空间点 x_0 上 t_0 时刻和 (t_0+t) 时刻的 x 方向的脉动速度。在边界层大气湍流和大气扩散研究中，常取平均风方向为 x 轴，并称 x 轴方向两脉动速度之间的相关为纵向相关，而称与 x 轴正交的两脉动速度之间的相关为横向相关。

为了研究方便，有时用归一化的相关系数来表示两者之间的关系：

$$r_{uu}(t) = \frac{\overline{u'(x_0, t_0)u'(x_0, t_0 + t)}}{\sqrt{\overline{u'^2(x_0, t_0)}}\sqrt{\overline{u'^2(x_0, t_0 + t)}}} \tag{2.5.8}$$

对于平稳(即定常、均匀)湍流，$r_{uu}(t)$ 只与时间间隔 t 有关，而与空间位置 x_0 及起始时刻 t_0 无关，这时上式即可写成：

$$r_{uu}(t) = \frac{\overline{u'(t_0)u'(t_0 + t)}}{\overline{u'^2}} \tag{2.5.9}$$

若 u' 的时间序列为 $u'(k)$，则可用下式表示 $r_{uu}(t)$

$$r_{uu}(t)=\frac{\overline{u'_k u'_{k+j}}}{\sigma_u^2} \tag{2.5.10}$$

式中，$t=j\Delta t$ 为后延时间，Δt 为采样间隔。

根据相关系数的性质，当 $t=0$ 时，$r_{uu}(0)=1$，随着 t 的增加，$r_{uu}(t)$ 逐渐变小，$t\to\infty$ 时，$r_{uu}(\infty)=0$。

2)欧拉空间相关

欧拉空间相关(简称欧氏相关)表示某时刻两空间点 S_1 和 S_2 处脉动量 $A'(S_1)$ 与 $B'(S_2)$ 之间的相关，仍以脉动速度为例，则相关函数和相关系数分别为：

$$f_{uu}(x)=\overline{u'(x_0,t_0)u'(x_0+x,t_0)} \tag{2.5.11}$$

$$r_{uu}(x)=\frac{\overline{u'(x_0,t_0)u'(x_0+x,t_0)}}{\sqrt{\overline{u'^2(x_0,t_0)}}\sqrt{\overline{u'^2(x_0+x,t_0)}}} \tag{2.5.12}$$

若湍流满足均匀条件，则式(2.5.12)可写成：

$$r_{uu}(x)=\frac{\overline{u'(x_0)u'(x_0+x)}}{\overline{u'^2}} \tag{2.5.13}$$

3)欧拉时间相关与空间相关的关系

由前可知，时间序列的获取要比空间序列方便得多，即时间相关比空间相关容易求得。如能找到时间相关与空间相关的联系，便能使观测和计算工作大大简化。

根据泰勒假说，当空间间隔 x 与时间间隔 t 满足 $x=\bar{u}t$ 关系时，有

$$r_{uu}(x)=r_{uu}(t) \tag{2.5.14}$$

在湍流统计理论中，通常假定满足泰勒假说，这样就可以用欧拉时间相关来代替欧拉空间相关。

4)拉格朗日自相关

拉格朗日自相关(简称拉氏相关)是同一流体质点在不同时刻的脉动速度之间的相关。设 ξ_0 时刻该质点位于 S_1 点，其 x 向脉动速度为 $u'(\xi_0)$，到 $(\xi_0+\xi)$ 时刻，质点运行到 S_2 处，脉动速度为 $u'(\xi_0+\xi)$。若湍流场满足平稳、均匀条件，则拉格朗日自相关系数可定义为

$$r_{\mathrm{L}}(\xi)=\frac{\overline{u'(\xi_0)u'(\xi_0+\xi)}}{\overline{u'^2}} \tag{2.5.15}$$

计算拉格朗日相关需要知道空气质点在不同时刻的风速资料，这种资料必须用平衡气球、雷达等仪器跟踪空气质点或示踪物进行观测，困难较多。因此促使人们寻找拉格朗日相关与欧拉相关之间的联系，以便用欧拉相关 $r(x)$ 或 $r(t)$ 来求取拉格朗日相关 $r_{\mathrm{L}}(\xi)$。两种观点下典型的相关关系如图 2.8 所示。

图 2.9 是根据广州市中心 35 m 高度处 u,v,w 风速仪观测资料求得欧拉时间自相关系数 $r_{uu}(t)$、$r_{vv}(t)$、$r_{ww}(t)$。由图 2.9 可见：

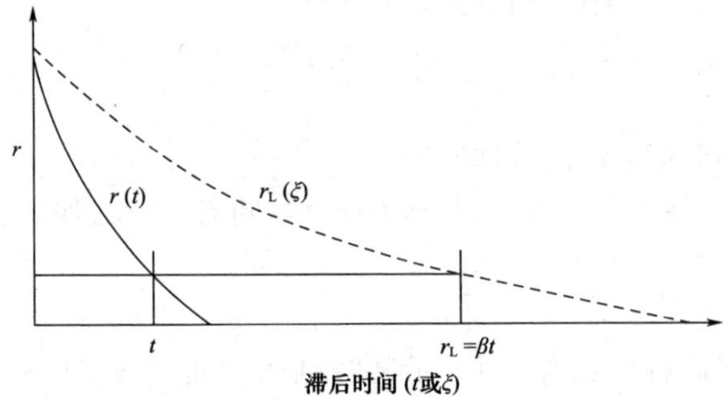

图 2.8　拉氏相关 $r_L(\xi)$与欧氏相关 $r(t)$的比较

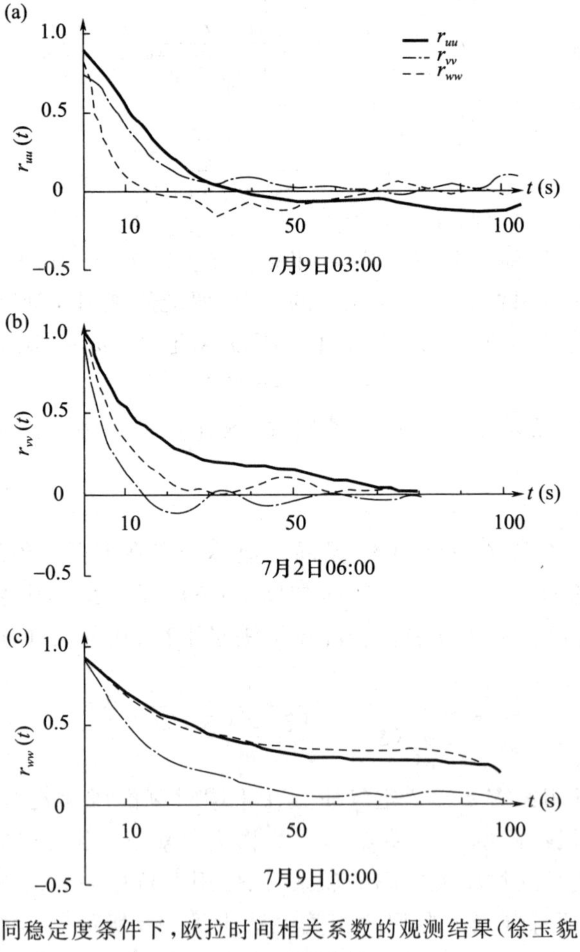

图 2.9　不同稳定度条件下，欧拉时间相关系数的观测结果(徐玉貌 等，1993)

(1988 年 7 月，广州)

(a)稳定层结；(b)中性层结；(c)不稳定层结

① 相关系数随时间递减的速率与稳定度有关，而且三个方向的相关系数的递减都随不稳定度的增加而变得缓慢；

② 在同一稳定度下，$r_{vv}(t)$和 $r_{vv}(t)$总大于 $r_{ww}(t)$，但随着不稳定度的增加，$r_{vv}(t)$和 $r_{ww}(t)$随 t 下降的速度将比 $r_{uu}(t)$下降的慢。

(2)互相关

上面介绍的自相系数表示同一变量在不同时刻或不同空间处的关系程度。如果想讨论不同变量间的关系，则可用协方差和互相关系数来计算，其中，协方差的定义为：

$$V_{AB} = \frac{1}{N}\sum_{i=0}^{N-1}(A_i - \overline{A})(B_i - \overline{B}) = \overline{a'b'} \tag{2.5.16}$$

将协方差归一化，即得互相关系数 r_{AB} 的表达式：

$$r_{AB} = \frac{\overline{a'b'}}{\sigma_A \sigma_B} \tag{2.5.17}$$

r_{AB}的值在$+1$ 和-1 之间变化。平均而言，当变量 A 和 B 同向变化时，$r_{AB}=+1$；当 A、B 反向变化时，$r_{AB}=-1$；若 A、B 不同时变化，$r_{AB}=0$。例如，根据一组 u、w 风速观测数据求得互相关系数 $r_{uw}=-0.85$。这表明 u 与 w 变化的方向相反，互相关系数 r_{uw}的绝对值接近于 1，说明 u 与 w 相对于平均值变化方向相反的机会较多。

图 2.10 是对流边界层中三个变量互相关系数的垂直分布图。图中 z 为高度，z_i 是边界层高度，由图 2.10 可见在不同高度垂直风速分量 w、虚位温 θ_v 和湿度 q，三个量间的相关系数有较大差异。

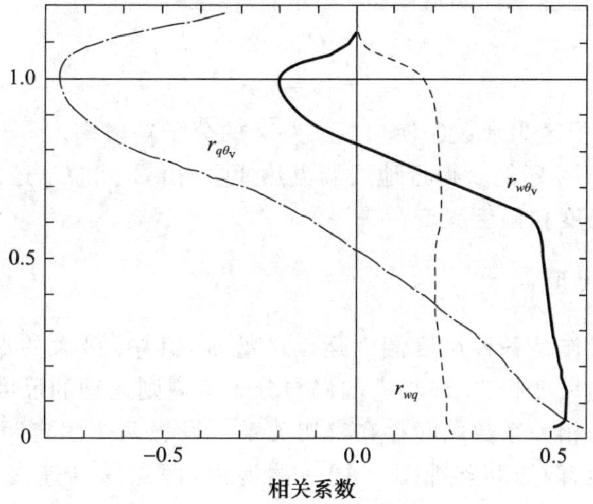

图 2.10　对流边界层中三个变量 w、q、θ_v 间的相关系数廓线(Stull,1991)

2.5.4 结构函数

在大气湍流研究中，有时用结构函数来表示某个随机变量的变化程度。其定义如下：

$$D_{AA}(l) = \frac{1}{N}\sum_{k=0}^{N-1}(A_k - A_{k+j})^2 \tag{2.5.18}$$

对时间序列，$l=j\Delta t$ 为后延时间；对空间序列，$l=r=j\Delta r$ 表示空间间隔。与相关函数相比，结构函数不是用序列中两个不同变量的乘积，而是用变量之差来表示一个变量随时间或空间的变化。结构函数的单位与方差相同，而不像相关系数那样是一个无因次量。

由式(2.5.18)可见，$l=0$ 时，$D_{AA}=0$，当 l 增加时，$D_{AA}(l)$ 也增大。根据相似理论，在湍流的惯性子区，空间序列的结构函数 $D_{AA}(r)$ 与空间间隔 r 之间存在以下关系：

$$D_{AA}(r)=C_{AA}^2 r^{2/3} \tag{2.5.19}$$

式中，C_{AA}^2 为变量 A 的结构函数参数。最常用的结构函数有四个：C_{TT}^2、C_{vv}^2、C_{qq}^2、C_{nn}^2。它们分别对应于气温、风、湿度和大气折射指数。C_{AA} 的单位取决于 A 和 r 的单位。

微波雷达和声雷达等遥感探测仪能接收到由大气折射指数不均匀所造成的晴空大气回波。例如微波雷达接收到晴空回波的反射率 η 与雷达波长之间存在以下关系：

$$\eta=0.38C_{nn}^2\lambda_n^{-1/3} \tag{2.5.20}$$

由于反射率 η 与大气温度、湿度和气压相关，因此可以导出 C_{nn}^2 与 C_{TT}^2、C_{vv}^2 及 C_{qq}^2 的关系(Lenschow et al.，1986)。这样，由式(2.5.20)求出 C_{nn} 后就可以获得 C_{TT}、C_{vv} 和 C_{qq}，再利用下式便能估计湍流能量的(分子)耗散率 ε：

$$C_{vv}^2=2\varepsilon^{2/3} \tag{2.5.21}$$

$$C_{TT}^2=a^2\varepsilon_\theta\varepsilon^{-1/3} \tag{2.5.22}$$

式中，a^2 在惯性子区为常数($a^2\approx3$)，ε_θ 为$\overline{\theta'^2}$的分子耗散率。

此外，根据 C_{TT} 还能获得近地层湍流热通量；由 C_{TT} 和 C_{qq} 还能测定混合层顶部逆温层盖附近的温度和湿度突变。

2.5.5 湍流尺度

湍流可以看作是各种尺度湍涡运动的叠加，其中，最大的湍涡尺度与平均流场发生显著变化的尺度相当，最小的湍涡与分子不规则运动的尺度相近。

湍涡尺度与相关系数之间存在密切关系。设想两个固定距离的空间点，如果湍涡的平均尺度大，两点将经常处于同一湍涡内，两点脉动速度之间的相关就大；反之，若湍涡平均尺度小，两点将经常处于不同的湍涡之中，两点的脉动速度相关就小。因此空间相关系数能较好地反映湍流的平均尺度，又称为湍流积分尺度。由空间相关系数积分求得的湍流尺度称为湍流的空间尺度。与相关系数相对应，湍流尺度也有纵向（x 方向）和横向（y、z 方向）之分，以纵向为例，定义如下：

$$L_x = \int_0^{\infty} r_{uu}(x)\mathrm{d}x \tag{2.5.23}$$

横向空间尺度的表达式与上式类同。

与此相似，还可以应用欧拉时间相关系数定义湍流积分时间尺度：

$$L_t(x) = \int_0^{\infty} r_{uu}(t)\mathrm{d}t \tag{2.5.24}$$

对样本长度为 N 的有限序列，由求和代替积分，求和上限为某一确定值 m。在满足泰勒假说时，L_x 和 L_t 之间存在下列关系：

$$\bar{u}L_t(x) = L_x \tag{2.5.25}$$

同样，也可用拉氏相关系数定义湍流尺度：

$$L_t = \int_0^{\infty} r_L(\xi)\mathrm{d}\xi \tag{2.5.26}$$

式中，L_t 表示湍涡的平均寿命。

表 2.1 是由 1988 年广州市区 35 m 高度上的 u,v,w 风速资料，所得的统计结果。表 2.1 中时间尺度 $L_t(x)$ 根据式(2.5.26)计算，$L_t(y)$ 和 $L_t(z)$ 按下面公式计算：

$$L_v = \bar{u}L_t(y) \tag{2.5.27}$$

$$L_w = |\overline{w'}|L_t(z) \tag{2.5.28}$$

由表 2.1 可以看出：

（1）湍流空间尺度的量级为 $10^0 \sim 10^1$ m，比下面要介绍的湍流微尺度大 2～3 个量级。

（2）湍流在三个方向的尺度不相同，在同一稳定度下，纵向的湍流尺度大于横向的，横向湍流尺度又大于垂直方向的。而且三个方向的时间尺度，$L_t(z)$ 和 $L_t(x)$ 的比值，以及垂直向空间尺度都随稳定度的增加而增大。这表明，湍涡在空间是一个扁的椭球体，其垂直轴随不稳定度的增加明显增长。

表 2.1　不同稳定度条件下的湍流积分尺度（徐玉貌 等，1993）

层结（样本数）			稳定(16)	中性(19)	不稳定(19)
平均风速(m/s)			2.15	2.10	1.94
湍流尺度	时间尺度(s)	$L_t(x)$	22.35	25.06	29.89
		$L_t(y)$	16.41	18.29	33.04
		$L_t(z)$	5.82	8.16	11.12
	空间尺度(m)	L_x	53.87	51.13	52.99
		L_y	30.17	29.59	64.41
		L_z	2.66	3.84	6.17

湍流积分尺度表示各种尺度湍涡的平均尺度或平均寿命。而利用相关系数还可以引入一个表示湍涡大小的尺度(λ),其定义式(仍以 x 方向为例)为:

$$\frac{1}{\lambda_u^2}=\frac{1}{2\,\overline{u'^2}}\overline{\left(\frac{\partial u'}{\partial x}\right)^2_{x\to 0}} \tag{2.5.29}$$

λ_u 与相关系数 $r_u(x)$ 之间具有下列关系:

$$r_{uu}(x)\simeq 1-\frac{x^2}{\lambda_u^2} \tag{2.5.30}$$

由式(2.5.30)可见,λ_u 的大小取决于 $x=0$ 处的 $\overline{(\partial u'/\partial x)^2}$ 值,而 $\overline{(\partial u'/\partial x)^2_{x\to 0}}$ 是由湍流场中的小湍涡形成的,故称 λ_u 为湍流(空间)微尺度,它被看作小湍涡的特征尺度。

表 2.2 为不同作者计算的微尺度。由表 2.2 可见,在近地面大气中,湍流微尺度为厘米量级,其值随高度的增加而增大。

表 2.2　不同高度上的湍流微尺度(蒋维楣 等,1994)

高度(m)	微尺度(cm)
0.075	0.79
0.15	4.18
2.4	4.27
146	40.7

前文提及了几种特殊的湍流,这里做补充说明。

均匀(homogeneous)湍流是指湍流的一切统计平均性质与空间位置无关。即对于两个不同的观测点 (x_0,y_0,z_0)、(x_1,y_1,z_1),其样本统计结果相同。均匀性还意味着所有湍流统计结果在坐标系的任意平移变换过程中,该值都保持不变。例如,两个空间点上要素间的自相关函数只与两点间的距离 r 有关,而与起始点位置无关。

各向同性(isotropic)湍流是指湍流的一切统计平均值与空间方向无关,所有湍流统计结果在空间坐标系的任意旋转下都保持不变。简单地说,各向同性即统计结果不对任何特定的方向存在特殊性。因此,用一个样本在取定的方向 x 上求得的空间平均可以代表由 N 个样本求得的系综平均式(2.4.3),而且自相关函数只与两点间的距离有关,与两点的相对位置无关。

与均匀、各向同性的湍流假设类似,有时也假设湍流是平稳(stationary)和各态历经(ergodic)的。平稳湍流意味着对不同的 t_0 时刻,由式(2.4.5)求得的总体平均结果是相等的,即若将式(2.4.5)的 t_0 改成 t,则 N 个样本在 t_1 时刻的总体平均与在 t_0 时刻的结果相同。再加上各态历经假设就意味着只有一个时间样本,它在一段时间内的演化经历了同一时刻 t_0 不同样本所经历的各种状态,因而一个样本的时间平均与总体平均式(2.4.5)相同,并且自相关函数只与两个时刻之间的差 τ 有关,与起始时刻无关。

但是,事实上各统计参数在不同位置的数值不一样,即使在水平均匀的地面上,因重力和浮力的影响其数值随高度会有很大变化。天气过程以及日变化也会使平稳性减弱。因此大气湍流并不满足普遍的平稳、均匀和各向同性条件。但若研究的时段不超过 1 h,一般近似认为是平稳的;在地形平坦、水热状况均一的地面上,水平方向上也可以认为是均匀的。

2.6　湍流通量与湍流应力

上一节介绍的几个统计参量中,协方差是其中最重要的一个,该量表征两个变量 A 与 B 的相关程度,$\overline{a'b'}$。如果其中一个变量 A 为速度(u,v,w),B 为任意变量,那么在速度的作用下流体的各种属性可以得到充分的交换。更形象地比喻,可以将速度变量 A 想象成一辆"卡车",任意变量 B 为卡车上装载的"货物",在卡车的运载下,有的地方货物就会增加,有的地方就会减少,这就是通量。

通量是指单位时间、单位面积上通过某种物理量的多少,是流体对某一种物理量输送能力的表征。

流体运动可分为平均运动和湍流运动两部分,因此,在大气边界层内的这两种运动所产生的通量都有,但本学科更关心湍流运动所导致的动量、热量、水汽、质量和污染物的输送。

2.6.1　湍流通量

下面以动量输送为例,讨论湍流输送的概念。如图 2.11 所示,取一体元 $\mathrm{d}\tau=\mathrm{d}x\mathrm{d}y\mathrm{d}z$。$x$ 方向的动量为 $f_u=\rho u$,在垂直速度 w 的作用下,会通过面元 $\mathrm{d}x\mathrm{d}y$ 向上向下输送动量。单位时间内,通过该面元的动量为 $f_u w\mathrm{d}x\mathrm{d}y\mathrm{d}t$,对 Δt 取平均,并令 $u=\overline{u}+u'$,$w=\overline{w}+w'$,则得单位时间内在 z 方向输送的 x 方向的动量为:

$$
\begin{aligned}
\frac{1}{\Delta t}\int_t^{t+\Delta t}\rho uw\,\mathrm{d}x\mathrm{d}y\mathrm{d}t &= \frac{1}{\Delta t}\int_t^{t+\Delta t}\rho(\overline{u}+u')(\overline{w}+w')\mathrm{d}x\mathrm{d}y\mathrm{d}t \\
&= \overline{\rho(\overline{u}+u')(\overline{w}+w')}\mathrm{d}x\mathrm{d}y = (\rho\overline{u}\overline{w}+\rho\overline{u'w'})\mathrm{d}x\mathrm{d}y
\end{aligned}
\tag{2.6.1}
$$

上式除以面积 $\mathrm{d}x\mathrm{d}y$,得 x 方向的动量在单位时间穿过单位面积的输送量(即 z 方向的 x 向动量通量):

$$
\tau_{zx}=\rho\overline{u}\overline{w}+\rho\overline{u'w'}=\widetilde{\tau}_0+\widetilde{\tau} \tag{2.6.2}
$$

式中,$\widetilde{\tau}_0=\rho\overline{u}\overline{w}$ 为平均风速产生的动量通量,即平流项,而 $\widetilde{\tau}=\rho\overline{u'w'}$ 是由湍流运动产生的动量通量。

用类似的方法还可以求出热量和水汽在垂直方向的通量:

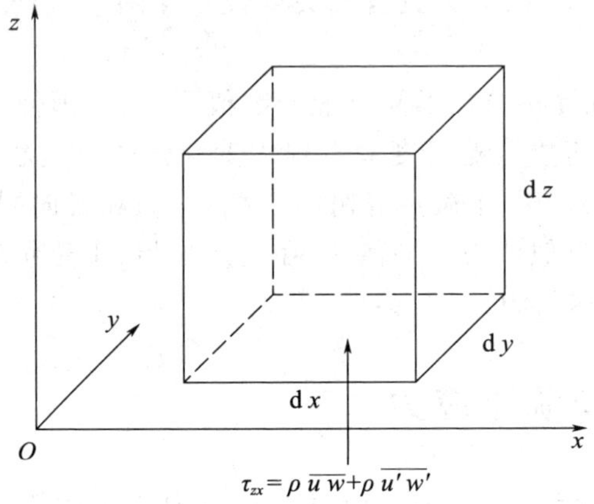

图 2.11　x 方向上的动量在垂直方向上的输送示意图

$$
\begin{aligned}
Q_{Hz} &= \rho c_p \overline{w'\theta'} \\
E_z &= \rho \overline{w'q'}
\end{aligned}
\tag{2.6.3}
$$

式中，ρ 为湿空气密度；c_p 为比定压热容；q 为比湿。

众所周知，动量有 3 个方向，而每个方向的动量又可以在 3 个不同方向上输送，因此动量通量是由 9 个分量组成的二阶张量。而热量和水汽是标量，所以他们的通量是由三个分量组成。具体完整的表达式如下：

$$
\tau = -\rho \begin{bmatrix} \overline{u'^2} & \overline{u'v'} & \overline{u'w'} \\ \overline{v'u'} & \overline{v'^2} & \overline{v'w'} \\ \overline{w'u'} & \overline{w'v'} & \overline{w'^2} \end{bmatrix} \tag{2.6.4}
$$

$$
Q_H = \rho c_p (\overline{\theta'u'}, \overline{\theta'v'}, \overline{\theta'w'}) \tag{2.6.5}
$$

$$
E = \rho (\overline{q'u'}, \overline{q'v'}, \overline{q'w'}) \tag{2.6.6}
$$

为了加深对湍流通量输送的理解，下面举一个热通量输送例子。图 2.12a，b 中的曲线分别表示白天（不稳定层结）和夜间（稳定层结）位温 θ 随高度的分布。白天，近地层位温廓线通常呈超绝热递减分布，湍流运动使一部分空气从高度 z_1 向下混合（w'为负），而另一部分空气从高度 z_2 向上混合到 z_1（w'为正）。由 z_1 向下运动到 z_2 高度的气块比周围空气低，因此其$\overline{w'\theta'}$也正，而向上运动到 z_1 高度的气块比周围空气暖，它的$\overline{w'\theta'}$也正。这就是说，向上和向下运动的空气对通量 $w'\theta'$的贡献都为正，因此平均值$\overline{w'\theta'}>0$，即垂直向热通量为正。在这种情况下，湍流向上输送热量，层结将趋于中性。

在夜间（图 2.12b），位温分布呈稳定递减率。这时湍流混合向上的气块比周围冷（$w'\theta'<0$），向下运动的气块比周围暖（$w'\theta'<0$），结果 $w'\theta'$ 为负，即湍流混合使热量向下输送。

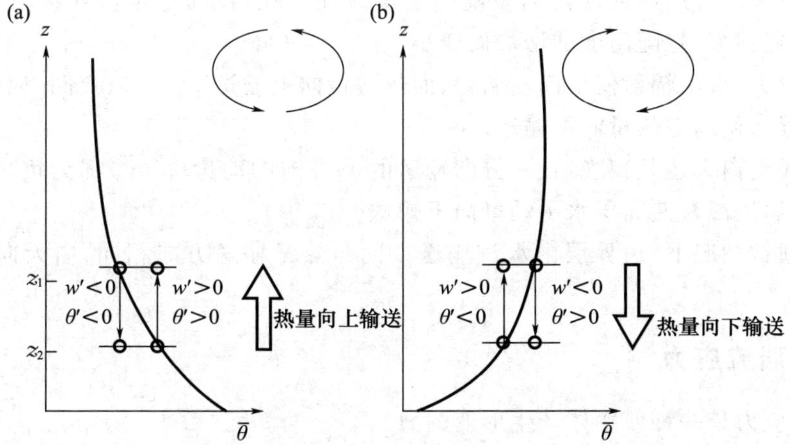

图 2.12　理想化的小湍涡混合过程(Stull,1991)

(a)静力不稳定环境中净向上的湍流热通量;(b)稳定环境中净向下湍流热通量

2.6.2　湍流通量的垂直分布

图 2.13 是理想化的热量、动量和水汽通量廓线分布图。由图 2.13 可见,边界层内的湍流输送具有几个以下特点:

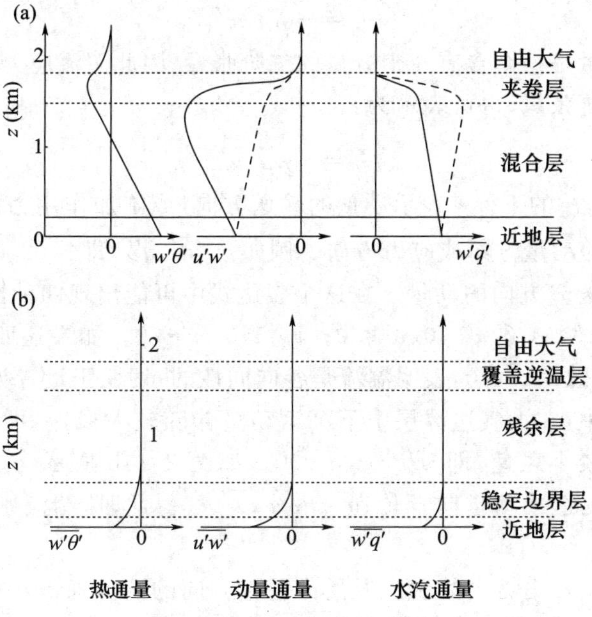

图 2.13　理想化的湍流通量垂直分布(Stull,1991)

(a)对流混合层;(b)稳定边界层

(1)白天混合层内的湍流通量随高度层线性变化;夜间稳定边界层内湍流通量要比白天弱很多,且随高度的增加而变小。

(2)白天,太阳辐射使地面增温,从而热通量向上输送$\overline{w'\theta'}>0$;夜间,地面辐射冷却,湍流混合使高空热量向下输送。

(3)无论白天还是夜晚,在z方向输送的x方向的动量($\overline{u'w'}$)都为负,这表示边界层中的湍流混合使高层水平动量向下输送。

(4)通常情况下,边界层内水汽输送方向与热量输送方向相同:白天向上,夜间向下。

2.6.3 湍流应力

湍流应力是一种使物体产生形变的力。

湍流应力只出现在湍流运动的流体中。它是由湍流运动(u',v',w')造成的一种流体间的作用力。例如式(2.6.1)表示单位时间在z方向穿过单位面积的x向动量(z方向的湍流通量)为$\rho\overline{u'w'}$。根据牛顿第二定律,单位时间内物体动量的变化等于该物体所受的外力,因此动量向上输送的过程,相当于下部空气对上层单位面积空气的作用力,此力与运动方向平行,故称为切应力。根据作用力与反作用力大小相等、方向相反的原则,可得上方(即z方向一侧)空气作用于单位面积下方空气的切应力为:

$$\tau_{zx}=-\rho\overline{u'w'} \tag{2.6.7}$$

由于动量通量是一个含有9个分量的二阶张量,因此湍流应力也有9个分量,而且是轴对称的二阶张量,也可表示为:

$$\tau_{ij}=-\rho\overline{u'_j u'_i} \tag{2.6.8}$$

式中,$i,j=1,2,3$,τ_{ij}的下标i表示动量的输送方向,或施加作用力的流体的方向;下标j表示被输送的动量方向或应力方向。例如$-\rho\overline{u'_3 u'_1}$,即式(2.6.7)中的$-\rho\overline{u'w'}$表示向$z$方向输送$x$方向的动量。在这个表达式中可能出现四种情况,即:①$u'>0$,$w'>0$;②$u'<0$,$w'>0$;③$u'<0$,$w'<0$;④$u'>0$,$w'<0$。如果这四种组合出现的机会都相同,必然导致$\overline{u'w'}=0$,表明湍流是各向同性的,切变张量皆为零,如图2.14a所示。但实际情况中,在大气边界层中下沉运动量伴随较大风速,即$w'<0$,$u'>0$;而上升运动常伴随较小风速,即$w'>0$,$u'<0$。如图2.14b所示,这两种情况都导致$\overline{u'w'}<0$,其结果是造成动量向下传递,$-\rho\overline{u'w'}>0$。此时,湍流则不满足各向同性的假设。

考虑到大气中水平方向的湍流通量比垂直方向的湍流通量小得多,在实际问题的讨论过程中,通常可以略去,只剩下垂直方向上的热量、水汽、动量通量的分量,即$\rho c_p\overline{\theta'w'}$、$\rho\overline{q'w'}$和$\rho\overline{u'w'}$、$\rho\overline{v'w'}$。

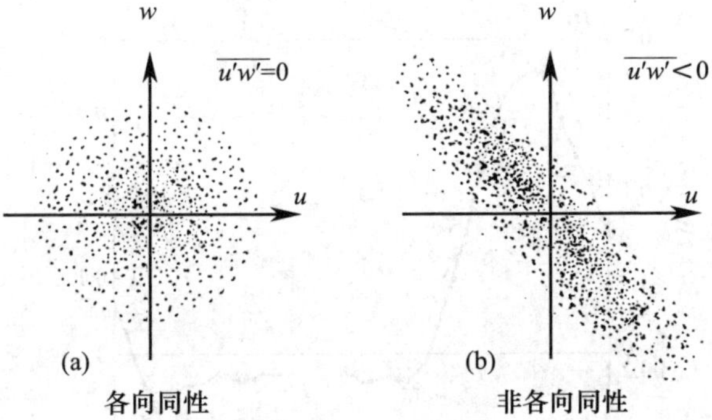

图 2.14　湍流速度散布(盛裴轩 等,2013)

2.6.4　摩擦速度

湍流研究过程中,通常引进一些特征量来表征湍流的某些属性。垂直方向上的摩擦速度 u_* 就是其中的一个特征量:

$$u_* \equiv \frac{\tau_z}{\rho} \tag{2.6.9}$$

式中

$$\tau_z = \sqrt{\tau_{xz}^2 + \tau_{yz}^2} = \sqrt{(-\rho \overline{u'w'})^2 + (-\rho \overline{v'w'})^2} \tag{2.6.10}$$

$$u_* = \sqrt{|(-\overline{u'w'})| + |(-\overline{v'w'})|} \tag{2.6.11}$$

该值从量纲上看是一个速度值,但表达的是一个湍流应力或湍流动量通量的意义,因此在湍流研究中,通常用这个值表征湍流应力的大小,或湍流的强弱。

图 2.15 是近地层大气感热通量 Q_H 和摩擦速度 u_* 的观测结果。由图 2.15 可见,Q_H 和 u_* 具有明显的日变化。白天,随着太阳辐射的增强,由湍流引起的自地面向上输送的热量不断增大,14 时左右达到最大,以后很快下降。18 时后,由于地面冷却,大气呈静力稳定状态,Q_H 由正变负,即热通量由大气向地面输送。u_* 正值表示动量自上向下输送,其值夜间小白天大,说明白天自上向下的动量输送比夜间强。

除此之外,常用的湍流特征量,还有特征温度(θ_*,T_*)和特征湿度(q_*),具体表达式如下:

$$\theta_* = \frac{(-\overline{w'\theta'})_z}{u_*} \tag{2.6.12a}$$

$$T_* = \frac{(-\overline{w'T'})_z}{u_*} \tag{2.6.12b}$$

$$q_* = \frac{(-\overline{w'q'})_z}{u_*} \tag{2.6.12c}$$

这几个特征量分别表示,热量通量与水汽通量的大小。

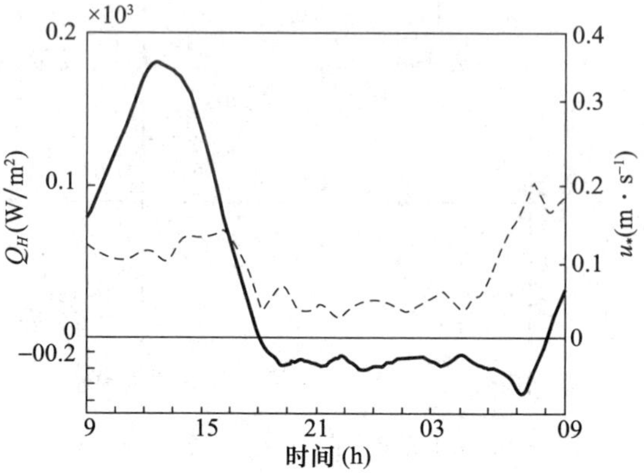

图 2.15　湍流热通量 Q_H（实线）和摩擦速度 u_*（虚线）的日变化（Andre et al. ,1978）

2.7　大气湍流的谱特征

由光谱学知识可知，白色光是七色光叠加而成。三棱镜是分离不同颜色光的一种物理装置。如果能测出每种色彩的强度，就能知道色彩对原光束贡献的大小。同样，湍流运动也可看成是由大小不同的湍涡叠加。即空间某固定点处速度脉动随时间的变化 $u'(t)$，可以看成是由各种尺度的湍涡经过该点叠加而成的。因此，可以利用谱的方法来分析湍流信息，从而了解各种尺度湍涡运动的贡献，这就是湍谱分析。

2.7.1　谱方法简介

傅里叶变换（Fourier transtorm）是现阶段最为常用的一种谱分析方法，为了本节内容的需要，下面对其进行简要回顾。数学上，任何一个完备的集合就确定了一个域，傅里叶变换涉及的是时间域和频率域中信号的等价表示。假设一个时间域里的信号 $f(t)$，或者是空间域信号 $f(r)$，如果是平方可积，那么它所对应的频率域中的信号 $F(\omega)$一定是存在的，二者有如下关系：

$$f(t) = \frac{1}{2\pi}\int_{-\infty}^{\infty}\left[\int_{-\infty}^{\infty} f(t)\mathrm{e}^{-\mathrm{i}\omega\tau}\,\mathrm{d}\tau\right]\mathrm{e}^{\mathrm{i}\omega t}\,\mathrm{d}\omega \tag{2.7.1a}$$

式中圆频率 $\omega=2\pi n$，令

$$F(\omega) = \int_{-\infty}^{\infty} f(t)\mathrm{e}^{-\mathrm{i}\omega t}\,\mathrm{d}t \tag{2.7.2a}$$

$$F(n) = \int_{-\infty}^{\infty} f(t)\mathrm{e}^{-\mathrm{i}2\pi nt}\,\mathrm{d}t \tag{2.7.2b}$$

则上式变为：

$$f(t) = \frac{1}{2\pi}\int_{-\infty}^{\infty} F(\omega)\mathrm{e}^{\mathrm{i}\omega t}\,\mathrm{d}\omega \tag{2.7.3}$$

下面再通过一个简单例子来说明时间域函数转变为频率域函数的过程。假设，时间序列函数 $f(t)$为一个矩形函数，图 2.16 中最右侧的矩形框，从理论上讲，应用傅里叶变换可将该函数分解为无穷多个正弦函数的叠加。图 2.16 中，最左侧黑色线是由 8 个不同的正弦波叠加而成的总和，这时黑色线已经比较接近假定函数。而后面不同颜色排列而成的正弦波就是组合为矩形波的各个分量。从频域上看，这些正弦波按照频率从低到高从前向后排列开来，且每个波的振幅各不相同。这样就构成了频率域中的函数 $F(\omega)$。可以想象当正弦波数继续增加，合成的黑色曲线就越逼近假设函数。

在湍流分析中，如果对某一时段内的 $u'(t)$进行傅里叶变化，也可得到该时段内，各种不同尺度湍涡的组成比例，即频谱函数 $F(n)$或 $F(\omega)$，如果具体细分还可以得到幅度谱和相位谱函数。

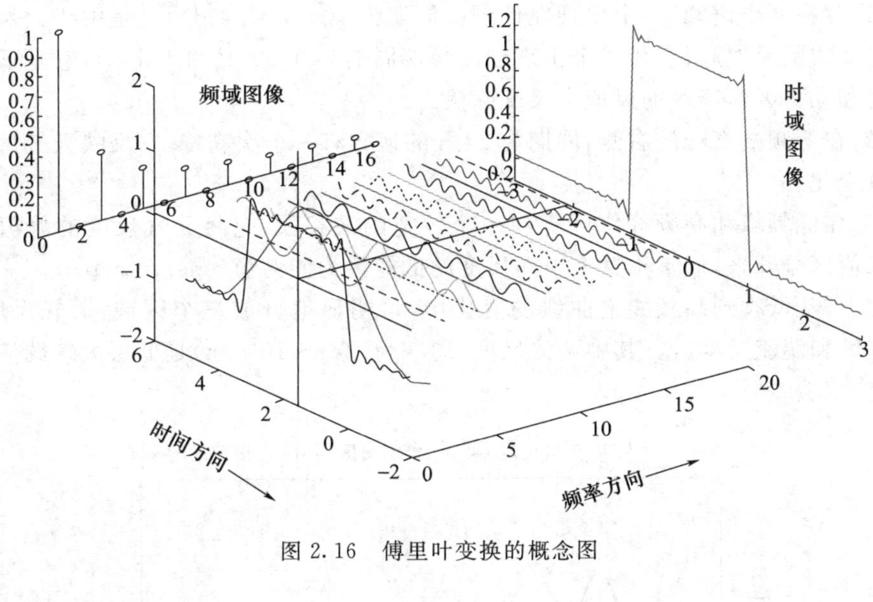

图 2.16　傅里叶变换的概念图

2.7.2　湍流能谱分析

湍流能谱，又称湍流能谱密度（或能谱密度）。以 u'分量速度为例，其能谱密度定义为：

$$S_u(n) = \overline{u'^2}F(n) \tag{2.7.4}$$

式中，$F(n)$为上一节给出的频谱函数。该式表示频率为 n 的那些湍涡的 u'分量对总湍能$\overline{u'^2}$（$=\sigma_u^2$）的贡献。于是 u'分量总湍能可以用下式表示

$$\overline{u'^2} = \int_0^\infty S(n)\mathrm{d}n = \int_0^\infty \overline{u'^2}F(n)\mathrm{d}n = \sigma_u^2 \tag{2.7.5}$$

其中
$$\int_0^\infty F(n)\mathrm{d}n = 1 \quad 或 \int_0^\infty nF(n)\mathrm{d}\ln n = 1 \tag{2.7.6}$$

在湍流研究中，人们常以 $S(n)$为纵坐标，n 为横坐标，构成能谱图。图中谱曲线所包围的面积等于湍流总能量。由于湍涡频率跨度较大，为方便起见，通常以 $\ln n$ 为横坐标，$\ln[nS(n)]$为纵坐标，作双对数形式的能谱图。这时谱曲线所围面积虽然不等于总湍能，但它具有两个优点：①容易识别能量定律(如后面要介绍的－5/3 次定律)；②容易对不同归一化因子的谱进行比较。

图 2.17 即是一个能谱图，图中数据为美国布鲁克海文国家实验室 125 m 高气象塔上测得的水平风速谱。图中横坐标为 $\ln n$ 和 $\ln T$，纵坐标为 $nS(n)$。$S(n)\mathrm{d}n$ 即谱曲线与间隔为 $\mathrm{d}n$ 的两纵坐标轴所围面积，代表 $\mathrm{d}n$ 频段范围内的湍能对总湍能的贡献。由图 2.17 可见：

(1)存在两个谱峰，一个出现在低频端周期为 100 h(约 4 d)，这是由于大尺度天气系统造成的风速起伏；另一个出现在高频端周期为 0.02 h(约 1 min)，它是低层大气热力和动力因素产生的风速小尺度起伏。

(2)在低频端高峰的右侧，周期为 24 h 的地方有一个次高峰，它反映天气尺度风速的日变化。

(3)在低频峰和高频峰之间存在一个较宽的波谷段，它将天气尺度的峰值和微尺度峰值区分开来，通常称这个中间尺度的低能区为能谱窗(energy gap)。

综上，从低频到高频能谱曲线的变化中，可明显地分成三个区域：天气尺度区、能谱窗区和湍流尺度区。其中湍流尺度(周期为 10 s～10 min)是低层大气湍流运动的研究对象。

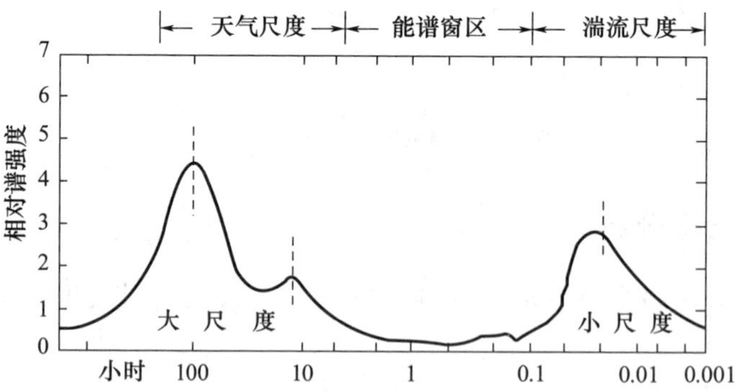

图 2.17　近地面水平风速的能谱图(Van der Hoven,1957)

除时间序列函数之外，对于空间分布函数 $f(r)$，存在同样的傅里叶变换关系：

$$f(r) = 2\int_0^{\infty} E(k_1)\cos k_1 r \mathrm{d}k_1 \tag{2.7.7}$$

$$E(k_1) = 2\int_0^{\infty} f(r)\cos k_1 r \mathrm{d}r \tag{2.7.8}$$

式中，k_1 为波数，定义为单位空间距离上波的个数乘以 2π，$E(k_1)$ 称一维空间能谱，表示单位波数间隔的湍涡所携带的湍流动能密度。

根据泰勒的冻结假设有 $f(r)=f(\overline{u}t)$，故波数 k_1 和 n 之间的变换关系为：

$$k_1 = 2\pi n/\overline{u} \tag{2.7.9}$$

一维空间谱与一维时间谱的关系为：

$$S(n) = \frac{2\pi}{\overline{u}} E(k_1) \tag{2.7.10}$$

图 2.18 为空间函数的能谱图，图中横坐标为频率 5，纵坐标为 $nS(n)$，这样低频段的横坐标可以被充分放大，能够细致地显示能谱随频率的变化特征。由图 2.18 可见，对于 u 分量的湍流能谱在 $10^{-2} \sim 10^{-3}$ 之间处达到峰值，此后随着 f 的增加能量逐渐下降，在高频段，$nS(n)$ 随 f 呈直线变化，且满足 $-2/3$ 幂次关系。如果以 $S(n)$ 为纵坐标，则满足 $S(n) \propto f^{-5/3}$。

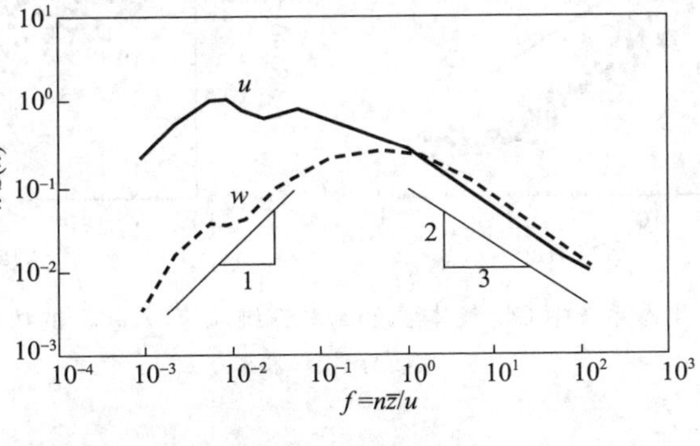

图 2.18　大气湍流能谱图(Kaimal et al.，1972)

2.7.3　湍流功率谱分析

对于湍流运动这样的随机信号，由于持续时间无限长，可能不满足绝对可积与能量可积的条件，因此有时候无法用傅里叶变换方法求解能谱信息，所以常用功率谱来描述湍流的一些特征。

功率谱是功率谱密度函数的简称，定义为单位频带内的信号功率的大小，表示信号或者时间序列的功率随频率的分布变化情况，即信号功率在频域的分布状况。在湍流研究中，这个功率不是实际意义上的功率，而是将 $u'(t)$，$v'(t)$，$w'(t)$，$T'(t)$等时间序列函数假想为电信号函数，功率函数则可表示为：

$$\text{Power} = f(t)^2 \tag{2.7.11}$$

式中，$f(t)^2$ 为前面讲过的自相关函数 $r(t)$，即功率谱密度就是自相关函数的傅里叶变换，有：

$$S(\omega) = \int_{-\infty}^{\infty} r(t)\,\mathrm{e}^{-\mathrm{i}\omega t}\,\mathrm{d}t \tag{2.7.12}$$

$$r(t) = \frac{1}{2\pi}\int_{-\infty}^{\infty} S(\omega)\,\mathrm{e}^{\mathrm{i}\omega t}\,\mathrm{d}\omega \tag{2.7.13}$$

基于上述计算原理，就可以对三维风速、CO_2 浓度、H_2O 浓度等物理量的功率谱 $S(n)$ 进行计算。图 2.19 为 ChinaFLUX 的长白山森林生态系统用开路和闭路涡度相关系统测得的大气 CO_2 浓度和三维风速的功率谱特征。从图中可以看出，典型晴天条件下三维风速的功率谱在惯性子区基本符合 $-2/3$ 定律，CO_2 气体的功率谱在惯性子区也基本符合 $-2/3$ 定律。

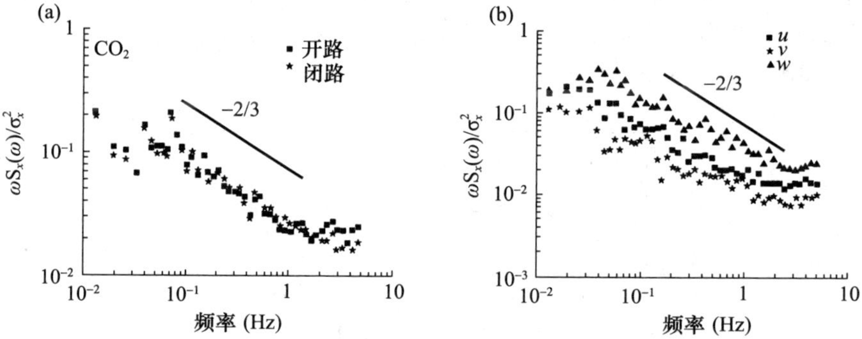

图 2.19 长白山森林生态系统中 CO_2 气体浓度(a)和三维风速(u,v,w)的功率谱(b)(宋霞 等，2004)
(实线为 $-2/3$ 斜率)

2.8 科尔莫戈罗夫理论与能量级串

2.8.1 K41 理论

综前可知，大气湍流是一个多尺度结构的复杂系统，湍涡尺度范围可从几毫米延伸至几千米。在前面的能谱分析及功率谱分析结果中可以看到，不同尺度湍涡的属性差异非常明显。Kolomogorov 对这一现象进行了深入的分析，提出了一个非常重要的理论，后文简称 K41 理论。他认为在 Re 数很大时，湍流可以由相差很大的、各种不同尺度的涡旋组成。最大的湍涡直接由平均流场的不稳定性及边界条件产生。大湍涡通过惯性又将能量输送或破裂成较小的湍涡，较小的湍涡又破裂成更小的湍涡，这样就形成一连串无穷多级的大大小小的湍涡，这就是所谓的串级过程。大湍涡从外界获取能量，逐级传递给次级的湍涡，最后在最小的湍涡尺度上被黏性所耗散。由于 Re 数比较大，在串级过程中，小尺度湍流最终必定达到某种统计平衡状态，并且不再依赖于产生湍流的外部条件，而形成所谓“局地均匀各向同性湍流”，也就是说，虽然大尺度湍流是非均匀各向同性的，但是小尺度湍流仍可以看成是均匀各向同性的。

在 K41 理论中，有几条具体结论：

(1)在 Re 数足够大时，存在一个高波数区(高频率区)，其中的湍流处于统计平衡状态，其湍流特征仅由湍能耗散率 ε 和分子黏性系数 ν 决定。根据量纲分析，其特征长度 η、特征速度 u_η 和特征时间 τ_η 分别为：

$$\eta=\left(\frac{\nu^3}{\varepsilon}\right)^{\frac{1}{4}} \tag{2.8.1}$$

$$u_\eta=(\nu\varepsilon)^{\frac{1}{4}} \tag{2.8.2}$$

$$\tau_\eta=\frac{\eta}{u_\eta}=\left(\frac{\nu}{\varepsilon}\right)^{\frac{1}{2}} \tag{2.8.3}$$

设湍流最大湍涡特征尺度为 L_0，第一假设成立的条件是：$L_0\gg\eta$。这时在湍流小尺度区内满足局地均匀各向同性。

(2)在 Re 数非常大时，在上述局地均匀各向同性区域内还存在一个仅由参数 ε 确定的子区域，称作惯性子区，其尺度 I 满足 $L_0\gg I\gg\eta$。根据量纲分析，湍能一维空间谱可写作：

$$E(k_1)=a\varepsilon^{2/3}k_1^{-5/3} \tag{2.8.4}$$

以 n 表示在定点测量中观察到的湍涡的频率，根据泰勒的定型湍流假设 $k_1=2\pi n/\overline{u}$，惯性子区的一维时间谱可写作：

$$S(n)=a_1\varepsilon^{2/3}n^{-5/3} \tag{2.8.5}$$

这个就是著名的 $-5/3$ 次定律，如果方程两边都乘以 k_1 或 n 就转变为 $-2/3$ 次定律，图 2.20 中就展示了在惯性子区中能量谱、功率谱都满足这一规律。

2.8.2　湍流能量级串

根据湍涡的运动属性和能量输送关系，可将各种尺度的湍涡分为三个特定区域：

(1)含能涡区：其空间尺度较大，是各向异性的，通常是非平稳、非均匀的。平均场通过雷诺应力以及浮力作功向这个子区传输能量。含能涡区从平均场得到湍流能量，并往小尺度湍涡区传送，湍流黏性耗散完全可以不予考虑。含能涡区具有较强的涨落，并且在各种要素的涨落量之间具有较强的相关。

(2)惯性子区：其湍涡尺度小于含能涡区，是符合局地均匀与各向同性的小尺度湍流中尺度稍大的部分。它将从含能涡区传送过来的能量，通过逐级传输方式，从上一级湍涡传输到下一级湍涡。在惯性子区内各级湍涡的湍能耗散仍然可以忽略不计。

(3)耗散区：湍涡最小尺度部分，湍能耗散随湍流尺度的减小而增加。只有上一级湍涡传送过来的部分能量能传送到它的下一级湍涡，而最小尺度的湍涡最终将上一级尺度湍涡传来的动能完全耗散掉。

图 2.20 给出各个谱区在湍流能谱图上的位置。

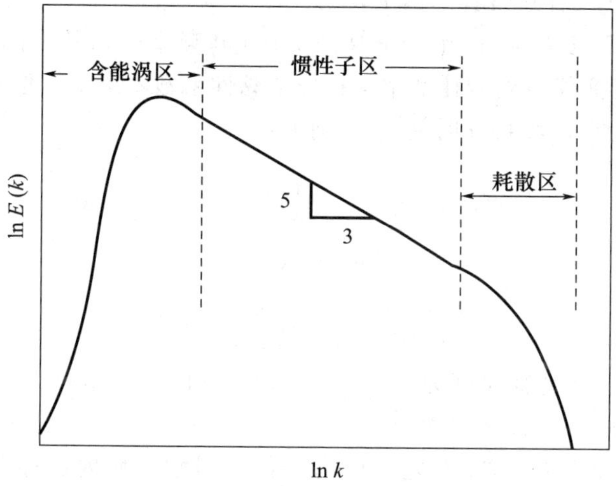

图 2.20　大气湍流能谱图(Kaimal et al. ,1972)

简单地说 K41 理论认为，无论湍流系统如何复杂，其湍涡结构都有着相似性，即湍涡的动能总是由外力作用施加给流场，并注入最大尺度(假设为 L)的涡结构。然后，大尺度涡结构逐次瓦解并产生小型湍涡，同时也将动能由大尺度逐级传向小尺度结构，并依此类推，见图 2.21a。但此过程并不会无限进行下去，当涡结构尺度足够小(假设为 η)时，流体黏性将占据主导地位，动能转化为内能在该尺度上耗散掉，继而不会继续传向更小尺度的涡结构。

举个例子，假设有一个长度尺度为 L 的水桶，用搅拌器对桶里的水进行搅拌，不难想象，桶中会出现的最大涡旋尺度只能是 L。随着时间的推移，桶内还会出现不同尺度的涡，尺度层次会非常丰富。此时，系统将达到一种动态平衡，即湍流动能由搅拌器施加给系统，系统中的动能由尺度为 L 的大涡一级级传向小涡，最终由于黏性耗散在最小尺度的涡结构里。整个系统力作而兴，力息而竭。如果撤去搅拌器的外力，桶中的涡旋结构将会慢慢衰减，直至被黏性消耗殆尽。

早在 100 多年前，Richardson 研究天气预报时也发现：天气运动过程类似湍流运动过程是由一系列不同尺度的涡组成的，由于大气的黏性很小，大气处于完全发展的湍流状态，各种尺度的湍涡均被激发。在天气过程变化过程中，这些涡是不稳定的，大涡破碎，将能量传递给小涡，小涡破碎，又将能量传递给更小的涡，这是一个相似的连续的涡破碎和能量的传递过程，直到 *Re* 数足够小，使得非常小的涡趋于稳定，被分子黏性所耗散。Richardson 用一首小诗简洁地勾画出涡的破碎和能量的传递过程的图像模式，这一现象被称为 Richardson 湍动能串级过程。

Big whorls have little whorls,	大涡中涡小涡共处，
Which feed on their velocity;	涡旋破碎能量传递；
And little whorls have lesser whorls,	过程连续代代相传，
And so on to viscosity.	耗尽在分子黏性里。

然而，实际观测结果及理论分析都发现湍流场的统计特征不具有严格的自相似性，而是会偏离高斯分布的非平稳过程。即流体运动由层流转向湍流的过程中，能量由大涡向小涡级传递中，并不是各向同性的，而是间歇性的。也就是说，当湍流存在间歇性时，该理论将无法使用。此后，几十年内涌现出大量经验模型，如考虑了间歇性的 β 模型，如图 2.21b 所示。该模型中，能量由大涡向小涡传递过程中，加入了间歇性特征。后来，科学家们还提出了同步级串模型(scnchro cascade model)，在物理图像上反映出级串过程并不是均匀的由大涡向小涡裂解，事实上含能涡只需一次裂解便同时形成大、中、小、微各种尺度，见图 2.21c。

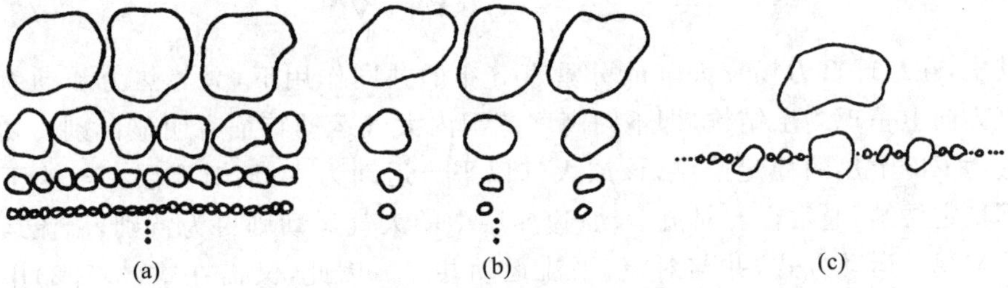

图 2.21　湍流级串过程中的几种形式(盛裴轩 等，2013)

(a)自相似级串过程；(b)间歇性级串过程；(c)同步级串过程

第3章 大气边界层动力学基础

3.1 大气边界层中的控制方程组

牛顿流体是指流速低、黏性小且不可压缩的液体或气体，其运动规律可通过经典的纳维-斯托克斯方程(Navier-Stokes equation)表述：

$$\frac{\mathrm{d}\mathbf{V}}{\mathrm{d}t}=g-\frac{\nabla p}{\rho}+\nu\,\nabla^2\mathbf{V} \tag{3.1.1}$$

式中，g 为重力，$-\nabla p/\rho$ 为压力梯度力，$\nu\,\nabla^2\mathbf{V}$ 为流体的黏性应力。

大气也遵循上述规律，但又与牛顿流体的运动有鲜明差异。

首先，在地球的自转效应下，大气时时刻刻都在绕地轴做圆周运动。因此，必须在式(3.1.1)中增加地球自转产生的科里奥利力，如式(3.1.2)，f 为科里奥利参数。

$$\frac{\mathrm{d}\mathbf{V}}{\mathrm{d}t}=g-\frac{\nabla p}{\rho}-f\times\mathbf{V}+\nu\,\nabla^2\mathbf{V} \tag{3.1.2}$$

其次，在地球重力场及大气成分垂直分布的共同作用下，大气热力和动力结构在垂直方向上呈现多层结构，即不同高度范围内大气运动特征有明显区别。如平流层大气为下冷上热的稳定层结，该层大气以平流运动为主；而对流层大气为下热上冷的不稳定层结，通常会有对流运动；边界层中的大气运动则更为特别，湍流运动成为不可忽视的运动方式，并与对流、平流运动共存。因此，又需在式(3.1.2)中考虑湍流应力 $\boldsymbol{\tau}$ 的作用，如式(3.1.3)。

$$\frac{\mathrm{d}\mathbf{V}}{\mathrm{d}t}=g-\frac{\nabla p}{\rho}-f\times\mathbf{V}+\nu\,\nabla^2\mathbf{V}+\boldsymbol{\tau} \tag{3.1.3}$$

再次，大气边界层中的气温垂直变化明显。垂直方向上的气流运动会导致气块在新位置的温度高于(或低于)周边环境大气，更直接地说是气块密度低于(或高于)周边环境大气，因此会产生热浮力，如式(3.1.4)。例如在夏季晴朗的白天，近地层垂直方向上的热浮力可达 $10^{-1}\sim10^{1}$ N，导致边界层内产生对流热泡，同时也能促进湍流的形成和维持。故边界层内大气运动规律的研究不可避免地还要考虑大气热力学方程。

$$F_{浮力}=(\rho_{环境冷空气}-\rho_{热空气})Vg \tag{3.1.4}$$

为了定量描述边界层中大气的运动规律，仅考虑动量守恒方程和热量守恒方程还不够，同时还需考虑气体状态方程、质量守恒方程、水汽守恒方程。如果涉及大气污染物、CO_2等标量，还需考虑相应的标量守恒方程。联立这几个方程就构成了完整的控制方程组，该方程组也是整个大气边界层动力学的出发点。通过这些方程式的求解就可深入研究边界层范围内的大气动力过程、热力过程、水汽过程等，以及它们之间的相互关系，从理论上探讨大气边界层内的各种物理过程和演变规律。

需要明确指出，边界层范围内的大气运动控制方程组明显区别于天气学、气候学中的控制方程组。其“根源”就是大气湍流的作用不可忽视，即边界层范围内湍流是大气的主要运动方式。湍流运动所引起的动量输送、热量输送、水汽输送等在控制方程中起重要作用，因此在控制方程组中要细分平流作用与湍流作用，特别要将湍流在方程中的作用讨论清楚。下面将按这一思路对方程组中的每一个方程进行详细阐述。

3.2　湍流运动在大气边界层控制方程组中的作用

3.2.1　“雷诺思想”在控制方程组中的应用

雷诺认为，任何流体的运动都可设想成两种运动的组合，即在平均运动上叠加不规则的、尺度范围很广的湍流运动。通过雷诺分解的方法可提取湍流量，通过雷诺平均方法获取湍流的长时间作用对各个物理过程的影响。

为了研究湍流运动在大气边界层控制方程组中的影响，同样可以采用雷诺的这一思想，即认为控制方程组中的每一个“瞬时方程”(F)都是由“平均量方程”($\overline{F}$)与“脉动量方程”(F')叠加而成，如式(3.2.1)。

$$F=\overline{F}+F' \tag{3.2.1}$$

若能将平均量方程与脉动量方程分离出来，这样就可以分别讨论湍流量在 $\overline{F}$ 中的作用，以及平均量在 F' 中的作用，并为定量描述边界层范围内平均量和脉动量的时空分布特征奠定基础。

下面将介绍，“雷诺思想”如何具体应用于大气边界层控制方程组，即如何把平均量方程与脉动量方程分离出来。由于后续的公式推导较为复杂，很容易使读者摸不着头脑。因此有必要将平均量方程与脉动量方程的推导步骤简要归纳一下。

(1)确定所研究的问题，选定对应的控制方程 F，具体表达式为：

$$F=\frac{\mathrm{d}A}{\mathrm{d}t}=0 \tag{3.2.2}$$

(2)把全导数形式的守恒方程展开成局地项和平流项：

$$\frac{\partial A}{\partial t}+u\frac{\partial A}{\partial x}+v\frac{\partial A}{\partial y}+w\frac{\partial A}{\partial z}=0 \tag{3.2.3}$$

(3)把上式中的变量展开成平均量和脉动量之和,得到:

$$\frac{\partial(\overline{A}+A')}{\partial t}+(\overline{u}+u')\frac{\partial(\overline{A}+A')}{\partial x}+(\overline{v}+v')\frac{\partial(\overline{A}+A')}{\partial y}+(\overline{w}+w')\frac{\partial(\overline{A}+A')}{\partial z}=0 \tag{3.2.4}$$

(4)对式(3.2.4)等号两边进行雷诺平均,即可得到带有湍流通量($\overline{u'A'}$,$\overline{v'A'}$,$\overline{w'A'}$)的平均量方程,如式(3.2.5)所示。这样就可讨论湍流作用在该方程中的贡献。

$$\frac{\partial\overline{A}}{\partial t}+\overline{u}\frac{\partial\overline{A}}{\partial x}+\overline{v}\frac{\partial\overline{A}}{\partial y}+\overline{w}\frac{\partial\overline{A}}{\partial z}+\frac{\partial\overline{u'A'}}{\partial x}+\frac{\partial\overline{v'A'}}{\partial y}+\frac{\partial\overline{w'A'}}{\partial z}=0 \tag{3.2.5}$$

(5)将式(3.2.4)与式(3.2.5)相减,即可得脉动量控制方程:

$$\frac{\partial A'}{\partial t}+u'\frac{\partial\overline{A}}{\partial x}+v'\frac{\partial\overline{A}}{\partial y}+w'\frac{\partial\overline{A}}{\partial z}+\overline{u}\frac{\partial A'}{\partial x}+\overline{v}\frac{\partial A'}{\partial y}+\overline{w}\frac{\partial A'}{\partial z}=0 \tag{3.2.6}$$

上述方程式(3.2.2)—(3.2.4)都属于瞬时方程(F),式(3.2.5)为平均量方程($\overline{F}$),式(3.2.6)为脉动量方程(F')。这三个方程各有其特殊的物理含义及应用价值。在实际大气中,由于大气湍流的存在,大气的瞬时状态也表现为杂乱、旋转、多尺度的运动特征,而这种无规则、随机性很强的瞬时运动规律对本学科的理论指导意义并不很强。同样,脉动量方程也存在上述问题,并且方程的复杂性更强,如何求解这一方程仍是大气科学领域、物理领域、数学领域所共同面临的巨大挑战。现阶段,本学科领域则更关注平均量方程,即着重研究在距地面1~2 km范围内,湍流的总体特征对大气边界层物理过程的影响。

下面将针对控制方程组中的几个方程分别应用上述推导步骤,获取各自的瞬时方程、平均量方程和脉动量方程,并对各方程的物理意义进行深入讨论。

3.2.2 气体状态方程

(1)气体状态方程

1)理想气体

理想气体状态方程是描述理想气体处于平衡态时,其气压、体积、物质的量及气温间的关系,表达式为:

$$p_{\text{gas}}V=nRT=\frac{m_{\text{gas}}}{M_{\text{gas}}}RT \tag{3.2.7}$$

式中,p_{gas}为某种理想气体的气压(Pa);V为气体体积(m^3);n为气体摩尔数(mol);$R=8.3145$ J/(mol·K)为摩尔气体常数;m_{gas}为气体质量(g);M_{gas}为该气体摩尔质量(g/mol);T为气体温度(K)。

2)干洁大气

通常认为,干洁大气是由多种理想气体组成,故式(3.2.7)可变为:

$$p_{\text{d}}=\frac{m_{\text{d}}}{V}\frac{R}{M_{\text{d}}}T=\rho_{\text{d}}R_{\text{d}}T \tag{3.2.8}$$

式中，p_d为干空气压强(Pa)；m_d为干空气质量(g)；$\rho_d=1.29\ \mathrm{kg/m^3}$为干空气密度；$M_d=28.964\ \mathrm{g/mol}$为干空气摩尔质量；$R_d=287\ \mathrm{J/(mol\cdot K)}$为干空气摩尔气体常数。

3)边界层内大气

若讨论边界层内大气，还须将水汽作用考虑进来，为：

$$p=\rho R_d T(1+0.608q)=\rho R_d T_v \tag{3.2.9}$$

式中，p 是包含水汽的实际大气压；ρ 为实际大气密度；q 为比湿；T_v 为虚温。

(2)边界层内的气体状态方程

应用“雷诺思想”，对式(3.2.9)中的变量分解成平均量与脉动量：$p=\overline{p}+p'$，$\rho=\overline{\rho}+\rho'$，$T_v=\overline{T_v}+T'_v$，整理可得：

$$\frac{\overline{p}+p'}{R_d}=(\overline{\rho}+\rho')(\overline{T_v}+T'_v)=\overline{\rho}\,\overline{T_v}+\overline{\rho}T'_v+\rho'\overline{T_v}+\rho'T'_v \tag{3.2.10}$$

对上式进行雷诺平均，可得：

$$\frac{\overline{p}}{R_d}=\overline{\rho}\,\overline{T_v}+\overline{\rho'T'_v} \tag{3.2.11a}$$

大量统计结果表明上式中右边第2项很小，可略去不计，得平均量方程：

$$\frac{\overline{p}}{R_d}=\overline{\rho}\,\overline{T_v} \tag{3.2.11b}$$

该方程表明，边界层范围内湍流运动对气体状态方程的影响可以忽略不计。用式(3.2.10)减去式(3.2.11b)，再除以式(3.2.9)得：

$$\frac{p'}{\overline{p}}=\frac{\rho'}{\overline{\rho}}+\frac{T'_v}{\overline{T_v}}$$

正常条件下，$p'/\overline{p}\approx 5\times10^{-5}$ 明显小于 $T'_v/\overline{T_v}\approx 2\times10^{-3}$。在满足布西内斯克(Boussinesq)假定下，可忽略压强脉动项，得脉动量方程：

$$\frac{\rho'}{\overline{\rho}}=-\frac{T'_v}{\overline{T_v}}\quad 或\quad \frac{\rho'}{\overline{\rho}}=-\frac{\theta'_v}{\overline{\theta_v}} \tag{3.2.12}$$

上式表明，在满足布西内斯克假定下，温度高于平均值的空气其密度小于平均值。也可以理解为，湍流微团之间的密度差异 ρ' 只取决于虚温脉动值 T_v' 或虚位温脉动值 θ'_v 的差异。也就是说边界层范围内，空气密度的变化主要是由于温度扰动导致。此外，在大气科学领域中，空气密度的测量难度往往较大，而温度测量相对简单，因此，在后文中空气密度的测量、推导都会相应地转换为气温或位温。

3.2.3　质量守恒方程(连续方程)

(1)从质量守恒方程到连续方程

质量守恒定律是指在一个隔绝的系统(孤立系统)中，在没有任何物质“源”与“汇”的条件下，无论发生何种变化，其总质量恒定不变。具体表达形式为：

$$\frac{\mathrm{d}m}{\mathrm{d}t}=0 \tag{3.2.13}$$

将 $m=\rho V$ 带入上式，得：

$$\frac{\mathrm{d}\rho V}{\mathrm{d}t}=0 \quad 或 \quad \rho\frac{\mathrm{d}V}{\mathrm{d}t}+V\frac{\mathrm{d}\rho}{\mathrm{d}t}=0$$

$$\frac{\mathrm{d}\rho}{\mathrm{d}t}+\rho\left(\frac{\partial u}{\partial x}+\frac{\partial v}{\partial y}+\frac{\partial w}{\partial z}\right)=0 \tag{3.2.14a}$$

$$\frac{\mathrm{d}\rho}{\mathrm{d}t}+\rho\nabla\cdot\mathbf{V}=0 \tag{3.2.14b}$$

式中，V 为气体体积，$\mathbf{V}$ 为速度矢量，$\nabla\cdot\mathbf{V}$ 为速度散度。该式表明，在一个孤立系统中，气体总质量不变的条件下，气体密度的变化由体积伸缩来决定（拉格朗日观点）。

进一步变换式(3.2.14a)

$$\frac{\partial\rho}{\partial t}+\left(u\frac{\partial\rho}{\partial x}+v\frac{\partial\rho}{\partial y}+w\frac{\partial\rho}{\partial z}\right)+\left(\rho\frac{\partial u}{\partial x}+\rho\frac{\partial v}{\partial y}+\rho\frac{\partial w}{\partial z}\right)=0$$

$$\frac{\partial\rho}{\partial t}+\frac{\partial\rho u}{\partial x}+\frac{\partial\rho v}{\partial y}+\frac{\partial\rho w}{\partial z}=0 \tag{3.2.15a}$$

$$\frac{\partial\rho}{\partial t}+\nabla\cdot\rho\mathbf{V}=0 \tag{3.2.15b}$$

上式表明，在一定体积范围内，气体密度的局地变化是由质量散度 $\nabla\cdot\rho\mathbf{V}$ 决定的（欧拉观点）。

在布西内斯克近似条件下，在浅薄流体中，大气密度的时间变化和空间变化可近似忽略不计（准均匀不可压缩流体），则上式可变化为连续方程式(3.2.16)。

$$\frac{\partial u}{\partial x}+\frac{\partial v}{\partial y}+\frac{\partial w}{\partial z}=0 \tag{3.2.16a}$$

$$\nabla\cdot\mathbf{V}=0 \tag{3.2.16b}$$

(2)边界层内的连续方程

从式(3.2.16a)出发，将方程中的变量分解成平均量与脉动量：$u=\overline{u}+u'$，$v=\overline{v}+v'$，$w=\overline{w}+w'$，整理可得：

$$\frac{\partial\overline{u}}{\partial x}+\frac{\partial\overline{v}}{\partial y}+\frac{\partial\overline{w}}{\partial z}+\frac{\partial u'}{\partial x}+\frac{\partial v'}{\partial y}+\frac{\partial w'}{\partial z}=0 \tag{3.2.17}$$

对上式进行雷诺平均，可得平均量方程：

$$\frac{\partial\overline{u}}{\partial x}+\frac{\partial\overline{v}}{\partial y}+\frac{\partial\overline{w}}{\partial z}=0 \tag{3.2.18}$$

以式(3.2.17)减去式(3.2.18)，得脉动量方程：

$$\frac{\partial u'}{\partial x}+\frac{\partial v'}{\partial y}+\frac{\partial w'}{\partial z}=0 \tag{3.2.19}$$

式(3.2.18)及式(3.2.19)表明，边界层范围内湍流运动对连续方程无影响，即湍流运动不改变气体的不可压缩假设，同时也不会改变气体的无辐散特性。

3.2.4　动量守恒方程

动量守恒定律是牛顿第二运动定律的推导结果，指一个物体的动量变化是由该物体所受外力的矢量和所决定，当外力的矢量和为零时，那么该物体总动量则保持不变。

$$\frac{\mathrm{d}(m\boldsymbol{V})}{\mathrm{d}t}=\sum\boldsymbol{F} \tag{3.2.20}$$

式中，$\boldsymbol{F}$ 为该物体所受到的力；$\boldsymbol{V}$ 为物体的速度矢量。若物体为单位质量时，上式可转变为式(3.1.2)。将空间坐标和速度分量写成张量形式，$x_i(i=1,2,3)$表示(x,y,z)，即$(x_1,x_2,x_3)=(x,y,z)$，同理$(u_1,u_2,u_3)=(u,v,w)$。再引入 Kronecker 张量 δ_{i3} 和交换张量 ε_{ij3}：

$$\delta_{ik}=\begin{cases}1 & \text{如果 } i=k\\ 0 & \text{如果 } i\neq k\end{cases} \tag{3.2.21}$$

$$\varepsilon_{ijk}=\begin{cases}1 & \text{若 } ijk=123,231 \text{ 或 } 312\text{(偶排列)}\\ -1 & \text{若 } ijk=321,213 \text{ 或 } 132\text{(奇排列)}\\ 0 & \text{若 } ijk \text{ 中任意两指数相同}\end{cases} \tag{3.2.22}$$

得到：

$$\frac{\partial u_i}{\partial t}+u_j\frac{\partial u_i}{\partial x_j}=-\frac{1}{\rho}\frac{\partial p}{\partial x_i}-\delta_{i3}g+f\varepsilon_{ij3}u_j+\nu\frac{\partial^2 u_i}{\partial x_j^2} \tag{3.2.23}$$

将方程中的应变量展开成平均量与脉动量之和，并应用布西内斯克近似假设，上式可变形为：

$$\begin{aligned}&\frac{\partial}{\partial t}(\overline{u_i}+u'_i)+(\overline{u_j}+u'_j)\frac{\partial}{\partial x_j}(\overline{u_i}+u'_i)\\&=-\frac{1}{\overline{\rho}}\frac{\partial}{\partial x_i}(\overline{p}+p')-\delta_{i3}g\left(1-\frac{\theta'_{\mathrm{v}}}{\overline{\theta_{\mathrm{v}}}}\right)+f\varepsilon_{ij3}(\overline{u_j}+u'_j)+\nu\frac{\partial^2(\overline{u_i}+u'_i)}{\partial x_j^2}\end{aligned} \tag{3.2.24}$$

式中，$(1-\theta'_{\mathrm{v}}/\overline{\theta_{\mathrm{v}}})$为热浮力作用对运动过程的影响。完成公式中的乘积运算，并把每一项分开，得：

$$\begin{aligned}&\overline{\frac{\partial\overline{u_i}}{\partial t}}+\overline{\frac{\partial u'_i}{\partial t}}+\overline{\frac{\overline{u_j}\partial\overline{u_i}}{\partial x_j}}+\overline{\frac{\overline{u_j}\partial u'_i}{\partial x_j}}+\overline{\frac{u'_j\partial\overline{u_i}}{\partial x_j}}+\overline{\frac{u'_j\partial u'_i}{\partial x_j}}\\&=-\overline{\delta_{i3}g}+\overline{\delta_{i3}\left(\frac{\theta'_{\mathrm{v}}}{\overline{\theta_{\mathrm{v}}}}\right)g}+\overline{f\varepsilon_{ij3}\overline{u_j}}+\overline{f\varepsilon_{ij3}u'_j}-\overline{\frac{1}{\overline{\rho}}\frac{\partial\overline{p}}{\partial x_j}}-\overline{\frac{1}{\overline{\rho}}\frac{\partial p'}{\partial x_j^2}}+\overline{\nu\frac{\partial^2\overline{u_i}}{\partial x_j^2}}+\overline{\nu\frac{\partial^2 u'_i}{\partial x_j^2}}\end{aligned} \tag{3.2.25}$$

对上式进行雷诺平均，可得平均量方程：

$$\underset{\text{I}}{\frac{\partial\overline{u_i}}{\partial t}}+\underset{\text{II}}{\overline{u_j}\frac{\partial\overline{u_i}}{\partial x_j}}=\underset{\text{III}}{-\frac{1}{\overline{\rho}}\frac{\partial\overline{p}}{\partial x_i}}\underset{\text{IV}}{-\delta_{i3}g}+\underset{\text{V}}{f\varepsilon_{ij3}\overline{u_j}}+\underset{\text{VI}}{\nu\frac{\partial^2\overline{u_i}}{\partial x_j^2}}\underset{\text{VII}}{-\underline{\underline{\frac{\partial(\overline{u'_i u'_j})}{\partial x_j}}}} \tag{3.2.26}$$

Ⅰ　平均风速的局地变化项，即风速随时间的变化规律

Ⅱ　平流作用对平均风速的影响项

Ⅲ　气压梯度力对平均风速的影响项

Ⅳ　重力作用对垂直风速的影响项

Ⅴ　科氏力对平均风速的影响项

Ⅵ　空气分子黏性应力对平均风速的影响项

Ⅶ　雷诺应力对平均风速的影响项，也被称为湍流动量通量的散度项

对比式(3.2.24)可见，上式多出了一项湍流作用项。该项表明，在边界层范围内，即使讨论的是平均动量方程，也必须考虑湍流作用的影响。实际观测数据同样表明，在大气边界层内第Ⅶ项的量值往往可能很大，甚至比其他项都大。

用式(3.2.24)减去式(3.2.26)，得脉动量方程：

$$\frac{\partial u_i'}{\partial t}+\overline{u}_j\frac{\partial u_i'}{\partial x_j}+u_j'\frac{\partial \overline{u_i}}{\partial x_j}+u_j'\frac{\partial u_i'}{\partial x_j}=-\frac{1}{\rho}\frac{\partial p'}{\partial x_i}+\delta_{i3}g\frac{\theta_v'}{\theta_v}+f\varepsilon_{ij3}u_j'+\nu\frac{\partial^2 u_i'}{\partial x_j^2}+\frac{\partial(\overline{u_i'u_j'})}{\partial x_j} \tag{3.2.27}$$

上式为 u_i'的控制方程，表征湍流运动的成因。其中第一项为湍流的局地变化项；第二项为平均风的输送作用所引起的湍流变化；第三项为平均风速梯度对湍流变化的影响；第四项为湍流输送作用所引起的湍流变化；第五项为气压扰动引起的湍流变化；第六项为温度扰动引起的湍流变化；第七项为科氏力扰动引起的湍流变化；第八项为分子黏性应力引起的湍流变化；第九项为湍流动量通量散度引起的湍流变化。

3.2.5 热量守恒方程

热量守恒定律即热力学第一定律，用于描述热现象领域内的能量守恒与转化过程中的守恒。在大气科学领域表征气块内能的变化源于气块从外界吸收的热量及外界对气块做的功，数学表达式为：

$$\mathrm{d}U=\delta Q+\delta A \tag{3.2.28}$$

式中，$\mathrm{d}U$ 为气块的内能变化，δQ 是气块从外界吸收的热量，δA 是外界对气块作的功。当气块满足不可压缩、绝热过程的假设条件，且考虑水汽相变引起的内能变化时，上式可转化为：

$$\underset{\text{Ⅰ}}{\frac{\partial\theta}{\partial t}}+\underset{\text{Ⅱ}}{u_j\frac{\partial\theta}{\partial x_j}}=\underset{\text{Ⅲ}}{-\frac{1}{\rho c_p}\frac{\partial Q_j^*}{\partial x_j}}\underset{\text{Ⅳ}}{-\frac{LE}{\rho c_p}}+\underset{\text{Ⅴ}}{\nu_\theta\frac{\partial^2\theta}{\partial x_j^2}} \tag{3.2.29}$$

Ⅰ　位温的局地变化项，即位温随时间的变化规律

Ⅱ　平流作用对位温的影响项

Ⅲ　净辐射加热项，又称为辐射散度项

Ⅳ　与水汽相变过程有关的潜热项

Ⅴ 空气分子运动导致的热传导项

式中，Q_j^* 为净辐射在 j 方向上的分量，c_p 为湿空气比定压热容，E 为单位体积单位时间内的蒸发(或升华)量，ν_θ 是分子热扩散系数，L 为与水汽相变有关的潜热系数，0 ℃时水的气化潜热系数为 $L_v=2.50\times10^6$ J/kg(气体→液体)，$L_r=3.34\times10^5$ J/kg(液体→固体)，$L_s=2.83\times10^6$ J/kg(气体→固体)。该式同时也是位温的控制方程，表征气块在运动过程中位温的变化过程。

同前，将方程中的变量展开成平均量与脉动量之和，带入方程得：

$$\begin{aligned}&\frac{\partial\overline{\theta}}{\partial t}+\frac{\partial\theta'}{\partial t}+\overline{u_j}\frac{\partial\overline{\theta}}{\partial x_j}+\overline{u_j}\frac{\partial\theta'}{\partial x_j}+u_j'\frac{\partial\overline{\theta}}{\partial x_j}+u_j'\frac{\partial\theta'}{\partial x_j}\\&=-\frac{1}{\overline{\rho}c_p}\frac{\partial Q_j^*}{\partial x_j}-\frac{LE}{\overline{\rho}c_p}+\nu_\theta\frac{\partial^2\overline{\theta}}{\partial x_j^2}+\nu_\theta\frac{\partial^2\theta'}{\partial x_j^2}\end{aligned}\tag{3.2.30}$$

对整个方程进行雷诺平均，得平均量方程

$$\frac{\partial\overline{\theta}}{\partial t}+\overline{u_j}\frac{\partial\overline{\theta}}{\partial x_j}=-\frac{1}{\overline{\rho}c_p}\frac{\partial Q_j^*}{\partial x_j}-\frac{LE}{\overline{\rho}c_p}+\nu_\theta\frac{\partial^2\overline{\theta}}{\partial x_j^2}-\underline{\underline{\frac{\partial(\overline{u_j'\theta'})}{\partial x_j}}}\tag{3.2.31}$$

与式(3.2.29)对比可见，式(3.2.31)中只是多了一项$\partial(\overline{u_j'\theta'})/\partial x_j$，其物理意义表明湍流热通量散度的变化会造成平均位温的局地变化。除此之外，其他五项非常相似，只是每个变量转变成了平均量。

用式(3.2.30)减去式(3.2.31)，得脉动量方程：

$$\frac{\partial\theta'}{\partial t}+\overline{u_j}\frac{\partial\theta'}{\partial x_j}+u_j'\frac{\partial\theta}{\partial x_j}=\nu_\theta\frac{\partial^2\theta'}{\partial x_j^2}+\frac{\partial(\overline{u_j'\theta'})}{\partial x_j}\tag{3.2.32}$$

该式为位温扰动量的控制方程。

3.2.6 水汽守恒方程

水汽守恒方程源于物质守恒方程。其物理意义为在一个封闭系统中，水汽质量 m_v 的变化，是由水汽“源”“汇”作用及水汽相变作用的共同影响。在不可压缩的假定条件下，可得：

$$\underset{\text{Ⅰ}}{\frac{\partial q}{\partial t}}+\underset{\text{Ⅱ}}{u_j\frac{\partial q}{\partial x_j}}=\underset{\text{Ⅲ}}{\nu_q\frac{\partial^2 q}{\partial x_j^2}}+\underset{\text{Ⅳ}}{\frac{S_q}{\rho}}+\underset{\text{Ⅴ}}{\frac{E}{\rho}}\tag{3.2.33}$$

Ⅰ 水汽局地变化项，即水汽随时间的变化规律

Ⅱ 平流作用对水汽的影响项

Ⅲ 水汽分子运动导致的水汽输送项

Ⅳ 水汽“源”“汇”导致的水汽质量变化项

Ⅴ 水汽相变过程导致的水汽质量变化项

式中，$q=m_v/m$ 为比湿；ν_q 是水汽分子扩散系数；S_q 是水汽的源、汇项；E 是水汽相变

项。该式同时也是水汽控制方程，表征空气块在运动过程中水汽的变化过程。

同样将方程中的变量展开成平均量与脉动量之和，带入方程得：

$$\frac{\partial \overline{q}}{\partial t}+\frac{\partial q'}{\partial t}+\overline{u_j}\frac{\partial \overline{q}}{\partial x_j}+\overline{u_j}\frac{\partial q'}{\partial x_j}+u_j'\frac{\partial \overline{q}}{\partial x_j}+u_j'\frac{\partial q'}{\partial x_j}$$
$$=\nu_q\frac{\partial^2 \overline{q}}{\partial x_j^2}+\nu_q\frac{\partial^2 q'}{\partial x_j^2}+\frac{S_q}{\overline{\rho}}+\frac{E}{\overline{\rho}} \tag{3.2.34}$$

并对式(3.2.24)进行雷诺平均，得平均量方程：

$$\frac{\partial \overline{q}}{\partial t}+\overline{u_j}\frac{\partial \overline{q}}{\partial x_j}=\nu_q\frac{\partial^2 \overline{q}}{\partial x_j^2}+\frac{S_q}{\overline{\rho}}+\frac{E}{\overline{\rho}}-\underline{\underline{\frac{\partial(\overline{u_j'q'})}{\partial x_j}}} \tag{3.2.35}$$

与式(3.2.33)对比可见，式(3.2.35)中只是多了一项$\partial(\overline{u_j'q'})/\partial x_j$，其物理意义表明湍流运动引起的水汽通量散度变化会造成平均水汽量的局地变化。除此之外，其他5项非常相似，只是每个变量转变成了平均量。

将式(3.2.34)减去式(3.2.35)，得脉动量方程：

$$\frac{\partial q'}{\partial t}+\overline{u_j}\frac{\partial q'}{\partial x_j}+u_j'\frac{\partial q}{\partial x_j}=\nu_q\frac{\partial^2 q'}{\partial x_j^2}+\frac{\partial(\overline{u_j'q'})}{\partial x_j} \tag{3.2.36}$$

该式为水汽扰动量的控制方程。

3.2.7 标量守恒方程

如果关注其他大气成分(如 CO_2，CH_4，O_3，$PM_{2.5}$等)，想了解其浓度变化规律时，需建立该成分的守恒方程。这类方程统称为标量守恒方程，用 C 表征该成分的浓度值：

$$\underset{\text{I}}{\frac{\partial C}{\partial t}}+\underset{\text{II}}{u_j\frac{\partial C}{\partial x_j}}=\underset{\text{III}}{\nu_C\frac{\partial^2 C}{\partial x_j^2}}+\underset{\text{IV}}{\frac{S_C}{\rho}} \tag{3.2.37}$$

Ⅰ　C 的局地变化项，即 C 随时间的变化规律

Ⅱ　平流作用对 C 的影响项

Ⅲ　物种 C 的分子运动引起的输送项

Ⅳ　各种“源”、“汇”作用导致 C 的变化项

式中，ν_C 是该物种分子扩散系数；S_C 是该物种的源汇项。

同样将方程中的变量展开成平均量与脉动量之和，带入方程得：

$$\frac{\partial \overline{C}}{\partial t}+\frac{\partial C'}{\partial t}+\overline{u_j}\frac{\partial \overline{C}}{\partial x_j}+\overline{u_j}\frac{\partial C'}{\partial x_j}+u_j'\frac{\partial \overline{C}}{\partial x_j}+u_j'\frac{\partial C'}{\partial x_j}=\nu_C\frac{\partial^2 \overline{C}}{\partial x_j^2}+\nu_C\frac{\partial^2 C'}{\partial x_j^2}+\frac{S_C}{\overline{\rho}} \tag{3.2.38}$$

并对整个方程进行雷诺平均，得平均量方程：

$$\frac{\partial \overline{C}}{\partial t}+\overline{u_j}\frac{\partial \overline{C}}{\partial x_j}=\nu_C\frac{\partial^2 \overline{C}}{\partial x_j^2}+\frac{S_C}{\overline{\rho}}-\underline{\underline{\frac{\partial(\overline{u_j'C'})}{\partial x_j}}} \tag{3.2.39}$$

与式(3.2.37)对比可见，式(3.2.39)中只是多了一项$\partial(\overline{u_j'C'})/\partial x_j$，其物理意义表明

湍流运动引起的标量通量散度变化会造成该物种平均量的局地变化。

将式(3.2.38)减去式(3.2.39),得脉动量方程：

$$\frac{\partial C'}{\partial t}+\overline{u_j}\frac{\partial C'}{\partial x_j}+u_j'\frac{\partial C}{\partial x_j}=\nu_C\frac{\partial^2 C'}{\partial x_j^2}+\frac{\partial(\overline{u_j'C'})}{\partial x_j} \tag{3.2.40}$$

该式为标量扰动量的控制方程。

3.3 布西内斯克近似与方程组的应用

3.3.1 布西内斯克近似(Boussinesq approximation)

综上已得描述边界层大气平均状态的 6 个独立方程,即状态方程,连续方程,动量守恒方程,热量守恒方程,水汽守恒方程,标量守恒方程,其在局地直角坐标系中的形式为：

$$\left\{\begin{aligned}
&\frac{\overline{p}}{R_d}=\overline{\rho}\,\overline{T_v}\\
&\frac{\partial\overline{u}}{\partial x}+\frac{\partial\overline{v}}{\partial y}+\frac{\partial\overline{w}}{\partial z}=0\\
&\frac{\partial\overline{u}}{\partial t}+\overline{u}\frac{\partial\overline{u}}{\partial x}+\overline{v}\frac{\partial\overline{u}}{\partial y}+\overline{w}\frac{\partial\overline{u}}{\partial z}=-\frac{1}{\overline{\rho}}\frac{\partial\overline{p}}{\partial x}+\overline{fv}+\nu\left(\frac{\partial^2\overline{u}}{\partial x^2}+\frac{\partial^2\overline{u}}{\partial y^2}+\frac{\partial^2\overline{u}}{\partial z^2}\right)-\\
&\quad\left(\frac{\partial(\overline{u'u'})}{\partial x}+\frac{\partial(\overline{u'v'})}{\partial y}+\frac{\partial(\overline{u'w'})}{\partial z}\right)\\
&\frac{\partial\overline{v}}{\partial t}+\overline{u}\frac{\partial\overline{v}}{\partial x}+\overline{v}\frac{\partial\overline{v}}{\partial y}+\overline{w}\frac{\partial\overline{v}}{\partial z}=-\frac{1}{\overline{\rho}}\frac{\partial\overline{p}}{\partial y}-\overline{fu}+\nu\left(\frac{\partial^2\overline{v}}{\partial x^2}+\frac{\partial^2\overline{v}}{\partial y^2}+\frac{\partial^2\overline{v}}{\partial z^2}\right)-\\
&\quad\left(\frac{\partial(\overline{v'u'})}{\partial x}+\frac{\partial(\overline{v'v'})}{\partial y}+\frac{\partial(\overline{v'w'})}{\partial z}\right)\\
&\frac{\partial\overline{w}}{\partial t}+\overline{u}\frac{\partial\overline{w}}{\partial x}+\overline{v}\frac{\partial\overline{w}}{\partial y}+\overline{w}\frac{\partial\overline{w}}{\partial z}=-\frac{1}{\overline{\rho}}\frac{\partial\overline{p}}{\partial z}-g+\nu\left(\frac{\partial^2\overline{w}}{\partial x^2}+\frac{\partial^2\overline{w}}{\partial y^2}+\frac{\partial^2\overline{w}}{\partial z^2}\right)-\\
&\quad\left(\frac{\partial(\overline{w'u'})}{\partial x}+\frac{\partial(\overline{w'v'})}{\partial y}+\frac{\partial(\overline{w'w'})}{\partial z}\right)\\
&\frac{\partial\overline{\theta}}{\partial t}+\overline{u}\frac{\partial\overline{\theta}}{\partial x}+\overline{v}\frac{\partial\overline{\theta}}{\partial y}+\overline{w}\frac{\partial\overline{\theta}}{\partial z}=-\frac{1}{\overline{\rho}c_p}\frac{\partial Q_j^*}{\partial x_j}-\frac{LE}{\overline{\rho}c_p}+\nu_\theta\frac{\partial^2\overline{\theta}}{\partial x_j^2}-\\
&\quad\left(\frac{\partial(\overline{u'\theta'})}{\partial x}+\frac{\partial(\overline{v'\theta'})}{\partial y}+\frac{\partial(\overline{w'\theta'})}{\partial z}\right)\\
&\frac{\partial\overline{q}}{\partial t}+\overline{u}\frac{\partial\overline{q}}{\partial x}+\overline{v}\frac{\partial\overline{q}}{\partial y}+\overline{w}\frac{\partial\overline{q}}{\partial z}=\nu_q\frac{\partial^2\overline{q}}{\partial x_j^2}+\frac{S_q}{\overline{\rho}}+\frac{E}{\overline{\rho}}-\left(\frac{\partial(\overline{u'q'})}{\partial x}+\frac{\partial(\overline{v'q'})}{\partial y}+\frac{\partial(\overline{w'q'})}{\partial z}\right)\\
&\frac{\partial\overline{C}}{\partial t}+\overline{u}\frac{\partial\overline{C}}{\partial x}+\overline{v}\frac{\partial\overline{C}}{\partial y}+\overline{w}\frac{\partial\overline{C}}{\partial z}=\nu_C\frac{\partial^2\overline{C}}{\partial x_j^2}+\frac{S_C}{\overline{\rho}}-\left(\frac{\partial(\overline{u'C'})}{\partial x}+\frac{\partial(\overline{v'C'})}{\partial y}+\frac{\partial(\overline{w'C'})}{\partial z}\right)
\end{aligned}\right. \tag{3.3.1}$$

若应用方程组(3.3.1)解决实际大气问题时，会发现方程中的各项量值差异很大，以致可以略去一些小项也无影响，上述方程组得以简化，而且也有助于抓住问题的主要矛盾。

本章前面所提到的 Boussinesq(1897)近似就是从实际大气出发，对一些方程的简化。其基本假设条件是：

(1)大气演变过程中，温度变化引起的流体性质变化(如密度、黏性系数、分子扩散系数)，只考虑对空气密度的影响，而后者对流动又起着本质影响作用。

(2)边界层范围内的大气属于浅层流体。即边界层范围内的大气水平运动尺度远大于垂直运动尺度。在此条件下，原有的方程得以简化：

ⅰ.状态方程中，空气密度的变化主要是由热膨胀过程引起，可以不考虑压力作用，即 $\rho'/\bar{\rho}\approx\theta_v'/\bar{\theta}_v$。

ⅱ.质量守恒方程中，忽略空气密度的扰动作用，$\rho\approx\bar{\rho}=$常数，研究对象近似地看作不可压缩流体，可用连续方程代替质量守恒方程。

ⅲ.动量守恒方程中，保留空气密度差的重力效应，即在与重力相联系的运动方程中部分地考虑密度变化，也就是由密度差异产生的阿基米德浮力与重力的差值(净浮力)，这样的流体称为“准不可压缩”流体。同样说明，浮力做功可以对湍流运动产生重要的影响，而不能忽略。

ⅳ.方程组中的分子运动学扩散系数、热扩散系数、水汽扩散系数及物质扩散系数($\nu,\nu_\theta,\nu_q,\nu_C$)都可近似为常数，其量级约为 10^{-5}。实际观测结果表明分子扩散作用比相应的湍流扩散作用小 2 个量级以上，所以可以略去该项。

ⅴ.如果考虑“静力近似”，即在非对流运动中，大气的垂直运动可近似等于零($w\approx0$)，故垂直方向上的动量守恒方程可简化为静力平衡关系。

此外，为了进一步简化问题，研究过程中还会用到“平坦、均一、定常”的假设。所谓“平坦”是指下垫面平坦，可不考虑地形起伏作用带来的影响。“均一”是指下垫面属性一致，可不考虑下垫面属性变化带来的影响。在上述两个假设条件下，大气温度、湿度、水平风速、密度、气压等物理量在水平方向上不再变化，$\frac{\partial(\bar{\theta},\bar{q},\bar{u},\bar{v},\bar{C})}{\partial x}=\frac{\partial(\bar{\theta},\bar{q},\bar{u},\bar{v},\bar{C})}{\partial y}=0$，从而可以略去各方程中的水平梯度项。“定常”是指在某一时段，大气的各种属性可认为近似不变，即$\frac{\partial(\bar{\theta},\bar{q},\bar{u},\bar{v},\bar{C})}{\partial t}=0$。那么上述方程组可转化为：

$$
\begin{cases}
\text{气体状态方程：} & \dfrac{\overline{p}}{R_\mathrm{d}}=\overline{\rho}\,\overline{T_\mathrm{v}} \\
x\ \text{方向运动方程：} & 0=-\dfrac{1}{\overline{\rho}}\dfrac{\partial \overline{p}}{\partial x}+f\overline{v}-\dfrac{\partial(\overline{u'w'})}{\partial z} \\
y\ \text{方向运动方程：} & 0=-\dfrac{1}{\overline{\rho}}\dfrac{\partial \overline{p}}{\partial y}-f\overline{u}-\dfrac{\partial(\overline{v'w'})}{\partial z} \\
z\ \text{方向运动方程：} & 0=-\dfrac{1}{\overline{\rho}}\dfrac{\partial \overline{p}}{\partial z}-g \\
\text{位温控制方程：} & 0=-\dfrac{1}{\overline{\rho}c_p}\dfrac{\partial Q_j^*}{\partial z}-\dfrac{LE}{\overline{\rho}c_p}-\dfrac{\partial(\overline{u'\theta'})}{\partial z} \\
\text{水汽控制方程：} & 0=\dfrac{S_q}{\overline{\rho}}+\dfrac{E}{\overline{\rho}}-\dfrac{\partial(\overline{u'q'})}{\partial z} \\
\text{标量控制方程：} & 0=\dfrac{S_C}{\overline{\rho}}-\dfrac{\partial(\overline{u'C'})}{\partial z}
\end{cases}
\tag{3.3.2}
$$

方程组(3.3.2)是最简单、最理想条件下的大气边界层控制方程组，在此方程组中除了气体状态方程和 z 方向运动方程中没有湍流通量项的影响，其余方程中都保留该项。这也说明在边界层范围内的大气运动过程，湍流运动起着重要作用，尤其是在垂直方向上的影响最为明显。

此外，如果假定水平气压梯度($\partial\overline{p}/\partial x$,$\partial\overline{p}/\partial y$)在整个边界层范围内都不变，那么边界层内的气压梯度力可以用自由大气中的地转风矢量代替，即在边界层顶部风速的分布满足地转平衡方程：

$$
\begin{cases}
0=-\dfrac{1}{\overline{p}}\dfrac{\partial \overline{p}}{\partial y}-fu_\mathrm{g} \\
0=-\dfrac{1}{\overline{p}}\dfrac{\partial \overline{p}}{\partial x}+fv_\mathrm{g}
\end{cases}
\tag{3.3.3}
$$

那么方程组中的水平运动方程则可以变化为：

$$
\begin{cases}
0=-f(v_\mathrm{g}-\overline{v})-\dfrac{\partial(\overline{u'w'})}{\partial z} \\
0=f(u_\mathrm{g}-\overline{u})-\dfrac{\partial(\overline{v'w'})}{\partial z}
\end{cases}
\tag{3.3.4}
$$

式中，$(u_\mathrm{g}-\overline{u})$与$(v_\mathrm{g}-\overline{v})$是某一高度处的风速与地转风速的差值，称为地转风速偏差或亏损速度。这种转换的好处在于，风速的测量比气压梯度力的测量更为简单，而且可以通过地转风速的偏差即可估算湍流通量的差异。

需要注意，虽然上述简化方程组在本书中经常用到，这是为了让初学者更容易理解和掌握其物理规律。但实际应用时，方程组中的哪些项可以保留，哪些项还要恢复到最初始状态，要具体问题具体讨论。

3.3.2 大气边界层控制方程组的应用

下面将通过几个例题说明大气边界层控制方程组在实际问题中的应用。

方程组的实际应用必须具有完备的初始条件和边界条件以后才能实施。本节仅提供一些理想化的条件,作为方程的应用。

例 1:假设湍流热通量随高度线性递减:$\overline{w'\theta'}=a-bz$,这里 $a=0.3\ \text{K}\cdot\text{m/s}$,$b=3\times10^{-4}\ \text{K/s}$。并设初始位温廓线为任意形状(图 5.4),则它 1 h 后的形状将是怎样?忽略下沉、辐射、潜热加热,并假设水平均匀。

解:忽略下沉、辐射和潜热加热以后,热量守恒方程成为

$$\frac{\partial\bar{\theta}}{\partial t}+\bar{u}\frac{\partial\bar{\theta}}{\partial x}+\bar{v}\frac{\partial\bar{\theta}}{\partial y}=-\frac{\partial(\overline{u'\theta'})}{\partial x}-\frac{\partial(\overline{v'\theta'})}{\partial y}-\frac{\partial(\overline{w'\theta'})}{\partial z}$$

由于假设水平均匀,对 x 和 y 的导数被消去,于是得到

$$\frac{\partial\bar{\theta}}{\partial t}=-\frac{\partial(\overline{w'\theta'})}{\partial z}$$

代入$\overline{w'\theta'}$的公式,得$\partial\bar{\theta}/\partial t=b$。它不是 z 的函数,因此,在不同高度的空气都以同样的速率增温。对时间从 $t=t_0$ 到 t 积分,得

$$\bar{\theta}|_t=\bar{\theta}|_{t_0}+b(t-t_0)$$

1 h 内的增温为 $b(t-t_0)=[3\times10^{-4}(\text{K}\cdot\text{s})]\cdot[3600(\text{s})]=1.08\ \text{K}$。

讨论:这种情况在白天混合层中经常发生。给定一个绝热的初始条件,由于任一高度上的增温率相同,所以一段时间后,这条位温廓线仍为绝热。事实上,任何时候热通量随高度的变化都是线性的,位温廓线的形状,在加热时将保持不变,而与其初始形状无关。

例 2:假设风以 10 m/s 的速度把较干的空气水平地输送到某一区域,那里的水平湿度梯度为(5 g/kg)/(100 km),问在边界层中湍流湿度通量需要有多大的垂直梯度才能使其比湿保持定常?设全部水皆为汽态,且没有水汽的源汇项。

解:稳定状态是指变量在该区域内不随时间变化,即$\partial(\quad)/\partial t=0$。为简便起见取 x 坐标轴与风向相同。水汽守恒方程转变为

$$\bar{u}\frac{\partial\bar{q}}{\partial x}+\bar{v}\frac{\partial\bar{q}}{\partial z}=-\frac{\partial(\overline{u'q'})}{\partial x}-\frac{\partial(\overline{v'q'})}{\partial y}-\frac{\partial(\overline{w'q'})}{\partial z}$$

题中没有给出下沉或水平通量梯度的信息,为了简单,假设其值为 0,可得

$$\bar{u}\frac{\partial\bar{q}}{\partial x}=-\frac{\partial(\overline{w'q'})}{\partial z}$$

即

$$\frac{\partial(\overline{w'q'})}{\partial z}=-5\times10^{-4}\text{g/(kg}\cdot\text{s)}$$

讨论:这个梯度相当于$\overline{w'q'}$在 1 km 的垂直距离上减小 0.5 g/kg。从这两个例题可知,湍流通量随高度减少(即通量递减)的条件下,将使平均变量(例如温度或湿

度)随时间增大。对于第二个例题,其垂直方向湿度增大的潜势被水平方向平流的干燥化抵消了。

3.4 湍流动能控制方程

湍流动能是边界层气象学中重要的物理量之一,也是表征湍流强度的特征量,同时与动量、热量、水汽的湍流输送有密切联系。湍流动能守恒方程描述了湍流产生的各项物理过程,这些过程的强弱关系到湍流的产生、维持、消失,从这个方程出发还可以讨论湍流的稳定性。

3.4.1 湍流动能(Turbulent Kinetic Energy,TKE)方程

湍流动能常用符号 TKE 表示,单位质量平均湍流动能(TKE/m,m 代表质量)的定义是:

$$\frac{\text{TKE}}{m}=\bar{e}=\frac{1}{2}(\overline{u'^2}+\overline{v'^2}+\overline{w'^2}) \tag{3.4.1}$$

下面将简单说明湍流动能守恒方程的推导步骤。

(1)方程(3.2.27)两边同乘以 $2u'_i$,利用 $2u'_i\frac{\partial u'_i}{\partial t}=\frac{\partial u'^2}{\partial t}$ 的关系改写式中各项:

$$\begin{aligned}&\frac{\partial u_i'^2}{\partial t}+u'_j\frac{\partial u_i'^2}{\partial x_j}+\overline{u_j}\frac{\partial u_i'^2}{\partial x_j}+2u'_iu'_j\frac{\partial \overline{u_i}}{\partial x_j}\\&=-\frac{2u'_i}{\bar{\rho}}\frac{\partial p'}{\partial x_i}+2u'_i\delta_{i3}g\frac{\theta'_{\text{v}}}{\overline{\theta_{\text{v}}}}+2f\varepsilon_{ij3}u'_iu'_j+2\nu u'_i\frac{\partial^2 u'_i}{\partial x_j^2}+2u'_i\frac{\partial(\overline{u'_iu'_j})}{\partial x_j}\end{aligned} \tag{3.4.2}$$

(2)将湍流连续性方程$\partial u'_j/\partial x_j=0$ 乘以 $u_i'^2$,并与方程(3.2.27)左边第二项相加得下式:

$$u_i'^2\frac{\partial u'_j}{\partial x_j}+u'_j\frac{\partial u_i'^2}{\partial x_j}=\frac{\partial(u_i'^2u'_j)}{\partial x_j} \tag{3.4.3}$$

对上式求雷诺平均,由于 $u_i'^2\frac{\partial u'_j}{\partial x_j}=0$,故方程左端第二项可改写成通量形式$\frac{\partial(\overline{u_i'^2u'_j})}{\partial x_j}$。

(3)对方程(3.4.2)求雷诺平均,对方程最后一项 $\overline{-2u'_i\frac{\partial}{\partial x_j}(-\overline{u'_iu'_j})}$,应用雷诺平均法则,该项为 0,可以略去。

(4)利用简单的微分规则,$\frac{\partial^2\overline{u_i'^2}}{\partial x_j^2}$可以写为:

$$\frac{\partial^2\overline{u_i'^2}}{\partial x_j^2}=\frac{\partial}{\partial x_j}\left(\frac{\partial\overline{u_i'^2}}{\partial x_j}\right)=\frac{\partial}{\partial x_j}\left(2\overline{u'_i\frac{\partial u'_i}{\partial x_j}}\right)=2\overline{\frac{\partial u'_i}{\partial x_j}\frac{\partial u'_i}{\partial x_j}}+2\overline{u'_i\frac{\partial^2 u'_i}{\partial x_j^2}}=2\overline{\left(\frac{\partial u'_i}{\partial x_j}\right)^2}+2\overline{u'_i\frac{\partial^2 u'_i}{\partial x_j^2}}$$

所以,耗散项可变形为

$$2\nu \overline{u'_i \frac{\partial^2 u'_i}{\partial x_j^2}} = \nu \frac{\partial^2 \overline{u'^2_i}}{\partial x_j^2} - 2\nu \overline{\left(\frac{\partial u'_i}{\partial x_j}\right)^2} \tag{3.4.4}$$

等式右侧第一项代表速度方差的分子扩散，其量级范围为 $10^{-11} \sim 10^{-7}\ m^2/s^2$。第二项在湍流边界层中的实测值大约为 $10^{-6} \sim 10^{-2}\ m^2/s^2$，湍涡越小，湍涡的速度切变越大，从而该项的量级就越大，故可略去第一项，即：

$$2\nu \overline{u'_i \frac{\partial^2 u'_i}{\partial x_j^2}} \approx -2\nu \overline{\left(\frac{\partial u'_i}{\partial x_j}\right)^2}$$

定义黏滞耗散系数 ε 为：

$$\varepsilon = \nu \overline{\left(\frac{\partial u'_j}{\partial x_j}\right)^2} \tag{3.4.5}$$

(5)上述方程可进一步简化，得到速度方差 $\overline{u'^2}$ 的预报方程：

$$\frac{\partial \overline{u'^2_i}}{\partial t} + \overline{u}_j \frac{\partial \overline{u'^2_i}}{\partial x_j} = 2\delta_{i3} g \frac{(\overline{u'\theta'_v})}{\overline{\theta}_v} - 2\overline{u'_i u'_j} \frac{\partial \overline{u}_i}{\partial x_j} - \frac{\partial (\overline{u'^2_i u'_j})}{\partial x_j} - \frac{2}{\overline{\rho}} \frac{\partial (\overline{u'_i p'})}{\partial x_i} - 2\varepsilon \tag{3.4.6}$$

(6)根据湍流动能 $\overline{e}$ 的定义，假设湍流场水平均一，且 $\overline{w}=0$，就得到湍流动能方程：

$$\underset{\text{I}}{\frac{\partial \overline{e}}{\partial t}} = \underset{\text{II}}{\frac{g}{\overline{\theta}_v}\overline{w'\theta'_v}} \underbrace{- \overline{u'w'}\frac{\partial \overline{u}}{\partial z} - \overline{v'w'}\frac{\partial \overline{v}}{\partial z}}_{\text{III}} \underset{\text{IV}}{- \frac{\partial (\overline{w'e})}{\partial z}} \underset{\text{V}}{- \frac{1}{\overline{\rho}}\frac{\partial (\overline{w'p'})}{\partial z}} \underset{\text{VI}}{- \varepsilon} \tag{3.4.7}$$

若将坐标轴 x 取在平均风向，则上式中等号后第 3 项可去掉。式(3.4.7)表示边界层中单位质量空气湍流动能增减的变化，各项代表的意义为：

Ⅰ　湍能储存项，表示湍流动能的增强或减弱。

Ⅱ　浮力做功对湍能的贡献。$g(\theta'_v/\overline{\theta}_v)$ 为浮力，乘以 w' 表示单位时间内浮力作功对湍能的贡献，$\overline{w'\theta'_v}$ 为负值则表示负浮力使湍能减弱。

Ⅲ　雷诺应力做功对湍能的贡献。

Ⅳ　表示湍流能量由 w' 携带在垂直方向的输送，若各个高度上输送量不同 $(\partial \overline{w'e}/\partial z \neq 0)$，则在其层内有累积或亏损。

Ⅴ　表示压力脉动做功对湍能的贡献。

Ⅵ　表示分子黏性耗损对湍能的耗损，尽管 ν 值本身的数量级很小，但在湍流场内 $(\partial u'_j/\partial x_j)$ 都较大，湍涡尺度越小其值越大，因而湍能耗散项在方程中不可忽略不计。

注意，式(3.4.7)中没有科氏力的作用项，这不仅是方程推导的结果，同时也具有合理的物理意义，即科氏力不能产生湍流动能，只能使能量从一个水平方向到另一个水平方向进行再分配。

3.4.2　湍流动能的基本特征

湍流动能(TKE)的大小标志着湍流的强弱，直接关系着边界层大气动量、热量、物质等属性的输送，是湍流研究中的重要参量。由上节方程式的推导可知大气湍能的产生是因为热力和动力的共同作用。消亡过程主要是被静力稳定度抑制，并被分子黏性效应耗散成热能。图 3.1 给出了在白天 08—18 时，某地近地层大气湍流动能的变化结果。由图 3.1 可见，从 08 时开始，随着太阳辐射的增加，湍能逐渐增加；并在 14—15 时达到最大，约为 1.0 m^2/s^2；此后，随着太阳的西斜湍能开始迅速下降。图中湍流的增加和减少原因将在下节详细讨论。

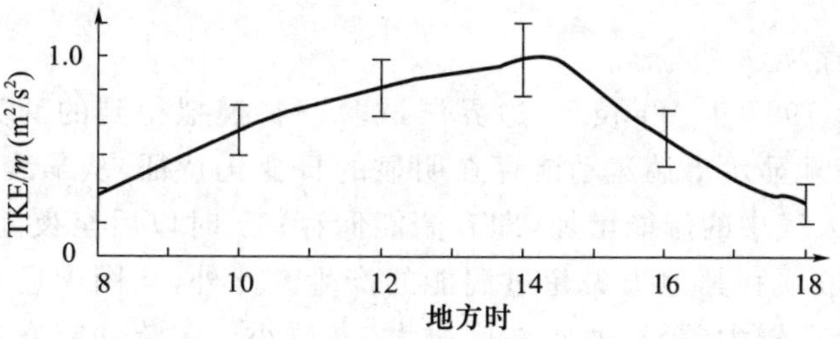

图 3.1　TKE/m 的日变化(Bean 和 Repoff，1983)

图 3.2 为不同稳定度条件下大气湍能随高度的变化。在白天不稳定条件下热力作用使混合层中部气块加速($\overline{w'^2}$较大)，湍能随高度降低减慢(图 3.2a)。若在阴天，地面加热程度弱，湍流主要由近地面风切变和地形阻挡产生，因而湍能随高度降低较快(图 3.2b)。夜间，静力稳定层结抑制湍流，使湍能随高度迅速减小，这时湍流基本上由地面附近的风切变引起，湍能会非常小(图 3.2c)。有时夜间低层急流附近的强风切变也能产生湍流。

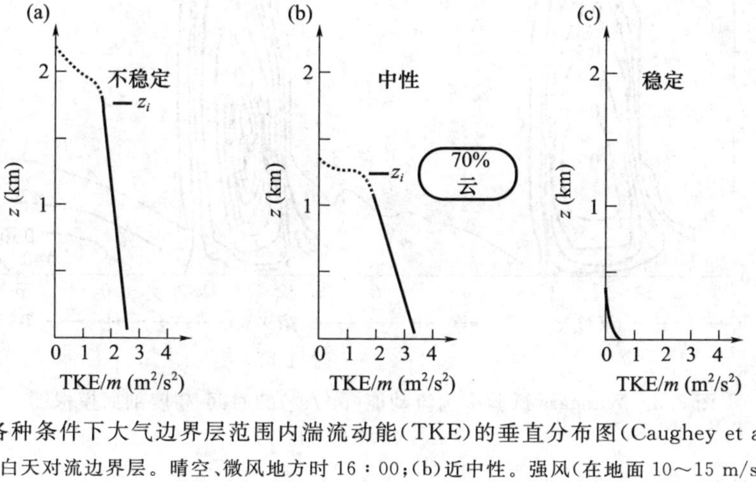

图 3.2　各种条件下大气边界层范围内湍流动能(TKE)的垂直分布图(Caughey et al.，1979)

(a)白天对流边界层。晴空、微风地方时 16：00；(b)近中性。强风(在地面 10～15 m/s)；多云，地方时 11：00；(c)夜间稳定边界层

3.4.3 湍流动能的收支

湍流动能的变化直接影响着湍流的产生与发展。那么湍流动能从哪里来？又消耗到哪里去？影响湍流动能变化的因子有哪些？这些因子之间的相互关系又如何？这些问题都可由湍流动能方程中的各项收支来解释。由 3.4.1 节湍流动能方程可知，影响局地湍流动能变化的影响因子共有 7 个，下面进一步分析各项的实际作用。

(1)湍能储存项

图 3.3 是由 1967 年 Wangara 边界层试验资料模拟得到的两天湍能的时空分布。图 3.3 清楚地显示出湍流动能存在明显的日变化特征，从早晨 08 时至下午 14 时左右，边界层大气中的湍能增加，即有湍能储存；14 时以后至夜间，湍能随时间减小，表明湍能耗散项和其他损失超过湍能的产生。此外，从图中还可看到湍流动能在不同高度上会有较大差异，通常在底层大、高层小。湍流动能发展的最大高度通常也是大气边界层高度。由模拟结果可知，湍流动能的量级变化过程是：从夜间的 $10^{-1}\,m^2/s^2$，到白天的 $10^1\,m^2/s^2$，约有 3 个量级的跨度。

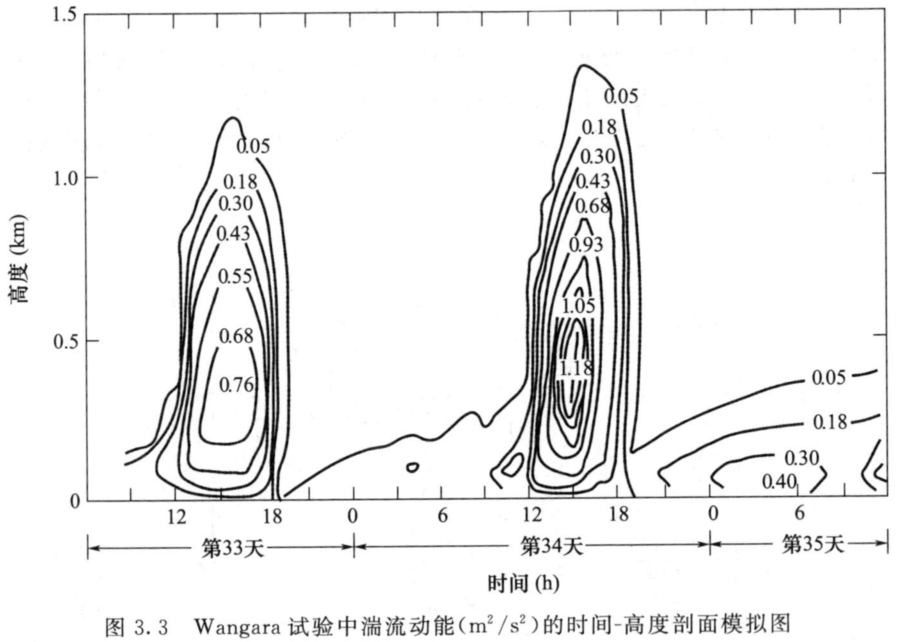

图 3.3 Wangara 试验中湍流动能(m^2/s^2)的时间-高度剖面模拟图
(Yamada 和 Mellor，1975)

(2)平流项

当研究的问题处于平坦、均一的下垫面上，且尺度范围较大(>10 km×10 km)时，如在幅员辽阔的海面上，每个位置上的湍流动能相差无几，那么从上风方向输送到本地的湍能就无法改变本地湍能的大小，即平流项作用不大，可不考虑该项对局地变化项的影响。

若下垫面不平坦或下垫面属性不一时，则必须考虑平流作用对湍流动能的影响。例如面积不大的水域上方，边界层内的热力相对较弱，故湍流活动也较弱；而陆地上方，空气因地面加热作用明显，湍流运动旺盛，当气流穿越水陆界面时，就会形成明显的水平输送，即平流项很大。

(3)浮力项

热力作用是湍流动能生成和衰减最为重要的能量来源之一。热力作用在湍流动能控制方程中以浮力项的形式存在。

由浮力项的数学表达式可知，该项可正可负，也就是说该项可产生湍流动能，也可消耗湍流动能。浮力项的大小及正负主要取决于垂直位温通量$\overline{w'\theta_v'}$，即该项只在垂直方向起作用。在白天，太阳辐射加热地面，大气不稳定，有向上的湍流热通量(正值)，如同大气存在一个个向上的热泡，可使湍动能增加，称之为热泡效应。在强不稳定条件下，热浮力在近地面处能产生的湍能可达 $1\times10^{-2}\ m^2/s^2$。白天的浮力项在垂直方向上的分布如图 3.4 所示，在近地面$\overline{w'\theta_v'}$的量值很大，随着高度的增加而线性递减，且在混合层内三分之二均为正。这种现象通常出现在晴朗的陆地边界层中，或冷空气流经较暖的下垫面时。

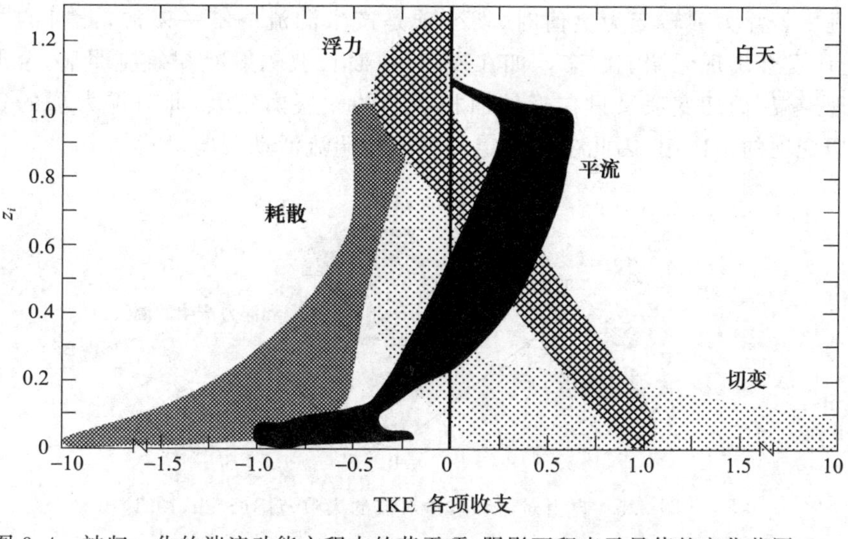

图 3.4　被归一化的湍流动能方程中的若干项，阴影面积表示量值的变化范围。所有项均除以 w_*^3/z_i，其量级为 $6\times10^{-3}\ m^2/s^2$(Stull，1991)

在夜间，由于地表辐射冷却，大气层结转向稳定，有向下的湍流热通量，$\overline{w'\theta_v'}$为负值，湍流反抗浮力作功，湍能衰减。也就是说，在静力稳定条件下，当一个气块被湍流作用在垂直方向移动过一段距离后，浮力作用又会将其送回初始位置。因此，静力稳定倾向于使湍流动能受到抑制和消耗。这种情况多出现于夜间的稳定边界层中，或暖空气流经冷的下垫面时。

(4)切变项

动力作用是湍流动能生成的另一个重要的能量来源。动力作用在湍流动能控制方程中以切变项的形式存在。

前面已经指出，当风向、风速存在切变时，$\partial \overline{u_i}/\partial x_j \neq 0$，就会产生湍流。切变项 $-\overline{u_i' u_j'}\frac{\partial \overline{u_i}}{\partial x_j}$ 中的 $\overline{u_i' u_j'}$ 与 $\partial \overline{u_i}/\partial x_j$ 符号通常相反，故切变项始终促使湍能产生。

图 3.4 为对流条件下切变项对湍流动能影响的个例研究。由图 3.4 可见，风切变主要发生在近地面，但是随着高度的增加其值很快减小到零值附近。这是由于混合层中强烈的湍流混合使各层间的风速梯度差减小所致。此后，在混合层顶部，卷夹层的风切变又会使湍能切变项出现次大值。

通过对比浮力项(Buoyant Production，BP)和切变项(Shear Production，SP)对湍流动能贡献的大小，可以判定流体运动的不同状态，即湍流特性的分类，见图 3.5。当浮力项远大于切变项时，大气处于自由对流状态，热泡现象明显。若切变项产生远大于浮力项，且浮力项还为正值时，称为强迫对流状态。这种现象通常发生在阴天，并伴有大风，近地面层切变产生项很大，但热力作用非常不明显，可作为强迫对流处理。若浮力项转变为负值时，切变项是产生湍流的唯一来源，此时的湍流通常很小，而且会出现无湍流状态。如在夜间，地面长波辐射冷却效应明显，会形成明显的贴地逆温，而切变项又只在近地面相当薄的气层内较大，此时浮力项的负作用会抵消切变项的正作用，因此夜间稳定边界层内湍流活动较弱。

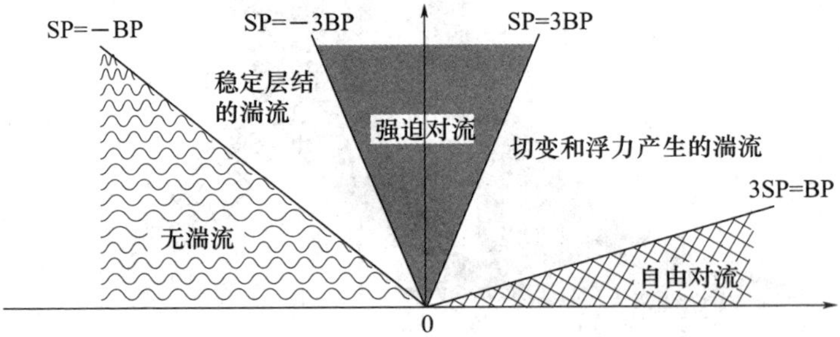

图 3.5　自由对流和强迫对流的大致范围(Stull，1991)

由式(3.4.7)可知，切变项大小与平均风的 u 和 v 分量的变化有关。除了在强对流系统中，垂直风速 w 梯度在边界层物理过程中可以忽略。因此，切变产生项对湍流动能的 x 和 y 分量的贡献最明显。因此，切变项是非各向同性的作用力，且在水平方向最强。

浮力项与切变项都能产生非各向同性湍流。其差别在于切变项生成以水平方向为主的湍流，而浮力产生项则生成以垂直方向为主的湍流。

(5)湍流输送

湍流输送$-\partial\overline{u'_je}/\partial x_j$ 是湍能通量的散度项。当某地的湍流通量辐合时，湍流输送项$-\partial\overline{u'_je}/\partial x_j$ 为正，湍能增加；若由湍流通量辐散，则湍能衰减。但当此项在混合层厚度内积分时，其值将变为零(假设边界层底和顶无湍流)。因此在边界层内，湍流输送项既不能产生湍能，也不能使湍流减弱，它只是能将湍流动能从一地输送到另一地，起到重新分布的作用。

图 3.6 是由尺度分析得到的混合层(左图)和近地层(右图)湍能垂直通量廓线。此图表示，混合层中$\overline{w'e}$在 z/z_i 约为 0.3～0.5 这个高度较大。在此高度以下为湍流动能通量的辐散区，即低于最大值的高度上，高层的湍流动能总是大于低层，也就是高层出去的湍流动能要大于从低层进入的通量，故产生 TKE 的净辐散或损失。相反，最大值的高度以上，会存在着 TKE 净辐合或产生区。

若将湍流动能输送分为垂直输送与水平输送部分，将发现，在混合层中部是垂直输送占优势，而在近地面，则以水平输送为主。图 3.6 表示两种输送作用的比值。

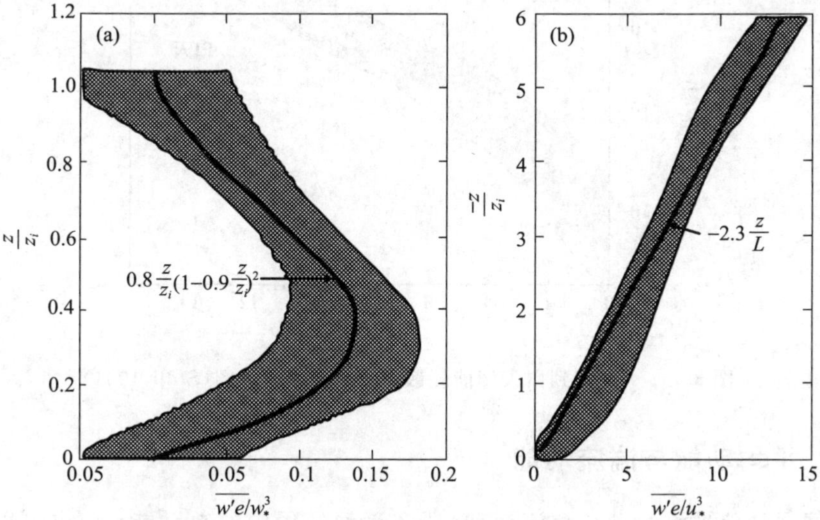

图 3.6　湍流动能垂直廓线的变化范围(Stull,1991)

(a)为用混合层尺度；(b)奥布霍夫长度归一化的结果

(6)压力相关项

实际大气中静压力脉动值 p'通常很小，其量级从近地层中的 0.05 hPa 到混合层中的 0.01 hPa 或更小。即使现在的压力传感器有了很高的灵敏度，但在测量过程中如何从测量值中区别静压力与动压力仍然很困难。由于后者是由湍流和平均运动产生的，因此，利用观测资料计算得到的$\overline{w'p'}$值中通常包含着比真实信号更强的噪声。故此，该项的大小通常是作为湍能平衡方程中的剩余项来估算的，即在方程中其他各项被测定条件下，利用差值法求出压力相关项。显然，这种方法的缺点是累计误差可能较大。

(7)耗散项

耗散项 ε 是指表征小尺度湍涡动能耗散成分子热能的作用项。因此，小尺度湍流越强，耗散就越大。然而，小尺度湍涡的能量来自大尺度湍涡能量的串级，因此湍能耗散与湍能产生率和湍流强度之间存在密切的关系，从而有明显的日变化。如图 3.7所示，夜间，只有风速切变能产生湍流，湍流动能小，耗散率也小；太阳出来以后，浮力产生项使湍强不断增加，随之耗散率也增大。另一方面，由于不同高度有不同的湍能产生率，因此耗散率也与高度有关。在日间不稳定边界层中，ε 在地面最大，在近地层随高度降低，混合层中其值随高度几乎不变，而混合层顶再往上却随高度迅速减小。在夜间，湍能产生率和耗散率都自地面向上迅速减小。

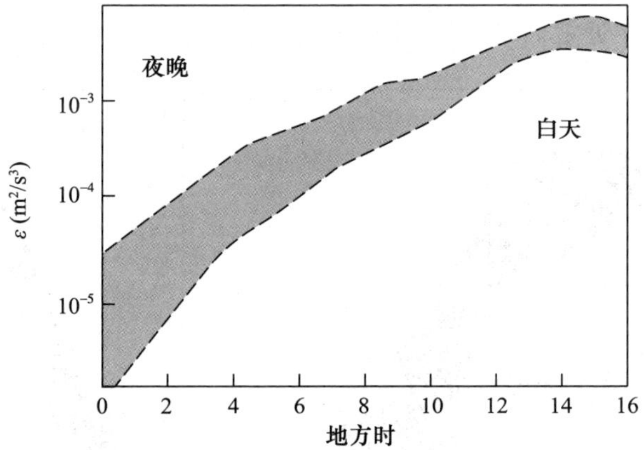

图 3.7　从夜间到白天湍能耗散率 ε 的变化示意图(Stull,1991)

3.4.4　平均动能与湍流动能

大气运动分平流运动与湍流运动，那么运动过程中的总动能(E)也可以分解为平均动能(MKE)与湍流动能(TKE)，为：

$$\begin{aligned} E &= \frac{1}{2}(u^2+v^2+w^2) \\ &= \frac{1}{2}[(\bar{u}+u')^2+(\bar{v}+v')^2+(\bar{w}+w')^2] \\ &= \underbrace{\frac{1}{2}(\bar{u}^2+\bar{v}^2+\bar{w}^2)}_{\text{MKE}}+\underbrace{\frac{1}{2}(u'^2+v'^2+w'^2)}_{\text{TKE}} \end{aligned} \tag{3.4.8}$$

前面几节讨论了湍流动能的基本特征及收支过程。那么平均动能的控制方程也可以用类似的方法，从式(3.2.30)出发可推导出 MKE 的方程：

$$\frac{\partial}{\partial t}\left(\frac{1}{2}\overline{u_i}^2\right)+\overline{u_j}\frac{\partial}{\partial x_j}\left(\frac{1}{2}\overline{u_i}^2\right)=-\frac{\overline{u_i}}{\overline{\rho}}\frac{\partial \overline{p}}{\partial x_i}-\delta_{i3}g\overline{u_i}+f\varepsilon_{ij3}\overline{u_i u_j}+\nu\overline{u_i}\frac{\partial^2 \overline{u_i}}{\partial x_j^2}-\overline{u_i}\frac{\partial(\overline{u_i' u_j'})}{\partial x_j}$$

Ⅰ　　Ⅱ　　Ⅲ　　Ⅳ　　Ⅴ　　Ⅵ　　Ⅶ

(3.4.9)

上式中各项代表的意义为：

Ⅰ　MKE 的局地变化项，即平均能量随时间的变化项。

Ⅱ　平流作用对 MKE 的影响。

Ⅲ　气压梯度力对 MKE 的影响。

Ⅳ　重力作用于垂直运动对 MKE 的影响。

Ⅴ　科氏力对 MKE 的影响。把该项全部展开，在 x 方向上为 $-f\overline{uv}$，而 y 方向上为 $+f\overline{uv}$，两项相互抵消，求和后为 0。也就是说科氏力既不能产生也不能消耗 MKE，只能改变风的方向。

Ⅵ　分子耗散作用，量值较小可略去不计。

Ⅶ　平流与湍流的相互作用。假设垂直速度 $\overline{w}=0$，取平均风向沿 x 轴($v=0$)，则该项可写作：

$$-\overline{u}\frac{\partial(\overline{u'w'})}{\partial z}=\overline{u'w'}\frac{\partial \overline{u}}{\partial z}-\frac{\partial(\overline{u'w'}\cdot\overline{u})}{\partial z}$$

于是单位质量平均动能的方程简化为：

$$\frac{\partial \text{MKE}}{\partial t}+\overline{u}\frac{\partial \text{MKE}}{\partial z}=-\frac{\overline{u}}{\overline{\rho}}\frac{\partial \overline{p}}{\partial x}+\overline{u'w'}\frac{\partial \overline{u}}{\partial z}-\frac{\partial(\overline{u'w'}\cdot\overline{u})}{\partial z} \tag{3.4.10}$$

若将单位质量的 MKE 方程(3.4.9)与 TKE 方程(3.4.7)比较

$$\frac{\partial \text{TKE}}{\partial t}=\cdots-\overline{u'w'}\frac{\partial \overline{u}}{\partial z}+\cdots$$

$$\frac{\partial \text{MKE}}{\partial t}=\cdots+\overline{u'w'}\frac{\partial \overline{u}}{\partial z}+\cdots$$

可以看到，两个方程中都包含一项 $\overline{u'w'}\frac{\partial \overline{u}}{\partial z}$，但其符号相反。该项是平均动能与湍流动能相互联系的“纽带项”，也就是说能量会从平均动能“流向”湍流动能，使湍流增强，平均风速减少。反之，湍流作用较弱，平均动能流向湍流动能的部分也相应减少。

通常条件下平均动能的量级要比湍流动能大 2～3 个量级。

3.5 湍流通量控制方程

上一节主要介绍了湍流动能控制方程，与此类似，还可以计算动量($\overline{u'_i u'_j}$)、热量($\overline{u'_i T'}$)、水汽通量($\overline{u'_i q'}$)等通量的控制方程。而这些通量项在控制方程组中都是未知数，使方程不闭合，难以确定边界层的风温和湍流状况。这一节将推导这些未知通量的控制方程。

3.5.1 动量通量控制方程

将脉动动量方程乘以 u'_k，并求雷诺平均得：

$$\overline{u'_k \frac{\partial u'_i}{\partial t}} + \overline{u'_j u'_k \frac{\partial u'_i}{\partial x_j}} + \overline{\bar{u}_j u'_k \frac{\partial u'_i}{\partial x_j}} + \overline{u'_j u'_k \frac{\partial \overline{u_i}}{\partial x_j}} = -\overline{\frac{1}{\rho} u'_k \frac{\partial p'}{\partial x_i}} + \overline{\upsilon u'_k \frac{\partial^2 u'_i}{\partial x_i \partial x_j}} + \delta_{3i} g \overline{\frac{T'}{T_0} u'_k} + f \varepsilon_{ij3} \overline{u'_j u'_k} \tag{3.5.1}$$

将下标 i 和 k 互换，则可得到类似于(3.5.1)的方程。然后，将这两个方程相加可得：

$$\begin{aligned}&\frac{\partial \overline{u'_i u'_k}}{\partial t} + \overline{u'_j u'_k}\frac{\partial \overline{u_i}}{\partial x_j} + \overline{u_j}\frac{\partial \overline{u'_i u'_k}}{\partial x_j} + \overline{u'_i u'_j}\frac{\partial \overline{u_k}}{\partial x_j} + \overline{u'_j \frac{\partial u'_i u'_k}{\partial x_j}} \\ &= -\overline{\frac{u'_i}{\rho_0}\frac{\partial p'}{\partial x_k}} - \overline{\frac{u'_k}{\rho_0}\frac{\partial p'}{\partial x_i}} + \overline{\upsilon u'_i \frac{\partial^2 u'_k}{\partial x_j^2}} + \overline{\upsilon u'_k \frac{\partial^2 u'_i}{\partial x_j^2}} + \delta_{3i} g \overline{\frac{T'}{T_0} u'_k} + \\ &\quad g \overline{\frac{T'}{T_0} u'_i}\delta_{3k} + f\varepsilon_{ij3}\overline{u'_j u'_k} + f\varepsilon_{kj3}\overline{u'_i u'_j}\end{aligned} \tag{3.5.2}$$

由湍流连续方程

$$\overline{u'_i u'_k \frac{\partial u'_j}{\partial x_j}} = 0 \tag{3.5.3}$$

同时

$$\overline{u'_i \frac{\partial p'}{\partial x_k}} = \overline{\frac{\partial (u'_i p')}{\partial x_k}} = -\overline{p' \frac{\partial u'_i}{\partial x_k}} \tag{3.5.4}$$

$$\overline{u'_k \frac{\partial p'}{\partial x_i}} = \overline{\frac{\partial (u'_k p')}{\partial x_i}} = -\overline{p' \frac{\partial u'_k}{\partial x_i}} \tag{3.5.5}$$

$$\begin{aligned}\overline{\upsilon u'_i \frac{\partial^2 u'_k}{\partial x_j^2}} + \overline{\upsilon u'_k \frac{\partial^2 u'_i}{\partial x_j^2}} &= \upsilon\left[\frac{\partial}{\partial x_j}\overline{\left(u'_i \frac{\partial u'_k}{\partial x_j}\right)} - \overline{\frac{\partial u'_i}{\partial x_j}\frac{\partial u'_k}{\partial x_j}}\right] + \\ &\quad \upsilon\left[\frac{\partial}{\partial x_j}\overline{\left(u'_k \frac{\partial u'_i}{\partial x_j}\right)} - \overline{\frac{\partial u'_k}{\partial x_j}\frac{\partial u'_i}{\partial x_j}}\right] \\ &= \upsilon\left[\frac{\partial \overline{(u'_i u'_k)}}{\partial x_j^2} - 2\,\overline{\frac{\partial u'_i}{\partial x_j}\frac{\partial u'_k}{\partial x_j}}\right]\end{aligned} \tag{3.5.6}$$

所以，动量通量预报方程的最后形式为：

$$\underset{\text{I}}{\frac{\partial\left(\overline{u_i'u_k'}\right)}{\partial t}}+\underset{\text{II}}{\overline{u}_j\frac{\partial\left(\overline{u_i'u_k'}\right)}{\partial x_j}}=\underset{\text{III}}{\left[-\overline{u_i'u_j'}\frac{\partial\overline{u}_k}{\partial x_j}-\overline{u_k'u_j'}\frac{\partial\overline{u}_i}{\partial x_j}\right]}-\underset{\text{IV}}{\frac{\partial\left(\overline{u_i'u_j'u_k'}\right)}{\partial x_j}}+$$

$$\underset{\text{V}}{\frac{g}{T_0}\left[\delta_{k3}\overline{u_i'T'}+\delta_{i3}\overline{u_k'T'}\right]}+$$

$$\underset{\text{VI}}{f\left[\varepsilon_{kj3}\overline{u_i'u_j'}+\varepsilon_{ij3}\overline{u_k'u_j'}\right]}-\underset{\text{VII}}{\frac{1}{\rho_0}\left[\frac{\partial\left(\overline{p'u_k'}\right)}{\partial x_i}+\frac{\partial\left(\overline{p'u_i'}\right)}{\partial x_k}\right]}+$$

$$\underset{\text{VIII}}{\overline{\frac{p'}{\rho_0}\left(\frac{\partial u_i'}{\partial x_k}+\frac{\partial u_k'}{\partial x_i}\right)}}+\underset{\text{IX}}{v\frac{\partial^2\left(\overline{u_i'u_k'}\right)}{\partial x_j^2}}-\underset{\text{X}}{2v\overline{\frac{\partial u_i'}{\partial x_j}\frac{\partial u_k'}{\partial x_j}}} \tag{3.5.7}$$

式中：

Ⅰ　动量通量的局地变化项；

Ⅱ　平流作用对动量通量的影响；

Ⅲ　平均风切变生成的动量通量，也称动力产生项；

Ⅳ　湍流输送对动量通量的影响，即湍流输送项；

Ⅴ　浮力产生/损耗项；

Ⅵ　科氏作用项；

Ⅶ　气压输送项；

Ⅷ　气压再分配项；

Ⅸ　分子扩散项；

Ⅹ　黏滞耗散项，记作 $2\varepsilon_{u_i'u_k'}$。

根据相关观测结果与尺度分析可知Ⅵ、Ⅶ、Ⅸ项通常远小于其他项，可以略去。方程中 i 和 k 均可以取 1，2，3，因而它代表了 9 个方程，运用上述方程可以预报雷诺应力张量中的 9 项。

对水平均匀边界层，略去下沉作用，并选择坐标系与平均风一致，则垂直通量方程为：

$$\frac{\partial\left(\overline{u'w'}\right)}{\partial t}=-\overline{w'^2}\frac{\partial\overline{u}}{\partial z}-\frac{\partial\left(\overline{u'w'^2}\right)}{\partial z}+$$

$$\frac{g}{T_0}\overline{u'T'}+\overline{\frac{p'}{\rho_0}\left(\frac{\partial u'}{\partial z}+\frac{\partial w'}{\partial z}\right)}-2\varepsilon_{u'w'} \tag{3.5.8}$$

图 3.8 为数值模拟得到的对流条件下的动量通量收支。表明在混合层的低层切变产生项近似由压力作用项平衡，这一结果也得到了观测结果的证实。这种近似平衡关系式可写作：

$$\overline{w'^2}\frac{\partial\overline{u}}{\partial z}=\overline{\frac{p'}{\rho_0}\left(\frac{\partial u'}{\partial z}+\frac{\partial w'}{\partial x}\right)} \tag{3.5.9}$$

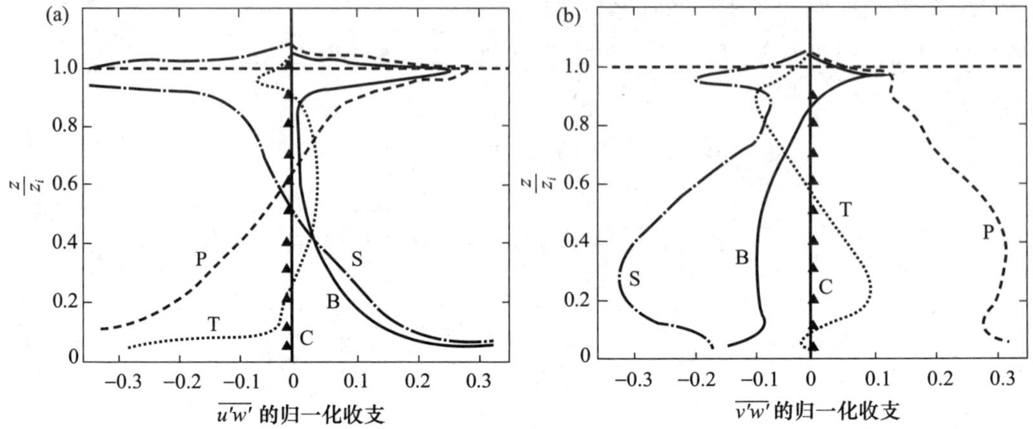

图 3.8 对流条件下的无量纲动量通量收支(Stull,1991)

(S:切变产生项;B:浮力产生项;P:压力作用项;T:湍流输送项;C:科氏作用项)

3.5.2 热量通量控制方程

类似于动量通量方程的推导,将速度扰动方程(3.2.27)乘以 θ',温度扰动方程(3.2.32)乘以 u',各自先求雷诺平均,然后相加得到:

$$\frac{\partial(\overline{u'_i\theta'})}{\partial t}+\overline{u}_j\frac{\partial(\overline{u'_i\theta'})}{\partial x_j}=-\overline{u'_j\theta'}\frac{\partial u_i}{\partial x_j}-\overline{u'_iu'_j}\frac{\partial T_d}{\partial x_j}-\frac{1}{\rho_0}\left[\frac{\partial(\overline{p'\theta'})}{\partial x_i}-p'\frac{\partial\theta'}{\partial x_i}\right]+$$
$$g\frac{\overline{\theta'^2}}{T_0}\delta_{i3}+f\varepsilon_{ij3}\overline{u'_j\theta'}+\nu\frac{\partial^2(\overline{u'_i\theta'})}{\partial x_j^2}-2\nu\overline{\frac{\partial u'_i}{\partial x_j}\frac{\partial\theta'}{\partial x_j}} \tag{3.5.10}$$

式中,各项的物理意义与动量通量方程中的类似。为简便起见,常略去科氏作用项、气压扩散项以及分子扩散项,并以 $2\varepsilon_{u'_i\theta'}$ 代替最后一项,则热通量方程可改写为:

$$\frac{\partial(\overline{u'_i\theta'})}{\partial t}+\overline{u}_j\frac{\partial(\overline{u'_i\theta'})}{\partial x_j}=-\overline{u'_j\theta'}\frac{\partial u_i}{\partial x_j}-\overline{u'_iu'_j}\frac{\partial T_d}{\partial x_j}-\frac{\partial(\overline{\theta'u'_iu'_j})}{\partial x_j}+$$
$$\frac{\overline{p'}}{\rho_0}\overline{\frac{\partial\theta'}{\partial x_i}}+g\frac{\overline{\theta'^2}}{T_0}\delta_{i3}-2\varepsilon_{u'_i\theta'} \tag{3.5.11}$$

假设边界层大气水平均匀且无下沉运动,垂直热通量 $\overline{w'\theta'}$ 的方程可简化为:

$$\frac{\partial(\overline{w'\theta'})}{\partial t}=-\overline{w'^2}\frac{\partial\overline{T}_a}{\partial z}-\frac{\partial(\overline{w'\theta'})}{\partial z}+\frac{\overline{p'}}{\rho_0}\overline{\frac{\partial\theta'}{\partial z}}+g\frac{\overline{\theta'^2}}{T_0}-2\varepsilon_{w'\theta'} \tag{3.5.12}$$

图 3.9 所示为混合层中垂直热通量的平衡关系,图 3.9a 为美国博尔德大气观测站(Boulder Atmospheric Observation,BAO)铁塔上的观测结果,图 3.9b 为二阶闭合模式模拟的 Wangara 边界层试验的结果。该图结果表明,近地层中垂直热通量由浮力和切变生成,因而在近地层以上有弱而规则的通量向上输送。在逆温层,浮力产生很大的热通量,该层中气泡浸入到上部暖气层中,导致负的动力产生,浮力产生

主要即由这种负的动力产生来平衡。负的动力产生还使得混合层顶的热通量为负值。气压作用项因返回各向同性倾向而减弱热通量值。

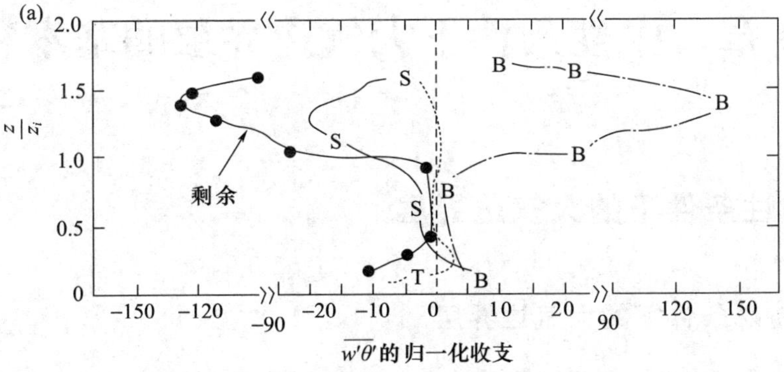

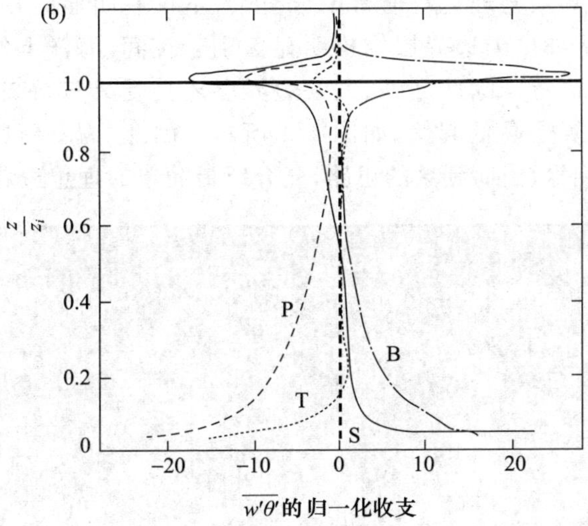

图 3.9　对流边界层中无量纲垂直热通量的收支(Stull,1991)

(a)观测结果;(b)模拟结果

(B:浮力产生项;S:切变产生项;P:气压作用项;T:湍流输送项)

第4章　中性条件下大气边界层的基本特征

4.1　中性条件下的大气边界层

4.1.1　特殊条件下的大气边界层

真实的大气边界层物理过程通常十分复杂，不仅有明显的日变化特征，同时还有特殊的地域特征，如白天边界层结构明显区别于夜间，海洋上的大气边界层物理过程不同于沙漠地区等。除此之外，大气边界层还会受天气系统、人为活动等因素的影响导致大气边界层高低起伏，如图4.1所示。因此，为了帮助初学者更容易理解，本书遵循由浅到深、由简到繁的思路，先介绍最简单的理想边界层。

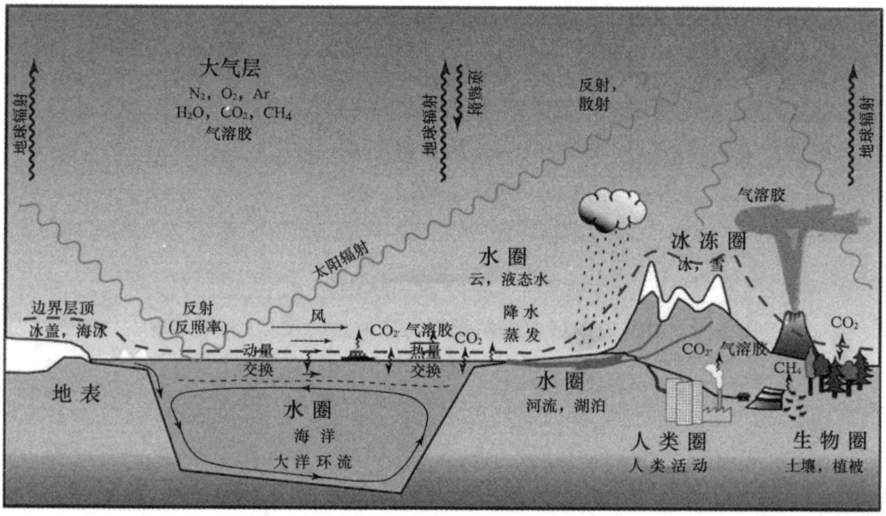

[彩]图4.1　复杂下垫面对大气边界层的影响

(1)“定常、平坦、均一”假设

为了简化大气边界层问题，“定常、平坦、均一”是众多经典研究中常用的假设条件。

定常假设：是指在特定时段内，大气边界层内各个物理量不随时间变化，即$\frac{\partial}{\partial t}=0$。

在此条件下，四维物理量可简化为三维，如图 4.2 所示。在实际情况中，大气边界层物理过程日变化特征明显，再加上湍流运动的无规则性、随机性、复杂性，因此很难找到严格的定常条件，通常只能假设在某一较短时间内满足该条件。

平坦假设：是指下垫面没有高低起伏，始终保持平坦。

均一假设：是指下垫面属性均一，主要是指动力、热力、湿度等属性保持不变。

在实际情况中，只有平静的海面、湖面，平坦的沙漠、草原、戈壁、森林等区域满足平坦、均一假设条件。边界层气象学研究初期很多外场观测试验，经典理论都是在这两个假设条件下完成的。如果下垫面满足平坦、均一，那么边界层内各物理量在水平面上就会处处相等，即$\frac{\partial}{\partial x}=\frac{\partial}{\partial y}=0$，这样三维变量会进一步简化到一维，如图 4.2所示。

由于受到地面拖曳、重力垂直梯度、水汽垂直梯度等影响，大气边界层内各个物理量在垂直方向上的变化最为剧烈，故此各个物理的垂直分布将是本书的一个重点研究内容。

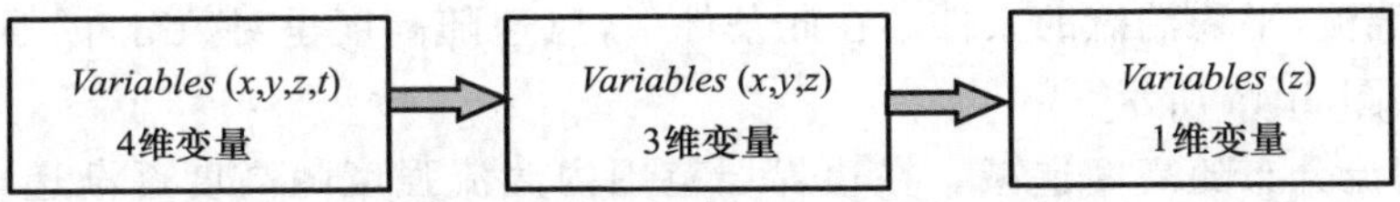

图 4.2　平坦、均一、定常假设条件下四维物理量简化到一维的过程

(2)无湍流条件下的大气边界层垂直结构

在定常、平坦、均一的假设条件下，大气边界层内的物理量不随时间变化，不在水平面上变化，仅有垂直方向上的差异。若只考虑大气的分子黏性作用，且没有大气湍流作用，各物理量的垂直分布将如图 4.3 所示。由图可见，理想边界层内的气温在垂直方向上随高度递减。风速则随高度呈线性递增，且在地表为 0，这种运动就是流体力学中经典的“平行平板运动”。但在现实情况中很难满足无湍流条件，故这种的垂直分布也很难见到。

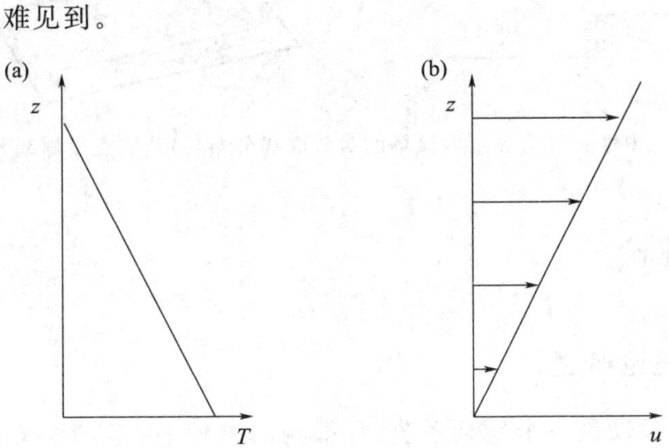

图 4.3　特殊条件下大气边界层内(a)温度及(b)风速的垂直分布

4.1.2 中性条件下的大气边界层

中性边界层通常出现在浓厚云层下的大风条件。在不稳定边界层与稳定边界层的转换期间(清晨或黄昏),肯定也会有一个时段出现中性边界层,但这个时段通常很短,很难定义为典型的中性大气边界层。但中性大气边界层的物理过程相对简单,而且是研究大气边界层的基础。

中性大气边界层是指位温在垂直方向上没有变化,($\partial\bar{\theta}/\partial z=0$),即热浮力作用既不促进湍流的发展也不消耗湍流的能量,风切变是大气湍流产生的唯一机制。与上述特殊条件下大气边界层的差异主要体现在湍流的作用,即中性条件下不仅要考虑大气湍流在垂直方向上的变化,还要考虑湍流运动对风场的影响。然而在中性条件下,风场随高度的变化也不简单,风廓线的分布形式有多种结构,差异主要由湍流的垂直分布特征决定。通常情况下,湍流有三种垂直结构特征,分别为:

(1)湍流分布随高度没有变化,即边界层范围内湍流处处相等,满足均匀湍流、各向同性湍流、平稳湍流的条件。在此条件下,风速随高度呈对数分布,且风向则没有变化,如图 4.4a 所示。

(2)湍流分布随高度递减。在边界层范围内湍流强度随高度逐渐递减,这时风场随高度呈埃克曼螺线分布,如图 4.4b 所示。

(3)湍流分布随高度无规律。风场随高度呈无规则变化。

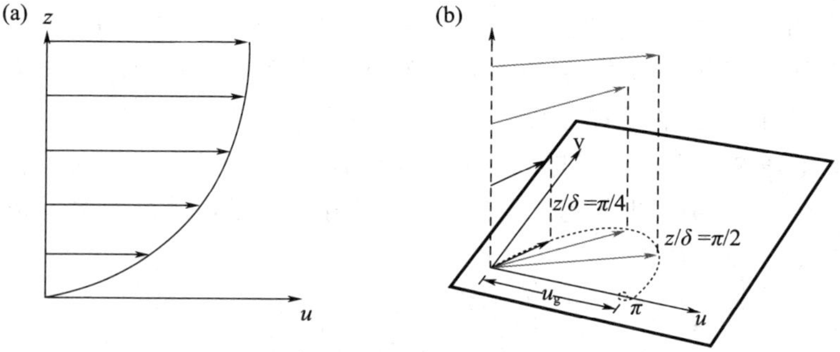

图 4.4 中性大气边界层内风场的对数廓线分布(a)及埃克曼螺线分布(b)

4.2 相似理论

4.2.1 相似理论概述

真实的大气运动是一个复杂系统,且影响因素较多。其中,风场随高度的分布关系就是一个复杂问题,会时刻受到环境因素和人为因素的影响。现阶段,人们对这一物理过程的认知还不全面、不深入，还不足以给出一个清晰准确的刻画方式。但实际观测资料又常常显示边界层内风场的垂直分布又有很强的相似性和重复性。因此，可以借助经典的相似理论，对所涉及的问题进行分类、组织，建立各影响因素间的经验关系。这就是相似理论在边界层领域应用的基本思路。本节将通过相似理论给出中性条件下风速随高度的分布关系。

相似理论是以变量的无量纲组合为基础。“Buckingham π 定理”就是最常用的量纲分析方法，该方法的使用有如下四个步骤：

(1)选择(猜测)哪些变量与该物理过程有关。

(2)把所选变量组成无量纲组合。

(3)进行物理试验，或者根据已有实验资料确定这些无量纲组的值。

(4)对资料进行曲线拟合或求回归方程，以描述这些无量纲组之间的关系。

此过程中，如果在第一步中所选变量过多，且多于实际需要的数目，后期计算过程中会发现一些无量纲组合与其他无量纲组合无关，可删除这些无效变量。如果所选的变量数太少，或者遗漏了一个重要的变量，资料又会显示无量纲组合之间具有较大分散性或无重复性，也会报错，需增加相关变量。

其实，在选变量及进行无量纲组合之前，可以通过相关知识和相关经验，对有关变量的内在联系及量纲关系进行初步分析，来确定选择变量。对于非常复杂的问题，须用 π 定理来找出恰当的无量纲组合。

相似理论并不能给出回归方程的具体形式或无量纲组合之间的关系，因而必须通过“试凑法”、实际观察法、数值计算法来选择它的最佳形式。例如可以把一个组合表示为另一个组合的幂函数、对数、线性函数或者常数等。

通过上述四个步骤即可得到一个经验方程或一组具有相同形状的曲线，由于曲线集合的自相似性很强，该理论也称为相似理论。所得到相似关系式通常用来表示平稳(定常)条件下的物理规律。这种经验方程不是瞬时方程，而是一个平均量方程。时间(t)通常不作为一个相关变量出现在相似关系式中，只考虑气象要素的平均量与湍流统计量，这种关系通常是普遍适用的，可以推广应用于其他时段和地域，而不仅仅局限于本次实验。

4.2.2　Buckingham π 量纲分析方法

1914 年 Buckingham 提出了一种进行量纲分析的系统方法，他把得到的无量纲组合称作 π 组合，这就是 Buckingham π 定理的由来。

下面将通过中性条件下风速廓线的例子来介绍这种方法的具体使用。

物理问题：中性条件下，当湍流分布随高度没有变化时，求风场随高度的变化规律。

(1)选取变量

在这个问题中，高度、速度梯度和湍流作用是最为重要的三个变量，当然也可以选择其他变量，但最后会发现这些变量对这个问题没有影响。

(2)求每个变量的量纲

物理学界基本量纲主要有：

L=长度，M=质量，T=时间，K=温度，A=电流，I=发光强度

上述三个重要变量的基本量纲为

变量	符号	基本量纲
高度	z	L
速度梯度	$\partial\bar{u}/\partial z$	T^{-1}
湍流作用	u_*	LT^{-1}

这里湍流的作用以 u_* 来表示，是为了简化运算。

(3)问题中所涉及的基本量纲数

这个问题涉及两个基本量纲：L，T。

(4)在下列限制条件下，选择部分原变量构成“关键变量”

在选择关键变量时需满足：1)关键变量数目必须等于基本量纲数目；2)所有基本量纲必须用关键变量表示；3)这些关键变量的任意组合都不能为无量纲组。

此处，选 2 个变量：z，u_* 作为关键变量。

注意关键变量组的选择存在很多种可能，如 z，$\partial\bar{u}/\partial z$ 或 u_*，$\partial\bar{u}/\partial z$ 都可以。如果上述条件全部满足，则选哪一组都可以。

(5)用关键变量构建剩余变量的无量纲组方程。

这里只剩余一个变量 $\partial\bar{u}/\partial z$，并对其建立无量纲方程：

$$\partial\bar{u}/\partial z=(z)^a\ (u_*)^b \tag{4.2.1}$$

式中，a，b 为未知数。

(6)求解 a，b，得到量纲相容方程。

上式的量纲方程为：

$$T^{-1}=(L)^a(LT^{-1})^b$$

如果要左右量纲相等，T：$-1=-b$；

$$L{:}\ 0=a+b;$$

则可以解出 $a=-1$，$b=1$。

(7)把每一个无量纲方程的左边除以右边给出无量纲组合 π。组合的数目总是等于变量数减量量纲数。

由于这个个例简单，只有 3 个变量，2 个独立量纲，故此只能构成 1 个无量纲组合，且只能等于常数。

$$\pi_1=\frac{\partial\bar{u}}{\partial z}\frac{z}{u_*}=\phi \tag{4.2.2}$$

Buckingham π 理论的操作步骤至此结束，当然这只是整个研究相似过程的第二步。下面需要通过必要的试验数据来获取 ϕ 的具体表达式，这样才能找出风速随高度的分布关系。

在大量风洞试验和外场观测试验后，人们通常取 $\phi=1/\kappa$，其中式中 κ 为冯・卡曼常数(von Karman constant)，范围在 0.35～0.43 之间，现今多取 κ 等于 0.4。那么上式的具体表达式即为：

$$\frac{\partial \overline{u}}{\partial z}=\frac{u_*}{\kappa z} \tag{4.2.3}$$

对上式进行积分，得风速廓线关系：

$$\overline{u}=\frac{u_*}{\kappa}\ln\frac{z}{z_0} \tag{4.2.4}$$

注意在积分的过程中，只有 u_* 为常数时，也就是湍流在不同高度处处相等时，才能得到式(4.2.4)。这就是中性条件下风速廓线的典型形式，如图 4.4a 所示。由图 4.4a可见，风随高度的变化为对数廓线形状。地表摩擦阻力使风速在接近地面处趋于零，而气压梯度力使风随高度增加。在实际使用过程中，还会使用对数高度坐标 ln$z$，此时，风速随对数高度呈直线型，见图 4.5。

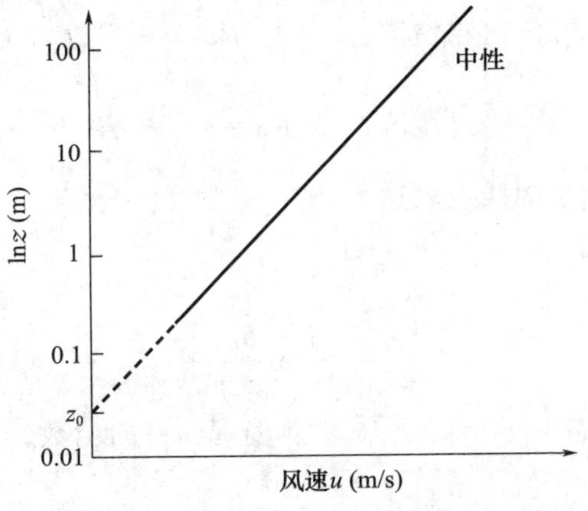

图 4.5　对数坐标下，风速随高度变化

4.2.3　粗糙度高度与零平面位移

式(4.2.4)中当 $z=z_0$ 时，风速为 0，即图 4.5 中风廓线与纵轴相交处，这一高度称为下垫面的空气动力学粗糙度高度(roughness length)，简称粗糙度。尽管粗糙度不等于地面个别粗糙元的高度，但 z_0 的大小取决于粗糙元的几何高度、形状和分布密度。一旦某个面上的空气动力学粗糙度确定了，它将不随风速、稳定度或应力而变。

式(4.2.4)为计算 z_0 的传统方法，利用中性条件下用不同高度上的平均风速测量结果，在($\overline{u}-\ln z$)坐标系中进行线性拟合，拟合曲线中 $\overline{u}=0$ 的高度就是 z_0。当然，风廓线观测的层数和数据量越多，z_0 越准确。需特别说明，z_0 是个特征量，用于表征下垫面的粗糙程度，而不是这个高度上的风速一定为 0，实际测量中也得不到这样的结果。所以图 4.5 中的直线在靠近纵轴时变成了虚线，表征这段只是数学理论上存在。大量研究结果表明，不同下垫面 z_0 有较大差异。各种下垫表面 z_0 值见图 4.6。由图 4.6 可见，z_0 值变动幅度很大，可从城市中心和山区的米量级大小，到无风水面、冰面和雪面十分之几、甚至百分之几毫米。

研究结果表明，z_0 的大小还会对流体运动性质产生影响。在 z_0 极小的下垫面，流体的底层将出现一层毫米量级的分子黏性子层，层中以分子黏性作用进行通量传输，气流则以层流切变的形式出现，在分子黏性子层以上为湍流切变流场。该下垫面上的边界层流场在流体力学上称作光滑流，根据 Nikuradse(1933)的研究，雷诺数 Re 是判别光滑流或粗糙流的判据：

$$\text{光滑流}\begin{cases}\text{光滑流：} & Re=\dfrac{u_{*0}z_0}{\nu}<0.13\\ \text{粗糙流：} & Re=\dfrac{u_{*0}z_0}{\nu}>2.5\\ \text{过渡流：} & Re=\dfrac{u_{*0}z_0}{\nu}=0.13\sim2.5\end{cases}\tag{4.2.5}$$

在光滑流的情况下，风速廓线应表达为：

$$\frac{\overline{u}}{u_{*0}}=\frac{1}{\kappa}\ln\frac{u_{*0}z}{\nu}+5.5$$

或

$$\frac{\overline{u}}{u_{*0}}=\frac{1}{\kappa}\ln\frac{9u_{*0}z}{\nu}\tag{4.2.6}$$

因而处于光滑流的状态下 $z_0=\nu/9u_{*0}$，它本身是 u_{*0} 的函数。黏性子层的厚度 δ 约等于

$$\delta=5\nu/u_{*0}$$

若取 $\nu=1.5\times10^{-5}\,\mathrm{m^2/s}$，$u_{*0}=0.15\ \mathrm{m/s}$，给出 δ 的厚度为 0.5 mm，z_0 值则为 1×10^{-5} m。图 4.7 给出 u/u_{*0} 与 $\ln(u_{*0}z)/\nu$ 的关系曲线，其中 A 段表示光滑流关系，B 段表示粗糙流的关系曲线，两段之间为过渡流。

虽然海洋表面的粗糙度很小，但也需区分光滑流或粗糙流来讨论。实验表明，在风速小的开阔洋面上，层流厚度可覆盖水面涟漪所构成的粗糙元，故认为是光滑流，可用式(4.2.6)描述风速廓线，且粗糙度 z_0 随风速增大而减小。当风速增大以后，流动成为粗糙流，海洋面上 z_0 的取值将与波浪的起伏状况有关。

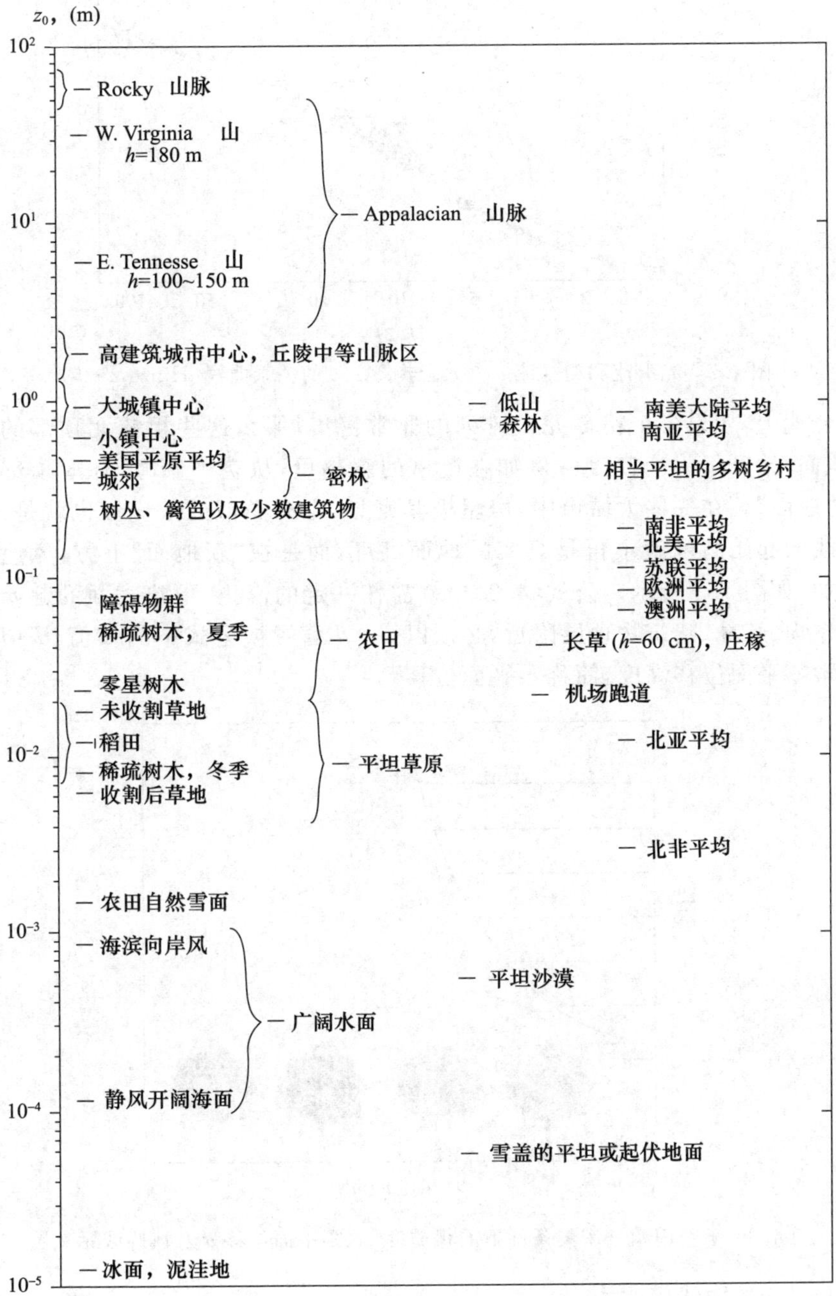

图 4.6　各种下垫面的 z_0 值(Stull,1991)

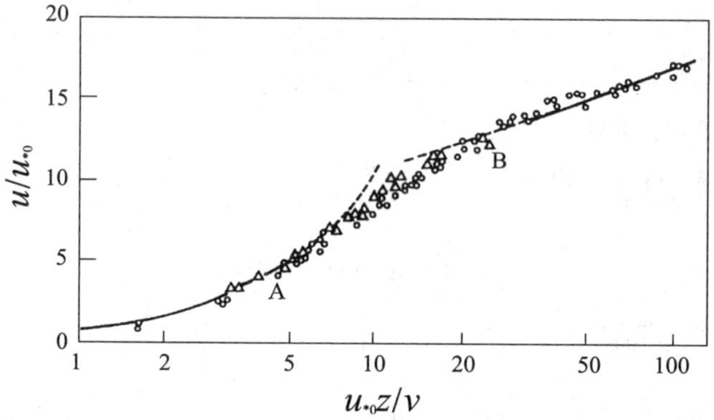

图 4.7 光滑流和粗糙流 u/u_{*0} 与 $u_{*0}z/\nu$ 的关系曲线(Hinze,1975)

在陆地上,如果各个粗糙元被排列的非常密集,那么这些粗糙元顶部的作用就好似“地面”抬升了一个高度。例如在茂密的森林里,从空中俯瞰,林冠顶部就像一个“新的地面”。在一些大城市中,房屋极其密集,也有类似的效应。也就是说,上述风速廓线的起始高度就不再是真实的地面高度,而是在“新地面”上方,风速随高度对数增加,如图 4.8 所示。公式(4.2.4)就需作一定的修正,下垫表面的起始高度将升高到作物、森林、建筑物顶层附近,必须以 $z-d$ 值置换公式中的 z 值,d 值称作空气动力学零平面位移高度,简称零平面位移。

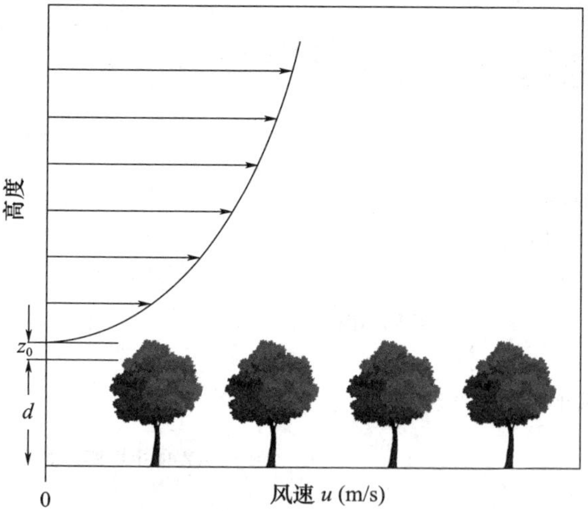

图 4.8 下垫面植被密集条件下的粗糙度 z_0、零平面位移 d 及风廓线示意图

中性层结风廓线应改为:

$$\frac{\overline{u}}{u_{*0}}=\frac{1}{\kappa}\ln\frac{z-d}{z_0} \tag{4.2.7}$$

零平面位移 d 值需要用近中性层结实测风廓线通过 $\bar{u}$ 与 $\ln(z-d)$ 满足线性关系的最佳拟合求得。零平面位移的意义是，气流与下垫面的作用相当于发生在这一高度上，粗糙度也变成是在这一高度之上的物理属性。如果 $z \gg d$，式(4.2.4)与式(4.2.7)没有差异。根据风廓线实测资料估算 d 是比较困难的，通常根据粗糙元的高度来估算，假设 d 是粗糙元(平均)高度的 70%～80%。

公式(4.2.4)与(4.2.7)在工作中有很多实际应用之处，例如：

(1)计算任意高度处的风速 u。根据高度 z_1 处的实测风速 u_1，可以计算近地层另一高度 z_2 处的风速 u_2，由(4.2.4)可得

$$u_2 = u_1 \frac{\ln(z_2/z_0)}{\ln(z_1/z_0)} \tag{4.2.8}$$

(2)计算摩擦速度 u_*。如果能够知道两个不同高度处的风速，利用由风速廓线公式，可计算对数廓线与纵轴交角为 α，则有：

$$\tan\alpha = \frac{\mathrm{d}x}{\mathrm{d}y} = \frac{\mathrm{d}u}{\mathrm{d}\ln z} = \frac{u_*}{\kappa} \tag{4.2.9}$$

设 $\kappa=0.4$，则 $u_*=0.4\tan\alpha$。

同理，可求湍流切应力 τ，由定义：

$$\tau = -\rho\overline{u'w'} = \rho u_*^2 \tag{4.2.10}$$

式中，空气密度 ρ，可由近地面温度 T、气压 p 的实测值计算得到。

(3)计算湍流动量交换系数 K_m。因 u_* 和 $\partial u/\partial z$ 已知，则由定义得：

$$K_m = u_*^2 \Big/ \left(\frac{\partial u}{\partial z}\right) \tag{4.2.11}$$

将式(4.2.4)代入式(4.2.9)—(4.2.10)则可求 u_*，τ，K_m 的显函数式为：

$$u_* = \frac{\kappa}{\ln(z/z_0)} u \tag{4.2.12}$$

$$\tau = \frac{\rho\kappa^2 u^2}{(\ln(z/z_0))^2} \tag{4.2.13}$$

$$K_m = \frac{\kappa^2 u z}{\ln(z/z_0)} = \kappa u_* z \tag{4.2.14}$$

从上述各式可知，u_* 随风速线性增长，亦随粗糙度增长，但关系比较复杂，τ 随风速平方增长，K_m 随高度和风速线性增长。当然，上述计算，只有在近地层中性层结对数风廓线条件下成立。

4.3　近地层

在上一节中利用相似理论得出了中性大气的风速廓线分布规律，式(4.2.4)和式(4.2.7)。在推导的过程中有个非常重要的假设，即湍流摩擦作用对边界层风场

有拖曳影响，且处处相等。

湍流摩擦力（湍流切应力）是表征湍流摩擦作用最直接的方式。在垂直方向上可表示为：

$$\tau=-\rho_0(\overline{u'w'}+\overline{v'w'}) \tag{4.3.1}$$

为了让计算过程简单，引入了摩擦速度 u_* 来表征湍流的作用：

$$u_*^2=[(-\overline{u'w'})^2+(-\overline{v'w'})^2]^{1/2} \tag{4.3.2}$$

若湍流摩擦作用处处相等，则有：

$$\tau=\rho_0 u_*^2=\text{常数} \tag{4.3.3}$$

在实际大气中，只有在近地层内湍流作用才会近似处处相等。下面将着重对近地层进行详细的讨论。

4.3.1 近地层的定义和特征

近地层位于大气的底层，贴近地面，厚度随大气边界层厚度的变化而相应增减，一般为几十米。近地层中，相对于湍流应力，科氏力和气压梯度力的作用可略去不计。此外，在平坦、均一假设条件下，湍流运动几乎是影响近地面层大气运动的唯一要素，大气结构主要依赖于垂直方向的湍流输送，包括动量、热量、水汽、能量和物质的输送。近地面层有如下特点：

(1)动量、热量和水汽垂直通量随高度的变化与通量数值本身相比很小，各种湍流通量可以近似认为是常值，因此近地层也被称为常通量层。

常通量层的引入为大气湍流和大气边界层研究带来了很大便利，使很多问题得到简化。理论上，可以把湍流看作为近地层主要的，甚至唯一的直接因子进行讨论，并且认为湍流的垂直通量是常值，即某一高度湍流通量的测量结果可以代表整个近地面的值。

(2)各个气象要素随高度的变化比大气边界层中、上层要显著。

(3)大气运动尺度较小，科氏力随高度的变化可略去不计，风向随高度几乎无变化。

由此，近地层可以定义为：距离地面数十米，受地面摩擦作用导致风速、温度、湿度等气象要素随高度变化显著，湍流通量远大于大气边界层其他位置，且几乎不随高度变化的气层。

近地层的一个特点是风向不随高度变化，可简单推导如下，将动量通量 $\tau(\tau_x,\tau_y)$ 与速度梯度 $\partial\mathbf{V}/\partial z$ 关系用 K 理论写出：

$$\boldsymbol{\tau}=\rho K_{\mathrm{m}}\frac{\partial\mathbf{V}}{\partial z} \tag{4.3.4}$$

假设 $z=0$ 时，$\mathbf{V}=0$，积分上式

$$\mathbf{V}(z)=\int_0^z\frac{\boldsymbol{\tau}}{\rho K_{\mathrm{m}}}\mathrm{d}z \tag{4.3.5}$$

由于 $\boldsymbol{\tau}$ 为湍流应力处处相等，为常值矢量，可移出积分号外，则

$$\boldsymbol{V}(z)=\boldsymbol{\tau}\int_0^z \frac{1}{\rho K_{\mathrm{m}}}\mathrm{d}z \tag{4.3.6}$$

也就是说 $\boldsymbol{V}$ 方向与 τ 方向相同，即风向不随高度变化，而风速随高度增加。

由于近地层为常通量层，那么不仅仅是动量通量随高度不变化，热量通量、水汽通量也有这一特性。故动量通量 $\overline{u'w'}$、感热通量 $\overline{w'\theta'}$、水汽通量 $\overline{w'q'}$ 可表述为：

$$-\overline{u'w'}=K_{\mathrm{m}}\frac{\partial\overline{u}}{\partial z}=u_*^2 \tag{4.3.7a}$$

$$\overline{w'\theta'}=-K_{\mathrm{h}}\frac{\partial\overline{\theta}}{\partial z}=u_*\theta_* \tag{4.3.7b}$$

$$\overline{w'q'}=-K_{\mathrm{q}}\frac{\partial\overline{q}}{\partial z}=u_*q_* \tag{4.3.7c}$$

式中，K_{h} 和 K_{q} 分别为热量和水汽的湍流扩散系数，它们的取值也不是常数，与湍流强弱以及各个尺度的湍流能量分配有关。特征量 u_*、θ_* 和 q_* 表示了湍流垂直输送的强度，在近地面层内，这些特征量近似与高度无关。

4.3.2　近地层的厚度

利用动量守恒方程，可以对近地层厚度进行估算。假设大气边界层内的湍流运动满足定常、平坦、均一假设，则动量守恒方程可简化为：

$$\frac{\partial(\overline{u'w'})}{\partial z}=-f(\overline{v}_{\mathrm{g}}-\overline{v}) \tag{4.3.8a}$$

$$\frac{\partial(\overline{v'w'})}{\partial z}=f(\overline{u}_{\mathrm{g}}-\overline{u}) \tag{4.3.8b}$$

以上公式表明，在理想中性大气边界层中，某高度处的湍流应力垂直梯度和该高度的地转风偏差速度成正比，比例系数是 f。接近地面处可取 $\overline{v}=0$，则式(4.3.8a)成为：

$$\frac{\partial(\overline{u'w'})}{\partial z}=-f\overline{v}_{\mathrm{g}}=-fG\sin\alpha_0 \tag{4.3.9}$$

式中，$G=(\overline{u}_{\mathrm{g}}^2+\overline{v}_{\mathrm{g}}^2)^{1/2}$ 为地转风模量；α_0 为地面风向与地转风之间的夹角。

将式(4.3.9)两端除以地表摩擦速度 u_{*0}^2，有：

$$\frac{1}{u_{*0}^2}\frac{\partial\overline{u'w'}}{\partial z}=-f\frac{G\sin\alpha_0}{u_{*0}^2}$$

以 u_*^2 代替 $\overline{u'w'}$，并写成差分形式，有：

$$\frac{1}{u_{*0}^2}\frac{\Delta u_*^2}{\Delta z}=-f\frac{G\sin\alpha_0}{u_{*0}^2}$$

式中，Δz 是自地面算起切应力出现相对偏差 $\Delta u_*^2/u_{*0}^2$ 的高度。假设切应力偏差不

超过10％就满足常应力或常通量的要求，则可估计近地面层厚度 h_b 为：

$$h_b=\Delta z=0.1\frac{u_{*0}^2}{fG\sin\alpha_0} \tag{4.3.10}$$

若取中纬度地区一般地面有代表性的值 $f=10^{-4}\,s^{-1}$，u_{*0} 值取 0.3～0.6 m/s，u_{*0}/G 值取 0.04～0.06，则 h_b 约为 20～50 m。粗略地估算可以认为中性大气边界层的近地面层厚度 h_b 约为大气边界层高度的 1/10。

实际情况下，近地面层的厚度变动很大。当地面粗糙度大的地方或层结不稳定时，u_{*0} 通常较大，h_b 可以达到 100～200 m；反之，在粗糙度小的地面或层结稳定的夜间，近地面层厚度可能很浅薄。

4.4 埃克曼螺线

在自由大气中，水平气压梯度力与科氏力二者平衡，形成地转风，且风与等压线平行。而在大气边界层中，必须考虑湍流摩擦力（湍流黏性力）的作用，气块运动是水平气压梯度力、科氏力与湍流摩擦力三者之间平衡的结果，因此大气边界层中的风向会偏离等压线，且偏向低压，见图 4.9。

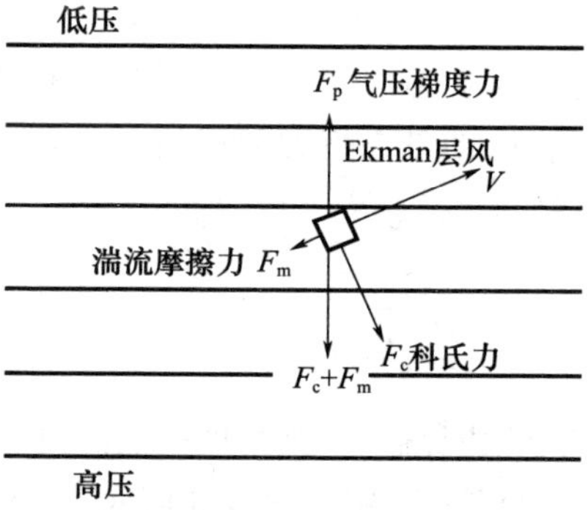

图 4.9 埃克曼层中力的平衡示意图

假定大气运动是定常的水平运动，并且是水平均匀的，即：

$$\frac{\partial}{\partial t}=0,\overline{w}=0,\frac{\partial\overline{u}}{\partial x}=\frac{\partial\overline{u}}{\partial y}=\frac{\partial\overline{v}}{\partial x}=\frac{\partial\overline{v}}{\partial y}=0$$

不考虑分子黏性作用，水平方向上的动量守恒方程(3.2.26)可简化为：

$$\begin{cases}-\dfrac{1}{\overline{\rho}}\dfrac{\partial\overline{p}}{\partial x}+\overline{fv}-\dfrac{\partial}{\partial x}(\overline{u'u'})-\dfrac{\partial}{\partial y}(\overline{u'v'})-\dfrac{\partial}{\partial z}(\overline{u'w'})=0\\ -\dfrac{1}{\overline{\rho}}\dfrac{\partial\overline{p}}{\partial y}-\overline{fu}-\dfrac{\partial}{\partial x}(\overline{v'u'})-\dfrac{\partial}{\partial y}(\overline{v'v'})-\dfrac{\partial}{\partial z}(\overline{v'w'})=0\end{cases} \tag{4.4.1}$$

设湍流场水平均匀，则湍流应力辐散项中$\frac{\partial}{\partial x}=\frac{\partial}{\partial y}=0$，只保留$-\frac{\partial}{\partial z}\overline{u'w'}$和$-\frac{\partial}{\partial z}\overline{v'w'}$项。应用闭合假定，这两湍流项可写成为$K_m\frac{\partial^2\bar{u}}{\partial z^2}$和$K_m\frac{\partial^2\bar{v}}{\partial z^2}$。上述方程成为：

$$\begin{cases}-\frac{1}{\bar{\rho}}\frac{\partial\bar{p}}{\partial x}+f\bar{v}+K_m\frac{\partial^2\bar{u}}{\partial z^2}=0\\-\frac{1}{\bar{\rho}}\frac{\partial\bar{p}}{\partial y}-f\bar{u}+K_m\frac{\partial^2\bar{v}}{\partial z^2}=0\end{cases}\tag{4.4.2}$$

上式反映了埃克曼层中气压梯度力、科氏力和湍流摩擦力的平衡关系。设气压场不随高度变化，且令 x 轴沿等压线方向，利用地转风关系，有：

$$\begin{cases}-\frac{1}{\bar{\rho}}\frac{\partial\bar{p}}{\partial y}=fu_g>0\\\frac{1}{\bar{\rho}}\frac{\partial\bar{p}}{\partial x}=fv_g=0\end{cases}$$

式中，u_g，v_g为地转风分量。于是边界层中科氏力、气压梯度力、湍流摩擦力三力的平衡关系可表示成为：

$$-f\bar{v}=K_m\frac{d^2\bar{u}}{dz^2}\tag{4.4.3a}$$

$$f\bar{u}=K_m\frac{d^2\bar{v}}{dz^2}+fu_g\tag{4.4.3b}$$

其边条件为

$$当\ z\to\infty,\bar{u}=u_g,\bar{v}=0;$$
$$当\ z=0,\bar{u}=0,\bar{v}=0$$

式(4.4.3b)乘以 $i=\sqrt{-1}$ 与式(4.4.3a)相加，得到：

$$\frac{d^2V}{dz^2}=\frac{if}{K_m}(V-u_g)\tag{4.4.4}$$

其中复速度 $V=u+iv$ 为稳定速度，边条件相应成为：

$$当\ z\to\infty,V=u_g\tag{4.4.5a}$$

$$当\ z=0,V=0\tag{4.4.5b}$$

式(4.4.4)的特解为 $V=u_g$，其通解为：

$$V=Ae^{-(1+i)z/\delta}+Be^{(1+i)z/\delta}+u_g\tag{4.4.6}$$

式中，$\delta=\sqrt{2K_m/f}$，常称之为埃克曼层标高，是边界层高度的特征量。根据边条件(4.4.5a)，必须 $B=0$；而根据边条件(4.4.5b)，有 $A=-u_g$。于是得到：

$$\bar{u}=u_g[1-e^{-z/\delta}\cos(z/\delta)]\tag{4.4.7a}$$

$$\bar{v}=u_g e^{-z/\delta}\sin(z/\delta)\tag{4.4.7b}$$

图 4.10a 给出风速矢量端迹图。由图 4.10a 可见，平均风随高度而增加，风矢量

随高度顺时针旋转而呈螺旋状，逐渐趋近于地转风。当 $z = \pi\delta$时，$\overline{v}=0$，风向与地转风方向重合，此时风速略大于 u_g。而后随高度增加，风速风向围绕地转风做螺旋式摆动，这条端迹图称为埃克曼螺线。这是 1905 年瑞典海洋学家 Ekman 在研究洋面附近的海洋摩擦层时发现的，故这一层($z\leqslant\pi\delta$)又称为埃克曼层。

对于埃克曼螺线，应该指出的是：

(1)埃克曼螺线是一种理想的风廓线。实际大气要复杂得多，它并不能总是满足定常、水平均匀和正压条件，因此实测的风廓线往往是与埃克曼螺线有偏差。

(2)图中最后的小螺旋在物理上没有意义，这是因为在推导公式时用了不合理的假设。例如设定边条件 $z\to\infty$，实际上到大气边界层之外方程(4.4.4)已经不适用了。

若把大气边界层的近似高度规定为平均风的风向与地转风方向第一次重合时的高度，则

$$z_m=\pi\delta=\pi\sqrt{\frac{2K_m}{f}} \tag{4.4.8}$$

中纬地区可认为 $f=10^{-4}\,\mathrm{s}^{-1}$，若白天湍流旺盛，取 $K_m=10\ \mathrm{m^2\,s^{-1}}$时，可得此高度大于 1 km；在夜间湍流相对较弱，取 $K_m=1\ \mathrm{m^2\cdot s^{-1}}$时，可得此高度小于 500 m。

图 4.10b 为大气边界层中 $\overline{u}$ 和 $\overline{v}$ 的廓线。由图可知，在地面附近有：

$$z\to 0\ \text{时},\ \lim\overline{v}/\overline{u}=1$$

说明风与等压线成 45°，吹向低压。事实上，地面风与等压线的交角常小于 45°，特别在海上。实际观测结果与理论值的差别，主要是由 K_m 等于常数的假定引起的。从图 4.10a，b 中也可看出，在 $z<z_m$层中空气有穿越等压线的运动，即向低压方向辐合。

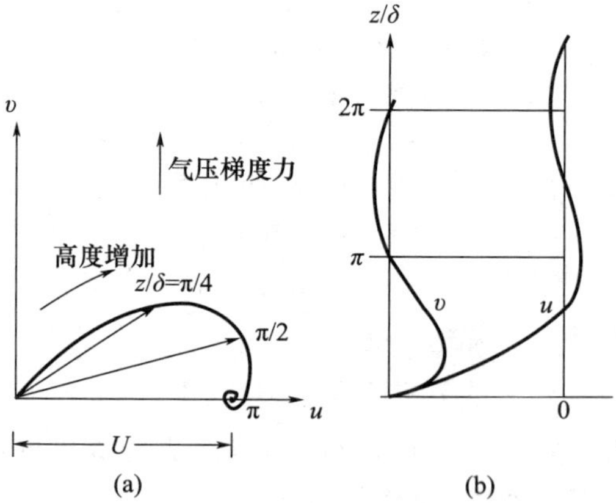

图 4.10 埃克曼风廓线示意图

(a)风速矢量端迹图；(b)$\overline{u}$,$\overline{v}$ 分量随高度的变化

由运动方程导出的埃克曼螺线虽然比较简单，却对后继的研究和观测工作具有指

导作用。随着计算机技术的迅速发展,很多人对大气边界层结构进行了较符合大气实际的数值模拟研究。图 4.11 是其中的一个例子,螺线上各点标注的数值为高度(m),将该点与原点 O 相连则为该高度的风矢量。此图与图 4.10 的埃克曼螺线非常相似,在边界层下部,风矢量的方向随高度几乎不变;在科氏力随高度变化明显的边界层中部,风向有变化;在边界层的上部,风速、风向变化较小;在层顶趋近地转风 u_g,并有周期性的振荡。由图还可明显看出,当粗糙度增大时,由于湍流交换增强,风随高度变化减慢。

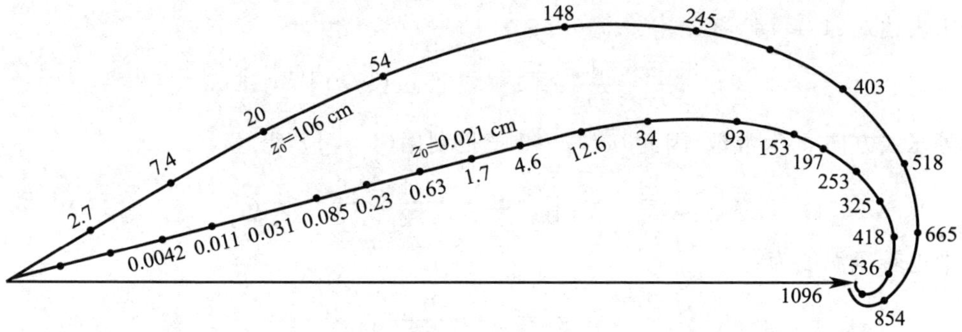

图 4.11　不同粗糙度条件下风速矢量端迹图(Blackadar,1962)

通常情况下,大气层中还存在一定的水平温度梯度,即热成风效应也会影响地转风随高度变化。水平温度梯度的数量级大致为每千米几摄氏度,因而地转风随高度的变化可表达为下列形式:

$$\begin{cases} \dfrac{\partial u_g}{\partial z} = -\dfrac{g}{fT}\dfrac{\partial T}{\partial y} = -m \\ \dfrac{\partial v_g}{\partial z} = -\dfrac{g}{fT}\dfrac{\partial T}{\partial x} = n \end{cases} \tag{4.4.9}$$

式中,m 和 n 为固定值,则式(4.4.7a)和式(4.4.7b)改写为:

$$\overline{u} = u_g\left[1 - e^{-z/\delta}\cos(z/\delta)\right] - mz \tag{4.4.10a}$$

$$\overline{v} = u_g e^{-z/\delta}\sin(z/\delta) + nz \tag{4.4.10b}$$

则大气边界层中的风随高度的变化将因热成风的不同而不同,详细的推导及讨论请见查阅相关文献或书籍。

4.5　埃克曼抽吸

在大气边界层中穿越等压线从高压区向低压区的空气流量为:

$$\int_0^{z_m} \overline{v}\mathrm{d}z = \frac{1}{2}\delta u_g(1 + e^{-\pi}) \approx \frac{1}{2}\delta u_g \tag{4.5.1}$$

其单位为 $m^3/(s \cdot m)$,表示单位时间内穿过单位长度等压线的空气体积。

空气穿过等压线会在低压区引起质量辐合的上升运动。在边界层顶的垂直运动速度可利用不可压缩流体连续方程算出：

$$\frac{\partial \overline{w}}{\partial z}=-\left(\frac{\partial \overline{u}}{\partial x}+\frac{\partial \overline{v}}{\partial y}\right)$$

考虑到地表边条件 $z=0, w=0$ 以及

$$\overline{w}\mid_{z=z_{\mathrm{m}}}=-\int_0^{z_{\mathrm{m}}}\left(\frac{\partial \overline{u}}{\partial x}+\frac{\partial \overline{v}}{\partial y}\right)\mathrm{d}z$$

利用表达式(4.4.7a)，有：

$$\frac{\partial \overline{u}}{\partial x}=\frac{\partial}{\partial x}\{u_{\mathrm{g}}[1-\mathrm{e}^{-z/\delta}\cos(z/\delta)]\}$$

沿等压线方向 u_{g} 为常数，因此 $\partial\overline{u}/\partial x=0$ 于是利用(4.5.1)，得：

$$\overline{w}\mid_{z=z_{\mathrm{m}}}=-\frac{\partial}{\partial y}\int_0^{z_{\mathrm{m}}}\overline{v}\mathrm{d}z=-\frac{1}{2}\delta\frac{\partial u_{\mathrm{g}}}{\partial y}=\frac{1}{2}\delta\zeta_{\mathrm{g}} \tag{4.5.2}$$

其中地转风涡度为：

$$\zeta_{\mathrm{g}}=\frac{\partial v_{\mathrm{g}}}{\partial x}-\frac{\partial u_{\mathrm{g}}}{\partial y}$$

由于已假定等压线走向，即地转风方向沿着 x 轴方向，因而 $v_{\mathrm{g}}=0$。

式(4.5.2)表明，边界层顶部的垂直运动速度和地转风涡度成正比，这说明流场的涡度通过湍流摩擦作用可以在埃克曼边界层顶产生垂直运动，实际上也就在边界层内诱发出垂直环流，即所谓边界层的次级环流。一般 ζ_{g} 的量级为 $10^{-5}\mathrm{s}^{-1}$，若取边界层顶高为 1500 m，于是有 $\overline{w}\mid_{z=z_m}\approx 0.2\times10^{-2}$ m/s。这表示在低压区 $\zeta_{\mathrm{g}}>0$，边界层顶有量级为 10^{-2} m/s 的上升运动；而高压区 $\zeta_{\mathrm{g}}<0$，有下沉运动。此环流引起边界层和自由大气之间的空气质量交换，包括其中的水汽和其他痕量物质。这种作用称为埃克曼抽吸或埃克曼泵(Ekman pumping)。由边界层中湍流摩擦作用而形成的强迫环流，是一种次生的二级环流，如图 4.12 所示。

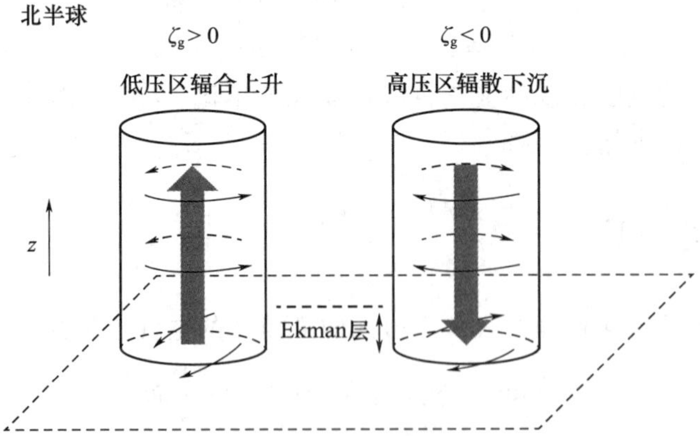

图 4.12　埃克曼抽吸示意图

4.6　中性大气边界层的厚度

在没有热力影响时，正压、水平、均一的大气边界层与二维平板流体力学边界层过程有很多相似之处。研究人员依此推导出中性大气边界层厚度表达式。对于二维平板流体力学边界层厚度的定义最常用的有两个。

(1)位移厚度

$$H_{\mathrm{d}} = \int_0^{\infty} \left(1 - \frac{\overline{u}(z)}{G}\right) \mathrm{d}z \tag{4.6.1a}$$

(2)动量损失厚度

$$H_{\mathrm{m}} = \int_0^{\infty} \frac{\overline{u}(z)}{G} \left(1 - \frac{\overline{u}(z)}{G}\right) \mathrm{d}z \tag{4.6.1b}$$

为了与后面推导相衔接，上述公式均以地转风模量 G 代替流体力学边界层中常用的 U_{∞}。由于在大气边界层中风速和风向均存在切变，对于横向风速可定义对应的 $H_{\mathrm{d}}(v)$ 和 $H_{\mathrm{m}}(v)$：

$$H_{\mathrm{d}}(v) = \int_0^{\infty} \frac{\overline{v}(z)}{G} \mathrm{d}z \tag{4.6.2a}$$

$$H_{\mathrm{m}}(v) = \int_0^{\infty} \left(\frac{\overline{v}(z)}{G}\right)^2 \mathrm{d}z \tag{4.6.2b}$$

将埃克曼螺线风矢量随高度变化的结果式(4.4.7)代入式(4.6.1)求积可得：

$$H_{\mathrm{d}}(v) = \frac{1}{2}\sqrt{\frac{2K_{\mathrm{m}}}{f}} \tag{4.6.3a}$$

$$H_{\mathrm{m}}(v) = \frac{1}{8}\sqrt{\frac{2K_{\mathrm{m}}}{f}} \tag{4.6.3b}$$

上面两式的结果与埃克曼螺线首次接近地转风向的高度表达式(4.4.8)形式上极为相似。

假定在中性条件下其涡动黏性系数随高度近似表达为线性关系，因而中性大气边界层顶部 h 处的 K_{m} 等于：

$$K_{\mathrm{m}} = \kappa u_{*0} h \tag{4.6.4}$$

由式(4.6.3a)，令 $H_{\mathrm{d}} = h$，可得：

$$h = \frac{1}{2}\frac{\kappa u_{*0}}{f} = C\frac{u_{*0}}{f} \tag{4.6.5}$$

利用上式即可求取中性大气边界层的厚度，该式在中纬度地区的计算结果比较合理。而在低纬度地区，由于 $f = 2\omega\sin\varphi \to 0$，所得结果将不再适用。

表 4.1 给出了不同作者对 C 的取值结果，差异较大。一般说来，很难观测到定常、水平、均一、正压条件下均能满足的中性大气边界层，故表中给出的 C 值，有较大不确定性。

表 4.1　不同作者得到的 C 值(Garratt, 1992)

作者	C 值	作者	C 值
Blackdar 和 Tennekes(1968)	0.25	Deardorff(1974)	0.33
Hanna(1969)	0.20	Zilintinkevich 和 Deardorff(1974)	0.30
Clarke(1970)	0.20	Zilintinkevich 和 Monin(1974)	0.40
Plate(1971)	0.185	Yamada(1976)	0.30
Wyngaard(1973)	0.25	Brutsaert(1982)	0.15～0.30
Tennekes(1973)	0.30	Panofsky 和 Dutton(1984)	0.20

第5章　非中性层结条件下气象要素的垂直分布规律

自然界中，物体所处状态会随时空分布有明显差异。如图5.1所示，圆锥体可置于三种不同的状态，分别为稳定、不稳定、中性。同样，在不同时段、不同区域的大气也有三种不同状态，称为大气稳定度。大气稳定度是大气科学中一个重要概念，它会造成大气的运动特征、湍流特征、物质能量输送特征等产生明显差异。上一章讨论的中性大气是一种特殊状态，实际大气更多是非中性层结，本章将对稳定和不稳定层结条件下的气象要素垂直分布特征进行详细讨论。

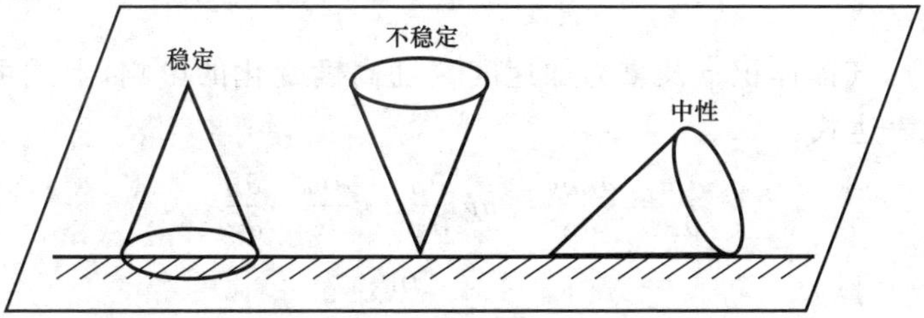

图5.1　圆锥体的三种状态

5.1　大气稳定度

5.1.1　大气稳定度的定义

大气稳定度(atmospheric stability)又称大气层结状态，指气块受到垂直方向的触发后，其运动趋势的变化特征，即气块受外力后，是远离原来位置还是返回，以及运动快慢的度量。

大气稳定度通常包含三种状态：

稳定层结：气块受外力触发上升，如果气块密度比周围空气密度大，在重力作用下，气块有返回原处的趋势。反之，当气块受力下降，如果气块密度比周围空气密度小，会形成浮力大于重力使气块返回原处的现象。这种状态称为稳定层结。

中性层结：气块受外力上升(或下降)，在新位置处，气块密度与周围空气密度相等，气块的重力与浮力相等，气块可以停留在该处。这种状态称为中性层结。

不稳定层结：气块受外力触发上升，若气块密度比周围空气密度小，浮力大于重力，故继续加速上升，直到平衡高度。同样，气块受外力触发下降，若气块密度比周围空气密度大，重力大于浮力，气块会继续下降。这种状态称为不稳定层结。

需要特别指出，上述定义中，气块只是一个示踪物，其运动方向、运动速度，是判定环境大气稳定度的依据。也就是说大气稳定度真正的研究对象是环境大气，而不是气块，是环境大气的层结状态（大气稳定度）决定了气块的受力及运动状态。

5.1.2　质量梯度判定法

通过上述定义，可以通过数学方法描述大气稳定度，即：

$$\frac{\partial m}{\partial z}\begin{cases}<0\\=0\\>0\end{cases}\tag{5.1.1}$$

上式表明，当气层质量梯度小于0，即气层上轻下重，为“金字塔形”，即稳定层结；若质量梯度等于0，为中性层结；若质量梯度大于0，表明气层上重下轻，为“倒金字塔形”，不稳定层结。

如果不考虑气体体积 v 及重力加速度 g 随高度变化的影响，上式可转化为气层密度 ρ 的梯度表达式：

$$\frac{\partial m}{\partial z}=\frac{\partial \rho v g}{\partial z}=vg\frac{\partial \rho}{\partial z},\quad \frac{\partial m}{\partial z}\sim\frac{\partial \rho}{\partial z}\tag{5.1.2}$$

$$\frac{\partial \rho}{\partial z}\begin{cases}<0\\=0\\>0\end{cases}\tag{5.1.3}$$

即气层密度梯度小于0，稳定层结；等于0，中性层结；大于0，不稳定层结。

5.1.3　温度梯度判定法

(1)温度梯度与密度梯度的关系

在实际工作中，大气密度通常不易直接测量，常常用气温来代替气块密度。由气体状态方程及静力平衡方程可得：

$$\frac{\partial \rho}{\partial z}=\frac{1}{R_d}\frac{\partial}{\partial z}\left(\frac{p}{T}\right)=\frac{1}{R_d}\left[\frac{1}{T}\frac{\partial p}{\partial z}-p\frac{\partial}{\partial z}\left(\frac{1}{T}\right)\right]=-\frac{\rho}{T}\left(\frac{\partial T}{\partial z}+\frac{g}{R_d}\right)\tag{5.1.4}$$

那么由密度梯度判定标准即可由气温梯度来代替，即式(5.1.3)转化为式(5.1.5)：

$$-\frac{\partial T}{\partial z}\begin{cases}<\dfrac{g}{R_d} & \text{稳定}\\[2ex]=\dfrac{g}{R_d} & \text{中性}\\[2ex]>\dfrac{g}{R_d} & \text{不稳定}\end{cases}\tag{5.1.5}$$

需要注意，式(5.1.4)的推导过程中使用了空气密度不随高度变化的假设条件，即上式是均质大气下的判定标准。然而实际大气密度通常是随高度递减的，故判定参数由 g/R_d 转变为 γ，详细推导见《大气物理学》(盛裴轩 等，2013)。

$$-\frac{\partial T}{\partial z}\begin{cases}<\gamma & \text{稳定}\\=\gamma & \text{中性}\\>\gamma & \text{不稳定}\end{cases}\tag{5.1.6}$$

若 $-\partial T/\partial z<\gamma$，即图 5.2a 中黑色实线。若气块从高度 z_1 沿干绝热线(虚线)上升到高度 z_2，它比周围空气冷，气块所受重力大于浮力，迫使气块向下运动。同理，当向下运动，气块干绝热升温，它比周围空气暖，浮力大于重力，气块则会向上运动。也就是说，在这种层结下，不论气块的位移是上升还是下降，气块的加速度总是与运动方向相反，有加速回到原平衡位置的倾向，大气为稳定层结。抑制垂直扰动是稳定层结的主要特征，这也解释了为何稳定条件下湍流较弱。

若 $-\partial T/\partial z=\gamma$，垂直运动既不发展也不衰减，大气层结为中性。

若 $-\partial T/\partial z>\gamma$，见图 5.2b 中黑色实线。若气块受外力沿干绝热线(虚线)从高度 z_1 抬升到高度 z_2，气块内部温度低于 z_1 高度处的环境温度，但高于 z_2 高度的环境温度。由于向上的浮力作用，气块就会像热气球一样产生一个持续向上的运动趋势。如果气块向下运动，那么它的密度大于周围空气，就会持续下沉。在这种层结下，气块有加速远离原平衡位置的倾向，大气为不稳定层结。

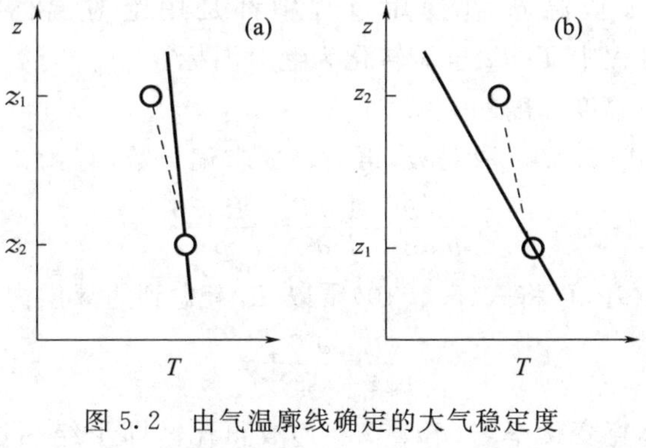

图 5.2　由气温廓线确定的大气稳定度

(a)稳定层结；(b)不稳定层结

(实线是环境温度廓线；虚线是气块从高度 z_1 运动到 z_2 的干绝热廓线)

(2)位温与虚位温

由上文可知，在沿干绝热线上升、下降过程中，气块温度有明显变化，$\gamma=0.98$ ℃/100 m，然而在这个过程中气块是封闭不与外界有物质能量交换的，只是因为气压变化所致。也就是说，如果两个气块压力不同，那么去比较这两个气块温度的高低无太大意义。例如，两个 20 ℃气块，一个在 2000 m 高度上（气压约 800 hPa），一个在海平面上（气压约 1000 hPa），虽然温度相同，但其他物理属性会差别很大。因此，为了去除气压的影响，大气科学领域中更多用位温来代替气温，其定义为气块通过干绝热膨胀或压缩到标准气压时的温度，为：

$$\theta = T\left(\frac{p_{00}}{p}\right)^{\frac{R}{c_p}} = T\left(\frac{1000}{p}\right)^{0.286} \tag{5.1.7}$$

由上式可知，位温是综合考虑了气块温度、气压两个物理量的参数。式中 p_{00} 是标准气压，常取 1000 hPa。那么根据位温的定义，上述两个气块的位温分别为 312.5 K，293.2 K，这约 20 K 的位温差就是由于气压差异（或高度差异）所致。

如果再细致地考虑气块运动过程中，气块中水汽相态变化（气-液-固）对气温产生的影响，那么可以定义一个虚位温 θ_v：

$$\theta_v = T_v\left(\frac{1000}{p}\right)^{\frac{R}{c_p}} \tag{5.1.8}$$

虚位温与位温的关系：

$$T_v = T(1+0.608q)$$

$$\theta_v = T(1+0.608q)\left(\frac{1000}{p}\right)^{\frac{R}{c_p}} = \theta(1+0.608q) \tag{5.1.9}$$

式中，T_v 为虚温，q 为比湿。与位温相比，虚位温是综合考虑了气块温度、湿度、气压三个物理量的参数。

注意，位温 θ、虚位温 θ_v 在使用过程中都是用绝对温标（K）。式（5.1.7）、式（5.1.8）的计算过程中 T、T_v 也需转化为绝对温标。

(3)位温梯度与温度梯度的关系

对位温的定义式（5.1.7）取对数，再对高度求偏导数，有：

$$\frac{1}{\theta}\frac{\partial\theta}{\partial z} = \frac{1}{T}\frac{\partial T}{\partial z} - \frac{R}{c_p p}\frac{\partial p}{\partial z} \tag{5.1.10}$$

用静力方程取代 $\partial p/\partial z$，再将式（5.1.10）乘以 T，考虑到边界层内 $\theta \approx T$，得：

$$\frac{\partial\theta}{\partial z} = \frac{\partial T}{\partial z} + \gamma \tag{5.1.11}$$

上式表明，位温的垂直变化率与（$\partial T/\partial z + \gamma$）成正比。即干绝热过程中，气团的位温是恒定不变的，这样就可以不考虑气块上下移动过程中，气压变化对气温的影响。故式（5.1.6）的温度梯度可转为位温梯度

$$\frac{\partial\theta}{\partial z}\begin{cases} >0 & \text{稳定} \\ =0 & \text{中性} \\ <0 & \text{不稳定} \end{cases} \tag{5.1.12}$$

若 $\partial\theta/\partial z > 0$，为稳定层结。如图 5.3a，如果环境大气的位温廓线梯度为正值

（黑实线），那么把气块从 z_1 高度抬升到 z_2 的过程中，气块位温值不变（虚线），但小于 z_2 处的环境大气位温。由于向下的浮力作用，气块会有回到原平衡位置的趋势。

若$\partial\theta/\partial z<0$，为不稳定层结。如图 5.3b，如果环境大气的位温廓线梯度为负值（黑实线），若把气块从 z_1 高度抬升到 z_2 的过程中，气块位温值不变（虚线），但高于 z_2 处的环境位温。由于向上的浮力作用，气块将会加速上升。同理，如果气块向下运动，会继续下沉。

若$\partial\theta/\partial z=0$，为中性层结。

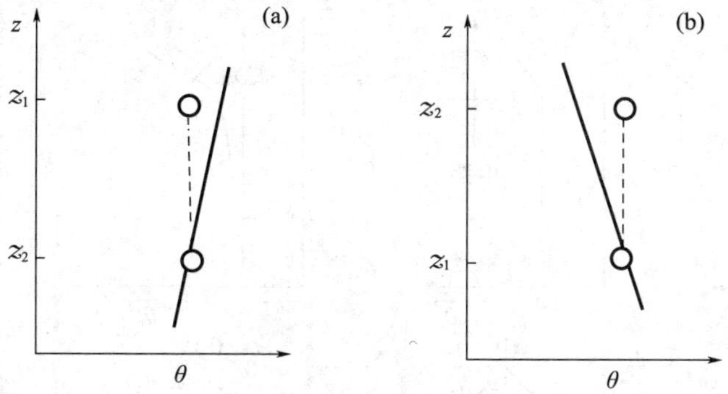

图 5.3　由位温廓线确定的大气稳定度

（a）稳定层结；（b）不稳定层结

（实线是环境位温廓线；虚线是气块从高度 z_1 运动到 z_2 的位温廓线）

利用位温梯度判定大气稳定度是大气边界层研究，空气污染气象学研究中最为常用的方法。在实际情况中，位温的垂直分布并非简单的递增与递减，通常在不同时段有不同的形态，而且各种层结会在垂直方向上相互叠加，因此需要对位温廓线进行整体分析判断。

例如，图 5.4a，在对流边界层中部，有一段位温垂直梯度近似为 0，如果从局地的角度来看，这是一个中性层结。但实际上这是一个不稳定层结，因为气块可以从近地面获取过量的浮力，使其很轻松的穿越整个气层。也就是说，只有局地温度梯度信息不足以判定整层大气稳定度，因此需要完整的廓线信息对大气稳定度进行判定。

除此之外，图 5.4 还给出了几种在实际工作中会经常遇到的位温廓线形态。由于位温廓线与浮力对流过程息息相关，而不同的廓线结构会对大气湍流的生消过程、大气边界层日变化过程产生不同的影响，因此，在大气边界层的研究中位温的垂直分布特征可等价于大气热动力分布特征。

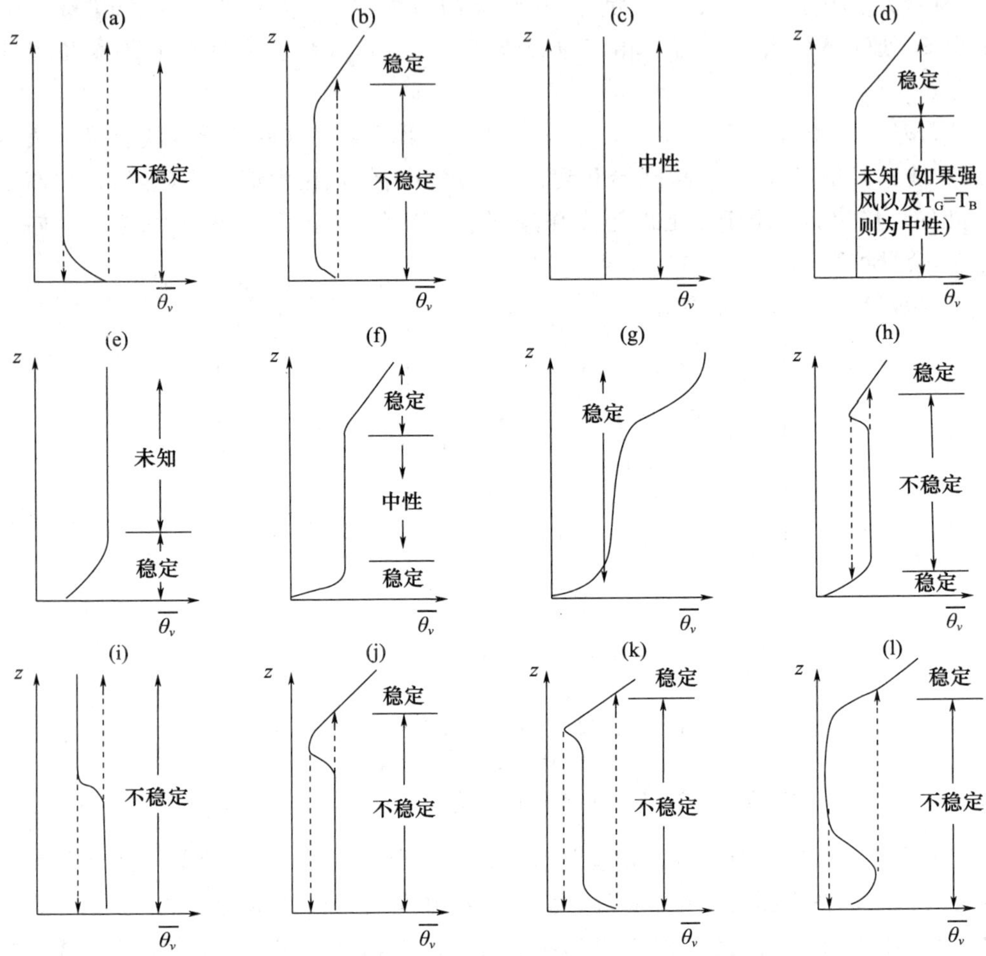

图 5.4　几种常见的位温廓线(Stull,1991)

5.1.4　里查森数(Richardson number)判定法

由前文可知,密度梯度判定大气稳定度,该方法仅考虑了不同高度处物体重力差异的影响,并没有考虑物体在垂直方向上所受浮力,因此通常只适用于密度较大的研究对象。例如"金字塔"稳定,"倒金字塔"不稳定,正是由于石块密度远大于空气密度,石块在空气中所受浮力远小于重力,故可用密度梯度作为判据。然而,在判定大气稳定度时,气层所受浮力作用则不容忽视。也就是说质量梯度判据通常是不全面的。

利用温度梯度来判定大气稳定度,虽然同时考虑了气层所受浮力、重力的共同影响,但该方法忽略了大气运动影响,同样也不全面。例如在中性条件下,热力作用对大气稳定度的影响可忽略，若气层内存在明显的风切变，气层也会上下翻滚形成强不稳定，见图 5.5。也就是说，温度梯度判定大气稳定度，是内含了大气处于静力稳定的假设条件。因此，也将温度梯度判定结果称为静力稳定度。

如果要全面、准确地判定大气稳定度不仅要考虑热力作用，同时也要考虑动力作用影响。所以严格地讲，大气稳定度应包含静力稳定度与动力稳定度两种类型。所谓动力稳定度只与空气运动——风有关，即使空气在静力稳定条件下，风切变也能使气层不稳定。大量观测实验证明：当风切变超过临界值时，做层流运动的稳定气层会转变为不稳定气层，运动变得杂乱无章，湍流得到发展。

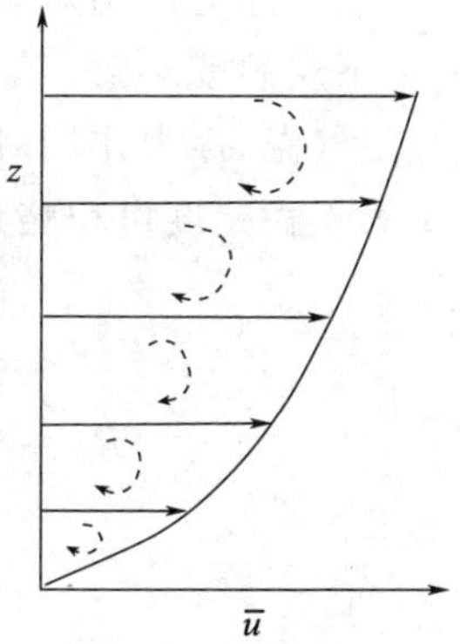

图 5.5　风切变作用下不稳定大气的形成

此外，由第 2 章可知，大气稳定度与大气湍流密切相关。若大气层结稳定，湍流发展会被抑制；大气层结不稳定，湍流发展旺盛；中性层结湍流运动保持原状。因此，可以通过湍流运动状态反推大气稳定度特征。在湍流动能方程中动力产生项和热力产生项是湍流生成、发展、消亡的主要成因，故通过分析这两项的相对大小，可知湍流的状态，进一步就可以判定大气稳定度。里查森数就是这一判断指标。

(1)通量里查森数

根据 TKE 收支方程式(3.4.7)可知，动力产生项与浮力产生项，是湍流生消的主要能量来源。其中，动力产生项表示湍流从平流运动中提取的动能，即单位质量空气微团在单位时间内，通过湍流应力由平均运动动能转化为湍流动能的增益率。浮力产生项代表热浮力对空气微团的作功率。虽然方程中的其他项也很重要，但通过这两项的比就可得到一个简化物理近似，这个比值称为里查森数：

$$Ri_{\mathrm{f}}=-\frac{浮力作功}{湍流切应力作功}=-\frac{\dfrac{g}{\overline{\theta}_{\mathrm{v}}}\overline{w'\theta_{\mathrm{v}}'}}{-\overline{(u_i'u_j')}\dfrac{\partial\overline{U_i}}{\partial x_j}} \tag{5.1.13}$$

由于公式中浮力作用、湍流切应力作用都是以通量的形式表达，故该式又称为通量里查森数，Ri_{f}(flux Richardson number)。该值为无量纲量，按照求和符号，其分母应有 9 项组成。如果假设水平均匀，并忽略水平方向的作用，上式可简化为下式：

$$Ri_{\mathrm{f}}=-\frac{\dfrac{g}{\overline{\theta}_{\mathrm{v}}}\overline{w'\theta_{\mathrm{v}}'}}{-\overline{u'w'}\dfrac{\partial\overline{u}}{\partial z}-\overline{v'w'}\dfrac{\partial\overline{v}}{\partial z}} \tag{5.1.14}$$

由式(5.1.14)可知，对于分母，只要有风切变，就会促进湍流的生成，但这项的数学计算值始终为正值。也就是说只要存在风切变，切应力做功都是对湍流的产生起“正”贡献。对于分子，该项可正、可负、可为零。当热量通量为正时，低层气温高于高层气温，浮力作用对湍流的生成起“正”贡献，促进湍流的发展。当热量通量为零时，上下层温度一致，浮力对湍流的生成不起作用。当热量通量为负时，低层气温低于高层气温，浮力作用对湍流的生成起“负”贡献，抑制湍流的发展。

大气稳定度可粗略地用“＋”“－”号的比值来判定，即：

$$Ri_{\mathrm{f}}=-\frac{\text{浮力作功}}{\text{湍流切应力作功}}\begin{cases}=-\dfrac{\text{“}+\text{”}}{\text{“}+\text{”}}<0 & \text{不稳定}\\ =-\dfrac{\text{“}0\text{”}}{\text{“}+\text{”}}=0 & \text{中性}\\ =-\dfrac{\text{“}-\text{”}}{\text{“}+\text{”}}>0 & \text{稳定}\end{cases}$$

如果以“0”作为判定值，该式仅能判定这两个力对气层的稳定度是“正”贡献，还是“负”贡献，无法比较两者的贡献大小。里查森提出“1”为临界值，因为，此时湍流的动力作用与浮力作用达到平衡，气层处于中性状态。当 $Ri_{\mathrm{f}}<+1$ 时，静力稳定度的强度不足以抵消动力生成作用。对于负的 Ri_{f}，表明上式的浮力作用、动力作用同时对湍流产生作正贡献，气层不稳定，并以湍流运动为主。当 $Ri_{\mathrm{f}}>+1$ 时，虽然动力产生项是促进湍流生成的，但浮力作用却是抑制湍流发展，而且抑制作用强于发展作用，气层稳定，并以层流运动为主。但实际试验数据显示，$Ri_{\mathrm{f}}=0.21$ 的临界值更为合适，这是因为此时除了浮力抑制湍流发展外，流体的黏滞耗散作用也是 TKE 的汇。

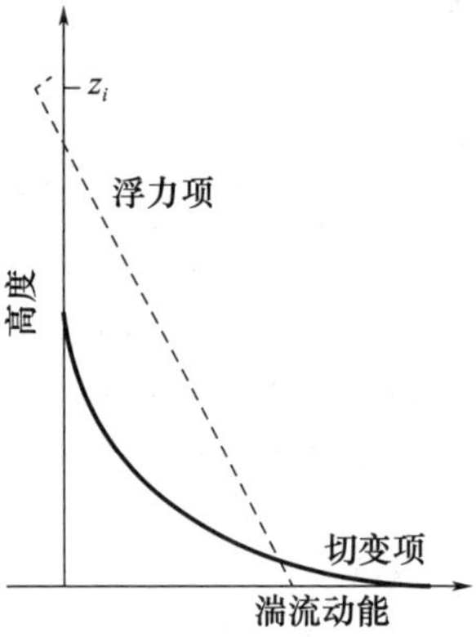

图 5.6　对流边界层中湍流切变项和浮力项的垂直廓线图(Stull，1991)

Ri_{f}的大小强烈依赖于高度。在典型的对流边界层内，浮力项随高度的上升线性递减；但是切变项有所不同，在地表附近风切变最为剧烈，此处的切变项最大，随着高度的上升迅速减小(图 5.6)。因此，在地表附近 Ri_{f} 接近 0，而在边界层顶趋向于正无穷。

(2)梯度里查森数

在 Ri_{f}的使用中发现，只有在已知$\overline{w'\theta_{\mathrm{v}}'}$，$\overline{w'u'}$，$\overline{w'v'}$时，才能计算该值。然而在实际测量中，湍流通量项的测量相对较少，更多是平均量测量。因此，可以根据 K 理论，假设湍流通量项与平均量的梯度项成正比，如$\overline{w'\theta_{\mathrm{v}}'}$与$\partial\overline{\theta_{\mathrm{v}}}/\partial z$ 成正比，$-\overline{u'w'}$与

$\partial\overline{U}/\partial z$ 成正比，以及 $-\overline{v'w'}$ 与 $\partial\overline{V}/\partial z$ 成正比。在此基础上可以得到一个新判定参数，梯度里查森数(gradient Richardson number)，Ri，计算公式为：

$$Ri=\frac{\frac{g}{\overline{\theta}}\frac{\partial\overline{\theta}}{\partial z}}{\left(\frac{\partial\overline{u}}{\partial z}\right)^2+\left(\frac{\partial\overline{v}}{\partial z}\right)^2} \tag{5.1.15}$$

式(5.1.15)在计算过程中，只需已知两个高度之间的位温和风速梯度，无需动用湍流脉动测量仪器。Ri_f 和 Ri 的关系是：

$$Ri_f=(K_h/K_m)Ri \tag{5.1.16}$$

式中，K_m 和 K_h 分别称作动量和感热的湍流交换系数。由式(5.1.16)可见，Ri_f 和 Ri 在符号上是一致的，即定性上两者是统一的。因为平均气象要素的梯度如 $\partial\overline{u}/\partial z$、$\partial\overline{v}/\partial z$ 和 $\partial\overline{\theta}/\partial z$ 的观测和计算都比通量方便，所以 Ri 比 Ri_f 更常用。

理论计算结果和试验工作证明，梯度里查森数的判定指标与通量里查森数有明显差异。

$$\begin{cases} Ri<Ri_c & \text{流动是湍流状态} \\ Ri>Ri_t & \text{流动是层流状态} \end{cases} \tag{5.1.17}$$

即当梯度里查森数小于临界里查森数(critical Richardson number)Ri_c 时，层流运动将转为不稳定，进而形成 K-H 波，并发生湍流；当 Ri 大于另一个指标量 Ri_t(critical Richardson number for the termination turbulence)时，表明湍流终止形成层流运动。

现阶段，有关 Ri_c 和 Ri_t 的取值还有一些争论，但看起来 $Ri_c=0.21\sim0.25$，以及 $Ri_t=1.0$ 是被大多数人公认的。

(3)整体里查森数

从式(5.1.15)可见，如果平均风、温度场的观测数据精度不高，则由此计算的风、温度梯度，特别是 Ri 数分母的风速梯度平方，会引起较大的误差。为此引入整体里查森数 Ri_b(bulk Richardson number)，将式(5.1.15)的微分改为差分，可得到近地层高度 z 以下至地面整层大气的里查森数。即可以用 $\Delta\overline{\theta}/\Delta z$ 来近似 $\partial\overline{\theta}/\partial z$，以及用 $\Delta\overline{U}/\Delta z$ 和 $\Delta\overline{V}/\Delta z$ 来分别近似 $\partial\overline{U}/\partial z$ 和 $\partial\overline{V}/\partial z$，则可定义一个新的比值：

$$Ri_b=\frac{\frac{g}{\overline{\theta}}\frac{\Delta\overline{\theta}}{\Delta z}}{\left(\frac{\Delta\overline{u}}{\Delta z}\right)^2+\left(\frac{\Delta\overline{v}}{\Delta z}\right)^2} \tag{5.1.18}$$

如果计算 z 高度与地面间的大气稳定度，则上式可简化为：

$$Ri_b=\frac{gz}{\theta}\frac{(\theta-\theta_0)}{u^2} \tag{5.1.19}$$

式中，u,θ 为高度 z 处的风速及位温；θ_0 为地表位温。事实上，当 z 值较大时，有可能会把梯度特征平滑掉，最后导致稳定度判据不准，给湍流发生的预报引入误差。此外，之前所提到的临界里查森数，可能在这里也不适用。

5.1.5 奥布霍夫长度(Obukhov length)判定法

尽管大气稳定度是一个取决于高度的函数，但是上述里查森数的计算公式中却都不是高度的显式函数。为了弥补这个缺陷，大气边界层研究中常引用无量纲高度 ζ 判定稳定度：

$$\zeta=\frac{z}{L}=\frac{-\kappa z g(\overline{w'\theta_v'})}{\bar{\theta}_v u_*^3} \tag{5.1.20}$$

该参数不仅是高度 z 的显式函数，同时还包含了一个表征稳定度的特征长度 L，这就是著名的奥布霍夫长度，该值在下一节还有详细介绍。

$$L=-\frac{u_*^3}{\kappa\frac{g}{\bar{\theta}}\overline{w'\theta'}}=\frac{u_*^2}{\kappa\frac{g}{\bar{\theta}}\theta_*} \tag{5.1.21}$$

式中，κ 为冯·卡曼常数，常取 0.4。

奥布霍夫长度 L 的物理解释是：其绝对值等于这样一个高度，在此高度上空气柱内通过浮力做功得到的湍流动能增加($L<0$)或者损耗($L>0$)的量，等于在高度 z 处单位体积内动力引起的湍流动能变化。L 的计算公式前取"－"号是为了后续推演和表达式简洁。当大气层结稳定时，$\overline{w'\theta'}<0$；不稳定时 $\overline{w'\theta'}>0$；中性时 $\overline{w'\theta'}=0$。故有：

$L>0$　　稳定，数值越小或 z/L 越大，越稳定

$L<0$　　不稳定，$|L|$ 数值越小或 $|z/L|$ 越大，越不稳定

$|L|\to\infty$　　中性，$|z/L|=0$

通过式(5.1.20)不难发现，ζ 实质上是 Ri_f 的近似值，同样表征了动力做功与浮力做功的比值。如果在中性层结下，将 $\frac{\partial u}{\partial z}=\frac{u_*}{kz}$ 代入 Ri_f 的表达式(5.1.14)，则有：

$$Ri_f\approx-\frac{g}{\bar{\theta}}\frac{\overline{w'\theta'}\kappa z}{u_*^3}=\frac{z}{L}=\zeta \tag{5.1.22}$$

比较式(5.1.14)和式(5.1.22)可见，Ri_f 数隐含 z 值，而 ζ 则显式包含 z 值，这是后者的优越性，应用也更方便。图 5.7 给出了陆地上晴天条件下奥布霍夫长度典型的变化范围。

图 5.8 表示 Ri 随 ζ 从弱不稳定到弱稳定的变化。对于不稳定情况，$Ri\approx\zeta$。必须注意，ζ 只有在湍流运动中才能计算，因此该图表明，仅仅是全部资料中的一个子集才是湍流的。非湍流流动可以在稳定情况中发生，但在图 5.8 中没有出现。

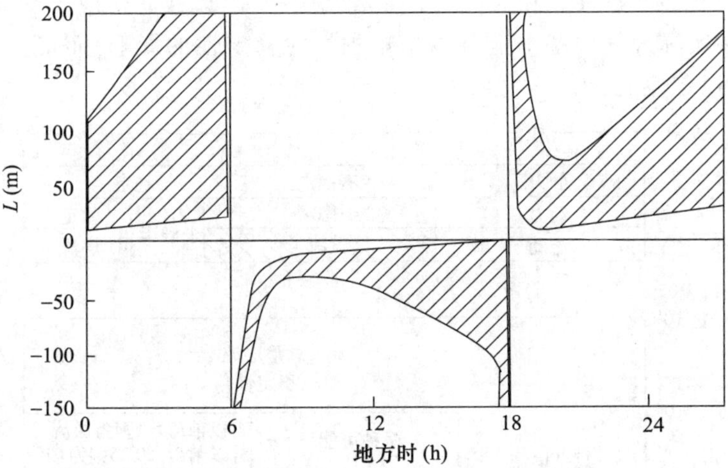

图 5.7　奥布霍夫长度在日变化中的典型范围(Stull,1991)

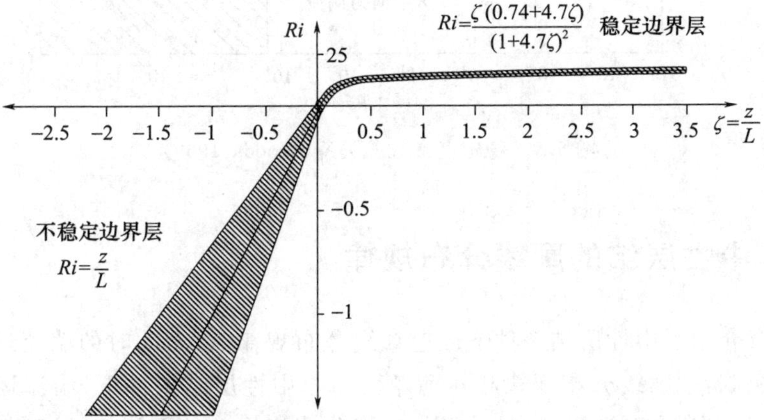

图 5.8　近地层中 Ri 数与 z/L 的对应关系(Businger et al. ,1971)

(实线对应图中的方程关系,阴影区为观测结果的范围)

5.1.6　综合稳定度表

静力和动力稳定性概念是交织在一起的,如图 5.9a 所示。“−”的 Ri 数永远对应静力和动力不稳定流动;这样的运动必将变成湍流状态。“+”的 Ri 是湍流的,视流体过去的运动状况而定。就是说,在大约 $Ri=0.25$ 时,非湍流将成为湍流,而 $Ri<1$,则如果原来是湍流的,仍将保持湍流状态。

黏性和稳定性在抑制湍流的作用方面也是交织在一起的,正如图 5.9b 所示。把 Re 数定义为惯性力和黏性力之比,没有涉及浮力,又将 Ri 数定义为浮力与湍流应力之比，没有涉及黏性。在大气中，Re 数总是很大，以致它对应于图 5.9b 的最右边。因此，在实际大气中基本上可以忽略黏性对稳定性的影响，而把注意力集中在静力和动力稳定性上。

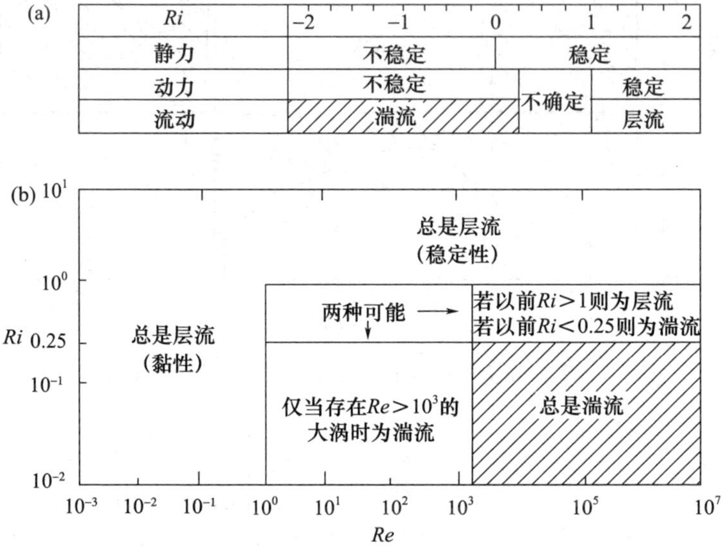

图 5.9 稳定度参数的关系(Woods,1969)

5.2 非中性层结的廓线分布规律

上一章介绍了中性层结条件下风速廓线分布规律，由于此时的湍流运动主要受动力因子控制，故廓线分布规律相对简单。而非中性层结条件下，湍流运动特征除了与动力因子有关外，还受热力因子影响，因此湍流运动的平均场、脉动场与各个变量之间的相似关系将区别于中性层结。

本节将重点介绍莫宁(Monin)与奥布霍夫(Obukhov)的相似理论(Monin-Obukhov similarity theory)。他们用相似理论和量纲分析的方法，论述了湍流切应力和浮力对近地面层湍流输送的影响，并建立了气象要素垂直廓线的分布函数。

5.2.1 M-O 相似理论

根据量纲分析 π 定理，只要准确而完整地列出影响湍流场的主要参变量，就可将物理方程转化为一个普适的无量纲方程，且方程中各变量均为无量纲数。莫宁和奥布霍夫(Monin and Obukhov,1954)首先用相似理论方法列出无量纲变量，简明而又完整地描述了近地层大气湍流场结构，其核心工作是给出了 M-O 特征长度 L。具体内容如下。

在非中性层结大气中，影响湍流结构的主要参量有：动量通量、热量通量、水汽通量，可以用摩擦速度 u_*、特征温度 θ_*、特征比湿 q_* 来表示。此外还有阿基米德净浮力系数 $g/\overline{\theta}$（或 $g/\overline{T}$），分子黏性系数 υ，分子导温系数 k_T，高度 z，地面粗糙度 z_0。

那么表征湍流特征量的 B，则可写成上述参变量的函数：

$$B=f\left(z,u_*,\theta_*,q_*,\frac{g}{\theta},f,\upsilon,k_T,z_0\right) \tag{5.2.1}$$

上式右端的某些参变量在一定条件下可以略去，如空气干燥，则可略去 q_*；若 Re 数充分大，可略去分子作用的影响，舍去 υ 和 k_T；当研究对象远离地面时，即 $z \gg z_0$，z_0 的作用不大，也可舍去。则式(5.2.1)可化简为：

$$B=f\left(z,u_*,\theta_*,\frac{g}{\theta}\right) \tag{5.2.2}$$

上式表明，大气湍流结构主要取决于 4 个物理量，这 4 个量中有 3 个是量纲独立，于是可组成无量纲变量 π_1，其表达式为：

$$\pi_1=\frac{z}{-u_*^2/\left(\dfrac{g}{\theta}\theta_*\right)} \tag{5.2.3}$$

则式(5.2.2)可化为无量纲形式：

$$\pi=\phi(\pi_1)=\phi\left(\frac{z}{L}\right)=\phi(\zeta) \tag{5.2.4}$$

上式只有一个变量 π_1，问题大为简化。式中分子为 z，分母应该也是一个长度量纲的量，这就是著名的 M-O 长度 L。

$$L=-\frac{\overline{\theta}u_*^2}{\kappa g\theta_*}=-\frac{\overline{\theta}u_*^2}{\kappa g\overline{w'\theta'}}=-\frac{\overline{\theta}u_*^2 c_p\rho}{\kappa g Q_{\mathrm{H}}} \tag{5.2.5}$$

式中，κ 为冯・卡曼常数，引入它完全是为了方便计算。

上述工作意义是通过一个特征长度量 L 替代了切应力和浮力对湍流的影响作用，也可以说湍流特征可表征为一个大气稳定度的函数。在此基础上，非中性层结条件下的各气象要素都可用这一特征量进行表示。

5.2.2　非中性条件下的风、温廓线

利用 M-O 相似理论方法，研究风速廓线分布规律，那么 $\dfrac{\partial\overline{u}}{\partial z}$，同样可写作高度 z、摩擦速度 u_*、特征温度 θ_*、热浮力系数 $g/\overline{\theta}$ 的函数：

$$\frac{\partial\overline{u}}{\partial z}=f\left(z,u_*,\theta_*,\frac{g}{\theta}\right) \tag{5.2.6}$$

根据相似理论 π 定理，上式写成无量纲形式，即无量纲风速梯度是无量纲高度的函数：

$$\frac{\kappa z}{u_*}\frac{\partial \overline{u}}{\partial z}=\phi_{\mathrm{m}}\left(\frac{z}{L}\right) \tag{5.2.7}$$

对上式右端加 1 减 1，并对高度进行积分，且利用边界条件 $z=z_0$，$u=0$，则有：

$$\frac{\kappa z}{u_*}\frac{\mathrm{d}\overline{u}}{\mathrm{d}z}=\phi_{\mathrm{m}}(\zeta)-1+1=1-[1-\phi_{\mathrm{m}}(\zeta)]$$

得到

$$\mathrm{d}\overline{u}=\frac{u_*}{\kappa}\left[\frac{\mathrm{d}z}{z}-\frac{1-\phi_{\mathrm{m}}(\zeta)}{\zeta}\mathrm{d}\zeta\right]$$

求积分

$$\int_0^{\overline{u}}\mathrm{d}\overline{u}=\frac{u_*}{\kappa}\left[\int_{z_0}^{z}\frac{\mathrm{d}z}{z}-\int_{\zeta_0}^{\zeta}(1-\phi_{\mathrm{m}}(\zeta))\mathrm{d}\ln\zeta\right]$$

式中，$\zeta_0=z_0/L$。令

$$\Psi_{\mathrm{m}}(\zeta)=\int_{\zeta_0}^{\zeta}(1-\phi_{\mathrm{m}}(\zeta))\mathrm{d}\ln\zeta \tag{5.2.8}$$

风速廓线的积分形式可写成：

$$\overline{u}=\frac{u_*}{\kappa}\left(\ln\frac{z}{z_0}-\Psi_{\mathrm{m}}(\zeta)\right) \tag{5.2.9}$$

从廓线表达式(5.2.9)来看，非中性层结的风速廓线总体还是以对数廓线的形态分布，但增加稳定度函数的修正。

图 5.10 给出了中性、稳定、不稳定条件下的平均风速廓线分布的示意图。由图 5.10 可见，中性层结条件下，风速随高度呈对数分布，在单对数坐标系中为一条直线。而非中性层结风廓线偏离对数分布，稳定层结呈上凸型；不稳定层结，为下凹型。而且高度愈低，愈接近对数律，即热力作用愈不显著。图中的上凸、下凹即为稳定度修正的结果。

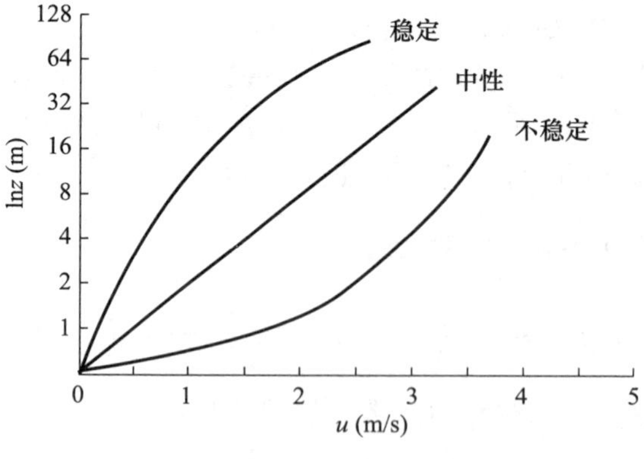

图 5.10　不同稳定度条件下风速随高度 ln$z$ 变化的示意图

图 5.10 中的三条风廓线，也是典型的风速廓线日变化分布形态。清晨或傍晚时大气为近中性层结，风廓线接近对数律；白天，大气多为不稳定层结，湍流发展旺盛，风廓线为下凹型；夜晚，大气多为稳定层结，风廓线为上凸型。风速廓线的日变化特征，只有在晴空、小风条件下才比较明显；而在阴天、大风时，则不显著。关于风廓线随稳定度变化的现象，可以定性解释为：层结不稳定，湍流发展，上下各层空气湍流交换强烈，风速分布趋向均匀，差异减小，故呈下凹型；层结稳定，湍流受抑制，湍流交换微弱，上下风速差异大，故风速分布呈上凸型。

注意，这里给出的只是示意图，风速随高度的分布还会随实际情况而变。

与平均风速廓线类似，利用 M-O 相似理论同样可以得到平均位温廓线的微分、积分形式：

$$\frac{\kappa z}{\theta_*}\frac{\partial\bar{\theta}}{\partial z}=\phi_h\left(\frac{z}{L}\right) \tag{5.2.10a}$$

$$\bar{\theta}-\overline{\theta_0}=\frac{\theta_*}{\kappa}\left(\ln\frac{z}{z_0}-\Psi_h(\zeta)\right) \tag{5.2.10b}$$

其中

$$\Psi_h(\zeta)=\int_{\zeta_0}^{\zeta}(1-\phi_h(\zeta))\mathrm{d}\ln\zeta \tag{5.2.11}$$

位温廓线的稳定度修正函数 $\Psi_h(\zeta)$ 同 $\Psi_m(\zeta)$ 的含义一样。中性时 $\phi_m(0)=\phi_h(0)=1$，故 $\Psi_m(0)=\Psi_h(0)=0$。

在已有风速、温度的廓线表达式后，如何求取 $\phi_m(\zeta)$，$\phi_h(\zeta)$ 及 $\Psi_m(\zeta)$、$\Psi_h(\zeta)$ 的具体表达式，成为下一步工作的重点。20 世纪 70 年代，研究人员通过大量野外观测试验方法来获取普适函数的具体表达式。美国 Kansas 试验首先实现了对近地层中平均风速廓线、平均温度廓线以及湍流的观测。图 5.11 为此次试验中 $\phi_m(\zeta)$，$\phi_h(\zeta)$ 的观测结果。可以看到数周的观测数据能明显的重叠在一起并分布在宽泛的稳定度区间范围内，显示出良好的一致性。

在此基础上，就可以得到 $\phi_m(\zeta)$，$\phi_h(\zeta)$ 具体表达式：

$$\phi_m(\zeta)=(1-A_m\zeta)^{-\frac{1}{4}} \qquad \text{当 } \zeta<0\text{(不稳定)} \tag{5.2.12a}$$

$$\phi_m(\zeta)=1+B_m\zeta \qquad \text{当 } \zeta>0\text{(稳定)} \tag{5.2.12b}$$

以及

$$\phi_h(\zeta)=\alpha(1-A_h\zeta)^{-\frac{1}{2}} \qquad \text{当 } \zeta<0\text{(不稳定)} \tag{5.2.13a}$$

$$\phi_h(\zeta)=\alpha(1+B_h\zeta) \qquad \text{当 } \zeta>0\text{(稳定)} \tag{5.2.13b}$$

将式(5.2.12a)和式(5.2.13a)代入式(5.2.8)和式(5.2.11)，可得到在不稳定条件下的修正函数：

$$\Psi_m(\zeta)=2\ln\left(\frac{1+x}{2}\right)+\ln\left(\frac{1+x^2}{2}\right)-2\arctan x+\frac{\pi}{2} \tag{5.2.14a}$$

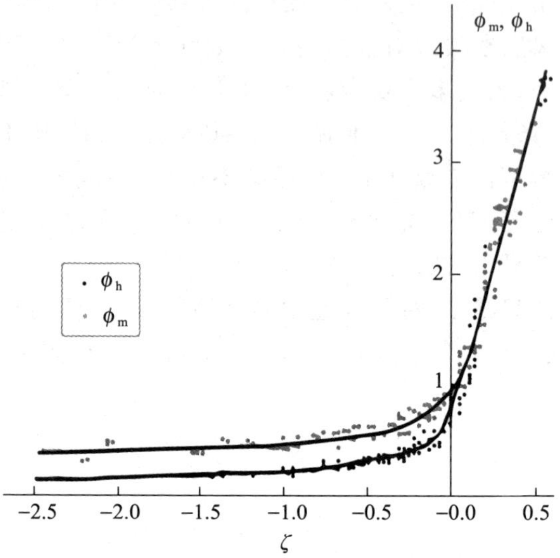

图 5.11　$\phi_m(\zeta)$，$\phi_h(\zeta)$的观测及拟合曲线

$$\Psi_h(\zeta)=2\ln\left(\frac{1+y}{2}\right) \tag{5.2.14b}$$

其中　　$x=(1-A_m\zeta)^{\frac{1}{4}}$，$y=(1-A_h\zeta)^{\frac{1}{2}}$

对于式(5.2.14a)，取 $A=A_m$；对于式(5.2.14b)，取 $A=A_h$。在稳定条件下，稳定度修正函数为：

$$\Psi_m(\zeta)=-B_m\zeta \tag{5.2.15a}$$

$$\Psi_h(\zeta)=-B_h\zeta \tag{5.2.15b}$$

对于普适函数的系数，不同研究者得到不同的结果(表 5.1)，其中 Businger 等(1971)应用美国 Kansas 观测资料分析的结果认为 $a=K_m/K_h=0.74$，此结果符合流体力学的实验结果；当 $\zeta=0$ 时，$\phi_m(0)=1$，$\phi_h(0)=0.74$，此时风速廓线为对数高度规律。

由于不同的研究者得到不同的结果，若将公式(5.2.14)—(5.2.15)中系数的取值基本上沿用 Dyer 和 Bradley(1982)和 Hogstrom(1988)重新归纳的数值，则有：

$$A_m=A_h=16$$

$$B_m=B_h=5.0$$

$$a=K_m/K_h=1.00$$

$$\kappa=0.40$$

与 Businger 等(1971)的工作相比，其中对应的系数作了一些较小的变动，目前不少研究者认为这组数值是适用的。

表 5.1　不同作者对普适公式中的系数取值(Hinze,1975;Panofsky et al. ,1977;Roth,1993)

作者	A_m	B_m	A_h	B_h	κ	α
Webb(1970)	18	5.2	9	5.2	0.41	1
Dyer 和 Hicks(1970)	16		16		0.4	1
Businger 等(1971)	15	4.7	9	6.4	0.35	0.74
Carl 等(1973)			16			0.74
Dyer(1974)	16	5.0	16	5.0	0.41	1
Garratt(1977)					0.41	
Wieringa(1980)	22	6.9	13	9.2	0.41	1
Dyer 和 Bradley(1982)	28		14		0.40	1
Webb(1982)	20.3		12.2			1
Hogstrom(1985)		4.0			0.40	1
Hogstrom(1988)	19	6.0	11.6	7.8	0.40	0.95
Zhang 等(1993)	28	5.0	20	5.0	0.39	1

需要特别指出,文中没有给出湿度 q 的廓线分布表达式,这主要是因为湿度梯度和水汽湍流通量的精确测定相当困难。尤其是湿度的垂直变化相比于其他要素更为剧烈,直到现在水汽廓线的准确形式还不十分明确。

5.2.3　近地层大气湍流统计量和谱的相似规律

M-O 相似性也可以推广到近地面层湍流统计量和湍流谱规律的论述。以下先介绍近地层湍流速度方差(或标准差)的观测事实,然后讨论近地层大气湍流谱的相似规律。

(1)湍流速度标准差

近地面层的湍流速度涨落规律也应遵从莫宁-奥布霍夫相似性,因此支配垂直速度涨落特征的应是高度 z,莫宁-奥布霍夫长度 L 以及摩擦速度 u_*。对于垂直速度涨落的标准差 $\sigma_w=\sqrt{\overline{w'^2}}$ 的无量纲组合将满足于下式:

$$\frac{\sigma_w}{u_*}=\phi_w\left(\frac{z}{L}\right) \tag{5.2.16}$$

大量的观测结果表明,在中性层结时,有:

$$\frac{\sigma_w}{u_*}=\phi_w(0)=1.25\sim1.30$$

在不稳定的条件($z/L<0$)下,无量纲垂直速度标准差良好的遵守相似性规律。Panofsky 等(1977)对 ϕ_w 推荐的经验公式为:

$$\frac{\sigma_w}{u_*}=1.25\left(1-3\frac{z}{L}\right)^{\frac{1}{3}} \tag{5.2.17}$$

当地面层结稳定时，观测数据比较离散。当地面层结极端稳定时，即 z/L 足够大时，湍涡运动与地面失去耦合，高度将不是湍流相似的支配参数，因而理论上有：

$$\frac{\sigma_w}{u_*}=常数 \tag{5.2.18}$$

湍流的垂直运动，其能量主要来源于浮力做功，而且对其有贡献的湍涡尺度受到地面的限制，因此尚能满足上述的近地面层相似性规律。而湍流的水平运动能量不直接来源于浮力做功，湍涡运动也不受地面的限制，而受整个边界层特性的制约，高度和 M-O 长度 L 将不是支配其相似性的充分参数，无法给出类似式(5.2.16)或式(5.2.17)的相似规律。

根据实验验证，无量纲化的水平湍流标准差在中性层结的均匀下垫面上可以认为是比较稳定的常数值：

$$\frac{\sigma_u}{u_*}=2.39\pm0.03;\qquad \frac{\sigma_v}{u_*}=1.92\pm0.05 \tag{5.2.19}$$

表 5.2 列出了近年来不同作者给出的中性层结下归一化标准差的研究结果。在不稳定条件下常观测到$\frac{\sigma_u}{u_*}$和$\frac{\sigma_v}{u_*}$随$|z/L|$增加而呈规律性的增大。但是实验数据离散较大，这时应当用整个边界层的相似性代替近地面层的相似性来考察其规律性。

表 5.2 不同作者给出的中性层结下归一化标准速度差的数值(Roth,1993)

作者	σ_u/u_*	σ_v/u_*	σ_w/u_*	备注
Bowen 和 Ball(1970)	2.5	1.5	1.3	弱不稳定条件；z=53.3 m
Ramsdell(1975)	2.5	2.0	1.5	城市居民区；0.6 m<z<48.2 m
Jackson(1978)	2.1	1.7	1.7	平均值；10 m<z<70 m
Coppin(1979)	2.5	—	1.1	w 方向外推至中性；z'=23.8 m
Steyn(1982)	2.2	1.8	1.4	近中性；z'=20 m
Clarke 等(1982)	2.3	1.7	1.2	两个城郊测站平均值；z'=25 m
Hogstrom 等(1982)	2.5	2.2	1.5	Uplandia；z''=6 m(小地名)
	2.6	2.3	1.4	Granby；z =50 m(小地名)
Yersel 和 Goble(1986)	2.7	2.2	1.2	不同下垫面来流平均值；z'=24 m
Rotach(1991)	2.2	1.2/2.0†	1.0	近中性；z''=5 m 和 10 m
Hanna 和 Chang(1992)	—	—	1.2	城郊测站；z =10 m
Roth(1993)	2.3	1.7	1.2	近中性；z'=18.9 m
Counihan(1975)	2.5	1.9	1.3	农田参考值

表中，z：地面以上高度；z'：有效高度；z''：建筑物顶部以上高度。

(2)湍流能谱

根据 2.8 节的讨论，科尔莫戈罗夫认为，湍流能谱在惯性子区只是湍能耗散率和波数的函数。波数的单位为 rad/m。根据公式(2.8.4)，湍流能量在惯性区间应表达为：

$$E(k_1)=a\varepsilon^{\frac{2}{3}}k_1^{-\frac{5}{3}}$$

$$k_1=\frac{2\pi n}{\overline{u}}$$

注意到一维空间谱和时间谱的关系 $k_1E(k_1)=ns(n)$，又从相似性概念出发，湍能耗散率的无量纲形式可取为 $\phi_\varepsilon=\varepsilon\kappa z/u_*{}^3$，无量纲频率取为 $f=nz/\overline{u}$，上式便改写为：

$$\frac{n\cdot S(n)}{u_*^2}=a\ (2\pi\kappa)^{-\frac{2}{3}}\phi_\varepsilon^{\frac{2}{3}}f^{-\frac{2}{3}} \tag{5.2.20}$$

将上式左侧也改写为无量纲的形式：

$$\frac{n\cdot S(n)}{u_*^2\ \phi_\varepsilon^{\frac{3}{2}}}=a(2\pi\kappa)^{-\frac{2}{3}}f^{-\frac{2}{3}} \tag{5.2.21}$$

通过前述的 Kansas 实验，发现了下面三个有关湍流谱规律性的基本观测事实：

1)在惯性副区，其横风向湍流脉动 v' 和垂直方向湍流脉动 w' 的湍流能量 $S_v(f)$ 和 $S_w(f)$ 与顺风向 u' 的湍流能谱 $S_u(f)$ 满足：

$$\frac{S_v(f)}{S_u(f)}=\frac{S_w(f)}{S_u(f)}=1.33 \tag{5.2.22}$$

图 5.12 给出一组实际观测结果，在不同稳定度下惯性副区开始的最低频率不同。在 $\zeta<-2.0$ 的极端不稳定条件下，惯性副区的低端无量纲频率 f 值约为 0；而在 $\zeta>1.0$ 的极端稳定条件下，惯性副区的低端 f 值甚至高于 10.0。式(5.2.20)中 a 称作科尔莫戈罗夫常数，取值得 0.50～0.60，但对于 v 和 w 谱必须取此值的 1.33 倍。

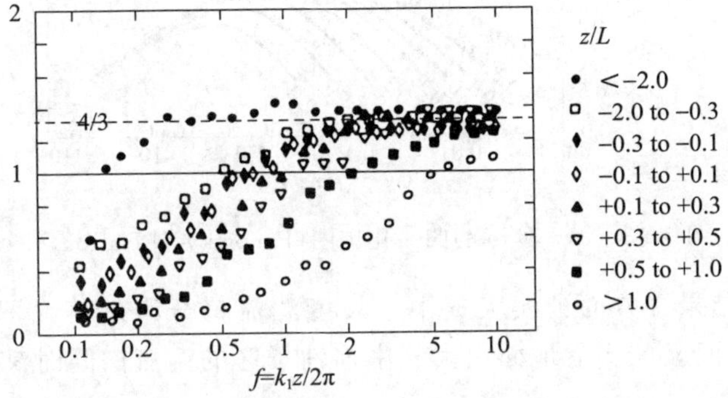

图 5.12　惯性子区的低端无量纲频率与 ζ 的关系(Kaimal et al.,1972)

2)对雷诺应力的贡献主要来自于含能涡区。在惯性子区，随湍涡频率的增高迅速下降。

3)不同稳定度下，惯性子区间的湍流谱经式(5.2.21)的无量纲化后，其双对数坐标下的谱曲线合并为一条斜率为－2/3 的直线(图 5.13)。

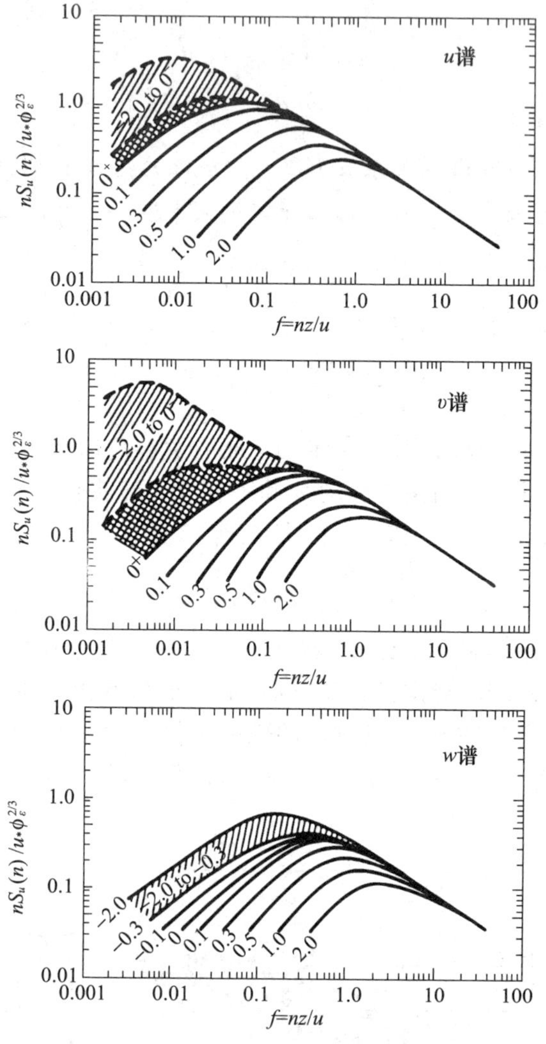

图 5.13　u,v 和 w 的归一化谱图(Panofsky 和 Dutton,1984)

以上实验结果一方面证实大气中小尺度湍流符合科尔莫戈罗夫的各向同性湍流理论,另一方面又证实近地面层大气中惯性子区的湍流谱同时满足莫宁-奥布霍夫相似性。

第6章　不稳定大气边界层的基本特征

大气稳定度存在差异时，大气边界层内的湍流输送过程会明显不同，进而影响气象要素的时空分布，最终致使大气边界层具有不同性质、不同结构、不同演变规律。因此，有必要分别讨论不稳定与稳定条件下的大气边界层结构。

6.1　不稳定大气边界层的分层

不稳定大气边界层多出现在晴朗小风的白天，尤其是在陆地下垫面，不稳定边界层的结构及其演化过程最为明显，本章将以此为例对其进行介绍。

陆地表面受热而触发的对流热泡是不稳定边界层的主要动力来源，热泡的上升和下沉决定了不稳定边界层的垂直结构特征，见图6.1。当然，云层顶部的辐射冷却也会产生对流。前者使地面暖空气上升，后者使云顶冷空气下沉，两种机制也可同时出现。在这种情况下，边界层大气有明显的上下层混合现象，可构成一个完整的对流结构，因此不稳定边界层又称为对流边界层(convective boundary layer，CBL)。

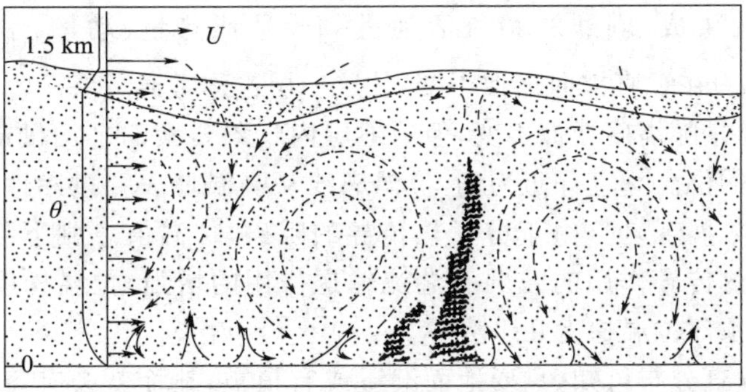

图6.1　不稳定大气边界层的结构及其流场图像(Wyngaard，1990)

通常条件下，不稳定边界层的垂直结构可简单地划分为三层，如图6.2所示。

(1)近地层(surface layer)：大气最底部，占整个边界层厚度的5%～10%。由于贴近地表，受下垫面的强迫作用最明显。此层内，湍流通量值随高度近似不变化，而气象要素随高度则显著变化。

(2)混合层(mixed layer):居中部,占整个边界层厚度的50%~80%。此处的湍流混合效果最明显,故风速、温度、湿度等物理量的平均梯度最小。

(3)卷夹层(entrainment layer):边界层顶部,占整个边界层厚度的10%~60%,是混合层与自由大气间的过渡层。风速、温度、湿度及各湍流通量值在此有明显跃变。通常将不稳定边界层高度定义在该层中间。

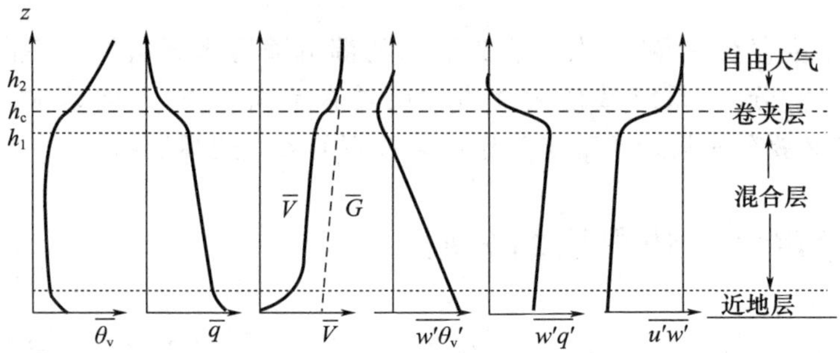

图 6.2 不稳定边界层分层及其平均特征(Stull,1991)

6.1.1 近地层

(1)一般特征

近地层位于边界层底部、紧贴地面,约占不稳定边界层厚度的5%~10%,通常为百米高。在该范围内,下垫面对大气的影响作用(如加热、冷却、潮湿、拖曳等)尤为显著。虽然热泡是不稳定边界层形成的主要源动力,但在近地层,地表摩擦作用也促使了湍流的生成,剧烈的湍流活动进一步造成热量、动量、水汽等湍流通量($\overline{w'\theta'}$,$\overline{w'q'}$,$\overline{w'u'}$)在垂直方向近似不变,故这一层也称常通量层。

虽然湍流通量随高度近似不变,但近地层内气象要素的平均量却随高度剧烈变化,以图6.2中的位温垂直分布为例,位温廓线从高温地表穿过黏性子层(地面以上几毫米厚,图中未展现)时,由于分子热传导的阻碍,位温值急剧下降。在黏性子层以上,随着分子热传导作用的减弱和湍流输送作用的增强,位温梯度将随高度逐渐减小,至近地层顶部位温梯度几乎为零。

由湿度的垂直分布可知,只要地面潮湿或有植被,地面就会有蒸发或蒸腾作用,湿度随高度变化的方式与位温廓线相似,在近地层顶部湿度梯度已变得很小。对于风速廓线,由于地面阻力,地面风速为零,而强对流混合将使高空的高动量向下传递,风随高度迅速增加,且呈现强的风切变。

在复杂的下垫面,由于近地层内粗糙元对大气运动影响明显,故又将近地层细化为:黏性子层、冠层、粗糙子层、惯性子层。以城市下垫面为例,见图6.3。

黏性子层(viscous sublayer)是指大气与下垫面直接接触的一层,厚度通常仅有几毫米。在空气分子黏性力支配下，该层气流以层流运动为主。之上的气流则几乎全为湍流运动。由于该层厚度非常薄，故大气边界层研究中通常忽略它。

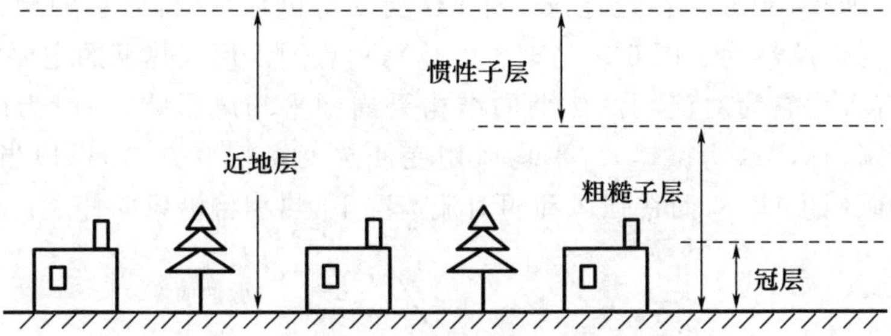

图 6.3　复杂下垫面近地层的分层示意图

冠层(canopy Layer)是指地表与粗糙元(如建筑物，树木等)顶部之间范围，通常用粗糙元平均高度表征冠层高度。此层气象要素的分布极为不均，风场易受粗糙元阻挡，表现出较强的无规则性。粗糙元表面对气层的加热冷却作用，会受太阳方位角的影响有明显变化。在上述动力、热力作用下，湍流运动在冠层中表现得异常复杂。

粗糙子层(roughness sublayer)是指气层内包含很多粗糙元，且气层会对粗糙元个体特征做出响应。该层厚度通常可达粗糙元平均高度的 1.5～3 倍，冠层也在其中。受粗糙元个体的影响，此层气流会发生上升、下沉、回流、涡旋的现象。如果粗糙元还有其他属性，那么该层空气也会比平均态更暖(冷)、更湿(干)、更清洁(污染)。此外，湍流通量、气象要素场均表现出较强的非均匀性，故 M-O 相似理论、对数廓线率等方法很难适用。

惯性子层(inertial sublayer)位于近地层的上部，由于离粗糙元较远，故此层大气仅会对粗糙元的总体效应做出响应。该层中湍流通量(包括动量通量、热量通量、水汽通量等)表现出较强的均匀性和一致性。气象要素的水平分布相对均匀，但在垂直方向上有明显的梯度变化。M-O 相似理论、对数廓线率开始适用。该层中热浮力的影响将超出动力，虽然高度 z 仍是该层的尺度控制因子，但地表摩擦速度 u_* 已经不是重要的速度尺度，取而代之的是局地对流速度 u_f 以及相应的位温尺度 θ_f。

$$\begin{cases} u_f = \left[zg/\bar{\theta}\, \overline{(w'\theta_v{}')}_s \right]^{\frac{1}{3}} \\ \theta_f = \dfrac{\overline{(w'\theta_v{}')}_s}{u_f} \end{cases} \tag{6.1.1}$$

式中，下脚标 s 表示地面值；$\theta_v{}'$ 是虚位温扰动量。

(2)近地层内的小尺度结构

在不稳定层结条件下，经常会看到热羽、辐合线、尘暴等小尺度现象。下面将简单介绍。

1)热羽

热羽(thermal plume)是上升暖流的相干垂直结构,其直径和厚度的量级与近地层厚度相当,即~100 m。在近地层以上,热羽变得更加弥散,似乎融合在一起形成更大直径的混合层热泡。图 6.4 是理想的热羽示意图。形成热羽的主要原因是热浮力,因此也有人称它为对流羽。热羽的结构受周围平均风影响,一般为前缘呈弥散状而后缘清晰(称后缘为微锋)。平均风切变使热羽沿切变方向倾斜,当切变弱、浮力强时这种倾斜度就小,而在强风和弱对流情况下,热羽将沿风向伸展。

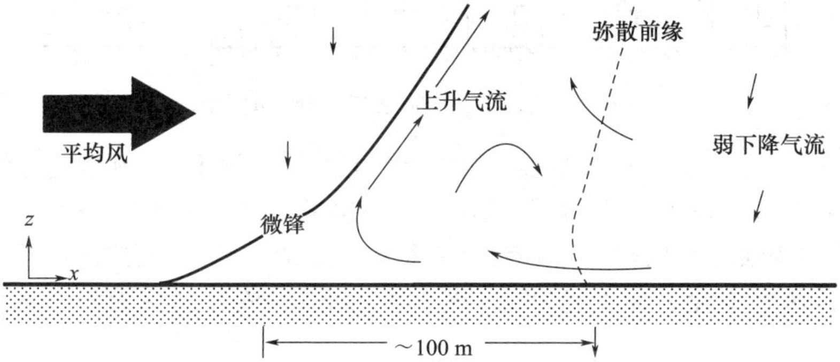

图 6.4 理想的近地层热羽(Kaimai 和 Businger,1970)

图 6.5 为综合前人观测结果给出的理想热羽结构示意图。该图显示了热羽通过时,近地层风速、温度和气压脉动以及垂直湍流热通量和动量通量的变化特征。热羽前沿的到来使这些量开始增加(除 u' 为负,其余均为正值),当后缘微锋过境时,这些湍流量突然下降,然后再逐渐回到周围环境值。

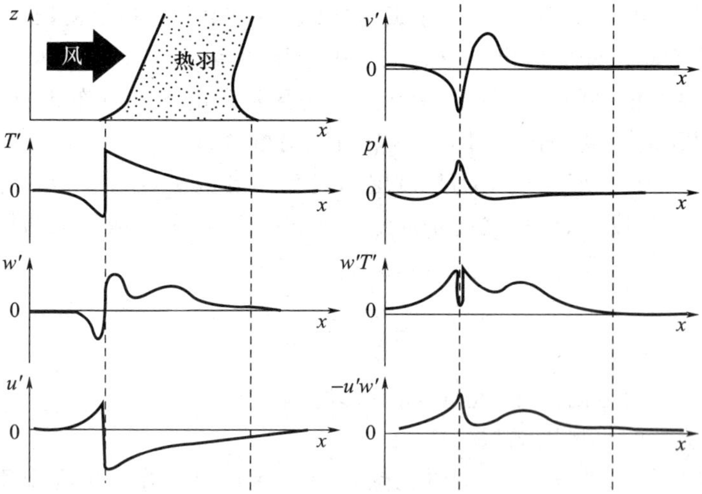

图 6.5 近地层热羽的理想结构(Schols,1984;1985;1986;Wilczak,1983)

2)地面辐合线与尘暴

在不稳定近地层大气中，人们可以由肉眼看到热羽微锋及其伴随的地面辐合带，例如湖面上的“猫掌风”(catpaws)、地面降水的密度变化、蒸汽雾形状、风吹尘埃及农田谷物的波伏分布等现象。

利用多普勒雷达还可以对地面辐合线进行定量测量。图 6.6 为内蒙古临河地区观测得到的边界层辐合线(红框所示位置)。在辐合线(带)上方可能存在上升空气片或“帘”，这些“帘”可能融合成混合层中直径更大的热泡。

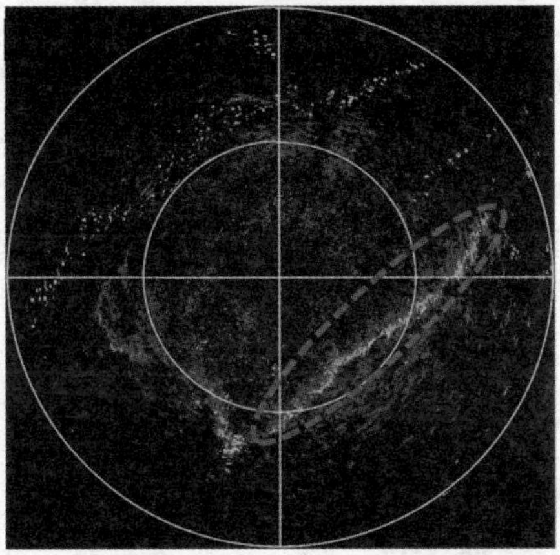

[彩]图 6.6　2013 年 6 月 4 日内蒙古临河多普勒雷达观测到的地面辐合线(Huang et al.,2019)

尘暴(sand strom)通常是在晴好天气条件下由浮力形成的旋转上升气流。尘暴的形状近似为圆柱形，典型直径为几十米，高度约 100 m，在切变环境下尘暴将发生倾斜，见图 6.7。其移动速度等于它厚度范围内的平均风速。尘暴形成条件与热羽相似，但出现的频率比热羽低，且能与热羽同时存在。但尘暴输送的垂直热通量比热羽的输送量大近 10 倍。

图 6.7　晴好天气条件下的尘暴现象

此外，需要注意的是，虽然尘暴与龙卷的形态相似，但其形成条件、基本特征却相差很多。如尘暴中旋转气流的切向速度(约 10 m/s)比龙卷的切向速度(50～100 m/s)小得多。尘暴通常是在晴好天气条件形成，而龙卷多为强天气过程。

6.1.2 混合层

(1)一般特征

混合层(狭义)指不稳定边界层的中部，其厚度约占整个边界层的 50%～80%。在混合层中，强烈的湍流混合使温、湿、风等气象要素几乎不随高度变化。甚至在整个混合层内，风速和风向也近乎不变。当气层为自由对流状态时，混合层顶可向上伸展至 1～2 km。

混合层中，可用不稳定边界层厚度 z_i 与 M-O 长度 L 的比值 z_i/L 作为稳定度指标，当该值<10 时，表明旺盛的湍流活动致使混合层内风切变减小；如果稳定度参数继续变小，则风的均匀层将更向下扩展，即地面附近的风切变层更薄。该层内的特征速度和特征温度也相应地转化为 W_* 和 θ_*^{ML}。公式为：

$$\begin{cases} W_* = \left[z_i \dfrac{g}{\theta} \overline{(w'\theta_v')}_s \right]^{\frac{1}{3}} \\ \theta_*^{ML} = \dfrac{\overline{(w'\theta_v')}_s}{W_*} \end{cases} \tag{6.1.2}$$

W_* 的值可达到 1 m/s 以上。

由图 6.2 可见，混合层中的湍流通量 $\overline{w'\theta_v'}$，$\overline{w'q'}$，$\overline{w'u'}$ 随高度基本呈线性递减，在这样的湍流输送作用下，混合层内的气象要素将会出现整层统一的增减变化。下面将给予证明。

由于湍流运动在不稳定边界层中占优势，大气边界层控制方程可简化成下列形式：

$$\frac{\partial \bar{u}}{\partial t} = -f(v_g - \bar{v}) - \frac{\partial(\overline{u'w'})}{\partial z} \tag{6.1.3a}$$

$$\frac{\partial \bar{v}}{\partial t} = +f(u_g - \bar{u}) - \frac{\partial(\overline{v'w'})}{\partial z} \tag{6.1.3b}$$

$$\frac{\partial \overline{\theta_v}}{\partial t} = -\frac{\partial(\overline{w'\theta_v'})}{\partial z} \tag{6.1.3c}$$

$$\frac{\partial \bar{q}}{\partial t} = -\frac{\partial(\overline{w'q'})}{\partial z} \tag{6.1.3d}$$

以式(6.1.3c)为例，由于等号两边分别对不同变量进行微分且相等，则必然满足：

$$\frac{\partial \overline{\theta_v}}{\partial t} = -\frac{\partial(\overline{w'\theta_v'})}{\partial z} = \text{常数}$$

即湍流的输送作用会将地表的增温(降温)作用，迅速传递到混合层顶，最终使得廓线形状保持不变，如图 6.8 所示。

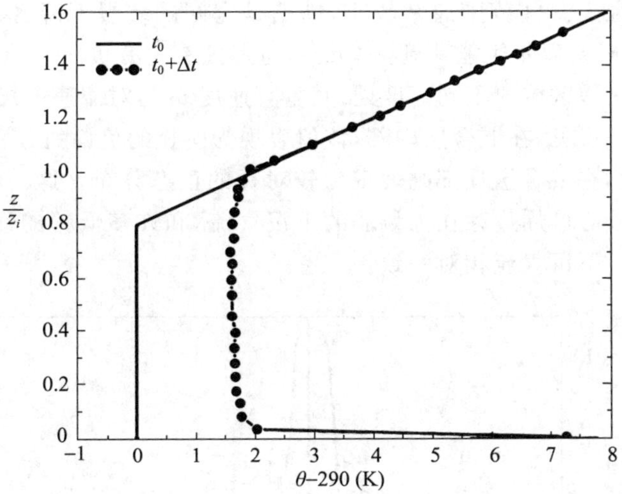

图 6.8　热量梯度为常数时，位温随时间的变化规律（赵鸣，2006）

(2)热泡

热泡(thermal)是一种有组织的湍涡结构，这些湍涡在本质上是脱离了地表的巨大且炽热的气泡，如同飘浮在空气中的大柱子，如图 6.9a。其水平尺度约为 $1.5z_i$，且有明显日变化，清晨热泡直径约 100 m 量级，当午后混合对流加强后，热泡直径可达 1～2 km。热泡的垂直范围可粗略地等于混合层厚度。

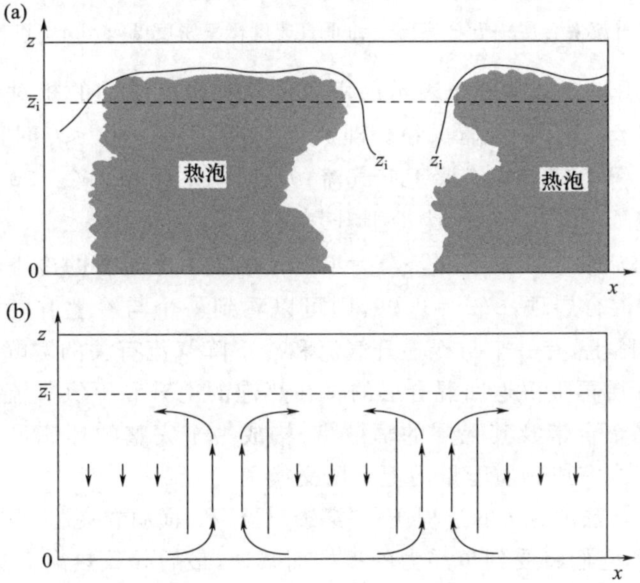

图 6.9　热泡的理想化垂直剖面。z 和 z_i 分别是局地和平均混合层顶

理想条件下的热泡如图 6.9b 所示，在强大热浮力的作用下热泡可以上升至边界层顶，热泡内强上升区范围通常较小，周围是宽阔的缓慢下降区。热泡的垂直速度通常为 1～2 m/s，偶尔也能达到≥5 m/s，且速度有正有负。

图 6.10 为热泡区域内不同高度处，其垂直速度 w 与对流速度尺度 W_* 的比值分布图。由图 6.10 可见，在混合层内部，该值表现为明显的负偏斜分布，即负速度出现频率高于正速度，在混合层顶部则表现为较对称的正态分布。这一特征表明在混合层中下部，热泡核心区周边存在大量弱的下沉气流，和许多低频的强上升热泡；在混合层上部则上升、下沉气流相对一致。

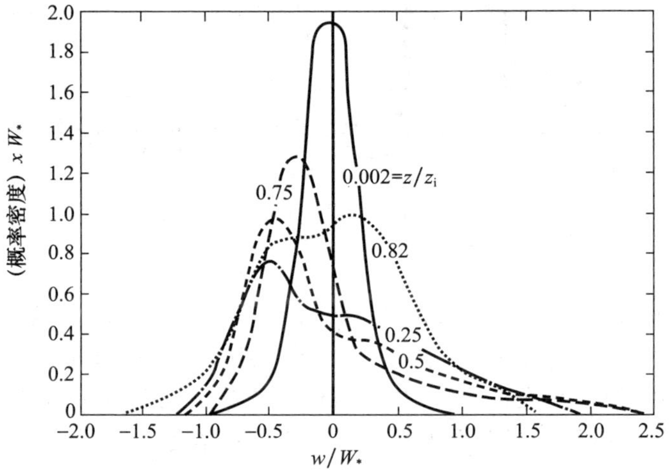

图 6.10 在对流混合层中五个高度上的垂直速度概率密度(Deardorff 和 Willis，1985)

图 6.11 是用联合概率分布表示的垂直速度和温度脉动的相对频率。图 6.11a 表示 θ'/θ_*^{ML} 在与 w'/W_* 的配置关系。即 $\theta'/\theta_*^{ML}>0$ 且 $w'/W_*<0$ 时，有暖下降气流；$\theta'/\theta_*^{ML}>0$ 且 $w'/W_*>0$ 时，有暖上升气流；$\theta'/\theta_*^{ML}<0$ 且 $w'/W_*<0$ 时，为冷下降气流；$\theta'/\theta_*^{ML}<0$ 且 $w'/W_*>0$ 时，为冷上升气流。

在典型的对流混合层中下部，$z/z_i=0.21$，存在一个显著的冷下降气流区域，见图 6.11b。但在混合层顶，$z/z_i=0.99$，则可以看到一个与冷上升气流有关的峰值，见图 6.11c。实际上，有一个与冷上升气流和冷下降气流有关的宽峰，它们是热泡顶部上冲进入卷夹层再下沉返回混合层的。在热泡的上升和下沉气流作用下，会形成热泡底部的水平辐合带及其上层的辐散带，构成一个完整的环流过程，环流可使空气在 5～10 min 内完成物质能量的上下层交换。

在混合层中与热泡有关的过程还有“穿透对流”和“横向卷夹”。当热泡顶上升进入稳定的卷夹区时，它们将受到负浮力的抵抗而减速，最后导致热泡下沉而回到混合层中。这种过程称为“穿透对流”(penetrative convection)。这时由热泡从地面向上输送的水汽和污染物也被阻挡在混合层中,“穿透对流”和热泡的上冲会使自由大气的大气块或气帘(尺度量级为 z_i)从热泡之间卷夹进入混合层,导致混合层高度的增加。

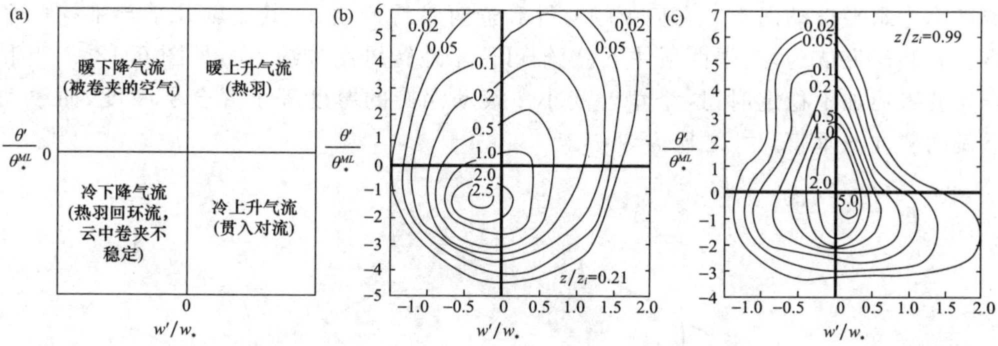

图 6.11　(a)垂直速度和温度脉动的配置关系,(b)对流混合层中下部,(c)对流混合层顶部的相对分布(Mahrt 和 Paumier,1984;Deardorff 和 Willis,1985)

横向卷夹(intromission)是热泡外部的环境气块被水平卷入热泡的过程。相对而言,热泡中心是一个未被混合的核心,它可将地面空气完整地携带到边界层顶。而热泡核心周边是一个厚度变化的过渡层,被卷入过渡层的环境空气有些已经与热泡空气相混合,因此典型的热泡没有清晰边缘。

图 6.12 为激光雷达对热泡的观测结果,由图 6.12 可见热泡的直径会随高度减小。其他观测资料也指出,热泡其实不像气泡,而更像持续一段时间的有限长的气柱,可以用“香肠”形状来形象地代表热泡形状。此外,真实的热泡不完全是上升空气柱,它们上升的同时也会在水平方向发生扭转、弯曲、分叉和融合等现象。不管怎样,热泡是非各向同性的,它们的大部分能量集中在垂直方向。

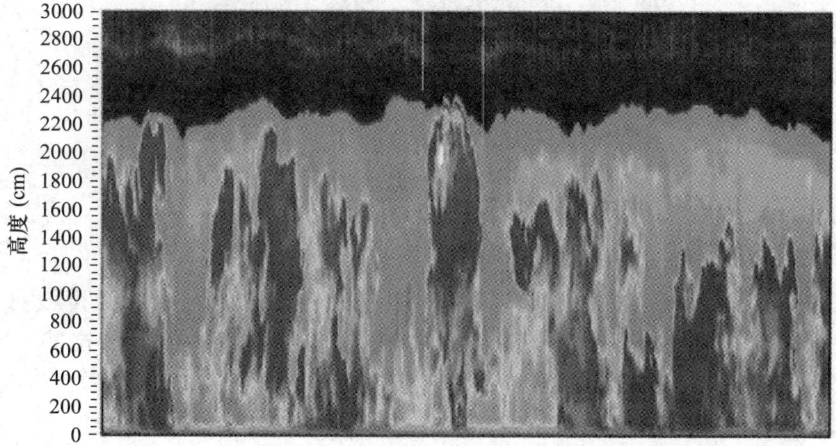

[彩]图 6.12　图中亮区为对流羽上升过程中携带的气溶胶高浓度区(Kokhanenko 和 Terpugova,2014)

(3)水平滚动涡旋和云街

在地面加热和强对流条件同时存在时，边界层中能形成水平螺旋环流，这些环流被称为水平滚动涡旋。它们由顺时针和逆时针螺旋组成，其主轴几乎与平均风平行。有些研究认为，近中性条件下，滚轴可位于地转风左方约 18°，见图 6.13a。当混合层变得更加不稳定时，这个角就变小。滚动涡旋的厚度等于混合层厚度，而滚动涡旋的侧向与垂直尺寸之比为 3∶1。

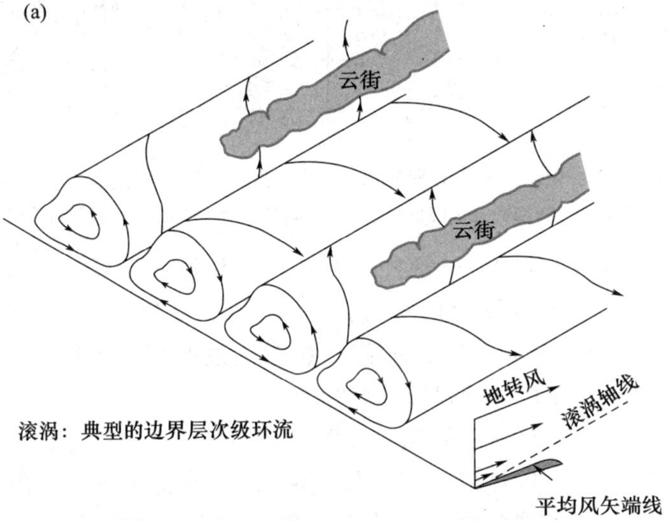

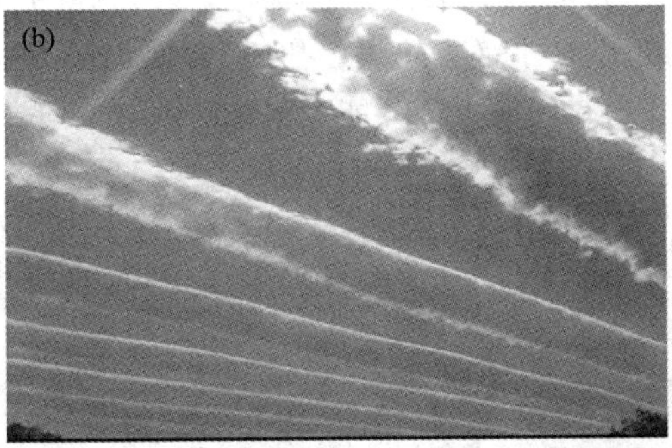

图 6.13　行星边界层中(a)典型的水平滚动涡旋及(b)云街

虽然沿螺旋环流的切向速度通常很小，但它能使邻近的对流热羽和热泡形成若干行，组成顺风向排列的强上升气流行。如果有充足的水汽，就会沿这些上升气流行列形成一条条云街(cloud streets)。这些云街很容易在卫星云图上看到，特别是在海洋上空，更容易看到云街结构，见图 6.13b。

滚动涡旋与气团变性有着密切关系，当冷空气平流过暖水体时，经常可以观测到这类现象。在低空急流超前于冷锋时，也能经常见到这类现象。

6.1.3　卷夹层

(1)一般特征

卷夹层或称卷夹区(entrainment zone)位于不稳定边界层的最上层,是分割不稳定边界层与自由大气的中间层,厚度不均,约为不稳定边界层厚度的 10%～60%。该层通常为一个逆温区,属静力稳定层。层内气流运动复杂多变,既有自由大气的下卷运动,又有混合层内热泡上冲运动,水平风速的垂直切变也十分明显。

卷夹层内气流的上下运动给卷夹区边界的确定带来了很多困难。现阶段通常有两种确定方式:一种可以根据卷夹区内包含的自由大气层空气与混合层空气的比例(在水平方向上的平均)来确定卷夹区的上下边界。如图 6.14a 所示,将卷夹区的顶定义为卷夹区内最高热泡顶的高度(h_2),将具有自由大气特征的空气占 5%～10% 的那一层高度作为卷夹区的底(h_0)。图中实线所示为局地边界层高度,它在卷夹层中部变化,高度与穿透热泡顶相对应。平均边界层高度(通常用 z_i 表示)是具有自由大气特征的空气占 50% 所对应的高度,z_i 略低于 h_0 和 h_2 的中点。图 6.14b 是飞机观测得到的自由大气所占百分比随高度的变化曲线,由它可以确定 h_0、h_2、z_i。显然,若用单点无线电探空观测来确定 z_i,将会产生较大的误差,因为它遇到局部边界层顶(即局地热泡顶)时,其温、湿、风观测值很可能出现突然跃变;当探测地点不同时,局地边界层顶与平均边界层顶均会有不同的高度。

另一种是将湍流热通量 $\overline{w'\theta_v'}$ 的负值区定义为卷夹区,见图 6.2。

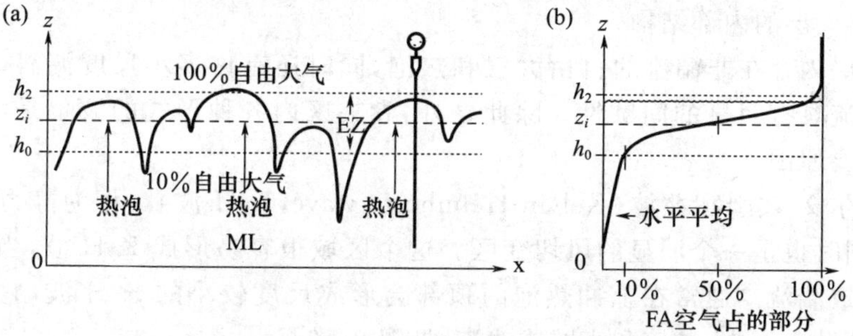

图 6.14　根据自由大气 FA 所占比例确定卷夹区位置

(a)实线为局地混合层顶,虚线为平均混合层顶;(b)自由大气所占比例随高度的变化

卷夹层所在区域往往是一个逆温区,像个“盖子”一样扣在边界层顶部,也称覆盖逆温层。覆盖逆温层会对上升气流形成一个阻挡作用,当热泡上升进入稳定的卷夹区后,会受到一个向下的浮力,阻止其继续上升,最后导致热泡回到混合层中。同样,从地面向上输送的水汽和污染物也会被阻挡在“盖子”之下,导致自由大气中的水汽、污染物浓度要远小于边界层内部。这一特征在雾霾天气尤为明显,如图 6.15 所示,远处天空明晰地分为两层,上层蓝天、白云、污染少,下层灰蒙蒙一片。此时的

覆盖逆温层位置与污染层高度大致相同。

[彩]图 6.15　覆盖逆温层对污染的阻挡作用

(2)卷夹层的演变特征

卷夹层具有明显的日变化特征。陆地的早晨,混合层较浅,卷夹层也相应较薄。随着不稳定边界层的发展,卷夹层厚度也将快速发展。当混合层顶有较大温度跃变时,卷夹层通常较薄。这是因为在覆盖逆温的作用下,热泡不能穿透太远,故卷夹速度也相应较小。反之,当湍流活跃时,温度混合的较为一致,覆盖逆温作用不明显,卷夹层也将变厚。傍晚时混合层的湍流衰减,静力稳定的覆盖逆温代替了卷夹层。除了下沉和平流作用以外,夜间覆盖逆温几乎不变。

(3)卷夹层的内部结构

卷夹层内存在非湍流的自由大气和热泡,同时还有许多小尺度湍涡,因此卷夹层内的湍流具有明显的间歇性。除此之外,卷夹区内各种形式的波也是湍流生成、消亡的主要原因。

1)开尔文-亥姆霍兹波(Kelvin-Helmholtz wave,K-H 波)。作为静力稳定区的卷夹层,同时也是一个明显的风切变区。这个区域很容易形成 K-H 波,当波动被破坏时便形成湍流。通常在上冲热泡的顶部会形成尺度较小的 K-H 波,它们发展很快,在几分钟内形成、破碎和衰减成湍流,见图 6.16a。

2)重力内波。当热泡进入稳定的卷夹层和自由大气层时,自由大气层中就可能被激发出重力内波。上升热泡的移动速度通常比高空气流慢很多,因此热泡可看作气流运动的障碍物。气流经过热泡如同气流过山,热泡会迫使气流从其顶部流过,见图 6.16b,c,形成重力内波。这种波可以在远离热泡的水平和垂直方向上传播,它所消耗的动能主要是由热泡提供。这种波的水平波长为 5～15 km,垂直运动振幅为 1～4 m/s,如果条件合适它可以一直向上伸展到整个对流层。

3)界面波。这类波是在卷夹层上形成的界面波。这种波与石头投入水池所激发的表面波相似,它不需要平均风速或风切变便能形成,见图 6.16d。当界面波波长较短时，它会与混合层内的湍流发生很强的非线性作用，并很快被吸收进混合层中。当界面波波长较长时，则能维持并改变混合层内的对流组织。

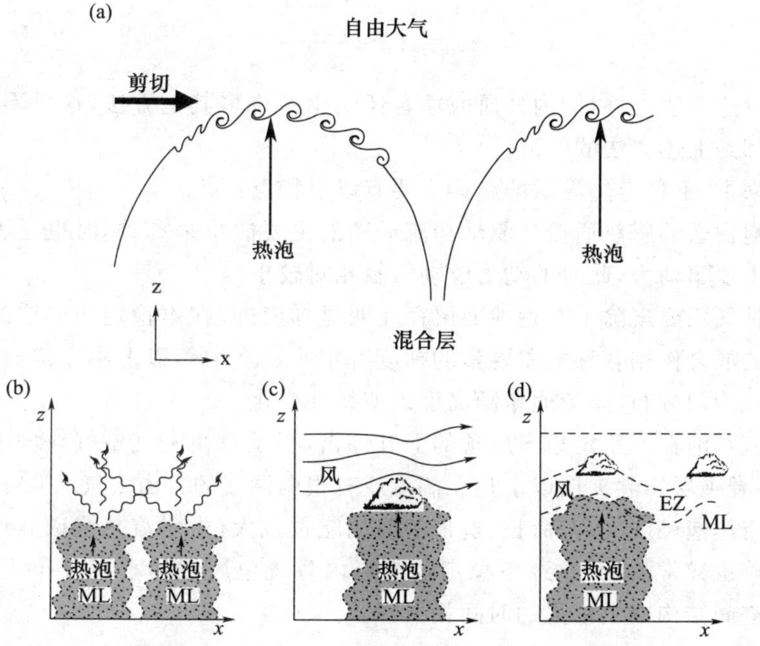

图 6.16　在上冲热泡顶形成的(a)K-H 波，(b)内波，(c)对流波，(d)界面波

(4)卷夹速度

卷夹速度(w_e)是指单位时间内气块进出卷夹区的距离，以向上为正。卷夹速度与层内湍流运动密切相关，一旦没有湍流，卷夹速度则为零。当混合层湍流很强，覆盖逆温层很弱时，可能出现 $w_e=1$ m/s 左右的大值，但是 w_e通常为 0.01～0.2 m/s。

卷夹速度是表征卷夹过程的一个特征量。卷夹速度的变化可反映边界层与自由大气间物质能量交换过程的快慢，同时也能反映卷夹层发展过程的不同阶段，因此有必要准确测量和计算该值。但有关 w_e的准确观测还存在不少问题。第一，没有合适的仪器能够快速测量 1～2 km 高度处的垂直速度。第二，卷夹速度通常很小，对仪器的测量灵敏度、精度要求很高，现有的测风仪很难满足这一需求。第三，热泡具有很强的随机分布特征，故卷夹速度需要多点观测，否则单点观测结果的代表性容易受到质疑。因此，现阶段多用数值计算方法来估算卷夹速度。

通量比值法就是常用的一种估算方法。该方法认为在自由对流的情况下，湍流引起的卷夹过程通常与地面浮力通量有直接关系，因此可用混合层顶部的浮力通量与底部通量的比值来表征卷夹速度，如式(6.1.4a)。A_R 的建议值范围是 0.1～0.3，$A_R=0.2$ 是用于自由对流的最佳平均值。在此基础上就可求得卷夹速度：

$$\frac{-\overline{(w'\theta_v')_{z_i}}}{\overline{(w'\theta_v')_s}}=A_R \tag{6.1.4a}$$

$$w_e=A_R\frac{\overline{(w'\theta_v{}')_s}}{\Delta_{EZ}\overline{\theta_v}} \tag{6.1.4b}$$

除了上述方法之外，国内外研究学者还给出了许多其他方法，这里不一一列举，但大多数都是上述方法的变形。

总体来讲，不稳定边界层的结构主要有以下特点：

1)热泡输送的感热通量是驱动湍流运动的主要能量来源，同时也是不稳定边界层发展的主要驱动力，此时的动力驱动贡献相对较小。

2)各种气象要素除了在近地面层存在明显梯度外，在不稳定边界层的主体部分由于强烈的混合作用各种气象要素的梯度都很小。在中等以上不稳定时，温度和风随高度接近均匀分布，湍流通量随高度近似线性变化。

3)对流热泡在不稳定边界层顶的上升冲击，引发自由大气空气块向下卷入边界层，形成了卷夹层。卷夹层以上是无湍流或有很弱湍流的自由大气。

4)对流热泡尺度大、寿命长、携带的湍流能量也大，由对流热泡破碎产生的各次级湍流涡旋也异常活跃，导致不稳定边界层内各气象属性的垂直分布比较均匀，具有整体的空间结构以及较强的时间相关性。

6.2 不稳定条件下大气边界层高度的研究

大气边界层高度(atmospheric boundary layer height，ABLH)是表征大气边界层特征的重要参量，是大气数值模拟和空气污染研究中的重要物理参数，同时反映了边界层内湍流混合、对流发展等物理过程，也影响着热量、水汽、气溶胶等物质与能量的垂直交换。

通常条件下，不稳定边界层在1～3 km以下，但在一些特殊地区可出现4～5 km的厚度。

6.2.1 不稳定大气边界层高度的演变过程

由于地面接收到太阳辐射能的日变化，不稳定边界层高度的发展往往经历以下四个阶段。

(1)缓慢加厚期。日出后，不稳定边界层较浅，厚度通常只有几十米，风切变较大时约有200 m左右。由于新生边界层上部覆盖着尚未消失的夜间强逆温，边界层厚度增长缓慢，故也被称为夜间贴地逆温层消散阶段。

(2)快速增长期。午前时段，不稳定边界层顶上的稳定层已不存在，于是热泡快速向上伸展，使不稳定边界层顶以 1 km/15 min 的速度上升。

(3)稳定少变期。午后时段，热泡同样会上冲到边界层顶部，但由于地表热浮力已经开始减弱，无法提供其更多能量，故不稳定边界层增长速率下降，使不稳定边界层厚度在午后大部分时间内稳定少变。

(4)衰减期。日落之后，湍流的生成率已不再能抵消湍流的耗散率，因此，在无动力强迫时，不稳定边界层中的湍流将完全崩溃，此时该层将被重新划分为残余层。在衰减过程中，温度脉动衰减最快，而 TKE 衰减相对缓慢，最后剩下少数几个弱热泡也可能继续上升、产生卷夹。

图 6.17 给出地面激光雷达观测到的前三阶段边界层高度的发展情况。

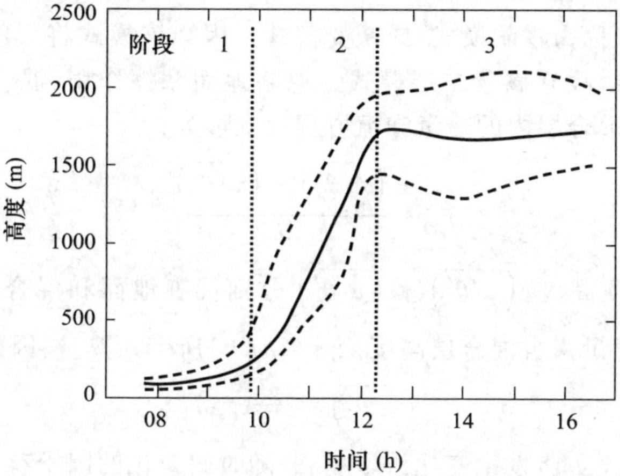

图 6.17　不稳定边界层顶(中间实线)以及卷夹区的顶和底的发展演变过程(Wilde et al.，1985)

6.2.2　不稳定大气边界层高度的估算

影响不稳定边界层高度发展的因子很多，除下垫面热量收支外，还与地面切应力、混合层顶部的卷夹、混合层中的大尺度垂直运动，以及平流输送等因子有关。边界层高度估算方法，大部分从混合层热量收支出发，热量收支中通常也只考虑感热项，而忽略辐射和潜热贡献。下文将介绍简单的零阶和一阶跃变模式。

(1)零阶跃变模式

如图 6.18 所示，该模式假设：

1)混合层内部平均变量($\bar{\theta}$,$\bar{U}$,$\bar{q}$)不随高度变化，感热通量随高度线性递减；

2)混合层与自由大气层之间呈现不连续突变(在 z_i 处存在 $\Delta\theta$,ΔU,Δq)；

3)卷夹区为无限薄。

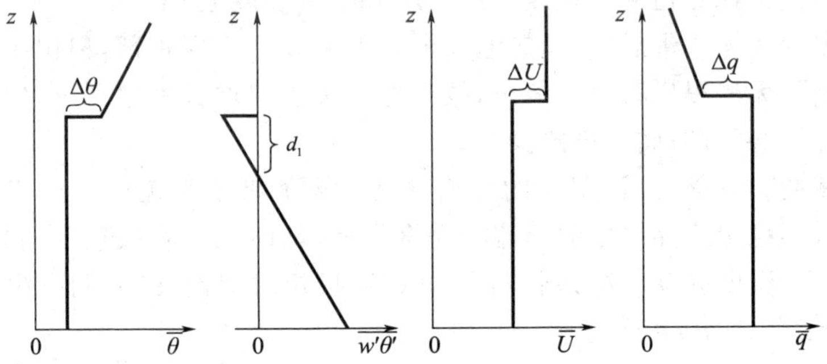

图 6.18　零阶跃变模式示意图

这种理论模式称为零阶模式，或跃变模式。因为该模式将大气分为混合层及其上面的稳定层两层，故它属于二层模式。忽略地面摩擦作用、混合层顶部的下沉作用及平流作用，在混合层内的热量守恒方程可变形为：

$$\frac{\partial\bar{\theta}}{\partial t}=\frac{\left(\overline{w'\theta'}\right)_{\mathrm{s}}-\left(\overline{w'\theta'}\right)_{\mathrm{i}}}{h} \tag{6.2.1}$$

式中，h 为边界层顶高度；$\left(\overline{w'\theta'}\right)_{\mathrm{s}}$和$\left(\overline{w'\theta'}\right)_{\mathrm{i}}$分别代表地面和混合层顶处的热通量。边界层顶处的热通量来自混合层高度抬升($\partial h/\partial t$)所带入热量，因此有：

$$\left(\overline{w'\theta'}\right)_{\mathrm{i}}=-w_{\mathrm{e}}\Delta\bar{\theta} \tag{6.2.2}$$

随着混合层的增长，$\Delta\theta$ 将发生变化。影响 $\Delta\theta$ 随时间变化的因子有两个：(1)混合层高度增长会使 $\Delta\theta$ 的增长速率等于 $\gamma\partial h/\partial t$，这里 γ 是混合层顶部稳定层的递减率；(2)混合层变暖($\partial\bar{\theta}/\partial t>0$)的速率就是 $\Delta\bar{\theta}$ 减小的速率。于是 $\Delta\theta$ 的变化速率为两者之和：

$$\frac{\mathrm{d}\Delta\bar{\theta}}{\mathrm{d}t}=\gamma w_{\mathrm{e}}-\frac{\mathrm{d}\bar{\theta}}{\mathrm{d}t} \tag{6.2.3}$$

计算过程中，通常将 γ 和$\left(\overline{w'\theta'}\right)_{\mathrm{s}}$作为已知的边界条件，上述三个方程含四个未知数 $h,\bar{\theta},\Delta\theta,\left(\overline{w'\theta'}\right)_{\mathrm{i}}$，方程不闭合。为使方程闭合，必须对其中一个变量进行参数化。其中最简单的是对$\left(\overline{w'\theta'}\right)_{\mathrm{i}}$进行参数化。根据式(6.1.4a)可得$\left(\overline{w'\theta'}\right)_{\mathrm{i}}=-A_{\mathrm{R}}\left(\overline{w'\theta'}\right)_{\mathrm{s}}$，式(6.2.3)可变形为：

$$h\frac{\partial(\Delta\theta)}{\partial t}+6(\Delta\theta)-\gamma h=0 \tag{6.2.4}$$

其解为

$$(\Delta\theta)h^{6}=(\Delta\theta)_{0}h_{0}^{6}+\frac{\gamma}{7}(h^{7}-h_{0}^{7}) \tag{6.2.5}$$

当 $h>2h_0$ 时，上式变成

$$\Delta\theta \simeq \frac{\gamma h}{7} \tag{6.2.6}$$

为获得 h 与 $\Delta\theta$ 的关系，由式(6.2.2)和式(6.2.3)消去 $\left(\overline{w'\theta'}\right)_i$ 得：

$$h\frac{\partial(\Delta\theta)}{\partial t}+\Delta\theta\frac{\partial h}{\partial t}=\gamma h\frac{\partial h}{\partial t}-\left(\overline{w'\theta'}\right)_s \tag{6.2.7}$$

积分上式并取积分时间为 $0\sim t$，则有：

$$(\Delta\theta)h-(\Delta\theta)_0 h_0=\frac{1}{2}\gamma(h^2-h_0^2)-\int_0^t\left(\overline{w'\theta'}\right)_s \mathrm{d}t \tag{6.2.8}$$

式中，h_0 和 $(\Delta\theta)_0$ 为 $t=0$ 时的值(即日出前后的值)。下面按不同时段来分析讨论式(6.2.8)的解。

1)在日出后的一段时间内(即上午)，混合层发展较快，此时可假设地面热通量随时间线性增加：

$$\left(\overline{w'\theta'}\right)_s=\frac{\overline{\left(w'\theta'\right)}_{sn}}{t_m}t \tag{6.2.9}$$

$\left(\overline{w'\theta'}\right)_{sn}$ 是中午时的地面热通量，t_m 等于 3 h。这时由式(6.2.8)得：

$$(\Delta\theta)h-(\Delta\theta)_0 h_0=\frac{1}{2}\gamma(h^2-h_0^2)-\frac{1}{2}\frac{\left(\overline{w'\theta'}\right)_{sn}}{t_m}\cdot t^2 \tag{6.2.10}$$

略去 γh_0^2，以式(6.2.6)代入上式，则得混合层高度 h 与 t 的关系式为：

$$h=\left[\frac{7}{5}\frac{\left(\overline{w'\theta'}\right)_{sn}}{\gamma t_m}\right]^{\frac{1}{2}}t \tag{6.2.11}$$

2)当混合层已经得到强烈发展时，为了简化式(6.2.8)中的最后一项，可将积分号内的地面热通量取为时间平均值，这种近似处理对 $\left(\overline{w'\theta'}\right)_s$ 随时间变化不太快的情况而言是合适的。这时式(6.2.8)变成：

$$(\Delta\theta)h-(\Delta\theta)_0 h_0=\frac{1}{2}\gamma(h^2-h_0^2)-\left(\overline{w'\theta'}\right)_{sm}t \tag{6.2.12}$$

式中，$\left(\overline{w'\theta'}\right)_{sm}$ 为地面热通量的时间平均值。

对强对流发展的混合层，可以不考虑初始值，而略去式(6.2.12)中的 $(\Delta\theta)_0 h_0$ 和 h_0^2，从而得：

$$(\Delta\theta)h=\frac{1}{2}\gamma h^2-\left(\overline{w'\theta'}\right)_{sm}t \tag{6.2.13}$$

以式(6.2.6)代入上式,即得混合层增长关系为:

$$h=\frac{14}{5}\frac{\left(\overline{w'\theta'}\right)_{\mathrm{sm}}}{\gamma}t^{\frac{1}{2}} \tag{6.2.14}$$

式(6.2.11)和式(6.2.14)表明,在日出后的一段时间内,边界层高度随时间的一次方律迅速增长,当混合层充分增长后,其高度将以时间 t 的平方根速率增长(增长速率变小),这与观测事实基本符合。

(2)一阶模式

有研究学者在零阶模式的基础上考虑卷夹层的厚度,给出了一阶混合层模式。该模式中仍不考虑下沉和平流影响,但其位温和感热通量的垂直分布(图 6.19)更接近实际。图中 h_0 和 h 分别为卷夹区底和最大(负)热通量出现的高度(即不稳定边界层高度),Δh 和 $\Delta\theta$ 分别是卷夹厚度和通过卷夹区的位温差。

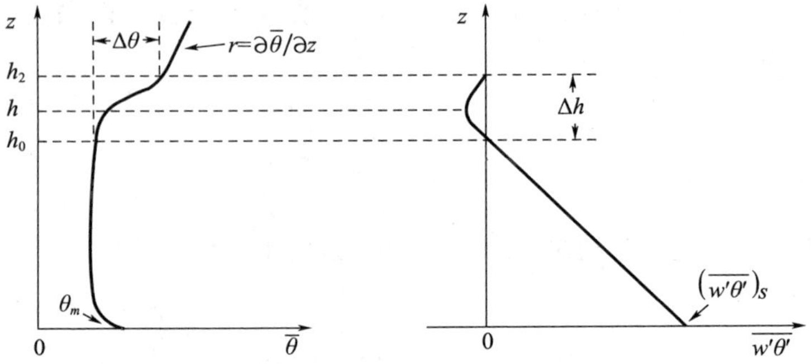

图 6.19　一阶跃变模式示意图

在一阶模式中,类似于式(6.2.1)—(6.2.3)的控制方程为:

$$\Delta h\frac{\partial\bar{\theta}}{\partial t}-\Delta\theta\frac{\partial h_0}{\partial t}-(1-y)\frac{\partial(\Delta h)}{\partial t}+y\Delta h\frac{\partial(\Delta\theta)}{\partial t}=0 \tag{6.2.15}$$

$$\frac{\partial\bar{\theta}}{\partial t}=\frac{\left(\overline{w'\theta'}\right)_{\mathrm{s}}}{h_0} \tag{6.2.16}$$

$$\frac{\partial(\Delta\theta)}{\partial t}=\gamma\left[\frac{\partial h_0}{\partial t}+\frac{\partial(\Delta h)}{\partial t}\right]-\frac{\partial\bar{\theta}}{\partial t} \tag{6.2.17}$$

式中,y 为卷夹层中位温曲线的积分形状因子,若位温随高度线性递增,即 $y=0.5$;若位温呈多项式分布,则 $y=0.5-\frac{1}{12}\gamma\frac{\Delta h}{\Delta\theta}$。

为使方程(6.2.15)—(6.2.17)闭合,必须对 Δh 进行参数化。张霭琛等(1990)对 Δh 采用三种参数化方案求闭合解,将计算的 h_0、Δh、$\bar{\theta}$ 和 $\Delta\theta$ 值与实测结果比较,发现下列两种参数化方案所得结果与实测值有好的一致性:

1)
$$\frac{\Delta h}{h_0}=a$$

式中，a 为比例系数，范围在 0.1～0.4，张霭琛等(1990)根据资料分析取 $a=0.4$。

2)
$$\frac{\Delta h}{h_0}=0.23+1.57Ri^{-1}$$

式中
$$Ri=\frac{g(\Delta\theta)h_0}{\theta\omega_*^2}$$

$$w_*=\left(\frac{g}{\theta}h_0\left(\overline{w'\theta'}\right)_s\right)^{1/3}$$

6.2.3　大气边界层高度的观测

利用观测仪器获取边界层高度是一种最直接、最有效的方法。现阶段，利用不同观测仪器确定边界层高度的方式、方法也有很多种，获取思路主要有：湍流特征角度、热力作用角度、动力作用角度以及物质分布角度。下面进行简要介绍。

(1)湍流特征角度

从湍流特征角度，大气边界层高度是分离湍流区与非湍流区的高度，因此，可将湍流能量或湍流应力接近消失的高度视为边界层顶。不稳定边界层高度可以认为是湍流热通量符号发生改变，或湍流热通量出现负值的最大高度，或湍流动能耗散率、垂直速度方差明显减小的高度。稳定边界层高度可视为相关湍流参数减小到近地面层数值的百分之几的高度。可以通过垂直方向的热量通量、动量通量、垂直速度方差或湍流动能等参数来确定边界层高度。

此外，基于不稳定边界层的最大湍涡尺度与边界层高度尺度相关联的湍流理论，还可以利用地面湍流观测，通过风速湍流能谱计算不稳定边界层高度。但湍流量的垂直分布观测比较困难，不太容易在实际中应用。

(2)热力作用角度

从热力作用角度，可以将温度梯度明显不连续，或温度的日变化接近消失的高度视为大气边界层高度。白天，通常将混合层高度或逆温顶盖所在位置视为不稳定边界层顶；夜间定义贴地逆温层的高度为稳定边界层高度。热力作用角度有一定的湍流理论依据，操作简单，应用广泛。但大气边界层的形成是动力与热力机制共同作用的结果，仅仅考虑热力作用存在一定局限。常用的从热力作用角度确定边界层高度的方法有位温梯度法和 Holzworth 法(干绝热法、气块法)，后者只适用于不稳定条件，无法描述大气边界层日变化过程。

(3)动力作用角度

从动力作用角度，定义风速逼近地转风的高度，或出现风速极大值的高度为边界层高度。利用风速特征判断边界层顶，其前提条件是假定大气水平均匀、正压，但实际大气运动难以满足。由于夜间稳定边界层阻碍动量下传，层顶产生风速极大值，应用中常将风速极大值的高度视为稳定边界层高度。但一些研究表明，风速极大值的高度可能不会随时间发展加深。为此 Hyun 等(2005)提出一种根据风切变估算稳定边界层高度的方法，将风切变首次小于临界阈值的高度，或在局地最大值之上首次小于临界阈值的高度定义为稳定边界层高度，若最大风切变亦低于临界阈值，则取最大风切变高度为稳定边界层高度。Dai 等(2014)给出了临界阈值最优取值范围。

(4)物质分布角度

从物质分布角度，可以利用水汽、气溶胶等示踪物的空间分布判断边界层高度。大气边界层内水汽、气溶胶浓度较高，自由大气内迅速降低。由此，可将湿度、气溶胶浓度梯度明显不连续的高度作为大气边界层高度。在 20 世纪 60—70 年代，已有尝试性研究，证实了从物质分布角度描绘大气运动、大气结构日变化的可行性。还有专家提出将基于物质分布角度确定的边界层高度称为"物质边界层高度"，表示物质垂直扩散的最大高度。考虑到大气科学中"边界层"一词的概念源于湍流运动，属物理范畴，其边界层特征包括了气象要素的时空变化、湍流特征等。而"物质边界层"与传统意义的边界在不稳定边界层发展过程中，其边界层高度(也即混合层厚度)及内部的湍流结构都将发生变化。混合层高度的变化直接影响着污染物的扩散，因为污染物在白天混合层内可以充分混合而稀释，而夜间稳定边界层对污染物扩散的作用则相反，因此正确预报混合层高度是污染气象学中的一个重要问题。

传统观测手段多是利用无线电探空气球、系留气球、气象铁塔以及飞机直接获取气象要素垂直剖面，这种观测方法避免了反演误差，数据的精度和可信度也相对较高。随着遥感技术的发展，地基遥感如激光雷达、微波辐射计、云高仪、声雷达、风廓线雷达等探测手段在边界层探测中发挥重要作用，实现了大气边界层连续观测，获取了高时间分辨率的数据。此外，为了解决单站观测存在的代表性问题，一些研究利用覆盖范围更广的卫星遥感，通过 GPS 无线电掩星技术反演全球大气边界层高度及分布。表 6.1 从不同研究角度给出了几种确定大气边界层高度的方法，对比讨论不同方法的优缺点。一些具体的测量方法可详见参考文献。

表 6.1　大气边界层高度观测方法对比(张宏昇 等，2020)

观测方法	技术手段	优点	缺点
直接观测	无线电探空	直接观测风速、温度、湿度气象要素，避免了反演误差；常规观测，资料连续，可用于气候尺度研究；观测标准规范。不同观测间可比性强，可用于遥感反演结果的对比验证。	时间、空间分辨率低，无法满足边界层研究需求；仅能获取常规气象要素的平均廓线；空间漂移大，需假定大气平稳均一。
	系留气球	时间、空间分辨率可以调控；可视为"软塔"，可移动，机动性强；可搭载多种传感器，实现气象、湍流、化学、遥感观测。	时间分辨率有限，难以长时间连续观测；探测的空间范围有限；大风条件下斜距过大，应用困难。

续表

观测方法	技术手段	优点	缺点
直接观测	气象铁塔	可长时间连续观测；低层大气可加密观测；可搭载多种传感器，实现气象、湍流、化学、遥感观测。	气象塔选价较高；无法移动；塔高多在 50～400 m，探测空间范围有限。
	飞机	时间、交间分辨率高，观测空间连续，适合中小尺度研究；可搭载多种传感器，实现气象、湍流、化学、遥感观测。	受天气条件、航线限制，无法长期连续观测；需要精确测量飞行轨迹，数据处理流程复杂。
地基遥感	颗粒物激光雷达/云高仪/测风激光雷达	时间、空间分辨率较高；云高仪对校安全，易于维护，成本更低；均可识别气溶胶垂直分布，多普勒测风激光雷达还可反演风场和湍流信息。	低层存在盲区问题；需要大气有颗粒物存在；物质聚集层与湍流边界层不等价，云、残余层、多层气溶胶结构下边界层高度反演困难；复杂天气下测量精度有限。
	微波辐射计	时间分辨率高；对云的穿透力强，受云干扰较小。	低层存在盲区问题；垂直分辨率随高度增加而降低；反演误差随高度增加。
	风廓线雷达	时间、空间分辨率较高；可反演风场信息；可移动，机动性强。	低层存在盲区问题；空间分辨率较为有限；在水汽混合弱、有云、复杂天气下判断受干扰。
天基遥感	卫星遥感	全天候观测，空间覆盖范围广；微波波段受云和降水影响小。	低层大气反演的准确性低，较低边界层高度反演困难；水平、垂直分辨率较为粗糙。

6.3　不稳定大气边界层的结构演变

在不稳定边界层发展过程中，除边界层高度发生变化外，其内部结构也会产生相应的变化。这一变化过程在位温廓线上表现得最清楚，图 6.20 为一个典型不稳定边界层发展过程中(Wangara 第 33 天的观测结果)，位温廓线随时间变化的过程。由图 6.20 可见，日出后，地面开始受热，夜间发展起来的逆温层从下部开始被破坏。最下边的层结变为不稳定，而较上部逆温仍然保持。随着时间的推移，下部不稳定层结越来越厚，上部逆温层越来越薄，终至逆温消失。同时风廓线变化图表明在不稳定层结中风速上下趋于一致，而在顶处的逆温处存在不连续(图略)。

数值模拟是研究边界层结构演化最有效的手段，可清晰地给出各变量的四维演变过程。

下面介绍数值模拟方法对上述典型个例的模拟结果。模式的基本方程组与 6.2 节中的基本相同，仅个别地方稍有修改，并假设 2 km 高处上边界条件。设所有平均量的梯度及湍流量为零，设 u_*，T_* 已知，u_* 设为常数 0.165 m/s，地面热通量设为正弦波，峰值在 13 时为 0.216 m/s。地转切变取实测值，初时刻在 09 时，平均量的初条件取实测值，脉动量可取与这些平均量廓线相适应的值。

不同时刻虚位温的时空分布模拟结果见图 6.21a，可见模式完全反映了不稳定边界层位温廓线变化的特征，而且与实测图 6.20 接近。在对流强烈发展的中午和下午，混合层内风廓线也体现了随高度变化很小的特征。由于本例中地转风随高度变化是 u_g 随高度的增加而减小，v_g 变化小，因此计算的 $\overline{u}$ 分量值随高度略有减少，而 $\overline{v}$ 分量随高度变化很小，绝对值也很小，如果取地转切变为零，则计算的 $\overline{u}$ 分量在 11 时以后就基本不随高度变化了，从计算结果明显看出不稳定边界层高度随时间增加，且随时间增加位温越来越高。

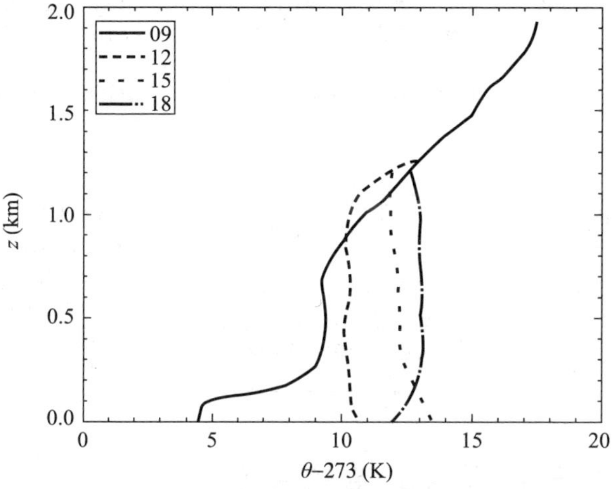

图 6.20　不稳定边界层不同时刻位温的变化过程(赵鸣，2006)

不同时刻虚热通量廓线见图 6.21b，不同时刻热通量均随高度线性减少，符合观测事实，热通量在某高度处为零，再向上即为负热通量，这是卷夹作用的结果。

热通量随高度线性减少的现象与不同时刻位温廓线几乎平行的特征是相对应的，前者可由后者做出解释。将方程(6.1.3c)对高度积分，因左端$\partial\overline{\theta}/\partial t$ 对高度而言为常数，积分结果即得$\overline{w'\theta'}$随高度线性分布。此前有研究人员用大涡模拟 Wangara 第 33 天的资料，定义负热通量最大处所在的高度为不稳定边界层顶，求得边界层顶处热通量与地面热通量之比为－0.13。如果采用“跃变”模式，即认为混合层顶处边界层内气体与上部稳定层中气体有一个位温跃变 $\Delta\theta$，则由模式得到的 $\Delta\theta$ 和混合层顶高度可算出该处向下热通量与地面向上热通量之比为－0.18，此值相对来说不随时间变化，或简单取为－0.2。这也符合实验室内对流实验的结果，以后在研究不稳定边界层高度变化及其闭合模式时，将用到此结论。

总之，现阶段多种数值模式基本上都能模拟出接近观测的不稳定边界层的平均场，模拟的湍流场也基本符合观测特征。但现有的研究基本上都是在理想场或气象状况比较简单条件下的个例。对于实际很复杂的情况应当考虑平流，斜压等影响，因此复杂个例的研究还有待深入。

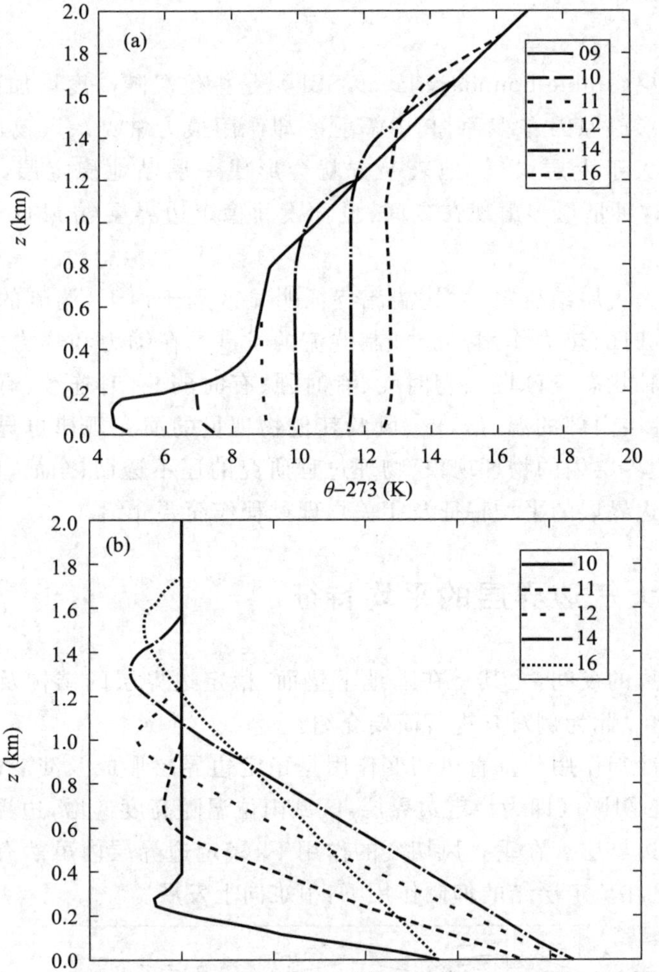

图 6.21　不稳定边界层发展过程中不同时刻(a)位温，(b)热通量的模拟结果(赵鸣，2006)

第 7 章　稳定大气边界层特征

稳定边界层(stable boundary layer,SBL),是指位温随高度增加而增加的气层。稳定边界层的形成原因有多种,其中辐射冷却作用最为常见。入夜后,地表的辐射降温速率通常大于上层大气,地表上方就会形成一层贴地稳定层,其厚度通常为 $10^1 \sim 10^2$ m。这种情形多出现在夜间,也称夜间稳定边界层(night boundary layer, NBL)。

由于夜间大气层结稳定,大气湍流特征明显区别于白天,湍流的生成主要依赖于动力作用,此时的热力作用只会抑制湍流的发展。在动力和热力的相互角力下,湍流表现为多种状态,有时有、有时无、有时强、有时弱、有时连续、有时离散。与此同时,稳定边界层内部的温、压、湿、风及其他物理量的演变规律也异常复杂。现阶段,有关稳定边界层内的物理现象、物理过程研究的还不透彻、全面,仍需深入探索。本章仅对稳定边界层的平均特征及相关物理过程作简要介绍。

7.1　稳定大气边界层的平均特征

在晴朗小风的夜间,尤其是在陆地下垫面,稳定边界层的结构及其演化过程最为明显,本章将以此为例对其进行简要介绍。

夜间辐射冷却作用与垂直风切变作用是稳定边界层形成及演变的主要原因,见图 7.1。图中的阴影区即为稳定边界层,区域内位温随高度递增,边界层厚度远小于白天的不稳定边界层。在垂直风切变的作用下,稳定边界层内虽然有湍流但其尺度通常较小,而且在稳定层结的抑制作用下,很难向上发展。

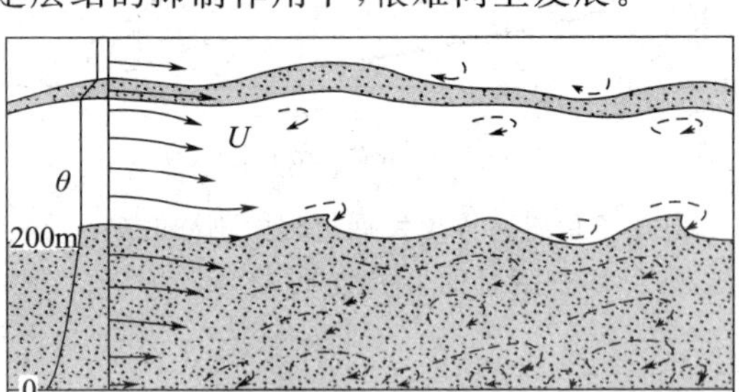

图 7.1　稳定大气边界层的结构及其流场的图像(Wyngaard,1990)

阴影区之上的空白区称为残余层(residual layer),是白天不稳定边界层的残留及延续。由于失去了热力作用的供给,此范围的湍流变得很小或消失,可能出现大范围的湍流空白区,湍流的间歇性也多在此区域出现。没有了湍流的混合作用,空白区内的位温随高度少变或不变,延续了白天的位温垂直分布结构。与此同时,由于湍流摩擦力的减少,在空白区底部附近会出现一个风速的大值区,称为边界层低空急流(后文详述)。

图 7.1 上部的薄层阴影区也是白天不稳定边界层中卷夹层残余结果。由于卷夹层内为强逆温,故可保持到第二天中午前后。

7.1.1　稳定边界层的廓线特征

图 7.2 是稳定边界层中弱湍流混合下各种特征量的典型廓线。由图 7.2a 可知,在地表辐射冷却作用下,温度垂直廓线在近地层附近出现了随高度增加而增加的现象($\partial T/\partial z>0$),即明显的贴地逆温。图 7.2a 中细黑线位置为逆温层高度,随着时间的推移,辐射冷却作用的持续,逆温层将继续增厚。

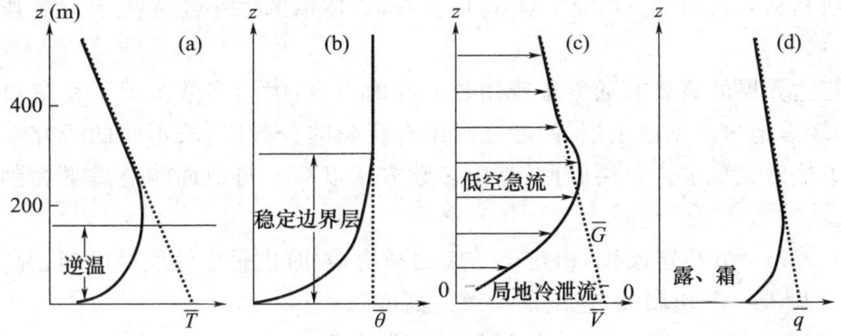

图 7.2　稳定大气边界层各种特征量的典型廓线(Stull,1991)

图 7.2b 中,位温廓线表现为随高度逐渐增加,直到稳定边界层高度之上,位温不再变化,趋于中性。图中细黑线为稳定边界层高度所在位置。与图 7.2a 对比可见,稳定边界层高度要略高于逆温层高度,与温度廓线和干绝热线的相交高度一致。这也再次说明,逆温层一定是稳定边界层,而稳定边界层不一定是逆温层。

图 7.2c 中,从地表至稳定边界层顶部风速随高度增大,在稳定层项附近达到最大值。有时这层风速可大于地转风速,称为边界层低空急流。风向往往随高度按顺时针方向变化(北半球)。在急流上层,风速逐渐降低,风向与地转风方向一致。除此之外,在地形和天气系统的强迫下,夜间稳定边界层的风廓线通常处于非定常状态,十分复杂。

图 7.2d 中,在地表冷却及湍流输送较弱的情况下,近地面水汽会凝结成露、霜,

空气中水汽含量较白天明显减少，低层水汽表现为随高度增加而增加的结构，即逆湿层。通常条件下，逆温层与逆湿层的高度有较好的一致性。高层水汽又表现为白天的递减特征。上述内容只是夜间众多复杂湿度廓线结构中的一种情形。除此之外，有时夜间地面水汽也会不断蒸发，其廓线特征与白天类似。如果在夜间出现贴地雾及悬浮雾时，湿度廓线就更为复杂。本章将不涉及这些物理过程。

7.1.2 稳定边界层强度与厚度特征

虽然稳定边界层中的湍流强度较弱且时有时无，但在足够长的时间内，大气特征及运动状态还是能传遍整个稳定边界层。故长时间平均后，稳定边界层还能作为一个整体进行研究，而不是一个多层分隔相互无关联的状态。

稳定边界层的强度可由近地面位温差定义：

$$\Delta \bar{\theta}_s = \bar{\theta}_0 - \bar{\theta}_s \tag{7.1.1}$$

上式表示残余层位温$\bar{\theta}_0$与地面位温$\bar{\theta}_s$的差值，因$\bar{\theta}_0$近似等于层结转变开始时的初始位温，所以它反映了稳定边界层形成过程中的冷却量，见图 7.3。稳定边界层强度的范围一般是从入夜时的 0℃到早晨 15℃左右，具体值的大小还取决于湍流强度及云量的多少。

稳定边界层的高度 h 通常很难用数值准确表示，因为多数情况下稳定边界层都是平稳、缓慢地过渡到残余层，两者之间没有明确的分界线，故不同的研究学者采用不同的方法定义稳定边界层厚度，其中多数方法以高空与地面状态差异为判据。具体如下。

(1)$\partial\theta/\partial z=0$(稳定层顶，稳定层结束的高度，同时也是中性层结的起始高度)；

(2)$\partial T/\partial z=0$(逆温顶，逆温层结束的高度)；

(3)$\mathrm{TKE}(z)=0$(湍流层顶，湍流层结束的高度)；

(4)$\mathrm{TKE}(z)=0.05\ \mathrm{TKE}_s$(湍流动能下降到地面初值 5%的高度)；

(5)$\overline{u'w'}(z)=0$(湍流层顶，湍流层结束的高度)；

(6)$\overline{u'w'}(z)=0.05\ \overline{u'w'}_s$(湍流动量通量下降到地面初值 5%的高度)；

(7)$\boldsymbol{V}(z)=\boldsymbol{V}_{max}$(风速达到最大值的高度，急流高度)；

(8)$\boldsymbol{V}(z)=\boldsymbol{V}_G$(风速达到地转风高度)。

诸如此类的判定方法还有很多，但现阶段还没有哪种方法公认是最有效、最佳的。尤其是那些判据为零的方法，使用起来相对较难，因为这些量接近零，但又不等于零。因此，不同研究者可能使用同样的判定标准和数据，给出不同的稳定边界层厚度。当研究者使用不同的判别方法时，得到的稳定边界层高度的差别就会更大。一般稳定边界层高度的典型值为 100～500 m 高。

稳定边界层厚度的另一计量方法是积分厚度尺度 H_ξ：

$$H_\xi = \frac{\int_z \xi \mathrm{d}z}{\xi_s} \tag{7.1.2}$$

式中，ξ 是变量，可表示湍流平均量动能 TKE，$\overline{u'w'}$ 等，ξ_s 为地表测量值。这个厚度尺度 H_ξ 即使在稳定边界层没有明确上界的地方也能够应用。令 $\xi=\Delta\bar{\theta}=\bar{\theta}_0-\bar{\theta}(z)$，上式改写为：

$$H_{\Delta\bar{\theta}} = \frac{\int_0^h \Delta\bar{\theta}\mathrm{d}z}{\Delta\bar{\theta}_s} \tag{7.1.3}$$

式中，积分上限 h 表示稳定边界层的厚度。累积冷却量为：

$$\int_0^h \Delta\bar{\theta}\mathrm{d}z = \Delta\bar{\theta}_s \cdot H_{\Delta\bar{\theta}} \tag{7.1.4}$$

结合上式和图 7.3a，可见积分厚度尺度 $H_{\Delta\bar{\theta}}$ 为与位温探空曲线下的面积相等的矩形的高度。

由积分厚度尺度 $H_{\Delta\bar{\theta}}$ 可以定义热交换整体尺度 B：

$$B=\frac{H_{\Delta\bar{\theta}}}{\Delta\bar{\theta}_s} \tag{7.1.5}$$

可见，当稳定边界层比较深厚且表面冷却较小时，对应较大的 B 值；而稳定边界层比较浅薄且表面冷却较大时，对应较小的 B 值（图 7.3b）。它反映了外力对稳定边界层的整体影响，典型范围是 3 m/K（弱湍流）～15 m/K（强湍流）。

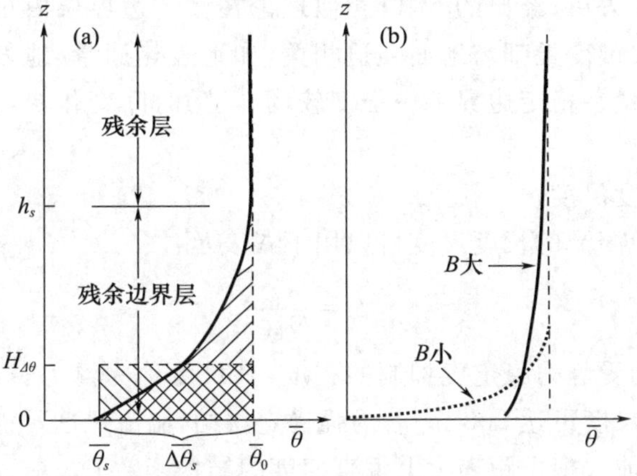

图 7.3　稳定边界层强度和厚度的定义（Stull，1991）

7.1.3　稳定边界层的湍流特征

（1）湍流的分类

稳定边界层中可存在各种湍流。某些情形下，可出现强湍流，且无间歇地分布在整个稳定边界层中;某些情形下,湍流是弱的、间歇的、不规则的。无论哪种湍流,经过长时间平均后,其平均湍流通量都可以在稳定边界层内起作用,即湍流输送作用可遍及整层。

稳定边界层中的湍流通常只能靠风切变产生。地表摩擦作用可在近地面产生风切变;地转风速随高度的变化也能在上部产生风切变;低空急流形成后,在急流轴上下方均产生强风切变。除此之外,地形强迫作用与波动作用也能产生风切变。风切变的大小、持续时间与湍流强度、生命史密切相关。

(2)湍流的时间尺度

前人研究结果表明,湍流对整个稳定边界层影响的时间尺度大约是:

$$\tau_{\mathrm{R}}=100\,\frac{h}{u_*} \tag{7.1.6}$$

式中,τ_{R} 表征地表强迫作用通过湍流传递到整个稳定边界层所需时间;u_* 与 h 表征湍流强度及稳定边界层高度。将 u_* 与 h 的典型观测值带入上式,可以发现 τ_{R} 的计算结果通常为 7～30 h。在弱湍流情况下,地表强迫作用要很长一段时间以后才能传输到边界层顶。与白天不稳定边界层湍流时间尺度相比(10～15 min),弱湍流稳定边界层与地表强迫力作用通常处于非关联状态,即稳定边界层力图对地面强迫做出快速反应,但它总是要落后好长时间。例如,在典型中纬度地区,夜间时长为 12 h,在长夜结束和夜间边界层消散之前,弱湍流稳定边界层可能还未达到完全混合状态。

从另一个角度去讲,经典的 M-O 相似理论在稳定边界层内很难适用,因为方程中所涉及的一些关键变量都与地面强迫相关,如地表热通量、地表粗糙度、地表湍流强度等,而且这些量在稳定边界层中强度较弱,且随时间变化快,很难准确测量及统计计算。

(3)湍流的长度尺度

稳定边界层中湍流的长度尺度可以用下式表示:

$$l_{\mathrm{B}}=\frac{\sigma_w}{N_{\mathrm{BV}}} \tag{7.1.7}$$

上式表征垂直运动受静力稳定度抑制的程度,其尺度称为浮力长度尺度。当层结稳定性较弱时,湍流尺度可达 200 m;若为强稳定层结,湍流尺度可能小于 1 m。

在此基础上,前人根据距离 r 上垂直速度的结构函数 $D_{ww}(r)$ 和位温的结构函数 $D_{\theta\theta}(r)$ 定义了一个与 r 相关的湍流长度尺度:

$$l_{\mathrm{SB}}(r)=\frac{D_{ww}(r)}{(g/\theta_{\mathrm{v}})[D_{\theta\theta}(r)]^{1/2}} \tag{7.1.8}$$

对具有强稳定度、弱湍流的稳定边界层来说,此结构长度尺度只有米量级,而对于弱稳定度、强湍流来说,其尺度可达 50～100 m。此结构函数还可以讨论稳定层结条件下湍流的各向异性特征，结果表明大湍涡的垂直尺度与水平尺度之比，会从强稳定层结的 0.1 变化到弱稳定层结 0.5 不等。

（4）湍流的耗散尺度

稳定边界层中湍流的耗散尺度可以用下式表示：

$$l_e = 0.4\frac{\sigma_w^2}{\varepsilon} \tag{7.1.9}$$

其典型取值范围是 10～100 m。

另一个长度尺度，是局地奥布霍夫长度 L，其典型值范围为 0～50 m。当高度增加时它常常趋于零。在强连续湍流情况下，可以根据表面通量值估算奥布霍夫长度。

（5）湍流的连续性特征

在稳定边界层中，不是在全部时间或所有高度上都存在湍流，而且高空湍流与地表强迫有时是互无关联。当稳定边界层中出现间歇性湍流时，湍流消失，促使风切变突然加大，当风切变足够大时又会触发湍流，湍流的爆发导致边界层内热量、动量、物质等进行垂直混合，与此同时会再次使风切变减小，此后，因风切变太弱，湍流不能继续维持，最后消失，稳定边界层又进入一个无湍流期。如此循环往复，湍流又会爆发、消亡、爆发……表现出明显的不连续特征。

（6）层结稳定度特征

夜间边界层的层结稳定特征通常由 Ri 数来判定。图 7.4a 是一个典型稳定边界层的位温和风廓线观测结果；图 7.4b 为 Ri 数垂直分布结构，阴影区是 $Ri<0.5$ 的取值范围，该区域为湍流出现层。但这些湍流层并不固定，会随空间和时间发生快速变化。前人研究结果表明，大 Ri 数的高度通常与边界层急流轴高度相对应，而较小 Ri 数和较强湍流通常分布在急流轴的上下两侧，那里风切变通常较强。

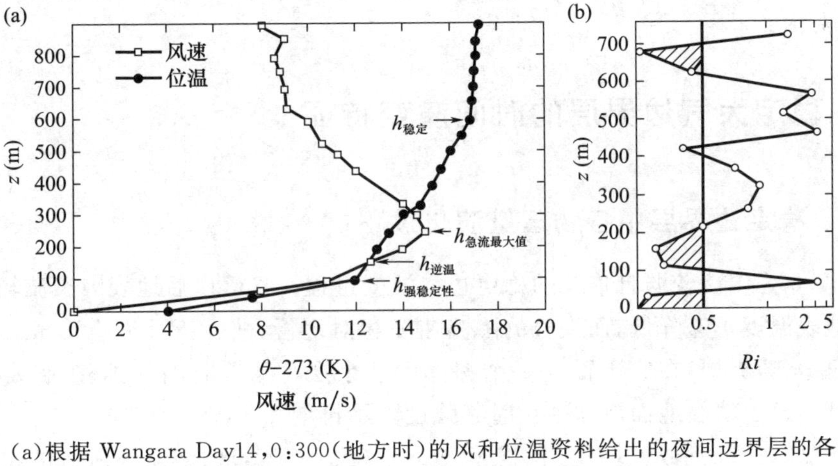

图 7.4　(a)根据 Wangara Day14，0:300(地方时)的风和位温资料给出的夜间边界层的各种厚度；(b)相应的 Ri 数廓线(Mahrt，1985)

Ri 数对位温和风速廓线梯度的变化十分敏感，故在计算稳定边界层的 Ri 数时须特别仔细。此外，还需注意，用总体 Ri 数计算某一厚度层的稳定度时，可能得到一个大值，表征这里为非湍流区，而在相同区域内用高分辨率的梯度 Ri 数进行计算时，却有可能得多个低 Ri 数，表征这个范围内有多个薄层湍流。这也是稳定边界层湍流分层、湍流间歇性的一个具体表现。

稳定边界层的平均特征可归纳为以下几点。

(1)稳定边界层的共同特征是有逆温层，此时浮力不但不能给湍流补充能量，相反，湍流微团在垂直运动中因反抗重力做功而损失能量，所以湍流能量很弱。但因为还有垂直风切变的作用，所以湍流不会完全消失，而是在弱的水平上维持。此时，湍流热交换过程也相对较弱，且与其他热交换过程量级相当，例如辐射过程、平流过程及地形抬升过程等。

(2)理论分析和实验事实均表明，当热浮力对湍流的抑制作用是切应力产生湍流动能作用的1/5时，湍流便会处于一个临界状态，即 $Ri_{\mathrm{f}}=0.2$。此时湍流结构在空间和时间上会出现不连续，形成所谓的间歇性湍流或波与间歇性湍流共存。

(3)因湍流很弱，湍涡尺度小，边界层不同层次之间的相互作用弱，地面强迫对边界层的响应放缓。下垫表面的强制作用达到边界层顶所需的时间尺度可长达数个小时，形成分层式湍流，故边界层往往很难作为整体处理。

(4)各种特征量在边界层顶没有明显的过渡特征，很难确定稳定边界层的顶高。

总之，由于湍流弱，其他的热力学和动力学因子的作用会表现出来，并与湍流相互作用而构成稳定边界层。因此随着热力学和动力学因子的变化，稳定边界层发生相应的变化，增加了稳定边界层研究的复杂性和难度。而且，由于湍流及其他各项因子的量都比较小，使实际观测的精确度受到影响，不易将它们的数值特征从观测误差中分离。

7.2 稳定大气边界层的时间演变特征

7.2.1 稳定边界层中各物理量演化过程

图7.5为湍流较弱且连续的稳定边界演变过程。日落以后地表因长波辐射冷却作用，地表温度迅速降低，而大气的降温速度相对缓慢，故在近地面会形成一个又浅又弱的稳定边界层，在它上面是一个深厚的残余层。随着时间的推移，稳定边界层逐渐变厚，直至清晨地面冷却中止时其强度才不再增加。

在这样典型的稳定边界层中，累积冷却量($\Delta\bar{\theta}_{\mathrm{s}}\cdot H_{\Delta\bar{\theta}}$)的演变与所有的供热项有关，且保持一个平衡状态，故可写成下式：

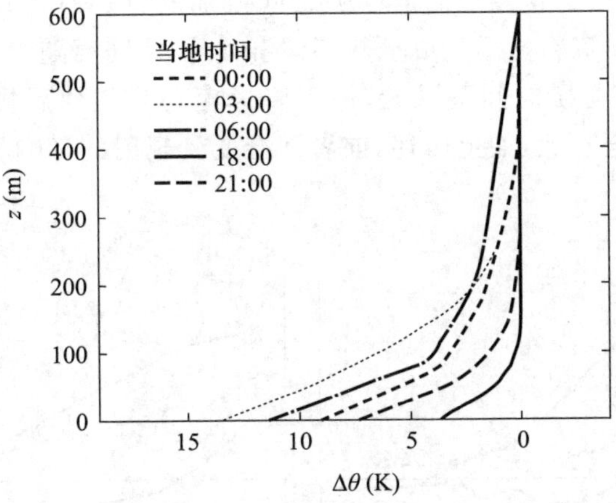

图 7.5　Wangara 第 6—7 夜间稳定层演变(Stull,1983)

$$\frac{-\partial(\Delta\bar{\theta}_s \cdot H_{\Delta\bar{\theta}})}{\partial t} = Q_H + Q_R + Q_W + Q_A = Q_T \tag{7.2.1}$$

式中,Q_H,Q_R,Q_W 和 Q_A 分别为湍流热通量项、辐射热通量项、整层下沉或抬升引起的增温降温项、冷暖平流项。如果四项热通量的量值相当,且 Q_T 维持定常,由式(7.1.4)和式(7.1.6)可求得厚度尺度和冷却量为:

$$H_{\Delta\bar{\theta}} = (-Q_T t B)^{\frac{1}{2}} \tag{7.2.2}$$

$$\Delta\bar{\theta}_s = \left(-\frac{Q_T t}{B}\right)^{\frac{1}{2}} \tag{7.2.3}$$

式中,B 值与地转风 G 及上风向平均的宏观起伏度 Z_δ 有关:

$$B = \frac{(|fG|Z_\delta)^{3/2}}{(-gQ_H)} \tag{7.2.4}$$

式(7.2.2)与式(7.2.3)两式表明,稳定边界层厚度和强度是随时间平方根增加,如图 7.6 所示。大量观测结果也证实了这一特征。

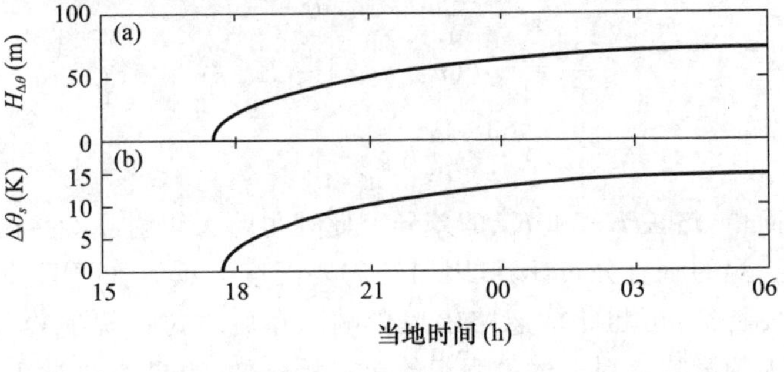

图 7.6　Wangara 第 6—7 夜间的(a)逆温厚度尺度;(b)逆温强度演变(Stull,1983)

由图 7.6 可见，虽然逆温层高度是随时间增加的，但其增加速度是逐渐变慢的。图 7.7 为 Minnesota 资料显示的 u_*、热通量和 1 m 处气温随时间的变化，可以看到气温、u_* 和热通量都是随时间下降的，但下降速度均是先快后慢。逆温层高度与湍流层高度通常不完全一致，如上所述，前者还会受到辐射的影响。

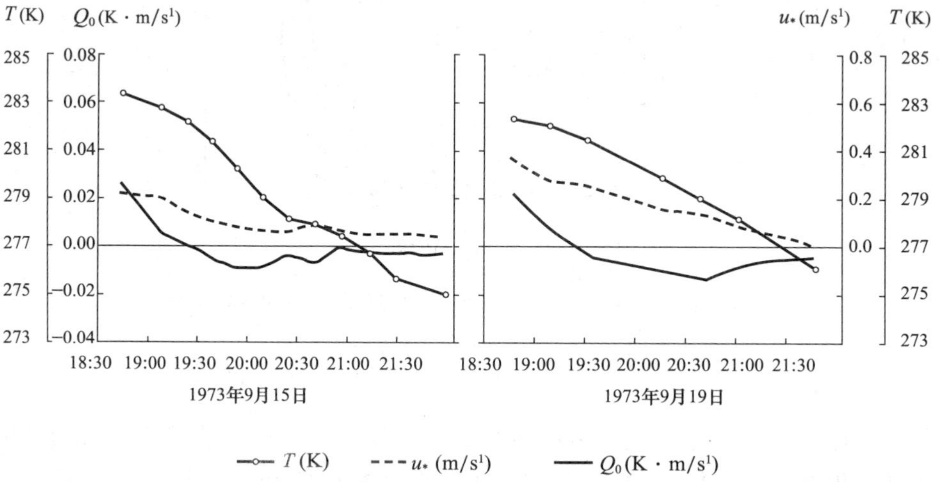

图 7.7　夜间边界层起始阶段地面物理量的变化(赵鸣,2006)

与此同时，风场也相应发生变化，即逐渐在边界层内的某高度上出现风速极值区，边界层低空急流。风速最大高度和湍流层高度则随时间变小或随时间变化缓慢。

7.2.2　稳定大气边界层演变的模拟结果

数值模拟是研究稳定边界层结构演化最有效的手段之一。本节将通过一个简单 K 闭合模式来讨论各变量的演变过程。模式的一维边界层方程组表达式如下：

$$\frac{\partial u}{\partial t}=f(v-v_g)+\frac{\partial}{\partial z}K_m\frac{\partial u}{\partial z} \tag{7.2.5}$$

$$\frac{\partial v}{\partial t}=-f(u-u_g)+\frac{\partial}{\partial z}K_m\frac{\partial v}{\partial z} \tag{7.2.6}$$

$$\frac{\partial \theta}{\partial t}=\frac{\partial}{\partial z}K_h\frac{\partial \theta}{\partial z}+Q_R \tag{7.2.7}$$

为了计算简单，略去 K_m 和 K_h 的差异。此处也略去辐射项 Q_R，辐射项的计算很复杂，需要从温、湿的垂直分布计算，因而还需要湿度方程。如果只关注夜间稳定边界层演变的主要特征，可粗略的忽略辐射影响。在后文讨论辐射冷却形成逆温时，会详细讨论这项的影响。对上述方程组给定初始条件、边界条件即可求解。

初始条件可取 $t=0$ 时大气为中性，此时 u,v 可由定常条件下的解求出。在上边

界 $z=1.5$ km 处：

$$u=G, v=0, \theta=\theta_i$$

式中，G 为地转风，可设为常量；θ_i 为初始位温。

在下边界 $z=0$ m 处：

$$u=v=0$$

地面 θ 可取已知函数，例如按下式冷却：

$$\theta(t)=\theta_i-\frac{2}{3}\theta_s(3ft+1)^{\frac{1}{2}}+\frac{2}{3}\theta_s$$

式中，θ_s 是与冷却速率有关的量，可证明 $t=0$ 时，冷却速率即为 $\theta_s f$。在此基础上可得到不同时刻的位温廓线，如图7.8所示。由图7.8可见，模拟结果与图7.5有很好的一致性，即入夜后地表冷却强度要明显高于上层气体，在近地层形成一个较浅的稳定层。随着时间的推移，大气稳定性逐渐增加，稳定层高度也越来越明显。

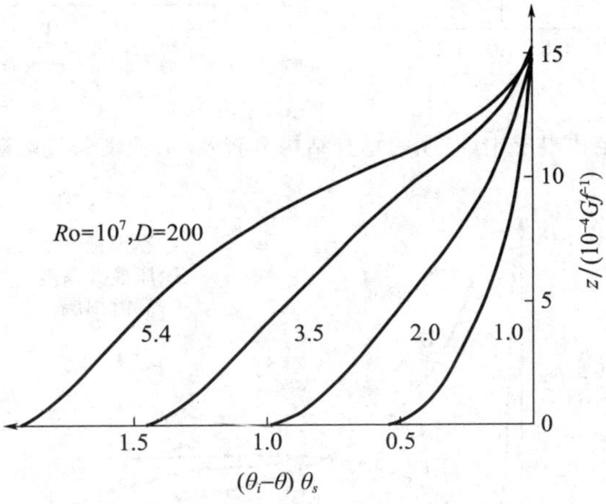

图7.8　夜间逆温过程的模式结果(赵鸣，2006)

(曲线上数值表示开始后的时间，单位：f^{-1})

模式给出的风速分布结果，如图7.9所示。由图7.9a可见，随着稳定层结的发展，风的 u 分量在某高度出现极大值，以后随着时间的推移，此极大值高度逐渐降低。图7.9b为速度矢量端迹，可见随时间的增加，稳定度变大，与地转风的夹角 α 亦变大。

图7.10是逆温层顶(定义为 $\theta=\theta_i-0.05\theta_s$ 的高度)、风速极大值的高度及湍流层顶(定义为 $K=10^{-9}G^2f^{-1}$ 的高度)及奥布霍夫长度 L 的时间变化。可以从图中看到，当逆温层在湍流层内时，逆温层会继续增长，当逆温层到达湍流层外时，便停止增长(此处未计辐射作用，实际上即使没有湍流作用，逆温层还应在辐射的作用下而继续增长)。此外，图中逆温层停止增长时，即 $3f^{-1}$ 时，风速达到最大值，以后就逐渐

减少。一种可能的解释是风极大值的增强来自惯性振荡(详见后文),在风增大期间,风切变增加,Ri 数减少,湍流相对容易使逆温向上增长,至风极大值达最大时为止。此后风减少,湍流受抑,又由于风极大的高度及湍流层高度的降低,逆温层进入湍流区之外,不再发展。虽然此处未考虑辐射对逆温层发展的影响,但图示的几个高度的变化特征与外场观测结果基本一致。

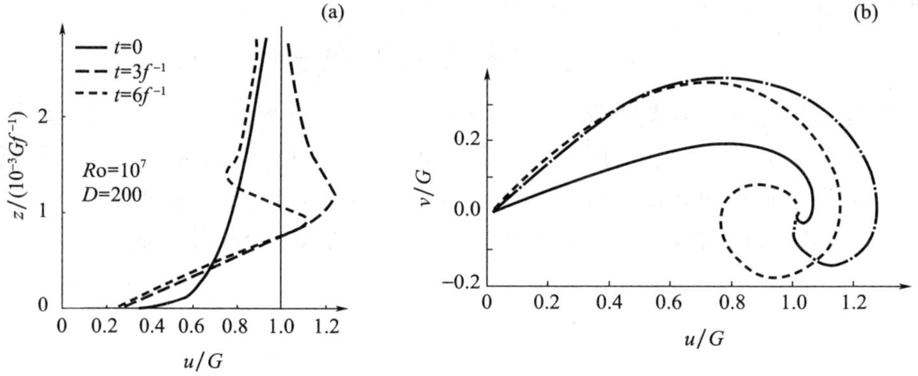

图 7.9 夜间稳定边界层中(a)风的垂直结构分布及(b)速度矢量端迹(赵鸣 等,1991)

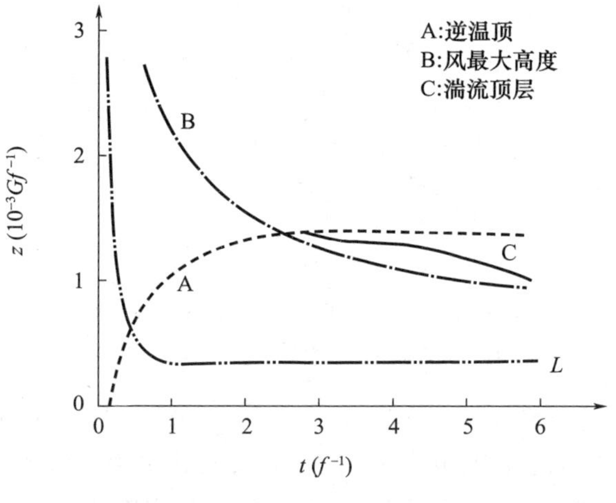

图 7.10 夜间稳定边界层中,逆温层顶、风速最大高度、湍流层顶及 L 随时间的变化图(赵鸣,2006)

模式还可得到湍能方程中各分量的高度分布,如图 7.11 所示是用 Wangara 资料模拟得到的早晨 05 时的湍能各成分的分布,可见以浮力项及切变产生项最重要,耗散项及扩散项均小,且各项均随高度降得很快,这与中性时主要由切变产生项与耗散项相平衡是根本不同的。

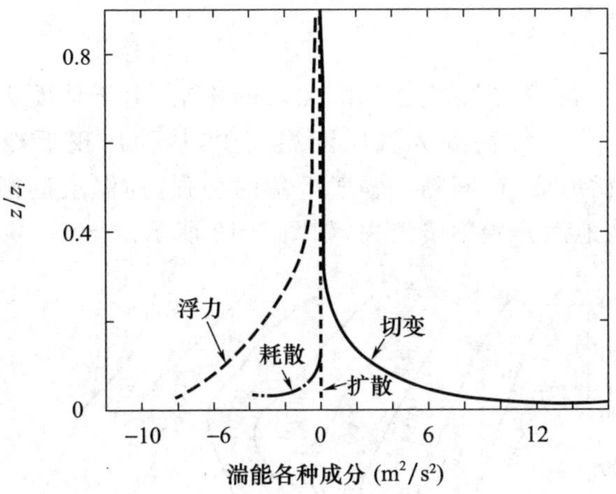

图 7.11　夜间边界层湍能各成分的高度分布，
z_i 为白天混合层的高度(赵鸣,2006)

7.3　逆温层

在对流层中，气温随海拔的升高而降低，大约每升高 100 m 降低 0.65 ℃，但这种气温的梯度变化并非固定不变，有时可能出现温度随高度上升而增高的现象，即 $\partial T/\partial z>0$，这种情形称为逆温层。需要特别说明，逆温层需用温度梯度去判定，而不是用位温梯度，也就是说 $\partial\theta/\partial z>0$ 的只表示该层为静力稳定，但并不一定是逆温层。反过来，当该层是逆温层时，它一定是强稳定层结。

逆温层的形成与发展是稳定边界层中一个非常重要的物理过程，逆温层的强度、厚度及持续时间，会直接影响边界层内湍流的生成及发展过程，也会对其他物理量产生显著影响。因此，有必要对逆温层的形成机制进行简要介绍。

逆温层有多种分类方法，如果按高度可以分为“贴地逆温”和“悬浮逆温”两大类。前者通常发生在 100 m 以下，且与地面相连接，其形成原因又可细分为“辐射逆温”“融雪逆温”和“地形逆温”等，多为热力作用形成。当逆温层悬浮在中空某一高度，称为“悬浮逆温”。它会像“盖子”一样，使悬浮在低层的颗粒物、烟尘、杂质及有害气体很难穿过它向上扩散，致使空气质量下降，能见度恶化，历史上发生的一些著名的大气污染事件多和悬浮逆温密切相关。悬浮逆温同时阻碍了上层物质向下的混合，因此又称为“阻塞层”或“隔板层”。悬浮逆温的形成多为气层的“下沉”或“平流”所导致。

下文将对各种逆温层的形成机制进行归纳介绍。

7.3.1 辐射逆温

近地层的辐射逆温，经常发生在晴朗无云的夜空，由于地面有效长波辐射很强，近地面层气温迅速下降，而高处大气层降温较少，从而出现下冷上暖的逆温现象。在日落后由地面开始形成，夜间随着辐射冷却的加强，逆温层逐渐加厚，黎明前达到最大厚度，日出后从地面开始逐步消失，如图 7.12 所示。

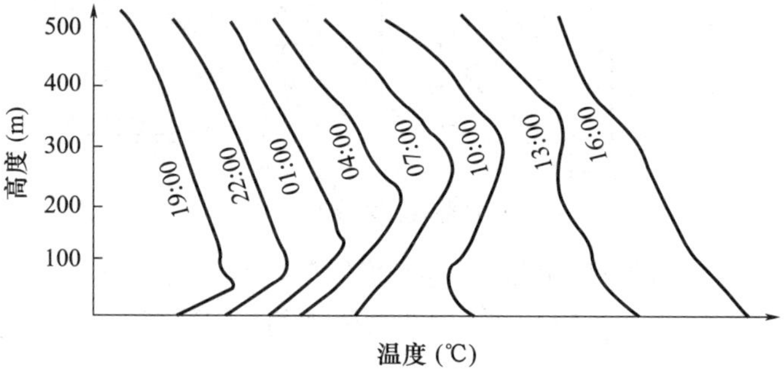

图 7.12 逆温层的发展过程(Stull,1991)

辐射逆温的形成过程可由下列方程解释：

$$Q_{\mathrm{R}}=-\frac{1}{\rho c_p}-\frac{\partial Q_{\mathrm{L}}^{*}}{\partial z}\left(\frac{1000}{p}\right)^{\frac{R}{c_p}} \tag{7.3.1}$$

式(7.3.1)为式(7.2.7)中被忽略的辐射项。对于夜间稳定大气边界层，当它处于未饱和状态时(这是一般情况)，由于没有太阳辐射，所以可以只考虑长波辐射收支 $Q_{\mathrm{L}}^{*}(z)$ 对气温的影响。由于考虑到方程求解的垂直范围较大，计算位温需考虑到气压 p 变化的影响。

边界层中的任意高度上净长波辐射通量包括两部分：一部分是向上的长波辐射 $Q_{\mathrm{L}}^{\uparrow}(z)$，另一部分向下的长波辐射 $Q_{\mathrm{L}}^{\downarrow}(z)$：

$$Q_{\mathrm{L}}^{*}(z)=Q_{\mathrm{L}}^{\uparrow}(z)-Q_{\mathrm{L}}^{\downarrow}(z) \tag{7.3.2}$$

式中，辐射量的计算方案有多种，本章选用一种最为简洁的方案，如图 7.13。

图 7.13 中向下的长波辐射量主要包括两个部分，即 z 高度表面向下发射的长波辐射量，与上层大气向下发射到 z 高度辐射量的和，为：

$$Q_{\mathrm{L}}^{\downarrow}(z)=\int_{z}^{\infty}\sigma T(z'')^{4}\left[\frac{\partial\varepsilon(z'',z)}{\partial z''}\right]\mathrm{d}z''\approx\sum_{j=1}^{\infty}\{\sigma T_j^4[\varepsilon_j(m+\mathrm{d}m)-\varepsilon_j(m)]\} \tag{7.3.3}$$

式中，σ 为斯蒂芬-玻耳兹曼常数(Stefan-Boltzmann constant)，$T(z'')$ 为 z 高度上的气温值，$\varepsilon(z'',z)$ 为 z'' 和 z 之间吸收物质的发射率。

向上的长波辐射量略微复杂，主要包括四个部分，即 z 高度表面向上发射的辐射量，下层大气向上发射到达 z 高度的辐射量，地表向上发射到达 z 高度的辐射量，向下长波辐射量被地表反射到 z 高度的辐射量，见式(7.3.4)。

$$Q_L^{\uparrow}(z)=\int_z^0 \sigma T(z'')^4\left[\frac{\partial \varepsilon(z'',z)}{\partial z''}\right]dz''+[Q_{L0}^{\uparrow}-(1-\varepsilon_s)Q_{L0}^{\downarrow}][1-\varepsilon(z,0)]$$
$$\approx \sum_{i=1}^{k}-\{\sigma T_i^4[\varepsilon_i(m+dm)-\varepsilon_i(m)]\}+$$
$$[Q_{L0}^{\uparrow}-(1-\varepsilon_s)Q_{L0}^{\downarrow}][1-\varepsilon(m_k)] \tag{7.3.4}$$

式中，$Q_{L0}^{\uparrow}$ 为地表向上发射的辐射量，$Q_{L0}^{\downarrow}$ 为上层大气向下到达地表的辐射量，ε_s 为地表的发射率，$\varepsilon(m_k)=\varepsilon(z,0)$ 表征地表与 z 高度间大气的有效发射率。

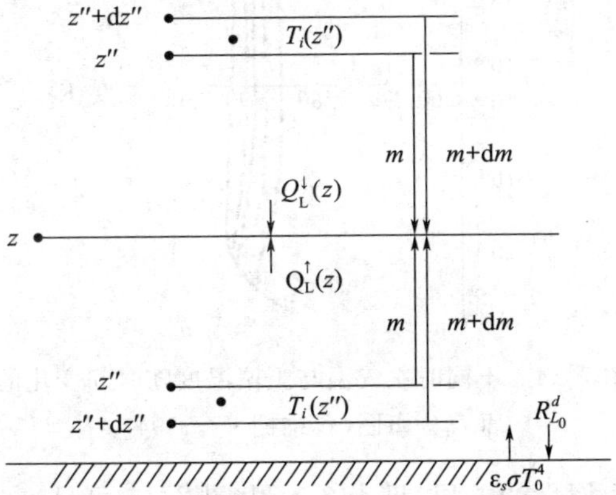

图 7.13　任意高度处长波辐射通量的计算(Garrat，1992)

如果再加上土壤的热量平衡方程及边界条件，即可用数值方法求解夜间的辐射冷却过程：

$$-Q_{L0}^{*}+c_p\rho K_h\frac{\partial \theta}{\partial z}-\rho_s c_s a^2\frac{\partial T_e}{\partial z}=0 \qquad \text{当 } z=0$$
$$\theta=T_e \qquad \text{当 } z=0$$
$$\theta=\text{常数} \qquad \text{当 } z=\infty$$
$$T_e=\text{常数} \qquad \text{当 } z=-\infty$$
$$u=v=0 \qquad \text{当 } z=z_0$$
$$u=u_g,v=v_g=0 \qquad \text{当 } z=\infty$$

式中，Q_{L0}^{*} 为地表接收到的净长波辐射；ρ_s 为土壤密度；c_s 为土壤热容量；a^2 为土壤热扩散系数；T_e 为土壤温度。

图 7.14 即为日落后，不同时次气温与地温随时间变化的垂直分布图，同时也是逆温随时间的演变图。除了逆温的变化特征之外，还可以发现图中 800 m 以上及土壤中 1 m 以下的温度几乎不随时间变化。也就是说方程(7.2.7)中辐射项 Q_R 相对

较小，即使考虑 Q_R 的影响时，最多使总冷却率增加 20%，而且通常还不到这一数值，因此在很多工作中忽略辐射项的作用。

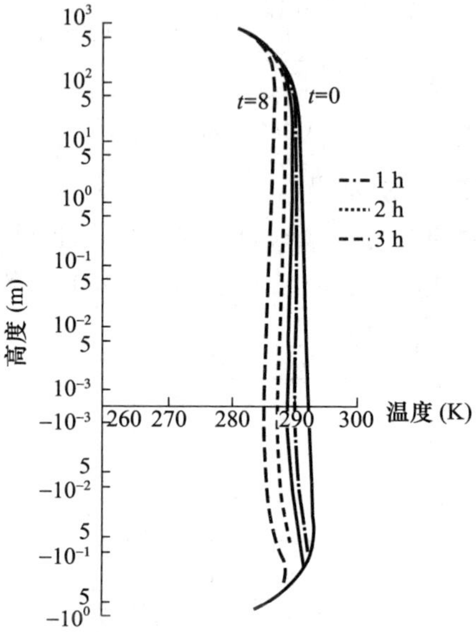

图 7.14　不同时次气温与土壤温度随时间变化的垂直分布图(蒋维楣 等，1994)

如果考虑土壤热力属性的差异，见表 7.1，由图 7.15 可见，在地面温度随时间冷却过程中，所有下垫面在开始时段降温速率都很快，以后逐渐平缓，这一特征符合观测事实。但在后期差异较大，其中岩土降温最慢，石英砂最快，相应的逆温也是石英砂上最强，岩土上最弱。这是由于石英砂导温系数小，热容量也不大，热传导系数小所致。腐殖土和砂土则介于二者之间。有关下垫面对大气边界层的影响将在第 9 章详细讨论。

表 7.1　不同土壤热力属性参数统计表

土壤类型	密度(g/cm³)	热容量(4.186 J/(g·℃))	导热系数(cm²/s)	发射率
岩石	2.60	0.20	0.021	0.84～0.92
石英砂	1.65	0.19	0.0020	0.75～0.93
砂土(含 15%水分)	1.78	0.33	0.0037	0.72～0.90
腐殖土(humus)	1.30	0.44	0.0050	0.73～0.97

通常条件下，逆温层的垂直厚度从几十米到几百米不等，其上下界温度差一般只有几摄氏度，很少能够达到 10～15 ℃。这种逆温在中高纬地区大陆上都能发生，特别是在沙漠地区经常出现。

辐射逆温的形成需要在晴朗(或少云)且小风的夜晚。如果云量较多，云层能减弱地面有效辐射，地面冷却作用弱，不利于逆温的形成。风速较大时，大气垂直混合作用较强,地表温度与上层气温不易拉开,也不利于逆温的形成。但在无风时,地表冷却作用很难扩展到较高的气层中,不利于逆温的加厚。只有在风速适当时,才能使逆温层既有相当的厚度而又不至于因湍流混合作用而遭到破坏。

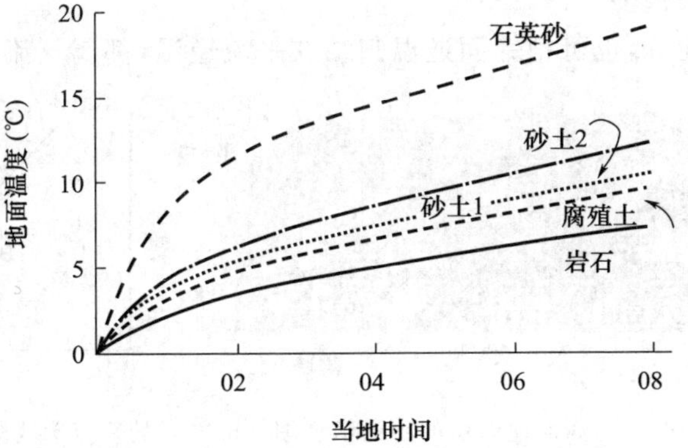

图 7.15　不同热力属性的地表温度随时间变化图

此外,夜间云层顶部的辐射冷却作用也比其上层空气强,所以,在较厚云层上部也可形成辐射逆温层,但这种逆温通常厚度不大,强度较小。

7.3.2　平流逆温

冷、暖空气的平行移动是形成平流逆温的主要原因。其具体表现为暖空气水平移动到冷的地面或气层上形成逆温层;冷空气水平移动到暖气层下同样也能形成逆温层。

冬季,在中纬度的沿海地区,因海陆温差甚大,当海上暖湿空气流到大陆上时,常出现较强的暖平流逆温。暖平流逆温的形成也是由地面开始逐渐向上扩展的,其强弱由暖空气和冷地面间温差的大小决定,温差越大,逆温越强。单纯的平流逆温没有明显的日变化,它可以在一天中的任何时刻出现,有的还可以持续好几个昼夜。这种逆温常伴随着平流雾的形成。与辐射逆温不同,出现平流逆温时,不但不要求晴朗少云,而且风速也可较大。

在中高纬度地区,还会出现暖空气流经冰雪表面的过程。当下垫面产生融冰、融雪现象时,会吸收暖空气下层的一部分热量,上层受影响较少,降温较慢,从而使得平流逆温得到加强,这种逆温又称为"雪面逆温"。

7.3.3　锋面逆温

锋面逆温是由于锋面上下冷暖空气的温度差异而形成的逆温层,且随锋面呈倾斜状态。见图 7.16。无论冷锋还是暖锋,较暖空气总是在冷空气上层,所以只有在冷空气区能观测到逆温。锋面逆温层通常为悬浮逆温，其距地高度与观测点相对于锋线的位置有关，距地面锋线越近，逆温层的高度越低，反之越高。锋面上暖气团中的温度露点差一般比锋面下冷气团中的要小些，当锋面上有凝结现象时，逆温层以上的温度露点差可以为零。此外，由于锋面在移动，故多数锋面逆温层的移动速率也比其他逆温层快很多。

如果粗略地划分，也可把锋面逆温归结在平流逆温，都属气流移动所致。

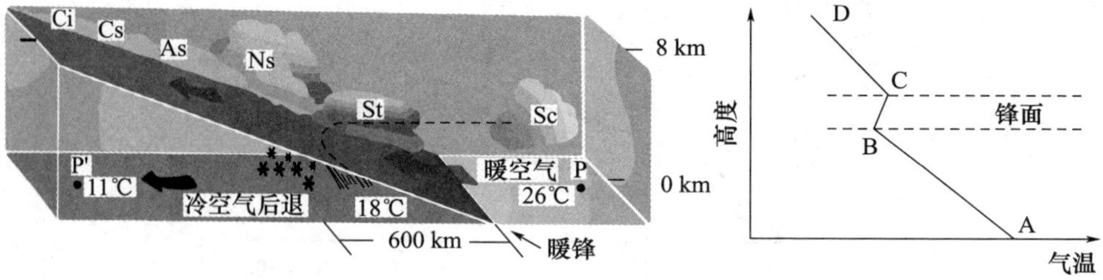

图 7.16 (a)锋面逆温层的结构示意图；(b)气温的垂直廓线分布图

7.3.4 地形逆温

地形逆温是由地形影响造成的，主要发生在盆地和谷地中。由于夜间山坡上的空气冷却很快，于是冷空气顺坡下沉到谷底，谷底原来的较暖空气被冷空气抬升，出现下冷上暖的逆温现象，见图 7.17。如新疆的天山北坡从 12 月至翌年 2 月在近地层会存在一层深厚的逆温层，它的形成主要是由于冷空气受阻积累，在形成的“冷池”上有较暖的空气层。天山北坡的逆温层厚度至少有 1500 m，在南坡只有 700 m。这种冬季逆温层在青藏高原东部和北部边缘是普遍存在的。

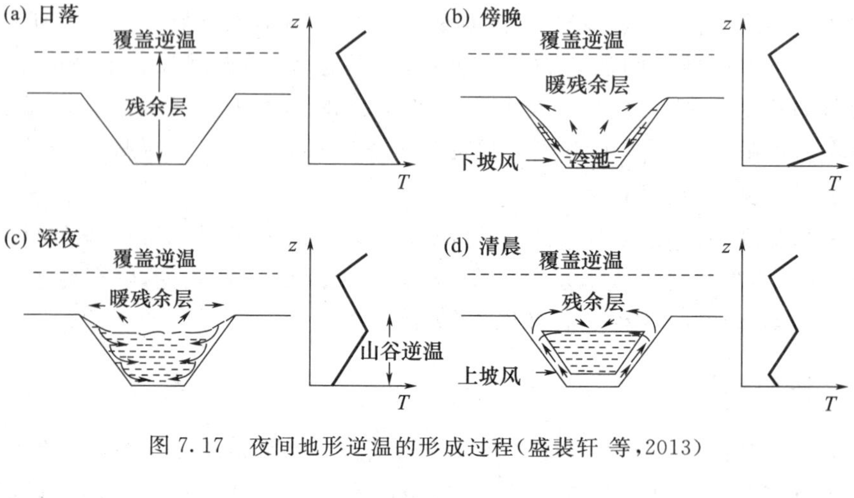

图 7.17 夜间地形逆温的形成过程(盛裴轩 等，2013)

7.3.5 下沉逆温

下沉逆温是由于稳定气层整层下降增温而形成的逆温层。这一现象通常在高压控制区，其特点是范围广、厚度大、不接地。形成下沉逆温层的有利天气条件是，冷高压或副热带高压控制下的晴好天气，高压中心附近有持久而强盛的下沉运动。下沉逆温出现在距地面 1～2 km 以上的气层中，厚度可达数百米。这种逆温层有时像盖子一样阻止了向上的湍流扩散，如果延续时间较长，对污染物的扩散会造成很不利的影响。

下面就未饱和气层下沉增温过程进行简要分析。假设气层在垂直运动过程中是绝热的，总质量保持不变，无湍流混合作用，且气层内各部分的相对位置不变。若气层从压强 p_1 处垂直下降到 p_2 处，垂直移动前后的气层厚度、面积、密度分别以 Δz_1、A_1、r_1 及 Δz_2、A_2、r_2 表示。由于气层在升降过程中总质量不变，所以有：

$$\rho_1 A_1 \Delta z_1 = \rho_2 A_2 \Delta z_2$$

利用状态方程对上式进行变形，可得：

$$\frac{\Delta z_1}{\Delta z_2} = \frac{\rho_2 A_2}{\rho_1 A_1} = \frac{p_2 A_2 T_1}{p_1 A_1 T_2} \tag{7.3.5}$$

若气层下界位温为 θ，则上界位温可写成 $\theta + \frac{\partial \theta}{\partial z_1}\Delta z_1$。在绝热下沉过程中，位温及上下界位温差不变，有：

$$\frac{\partial \theta}{\partial z_1}\Delta z_1 = \frac{\partial \theta}{\partial z_2}\Delta z_2$$

将式(7.3.5)的代入上式，得：

$$\frac{\partial \theta}{\partial z_2} = \frac{\partial \theta}{\partial z_1}\frac{p_2 A_2 T_1}{p_1 A_1 T_2} \tag{7.3.6}$$

由于$\frac{\partial \theta}{\partial z} = \frac{\theta}{T}(\gamma_d - \gamma)$，可以导出垂直升降后气层的虚温递减率 γ_2 为：

$$\gamma_2 = \gamma_1 + (\gamma_d - \gamma_1)\left(1 - \frac{p_2 A_2}{p_1 A_1}\right) \tag{7.3.7}$$

式中，γ_1 是气层初始时的垂直减温率。

对于实际高层大气，通常为 $\gamma_1 < \gamma_d$ 的未饱和的稳定气层，如果气层整层下降，并伴随水平辐散，则有 $p_2 A_2 > p_1 A_1$，那么 $\gamma_2 < \gamma_1$。也就是说气层下降后会变得更加稳定，如图 7.18 所示。从图中可更直观地解释这一现象，其实质就是气层上界、下界都是沿干绝热递减率下降的，但气层上界的下降距离大于气层下界，因而上界的增温幅度大于下界，若上下界下降距离差进一步加大，就会出现逆温层。

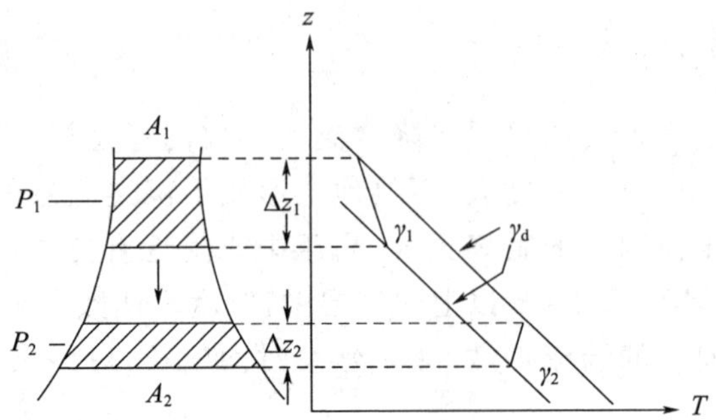

图 7.18　下沉逆温层的成因(盛裴轩 等,2013)

综上对逆温层的形成机制总结如表 7.2。

表 7.2　逆温层形成条件总结

逆温类型	发生的条件	主要出现的地区
辐射逆温	由于地面的强烈辐射冷却而形成的逆温,称为辐射逆温。在晴朗无云或少云的夜间,地面很快辐射冷却,贴近地面的气层也随之降温。由于空气愈靠近地面,受地表的影响愈大,所以,离地面愈近,降温愈快,离地面愈远,降温愈慢,因而形成了自地面开始的逆温。	中高纬度 黎明前最强
平流逆温	暖空气水平移动到冷的地面上或冷的水面上,会发生接触冷却作用。愈接近地面的空气降温愈多,而上层空气受冷地表的影响小,降温较少,于是产生逆温现象,这种因空气的平流而产生的逆温,称为平流逆温。	中纬度沿海地区
锋面逆温	锋面过境易出现逆温。冷、暖气团相遇时,较轻的暖空气爬升到冷空气上方,在界面附近也会出现逆温,称之为锋面逆温。	
地形逆温	主要由地形造成。由于山坡散热快,谷地暖空气上升,冷空气沿山坡下沉到谷底,谷底原来较热的空气被冷空气抬挤而出现温度倒置现象,又称为地形逆温。	盆地和谷地中
下沉逆温	主要由气块下沉造成。由于高层未饱和空气下沉增温所致	高压系统控制下

7.4　大气边界层低空急流

边界层低空急流(boundary layer low level jet)是指在低空数百米至 1 km 高度上出现的风速特大区域,其风速垂直廓线呈鼻状结构,风速最大值会超过 10～20 m/s以上,如图 7.19 所示。图中 Z_{max} 为急流轴高度,Z_{min} 为急流结束位置,ΔZ_{jet} 为急流厚度,V_{max} 为急流最大风速,V_{min} 为急流最小风速,V_{geo} 为地转风速,ΔV_{geo} 为急流最大风速与地转风速的差,ΔV_{jet} 为急流风速的差。

边界层低空急流是一个重要的边界层物理过程，多在夜间稳定边界层中发生，因此，也被称为夜间急流。由于急流轴上下侧存在强烈垂直风切变，会导致湍流变化，进而影响边界层内能量、物质交换及大气稳定度。急流的水平范围通常可达数百千米宽，数千千米长，在某些情况下，急流的形成、发展会为降水过程提供丰沛水汽条件及不稳定能量，从而促进强降水事件的发生。大量研究结果表明，边界层低空急流还能调节城市热岛效应，影响污染物的扩散能力，而且与风能资源开发、飞行安全、森林火灾、沙尘暴等诸多现象有密切关系。

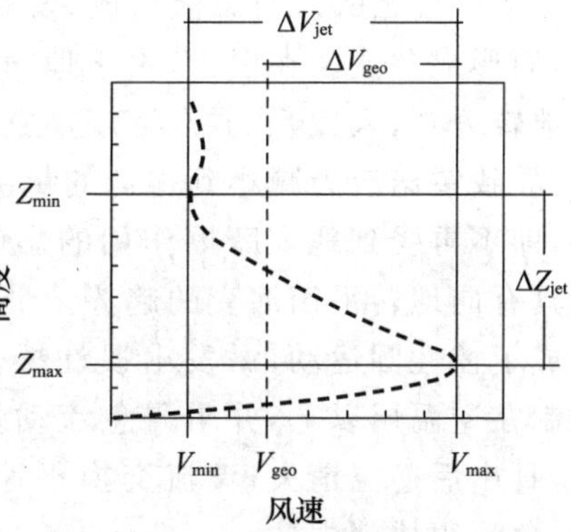

图 7.19　边界层低空急流的典型结构（Kallistratova et al.，2009）

7.4.1　惯性振荡理论

边界层低空急流的成因有很多，常见的有：(1)惯性振荡；(2)热成风；(3)急行冷锋过境；(4)过山气流；(5)天气尺度的斜压性；(6)地形斜压性；(7)海陆风、山谷风等。这些理论都能解释一些现象，但实际急流的形成更多的是几种成因的叠加。

此处将讨论与稳定大气边界层演变关系最为密切的惯性振荡理论。该理论认为，急流的发展过程与逆温的生消有密切关系。当逆温层发展到一定程度之后，急流才能发生，逆温高度与急流高度常较接近。图 7.20 为一次低空急流的生成、演变的过程。夜间 02 时急流高度较低，强度也较小，05 时急流达到最强，日出后急流开始逐渐消亡，至夜间 20 时急流又开始出现并增强。与此同时，在温度廓线上，急流出现时刻也伴随了逆温的存在。

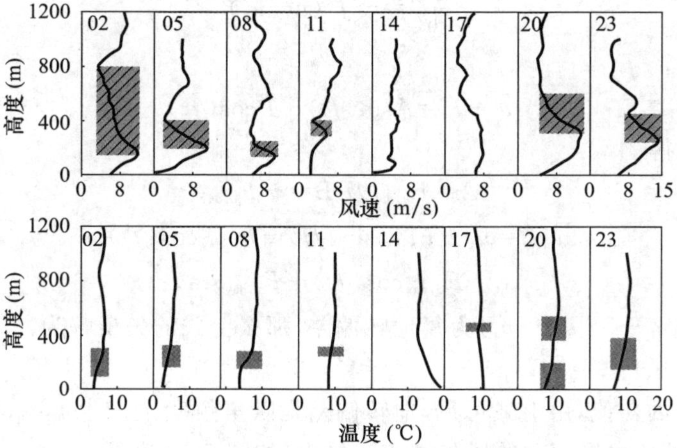

图 7.20　边界层低空急流生成和演变过程及逆温的伴随

逆温层之所以与急流形成、发展密切相关，是因为逆温层抑制低层大气湍流运动，而形成急流。在白天，由于地面摩擦作用较强，混合层内的风矢量保持较强的次地转分布；入夜后，层结稳定，逆温层的出现与发展迫使大气湍流运动迅速减弱，导致雷诺应力减小到很低的量级。逆温层以上的水平风在残余层内与地表解耦，即不再受到地表摩擦作用的影响，因此在白天处于次地转状态下的水平风场便具有向地转平衡演变的趋势。最后在科里奥利力与惯性离心力的共同作用下便形成了惯性圆运动，激发出惯性振荡。另一方面，逆温层内弱湍流也使惯性振荡限制在逆温层以上，并阻碍急流动量的迅速下传，使急流尽量维持在逆温顶高度上，日出后逆温消失，湍流交换迅速增加，惯性振荡消失，急流动量也很快向下输送，急流很快消失。

利用平均运动方程(7.4.1)和(7.4.2)可对上述过程进行分析。为了简化，选择坐标系统使 $\overline{v}_g=0$，有：

$$\frac{\mathrm{d}\overline{u}}{\mathrm{d}t}=\overline{fv}-fF_u \tag{7.4.1}$$

$$\frac{\mathrm{d}\overline{v}}{\mathrm{d}t}=f(u_g-\overline{u})-fF_v \tag{7.4.2}$$

式中

$$fF_u=\frac{\partial\overline{u'w'}}{\partial z};\qquad fF_v=\frac{\partial\overline{v'w'}}{\partial z}$$

以白天的风场作为初始条件，在定常假设下从上述方程组解出初始风场：

$$\overline{u}_{\mathrm{day}}=u_g-F_{v,\mathrm{day}}$$

$$\overline{v}_{\mathrm{day}}=F_{u,\mathrm{day}}$$

入夜后，从方程撤除雷诺应力的项 F_u 和 F_v，由上述方程组可得：

$$\frac{\mathrm{d}^2\overline{u}}{\mathrm{d}t^2}=-f^2(\overline{u}-u_g) \tag{7.4.3}$$

上式的通解为：

$$\overline{u}-u_g=A\sin(ft)+B\cos(ft) \tag{7.4.4}$$

代入初条件可得

$$A=F_{u,\mathrm{day}}\text{及 }B=-F_{v,\mathrm{day}}$$

$$\overline{u}_{\mathrm{night}}=u_g+F_{u,\mathrm{day}}\sin(ft)-F_{v,\mathrm{day}}\cos(ft) \tag{7.4.5a}$$

$$\overline{v}_{\mathrm{night}}=F_{u,\mathrm{day}}\cos(ft)+F_{v,\mathrm{day}}\sin(ft) \tag{7.4.5b}$$

令 $V_d=\overline{u}_{\mathrm{night}}-u_g+\mathrm{i}(\overline{v}_{\mathrm{night}}-v_g)$ 为复地转偏差，那么上式的矢量解为：

$$\mathbf{V}_d=\mathbf{V}_{d0}\mathrm{e}^{-\mathrm{i}/ft} \tag{7.4.6}$$

式中，$\mathbf{V}_{d0}$ 为 $\mathbf{V}_d$ 的初值，由上式可见，地转偏差是以角频率 f 产生振荡，对某一高度而言，这一变化可从水平面上的风矢端迹图看出，如图 7.21 所示。

图 7.21a 中 $\boldsymbol{V}_0$,$\boldsymbol{V}_{d0}$ 为入夜时的风矢量和地转偏差。随着时间的推移风矢量 $\boldsymbol{V}$ 将逐渐增加,且以顺时针方向旋转。地转偏差 $\boldsymbol{V}_d$ 的端点可画出一圆,称为惯性圆。当 $\boldsymbol{V}_d$ 的方向转到与地转风 G 一致时,风速 V 将达最大。如果起始时刻的地转偏差越大,那么后期超地转的量值也将越大。此外,根据公式还可算出振荡周期($2\pi/f$)及最大风速出现的时刻。由于振荡周期与地理纬度相关,故 f 越小周期越长,这也解释了前面讲的急流时间与地理纬度的关系。

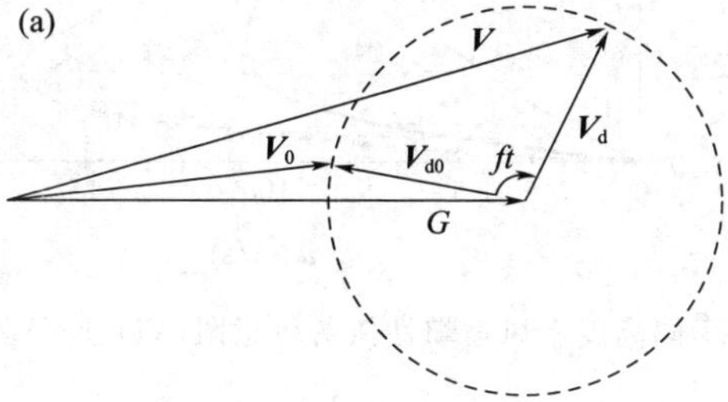

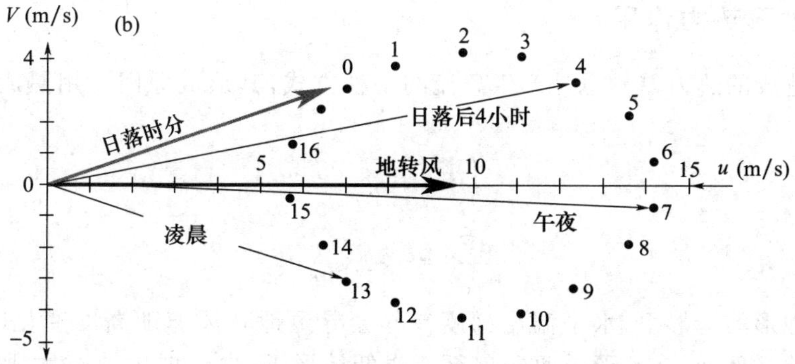

图 7.21　(a)惯性振荡示意图,及(b)实际风演变过程(Stull,1991)

图 7.21b 给出一个计算实例。设 $F_u = F_v = 3$ m/s,$f = 10^{-4}\,s^{-1}$,$u_g = 10$ m/s。其振荡周期约为 17 h,最大时可超出地转风速达 4～5 m/s,时间在午夜时分。午夜过后风矢量呈现明显的超地转,由低压吹向高压区。

图 7.22,给出了不同高度上风速惯性振荡廓线。左边虚线为白天不稳定边界层结束时的风廓线,此时的风速还是随高度增加而增加。随着夜间稳定层的增强及加厚,湍流摩擦效应撤除,不同高度上的风速都沿地转风所进行的惯性振荡运动,即沿惯性圆做圆周运动,从而导致不同高度上风速大小不一的现象。图 7.22 中点线即为低空急流最强时刻的风速垂直廓线。简单地讲就是,湍流摩擦力消失后,低层的加速作用明显,高层略小,因此在某高度上出现了风速的极大值,就出现了风速廓线的鼻状结构。

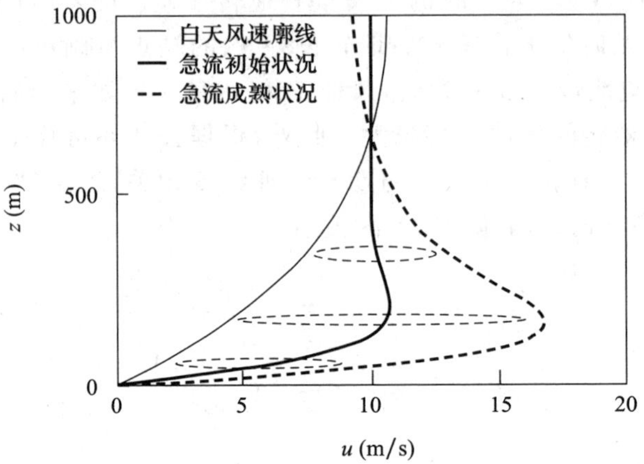

图 7.22　不同高度上风速惯性振荡示意图(Van De Wiel 等,2010)

7.4.2　地形热力作用

地形造成的热力差异也是产生急流的一种方式,其形成原因可用热成风关系式解释:

$$\frac{\partial U_g}{\partial z}=-\frac{g}{fT}\frac{\partial T}{\partial y} \tag{7.4.7}$$

$$\frac{\partial V_g}{\partial z}=+\frac{g}{fT}\frac{\partial T}{\partial x} \tag{7.4.8}$$

在有地形的情形下,水平温度梯度差异会导致地转风速随高度变化,地转风向随时间变化。例如,在地形由西向东逐渐降低情形下,白天的山坡在太阳辐射加热下,气温呈西部高东部低的分布($\partial T/\partial x>0$),会产生一个向南的地转风 $V_g>0$。由于东西温度差随高度逐渐递减,那么 V_g 也会随之减小,如图 7.23a,b 所示。图 7.23 中 ***T.W.*** 表示热成风矢量。除近地面(这里摩擦力使实际风速减小到低于地转风)以外,如果实际风速处处都是地转风,那么 7.23b 中的风速廓线就是一个低空急流廓线,而理论上白天和夜间都能出现次地转急流。不过这种情形很少在白天出现,这主要是因为强烈的湍流混合作用会把动量进行上下输送,急流特征不显著。

到夜间,见图 7.23c,d,地面长波辐射使其邻近空气快速冷却,但残余层上部大气不受影响。此时在地形的作用下,不同高度上的温度梯度有所差异,低层温度梯度转变为$\partial T/\partial x<0$,高层仍保持$\partial T/\partial x>0$,故稳定边界层下部的热成风发生反转 $V_g<0$。如果地面是偏南地转风,在高低层风向不一致的情形下就会在低层合成一个明显夜间急流。

除此之外,其他强迫作用也能产生与斜压性有关的热成风,如天气尺度温度梯度、中尺度海陆温度梯度和穿过锋面的温度梯度等。总的来说，低空急流的成因可能不止一种，而且实际大气远非模式所代表的理想状态，各种不同的物理过程都可能导致低空急流的产生。

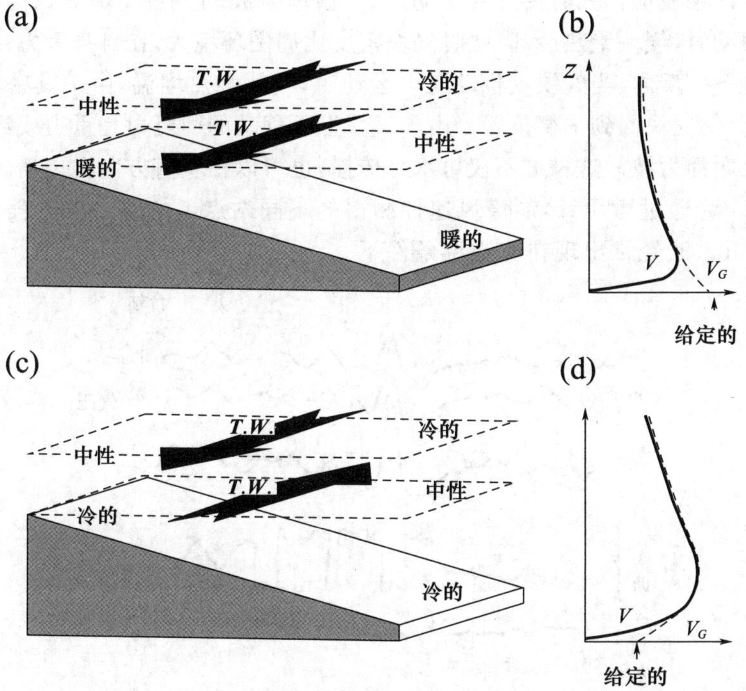

图 7.23　在倾斜地形上由热成风强迫作用引起的低空急流的日振荡(Stull,1991)

7.5　重力波

波动是所有物理现象的最基本特征。借助波动过程可使信息在空间上或时间上两点间传播，而介质本身并不移动。波动的发生是由于恢复力和惯性共同作用，其中恢复力倾向于使系统返回它的未扰动状态，而惯性使系统在回到未扰动状态后仍能持续以前的扰动运动。

重力波是众多大气波动中的一种，其恢复力为重力。重力波有两种形式，一种是发生在流体表面上的波称为表面重力波。例如石子投进湖面所引起的水波就是表面重力波。另一种是发生在密度不同的流体内部，称为重力内波。大气中的重力内波和许多中、小尺度的天气过程有关。本节只讨论发生在稳定大气边界层中的两种波动。

7.5.1 稳定边界层中的重力内波

当大气处于层结稳定条件时，密度随高度递减，呈“上轻下重”的金字塔形分布，此时大气不会产生波动。只有受外界扰动后，才会产生波动。当气块受到扰动离开平衡高度向上移动时，气块绝热冷却，此时气块密度比周围环境大，在自身重力作用下，会回复到平衡位置。反之，当气块受扰动向下运动时，气块绝热增温，由于其密度小于周围空气，浮力会使气块回到平衡位置。由于气块上下移动的回复力是重力或浮力，因此把这种波动又叫浮力波。这种波不仅可水平传播，也可以在垂直方向上传播。

图 7.24 为通过微压计，超声风速计测得的不同站点上的重力波过程。大量研究结果表明，重力波经常出现在有逆温条件下。

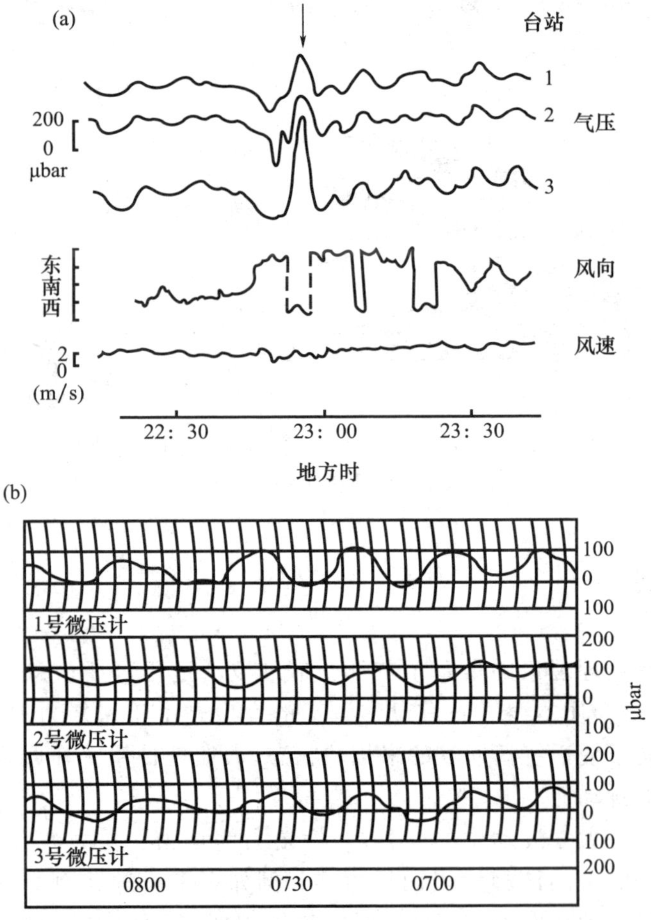

图 7.24　重力波的地面记录(Curry,1974)

(a)大振幅不规则型，箭头右边的振荡是由雷暴引起的重力波；(b)小振幅规则型

(气压单位：μbar＝10^{-4} Pa；气压分别用三个测站及三个微压计记录表示)

稳定边界层中的重力内波可通过气块法做简单解释。气块法的基本假设是气块在运动过程中不干扰周围环境流场，气块本身压力与环境压力始终保持平衡。设想一气块受扰动离开了平衡位置($z=z_0$)在铅直方向的微小位移为 δz，如图 7.25 所示，这时气块在铅直方向运动满足：

$$\frac{\mathrm{d}w}{\mathrm{d}t}=\frac{\mathrm{d}^2}{\mathrm{d}t^2}(\delta z)=-\frac{1}{\rho}\frac{\partial p}{\partial z}-g \tag{7.5.1}$$

如果环境气压满足静力平衡方程，则有：

$$\frac{\partial \bar{p}}{\partial z}=-\bar{\rho}g$$

式中，$\bar{p}$，$\bar{\rho}$ 代表环境的气压和密度。气块压力与环境压力保持平衡，$p=\bar{p}$，故铅直运动方程可改写为：

$$\frac{\mathrm{d}^2}{\mathrm{d}t^2}(\delta z)=g\left(\frac{\bar{\rho}-\rho}{\rho}\right) \tag{7.5.2}$$

根据位温的定义，上式又可改写为：

$$\frac{\mathrm{d}^2}{\mathrm{d}t^2}(\delta z)=g\left(\frac{\bar{\theta}-\theta}{\theta}\right) \tag{7.5.3}$$

式中 $\bar{\theta}$ 为环境位温，设在平衡位置 $z=z_0$ 上，$\theta(z_0)=\bar{\theta}(z_0)$，则在 $z_0+\delta z$ 高度上环境位温为：

$$\bar{\theta}(z_0+\delta z)\approx\bar{\theta}(z_0)+\left(\frac{\mathrm{d}\bar{\theta}}{\mathrm{d}z}\right)\delta z \tag{7.5.4}$$

由于运动是绝热的，气块的位温守恒，因此有：

$$\theta(z_0+\delta z)=\bar{\theta}(z_0)$$

于是方程可改写为：

$$\frac{\mathrm{d}^2}{\mathrm{d}t^2}(\delta z)+N^2\delta z=0 \tag{7.5.5}$$

其中

$$N^2=g\,\frac{\mathrm{d}\ln\bar{\theta}}{\mathrm{d}z}=\frac{g}{\bar{\theta}}\frac{\mathrm{d}\bar{\theta}}{\mathrm{d}z} \tag{7.5.6}$$

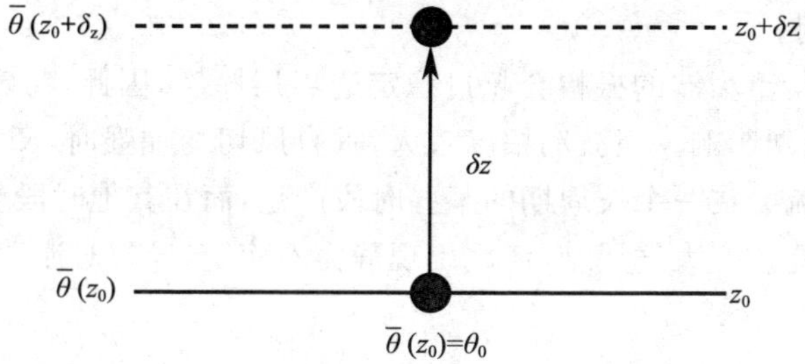

图 7.25　浮力振荡

当层结稳定时 $N^2>0$。设 N^2 为常数，方程(7.5.4)的通解为：

$$\delta z = A e^{iNt} + B e^{-iNt} \tag{7.5.7}$$

可见气块将围绕平衡位置作绝热浮力振荡，振荡的频率为 N，称为布伦特拉-维萨拉频率(Brunt-Vaisala frequency)。振荡的周期 $T=\frac{2\pi}{N}$。

图 7.26 给出 N 随高度的变化，数据取自图 7.5 中地方时 03:00 位温探空资料。因为近地面处在稳定边界层高处有较大稳定度，所以近地面处有较大范围频率的波动。在中性层结的残余层，垂直传播的波是不能维持的，在残余层内它们的振幅随高度衰减。在稳定边界层内向上传播的波最终达到的高度是它们的频率与环境的 N 相等的地方，在这里它们折射返回地面。因此波被陷在地面和上面的中性层之间，最终仅形成水平传播的波和典型的振荡。有研究指出，波的周期变化于从小于 1～40 min 的范围，依稳定度而定。

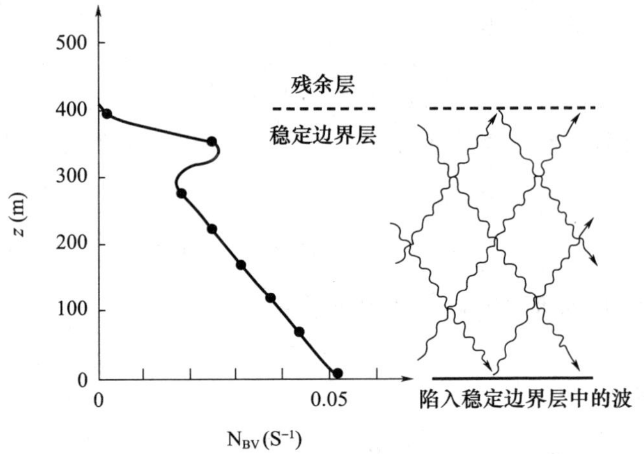

图 7.26　布伦特拉-维萨拉频率随高度的变化和稳定边界层内的波(Stull,1991)

重力波的垂直位移振幅范围是厘米到百米的量级。大振幅波能诱发大到 10 Pa 的表面压强脉动，而大多数波仅能产生小于 5 Pa 的压强脉动。这一变化很容易用地面上的微压计测到。

在某些情形下，重力波的振幅会超过稳定边界层厚度，因此，稳定边界层的物理属性会受到重力波强烈影响。当波动幅度较大，垂直风切变加强时，Ri 数被降低，动力不稳定性被诱发，湍流会在一个波周期的某些时段产生，而在其他时段受到抑制。有些科学家提出，某些波能改变大气层结，使之出现静力不稳定，导致对流湍流的爆发。

7.5.2　K-H 波

重力内波还可发生于两种不同密度流体之间的界面上，称为界面内波或切变重力波。如果夜间温度边界层内出现分层现象，就有可能产生 K-H 波。

若两层流体密度不同，上层密度为 ρ_1，下层密度为 ρ_2，且 $\rho_2>\rho_1$。其产生波的圆频率 ω 表达式如下，详细推导可见《流体力学》。

$$\omega=\sqrt{gk\left(\frac{\rho_2-\rho_1}{\rho_2+\rho_1}\right)}=\varepsilon\sqrt{gk} \tag{7.5.8}$$

式中，$\varepsilon^2=(\rho_2-\rho_1)/(\rho_2+\rho_1)$。在自由表面情况中，例如上层是空气，下层是海水，$\rho_1\ll\rho_2$，得到 $\omega=\sqrt{gk}$，即是表面重力波的弥散关系。在海洋内部，如果密度差是由于温度差造成的，则 ε 是个很小的数。例如温差 10 ℃，造成相对密度差为 $\Delta\rho/\rho\sim 0.003$。因此界面波的频率和波速要远小于表面波。

两层中的水平速度分别为：

$$u_1=-\omega\hat{a}e^{-kz}e^{i(kx-\omega t)} \tag{7.5.9}$$

$$u_2=\omega\hat{a}e^{kz}e^{i(kx-\omega t)} \tag{7.5.10}$$

表示两层中速度是反方向的，因而界面是个涡层，通过这一薄层，界面切向速度是不连续的。

图 7.27 显示在密度不连续面上，扰动最终转化成湍流的过程。首先在稳定的界面上产生扰动（图 7.27a）；扰动增强形成涌浪（billow）（图 7.27b）；振幅很大的涌浪会造成密度的倒置，即在局部地区密度高的低层流体会抬升到密度低的上层流体之上（图 7.27c）。这样不稳定的密度层结会造成强烈混合，即湍流过程。这类在稳定层结情况下，由于切变而产生的不稳定称为亥姆霍兹波不稳定（Helmholtz instability）。这类密度界面上产生的波，称为 K-H 波或亥姆霍兹波波（Helmholtz wave），它和大气中的晴空湍流、波状云等现象有很大关系。

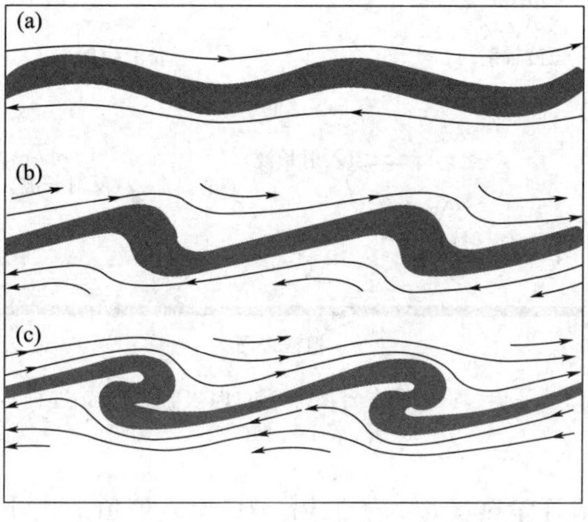

图 7.27　密度不连续面上扰动转化成湍流的过程（盛裴轩 等，2013）

（a）波动；（b）涌浪；（c）湍流混合

第 8 章　大气边界层的日变化特征

大气边界层中的各种物理过程均具有明显的日变化特征，如辐射收支过程、能量收支过程、热量收支过程、水汽收支过程、湍流生消过程等。其中，辐射的日变化过程是驱动大气边界层日变化的最根本原因。

本章将对大气边界层内一些物理过程的日变化特征及演变规律进行简要介绍。

8.1　辐射的日变化特征

太阳辐射是地球能量的主要来源，同时也是驱动大气边界层中各种物理过程的主要能源。地表辐射收支过程是大气边界层中重要的物理过程，集中体现了“太阳-地球-大气”三者能量耦合及能量分配过程。本节将以平坦、均一下垫面为研究对象，简要介绍辐射日变化过程。

在不考虑地形及下垫面种类的影响下，平坦、均一下垫面的辐射过程可由图 8.1 表示。数学表达式如下：

$$Q^* = K^* + L^* = K_{\downarrow} - K_{\uparrow} + L_{\downarrow} - L_{\uparrow} \tag{8.1.1}$$

式中，Q^*，K^* 和 L^* 分别是净辐射通量密度、净短波辐射通量密度和净长波辐射通量密度。↓ ↑ 表示辐射通量的方向。

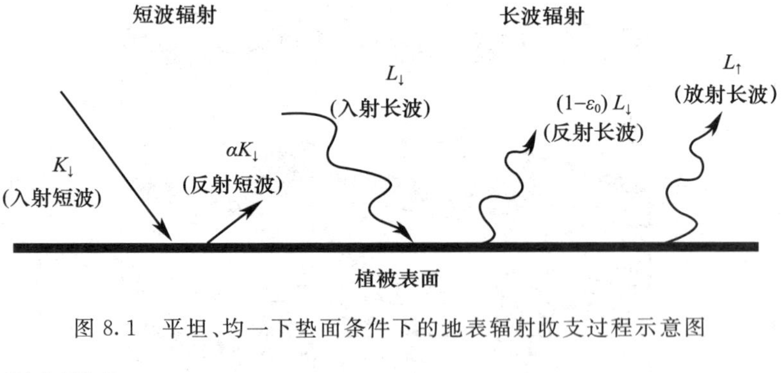

图 8.1　平坦、均一下垫面条件下的地表辐射收支过程示意图

(1)短波辐照度

入射的短波辐射通量密度称为短波辐照度 $K_{\downarrow}$，该值的大小依赖于日-地空间关系(纬度、经度、日期)、大气对短波的透射和吸收率、云、天空以及周围地表对短波辐

射的散射和反射能力。

短波辐照度由两部分组成：直接到达地表部分的太阳光束，称为直射辐照度 S；由半球天空散射太阳光束到达地表的部分，称为散射辐照度 D，并有：

$$K_{\downarrow}=S+D \tag{8.1.2}$$

式中，S 的大小依赖于地表面与太阳光的几何关系，在没有任何障碍物时，由下式计算：

$$S=S_{b}\cos\Theta \tag{8.1.3}$$

式中，S_b 是垂直于地面的直射辐照度，Θ 为太阳天顶角。

对于一个没有任何遮挡的地面，来自半球天空的散射辐照度通常是有差异的，即靠近太阳光盘区域的散射量要远高于其他区域。但是，从气候平均态而言，D 可近似为各向同性，即半球天空各个方向上的散射量相同。

向上短波通量 $K_{\uparrow}$ 主要取决于地面反射。虽然地面上有些人为短波光源，但这部分辐射量通常可以忽略不计。因此，$K_{\uparrow}$ 主要由 $K_{\downarrow}$ 和地表反照率 α 决定，即：

$$K_{\uparrow}=\alpha K_{\downarrow} \tag{8.1.4}$$

基于上式，净短波辐射通量密度 K^{*} 可写为：

$$K^{*}=(1-\alpha)K_{\downarrow} \tag{8.1.5}$$

(2)长波辐照度

地表长波辐射交换过程中，入射的长波辐射值 $L_{\downarrow}$ 主要取决于地表上方大气向下发射的长波辐射。出射的长波辐射值 $L_{\uparrow}$ 则有两部分组成，即地表向上发射的长波辐射以及地表对入射长波辐射的反射部分，其反射能力由 $1-\varepsilon$ 决定。故向上的长波辐照度可由下式计算：

$$L_{\uparrow}=\varepsilon T_{0}^{4}+(1-\varepsilon)L_{\downarrow} \tag{8.1.6}$$

式中，T_0 是地表温度，ε 为地表发射率，通常大于 0.9。

图 8.2 为 2006 年 4 月 30 日，南京草地下垫面典型晴天条件下，各辐射分量的日变化过程。由图 8.2 可见，除大气向下长波辐射外，辐射各分量具有明显的日变化特征。向下短波辐射 $K_{\downarrow}$ 始终为正值，且表现为光滑的“正弦曲线”，即日出后，随太阳高度角的增大而逐渐增大，在午间 12 时达到最大值，约为 1000 W/m^2，此后又逐渐减小，在夜间保持为 0。地表反射太阳辐射 $K_{\uparrow}$、净辐射 Q^{*} 日间变化趋势和向下短波辐射的变化趋势一致，峰值出现时刻也是一致，分别为 190 W/m^2 和 580 W/m^2。在图 8.2 中，大气向下长波辐射量 $L_{\downarrow}$ 相对其他量而言全天变化不大，基本稳定在约 300 W/m^2。地面向上长波辐射夜间略低于 400 W/m^2，白天峰值约 550 W/m^2，全天变幅仅为 150 W/m^2，因其值大小和地面温度的关系密切，而地面吸收辐射能量，温度升高，有一个相对滞后的过程，地面向上长波辐射达到最大值的时间比总辐射达到最大值的时间约滞后 1 h。

大气的辐射收支方程同样也可以用式(8.1.1)表达，但与地表相比，大气的辐射收支过程更为复杂,还需考虑大气透明度、大气所含物质差异等各种因素。如大气中云的厚薄、相态、形状都能明显改变辐射收支过程。此外,大气组分的差异也会影响辐射平衡。但辐射对大气的直接影响相对较小,此处不做详细讨论。

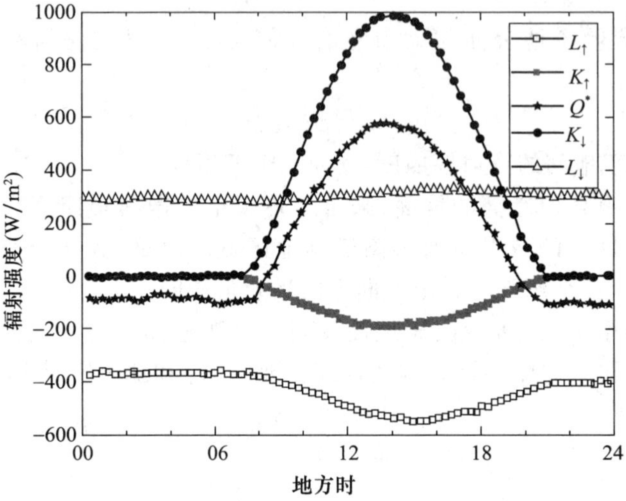

图 8.2　晴天条件下,草地下垫面地表辐射平衡各分量的日变化(王成刚 等,2008)

8.2　温度的日变化特征

根据热量守恒方程(3.2.29)可知,当外部强迫项净辐射 Q^* 发生变化时,将会引起地表温度的明显变化。白天,入射的太阳辐射会使地表快速增温;夜间,向外的长波辐射又会使地表冷却。地表热量将通过湍流输送过程向上层大气传输,通过分子扩散过程向地表深层传输。当然大气层也能直接接收短波和长波辐射增温,但这部分热量很小,通常忽略不计。

图 8.3 为地下 40 cm 到中空 850 m 高度范围内,7 个不同高度上的温度日变化过程。由图 8.3 可见,地面温度具有明显的周期性变化。最高温度出现在 13—14 时,最低温度出现在 05—06 时。地面以上的大气以及地面以下的土壤层中,温度随高度(深度)的增加而降低。与地面相比,高层大气温度及土壤温度虽然也呈周期性变化,但振幅要小很多,而且距地表越远周期性特征越不明显。如在 850 m 高度,气温的波动幅度已经很小,地下 40 cm 深处的地温基本不随时间变化了。表明下垫面的强迫作用是有一定有效距离。此外,无论是大气还是土壤温度,都存在温度波(波峰和波谷)的相位滞后,位相滞后的时间也随高度(深度)增加而增大,表明地面热量在向上(向下)传输过程中需要一定的时间。

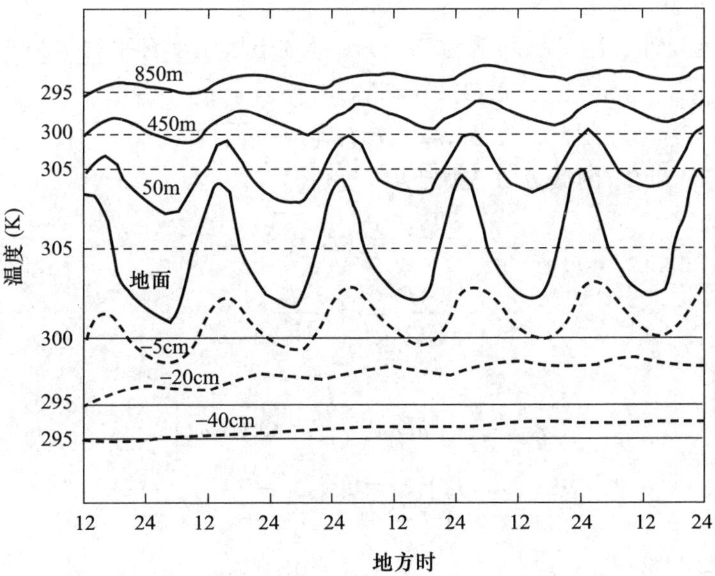

图 8.3　不同高度上温度的日变化特征(蒋维楣 等,1994)

为了进一步讨论上述现象的成因,这里将通过一个简单的数值模拟结果来具体分析。其中,大气湍流热输送方程和土壤热传导方程可写为:

$$\frac{\partial T_1}{\partial t}=\frac{\partial}{\partial z}\left(K\,\frac{\partial T_1}{\partial z}\right)\qquad z\geqslant 0 \tag{8.2.1}$$

$$\frac{\partial T_2}{\partial z}=a^2\ \frac{\partial^2 T_2}{\partial \xi^2}\qquad \xi\geqslant 0 \tag{8.2.2}$$

式中,T_1,T_2 分别为气温与地温;z,ξ 分别为垂直向上与向下的坐标,a 是土壤导温系数,它与土壤的热传导系数 λ_s、密度 ρ_s 和比热 c_s 有如下关系:

$$a^2=\frac{\lambda_s}{\rho_s c_s} \tag{8.2.3}$$

在土壤表面,$z=\xi=0$,应满足热平衡方程,此处不考虑水汽蒸发影响,有:

$$-K\rho c_p\frac{\partial T_1}{\partial z}-a^2\rho_s c_s\frac{\partial T_2}{\partial \xi}=Q_0+Q_1\cos\omega t \tag{8.2.4}$$

式中,Q_0 为地面辐射差额的平均值,Q_1 是其日振幅,ω 是辐射平衡变化的角频率,等于地球自转角速度。此外,在 $z=\xi=0$ 时,还应满足温度连续性条件:

$$T_1=T_2 \tag{8.2.5}$$

离地面很远时,日变化消失,温度为常数:

$$\begin{cases} T_1\,|_{z=\infty}=T_\infty \\ T_2\,|_{\xi=\infty}=T_{-\infty} \end{cases} \tag{8.2.6}$$

下面按不同的 K 值进行讨论。

(1)$K=$常数

设 z 高度处的气温日平均值为$\overline{T_1(z)}$,ξ 处的土壤温度日平均值为$\overline{T_2}$,则气温为:

$$T_a(t,z)=T_1(t,z)-\overline{T_1(z)} \tag{8.2.7a}$$

$$T_s(t,\xi)=T_2(t,\xi)-\overline{T_2(\xi)} \tag{8.2.7b}$$

由此得到求 T_a 和 T_s 的微分方程如下:

$$\frac{\partial T_a}{\partial t}=\frac{\partial}{\partial z}\left(K\frac{\partial T_a}{\partial z}\right) \tag{8.2.8a}$$

$$\frac{\partial T_a}{\partial t}=a^2\frac{\partial^2 T_s}{\partial \xi^2} \tag{8.2.8b}$$

利用边界条件:

$$-K\rho c_p\frac{\partial T_a}{\partial z}-a^2\rho_s c_s\frac{\partial T_s}{\partial \xi}=Q_1\cos\omega t\bigg|_{z=\xi=0} \tag{8.2.9a}$$

$$T_a\big|_{z=0}=T_s\big|_{\xi=0}=0 \tag{8.2.9b}$$

$$T_a\big|_{z=0}=0 \tag{8.2.9c}$$

$$T_s\big|_{\xi=0}=0 \tag{8.2.9d}$$

可得其解为:

$$T_a(t,z)=\frac{Q_1 e^{-\frac{z\sqrt{\frac{\omega}{2}}}{b}}\sin\left(\omega t-\frac{z}{b}\sqrt{\frac{\omega}{2}}+\frac{\pi}{4}\right)}{\sqrt{\omega}(b\rho c_p+a\rho_s c_s)} \tag{8.2.10a}$$

$$T_s(t,z)=\frac{Q_1 e^{-\frac{\xi\sqrt{\frac{\omega}{2}}}{a}}\sin\left(\omega t-\frac{\xi}{a}\sqrt{\frac{\omega}{2}}+\frac{\pi}{4}\right)}{\sqrt{\omega}(b\rho c_p+a\rho_s c_s)} \tag{8.2.10b}$$

式中,$b=\sqrt{K}$。

由式(8.2.10a)、式(8.2.10b)可以得到温度日变化的一些重要规律。

1)温度日变化呈周期波动变化,温度波在空气和土壤中传播的相速度分别为:

$$v_1=b\sqrt{2\omega} \tag{8.2.11a}$$

$$v_2=a\sqrt{2\omega} \tag{8.2.11b}$$

即温度波的相速度与湍流热交换系数以及振动频率的平方根成正比(频率高,即周期短的温度波动传播得更快些)。

2)结合式(8.2.11)可以得到具有明显温度日变化的空气层和土壤层的厚度之比等于 v_1/v_2。

3)在同一时刻,高处的温度与低处相比有位相落后的特征,当 K 和 a 越大,落后的相位角越小。

4)温度波的振幅在地面为最大,随着高度的增加而减小,当 K 和 a 越大,波也衰减得越慢。

5)波幅还与 Q_1 成正比,并随空气及土壤热容量的增加而减小。

公式(8.2.10)是在不考虑下垫面蒸发的情况下得到的解,当下垫面有蒸发时,温度波的解只要在式(8.2.10a)分母中的 ρc_p 项上加进 $L\rho r_0 \mathrm{d}q_m/\mathrm{d}T$ 即可,这里 L 为蒸发潜能,r_0 为相对湿度,q_m 为温度 T 时的地表饱和比湿。因此下垫面的蒸发效应使温度日变化振幅减小,而且蒸发的影响相当于热容量的增大(从 c_p 增大到 c'_p,其增量为 $c'_p - c_p = Lr_0 \dfrac{\mathrm{d}q_m}{\mathrm{d}T}$)。

(2)假设 K 随高度线性增加:

$$K = K_0 + cz \tag{8.2.12a}$$

或 K 随时间的变化:

$$K = (K_0 + cz)(1 + D\cos\omega t) \tag{8.2.12b}$$

上述 K 值的设定显然比常数假设更合理。采用式(8.2.12)和下垫面热量平衡条件来计算温度日变化要比 K=常数复杂,必须用特殊函数求解,其解为 Hankei 函数与 Bessel 函数形式(此处省去)。计算结果仍持有上述温度波动特征,但更符合观测事实。

上述分析内容只着眼于温度波的振幅与位相变化规律,并没有给出温度日变化随高度的分布规律。为了更精确地反映温度日变化,还应考虑大气对辐射的吸收影响。故在方程(8.2.1a)右端还须加上一项辐射通量引起的温度变化项,同时还要加进辐射传输方程一起求解。图 8.4 为 1953 年 8 月 24—25 日 O'Neill 温度日变化模拟结果与观测结果的比较。由图 8.4 可见,理论计算值与观测结果有很好的一致性,同时也反映了地面辐射传输在冬季的重要性。

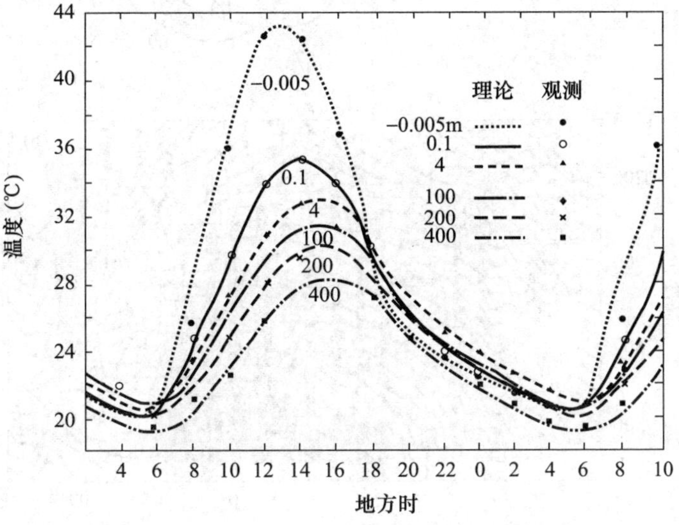

图 8.4　1953 年 8 月 24—25 日美国 O'Neill 地区温度日变化理论预报曲线与观测值的比较(蒋维楣 等,1994)

8.3 风的日变化特征

边界层内风有明显日变化特征，且不同高度差异明显。通常表现为，低层大气风速白天大，夜间变小；高层大气反之；中间存在一个转换层。同时，风向也有相应的变化。图 8.5a 为南美洲几个不同高度上，夏季风速观测值的平均日变化。由图 8.5a可见，4.6 m 高度处，风白天最大，夜间最小；213 m 以上则反之，夜间大而白天小。风矢端点随时间作顺时针转向，在一天内呈封闭椭圆形，大部分椭圆长轴与该高处平均风向相差不大。风向与地转风的夹角在低层是白天小于夜间；而在高层，则出现白天大于夜间的现象。

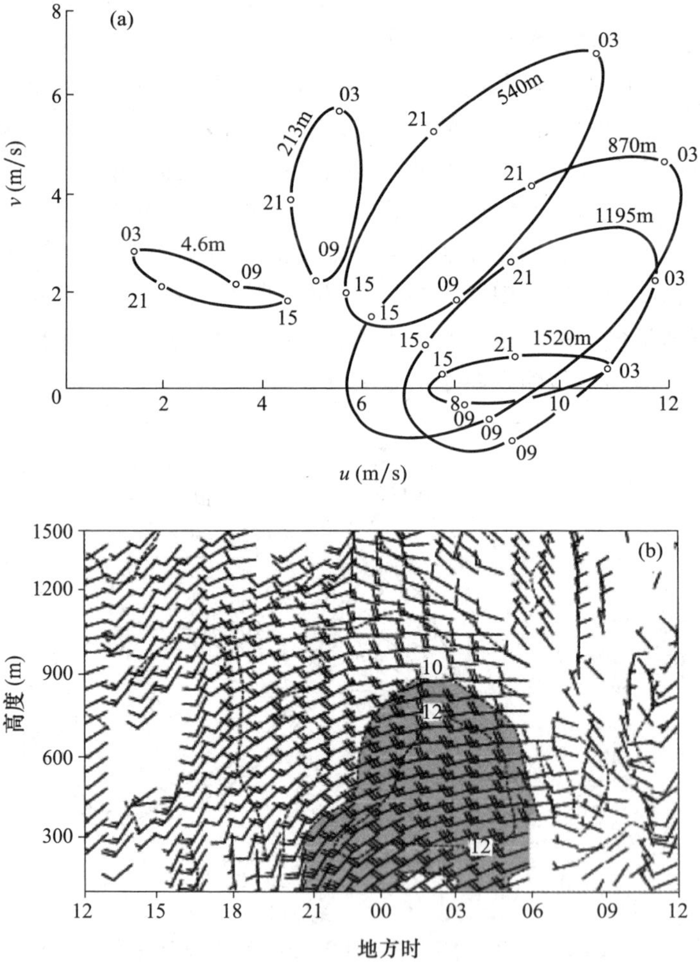

图 8.5　不同高度上风速(a)和风矢(b)的日变化分布图(Zhang et al.，2009)

图 8.5b 为美国米德堡基地不同高度处风速的日变化分布图。由图 8.5b 可见，(1)600 m高度附近，夜间风最大(低空急流)，中午以前的很短时间内风最小；(2)地面附近中午 13 时风速最大，夜间风较小；(3)600 m 以下风随高度增加，且夜间随高度增加的速率比白天大，以致在 600 m 处形成低空急流。总体来讲，风速日变化振幅可达 3～5 m/s，从日变化振幅大小来说，在边界层内中部最大，向上及向下逐渐减小。风速日变化的反转高度随季节而变。夏季，平均湍流交换强时可达几百米，冬季只有几十米。

由动量守恒方程(3.2.26)可知，风场的局地变化是由气压梯度力、科氏力及湍流摩擦力共同影响。其中，科氏力为虚假力，可以不考虑其影响。当天气系统稳定条件下，气压梯度力对风的日变化造成的影响也相对较小，故湍流摩擦力成为最主要的影响因素。

湍流摩擦力的变化可用湍流交换系数来表征。白天由于 K 值大，上层动量会更快地向下传输，使低层风速增大；而上层则相应地减小变小。夜晚 K 值小，动量传输变慢，于是低层风速变小，而上层则变大。白天湍流混合加强，使上下层之间风的差异变小(包括风向)。即白天低层风向与地转风夹角应变小，夜晚则反之。较高处在白天处于边界层内，而夜晚则该高度已在边界层外，于是较高处风向与地转风的夹角是白天大于夜晚。K 愈大，则白天反转高度愈高，从原理上也很好解释。

下面利用数值模拟的方法讨论湍流交换系数 K 对风场的影响。当 K 为高度和时间的已知函数时，从动量守恒方程出发，有：

$$\frac{\partial u}{\partial t}=\frac{\partial}{\partial z}K(z,t)\frac{\partial u}{\partial z}+fv \tag{8.3.1a}$$

$$\frac{\partial v}{\partial t}=\frac{\partial}{\partial z}K(z,t)\frac{\partial v}{\partial z}+f(u_0-u) \tag{8.3.1b}$$

由于是研究风的日变化，故取其周期性条件为：

$$u(z,t)=u\left(z,i+\frac{2\pi}{\omega}\right) \tag{8.3.2a}$$

$$v(z,t)=v\left(z,i+\frac{2\pi}{\omega}\right) \tag{8.3.2b}$$

边界条件选取：

$$u(z_0,t)=v(z_0,t)=0 \tag{8.3.3a}$$

$$u(\infty,t)=u_0,v(\infty,t)=0 \tag{8.3.3b}$$

引进复函数 ϕ：

$$\phi(z,t)=\mathrm{e}^{2\mathrm{i}\omega_z t}(u+\mathrm{i}v-u_0)=\mathrm{e}^{\mathrm{i}ft}(u+\mathrm{i}v-u_0) \tag{8.3.4}$$

这时方程(8.3.2a)和(8.3.2b)变成一个方程：

$$\frac{\partial \phi}{\partial t}=\frac{\partial}{\partial z}\left[K(z,t)\frac{\partial \phi}{\partial z}\right] \tag{8.3.5}$$

取 K 的复函数形式为：

$$K(z,t)=K_1(z)(1+D\cos\omega t)$$

$$K_1(z)=\begin{cases}K_0+cz & z<h_z\\ K_0+ch_z & z\geqslant h_z\end{cases} \tag{8.3.6}$$

式中，h_z为近地层高度，常数 K_0，c，D 与前面讨论温度日变化时相同。若引进新的时间变量 η：

$$\eta=t+\frac{D}{W}\sin\omega t \tag{8.3.7}$$

则方程式(8.3.5)可简化为：

$$\frac{\partial\phi}{\partial\eta}=\frac{\partial}{\partial z}K_1(z)\frac{\partial\phi}{\partial z} \tag{8.3.8}$$

这时条件式(8.3.2)和式(8.3.3)相应地变成：

$$\phi\left(z,\eta+\frac{2\pi}{\omega}\right)=e^{i\frac{2\pi\phi}{\omega}}\phi(z,\eta) \tag{8.3.9}$$

$$\phi(z_0,\eta)=-\mu e^{if^2} \tag{8.3.10a}$$

$$\phi(\infty,\eta)=0 \tag{8.3.10b}$$

为求方程(8.3.8)的解，将 ϕ 展开成指数形式：

$$\phi(z,\eta)=e^{if\eta}\sum_{n=-\infty}^{\infty}\phi_n(z)e^{in\omega\eta} \tag{8.3.11}$$

将式(8.3.11)代入式(8.3.8)，得 ϕ_n满足的方程：

$$\frac{d}{dz}K_1\frac{d\phi_n}{dz}+i(f+n\omega)\phi_n=0 \tag{8.3.12}$$

其解为

$$\begin{cases}\phi_n(z)=c_{1n}J_0\left[\frac{2}{c}\sqrt{-i(f+n\omega)x}\right]+\\ \qquad c_{2n}N_0\left[\frac{2}{c}\sqrt{-i(f+n\omega)x}\right] & z<h\\ \phi_n(z)=c_{3n}e^{(-1+i)/\sqrt{2}}\left(\sqrt{\frac{f+n\omega}{K_0+ch_z}}\right)z & z\geqslant h\end{cases} \tag{8.3.13}$$

式中，J_0和 N_0分别为零阶 Bessel 函数和 Naumann 函数；c_{1n}，c_{2n}和 c_{3n}为三个待定常数，他们可以利用式(8.3.10a)确定的 z_0处的 ϕ_0和由式(8.3.13)试确定的 $z=h_z$ 处的 ϕ_n及其对高度 z 的导数必须相等的条件来求取，由于计算繁琐，这里不做介绍。

计算结果与风速日变化实际观测相符合。图 8.6 是取 $K_0=4.4\ cm^2/s$，$D=0.8$，$c=0.08$ m/s，$h_s=50$ m，纬度 55°，$u_g=10.8$ m/s 计算得到的 2 m 和 123 m 高处的风速日变化，从这里又一次看到近地层(2 m 处)风速白天 13—14 时最大，凌晨 04—05 时最小；较高层(123 m)风速日变化位相与此相反。计算所得的各高度风矢端迹图也呈顺时针旋转的椭圆。

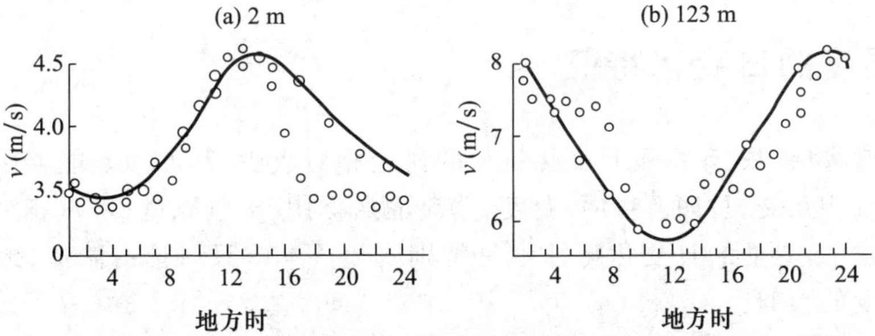

图 8.6　不同高度的风速日变化(蒋维楣 等,1994)

(曲线为理论计算结果,圆点代表观测值)

以上介绍的只是一种形式的 K 函数,不同研究者还采用其他各种不同的形式,如 K 是高度和时间的函数,K 随高度的变化部分取为指数形式等。然而,K 值的大小还与气压梯度、风、温度等因子变化有关,因此理论模型通常只能给出风变化的主要特征。

除此之外,大气边界层中的埃克曼螺线也有明显的日变化特征,见图 8.7 所示。由图 8.7 可见,日间和夜间的埃克曼螺线形状有明显的差别。白天的螺线扁平而尖锐,夜间变成圆弧状,即日间低层风向与地转风的夹角小,且风向风速随高度的变化比夜间小,以致到 650 m 高处与地转风的夹角反比夜间大。从图 8.7 还能推出另一个特征,即埃克曼层高度有明显的日变化:下半夜至早晨高度很低,而白天到晚上(21 时)高度较高。虽然从观测和理论上很难准确地确定埃克曼层高度,但是从图 8.7 中可以看到,03 时、06 时和 09 时 160 m 高度上的风矢很接近地转风矢,它表明在这些时间埃克曼层的高度大约为 160 m。而其他时间 160 m 处的风矢远不同于地转风,这意味着埃克曼层高度远大于 160 m。

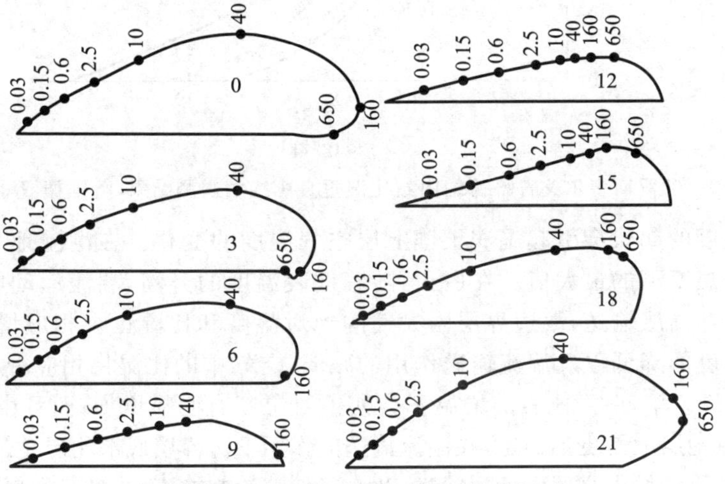

图 8.7　埃克曼螺线的日变化分布图(蒋维楣 等,1994)

(线上圆点旁的数字表示高度(m),线内数字为时间)

8.4 湿度的日变化特征

大气边界层中关于湿度日变化特征的讨论相对较少,其原因是能够影响湿度的因素较多且相互交织,如下垫面、温度、湍流输送作用、天气系统、水汽相变等。在众多影响因素下,湿度的日变化特征不是特别明显。本节只讨论由湍流、地表温度日变化对湿度的影响。

正常的湿度垂直廓线具有随高度单调递减的特征。图 8.8 黑实线为俄罗斯多尔戈普鲁德纳内站在早晨 07 时观测到的湿度廓线。白天,由于湍流混合的加强会使混合层内的湿度变得较均匀,即低层湿度减小而高层相应增大。图 8.8 中长虚线为 16 时的垂直分布情况,强烈的混合作用,使垂直梯度明显减小,200 m 以下湿度明显减小,200 m 以上则有明显增大。

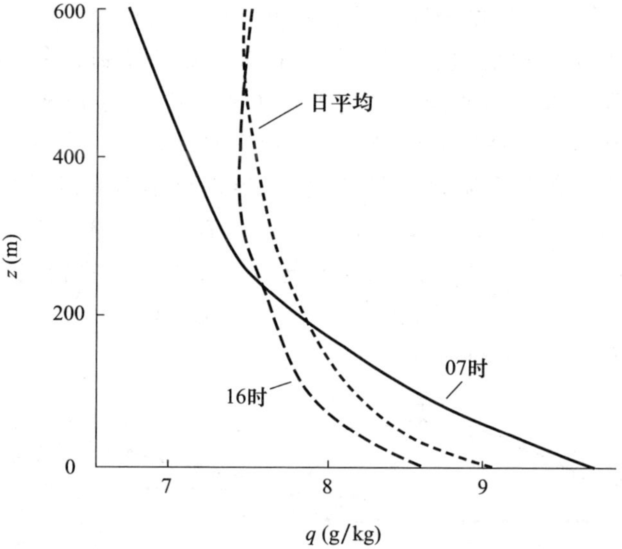

图 8.8　俄罗斯多尔戈普鲁德纳内站比湿垂直廓线的观测结果(蒋维楣 等,1994)

地表温度的起伏会引起湿润土壤上层空气湿度的变化。在潮湿地表,水汽压始终维持地表温度下的最大值。在白天,随着地表温度的升高,湍流运动剧烈,地表水汽会更容易向高层输送,故边界层内大气的绝对湿度和比湿也会相应增大;在夜间,随着地表温度的降低以及湍流输送作用的减弱,空气中的比湿将相应减小。

对于干燥土壤,白天地表的增温不会使绝对湿度有明显增加;而且由于水汽蒸发耗热量小,近地层大气更不稳定,在湍流输送的作用下边界层底部比湿达最小。但在早晨和傍晚,水汽开始由高层向低层输送,此时虽然湍流交换不大,且蒸发也较小,使水汽在土壤表面附近产生积累,故出现比湿的最大值。进入夜间,当地表及大气进一步冷却达到饱和温度时，水汽开始凝结，出现霜、露，空气湿度达到第二个极小值。注意，上述讨论中湿度的表征参量为绝对湿度与比湿，这是因为它们不是温度的函数。

图 8.9 为两种下垫面条件下的比湿日变化分布图。其中，干土上方空气的比湿值通常在白天出现极小值，夜间也可能出现第二个极小值。在绿洲下垫面，由于白天水汽蒸发增加，蒸发耗热使热力层结趋于中性或稳定，从而使湍流混合强度减小，故比湿的日变化具有简单的“单峰型”，极大值出现在白天。

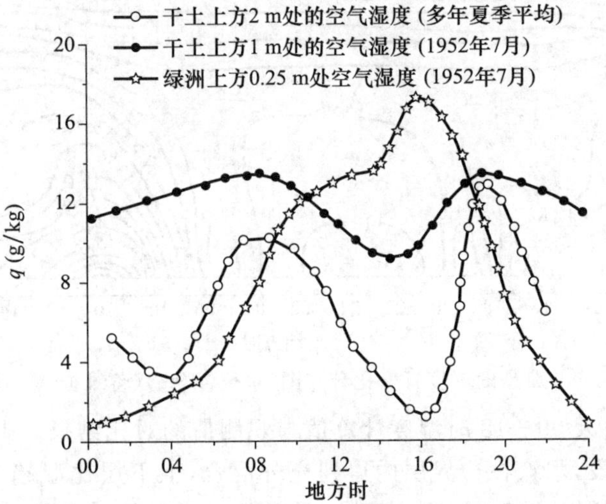

图 8.9　干土及绿洲下垫面上空气比湿的日变化分布(蒋维楣 等，1994)

比湿日变化也可用下面的方法作简单的定量判断。讨论厚度为 $z=0$ 到 $z=h_s$ 的边界层底部的湿度变化。沿这一层积分水汽扩散方程，有：

$$\int_0^{h_s} \frac{\partial q}{\partial z} \mathrm{d}z = K \frac{\partial q}{\partial z}\bigg|_{z=h_s} + Q_{E0}(t) \tag{8.4.1}$$

式中，Q_{E0} 为 t 时刻地面水汽通量。因此，比湿日变化特征由下列不等式决定：

$$K \frac{\partial q}{\partial z}\bigg|_{z=h_s} \begin{cases} < Q_{E0}(t) \\ > Q_{E0}(t) \end{cases} \tag{8.4.2}$$

对干燥土壤，$Q_{E0}(t)$ 不大，在白天 K 却强烈增大，故：

$$K \frac{\partial q}{\partial z}\bigg|_{z=h_s} + Q_{E0}(t) < 0 \tag{8.4.3}$$

即这一层的水汽含量要减少(因为对一般比湿廓线来说，$\partial q/\partial z<0$)，并在白天观测到比湿最小值。

对潮湿土壤，情况相反，$Q_{E0}(t)$ 在白天增大，而 K 增加很小，从而：

$$K \frac{\partial q}{\partial z}\bigg|_{z=h_s} + Q_{E0}(t) > 0 \tag{8.4.4}$$

即白天该层水汽含量增大，并出现最大值。

图 8.10 是与图 8.6 同时得到的湿度模拟结果。虽然模式对其他影响因素没有考虑，但从图中仍能看出湿度日变化分布的主体趋势。无论白天还是夜间湿度随高度递减；白天地面附近出现比湿极大值，并逐渐向高空传递；夜间湿度较小，在 05 时和 19 时有两个弱的极小值。

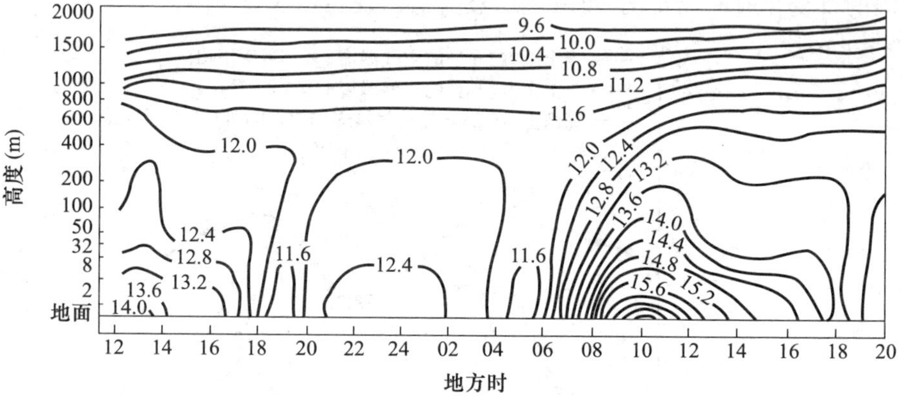

图 8.10 典型的湿度日变化分布图(单位:g/kg)(蒋维楣 等,1994)

图 8.11 为白天 09—18 时湿度计算值与观测值的对比结果。由图 8.11 可见，在湍流发展旺盛时段，水汽在边界层内得到充分混合，上下层比湿趋于均匀，但仍能显示出湿度随高度缓慢持续减小的特征。由于混合层顶迅速增长进入上部的干燥空气，使顶上过渡层内的湿度随高度陡然减小。

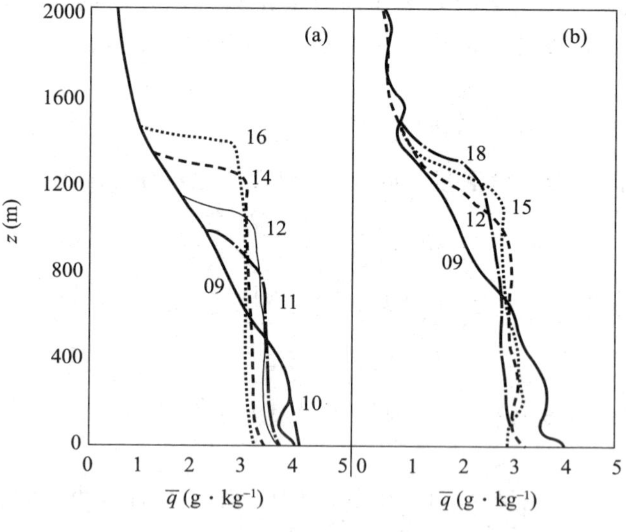

图 8.11 白天比湿垂直廓线对比图(蒋维楣 等,1994)

(a)模拟结果;(b)观测结果

8.5　大气边界层结构的日变化特征

在太阳辐射、地表温度、气温、大气稳定度、大气湍流、风速的日变化影响下，大气边界层垂直结构也表现出明显的日变化，在夜间其厚度通常只有几十米，白天可以高达 2 km 以上。

图 8.12a 为晴朗小风条件下，大气边界层垂直结构日变化分布。在地面加热过程的驱动下，白天边界层的发展比较迅速，中午时达到它的最大高度，底层为超绝热分布，中层为混合层，顶层为卷夹层。入夜后，地面净辐射转变为负值，下垫表面冷却，导致大气边界层从下往上降温，并逐渐发展成为逆温层结的稳定大气边界层。稳定层结时湍涡在运动中要反抗重力做功，消耗动能，从而对湍流交换起抑制作用。这就使得夜间稳定边界层的发展比白天混合层的发展要弱得多，厚度通常只能发展到百米量级。上层继续保持白天混合状态，即残余层。至次日清晨，随着太阳辐射的逐渐增强，新的对流边界层开始发展。

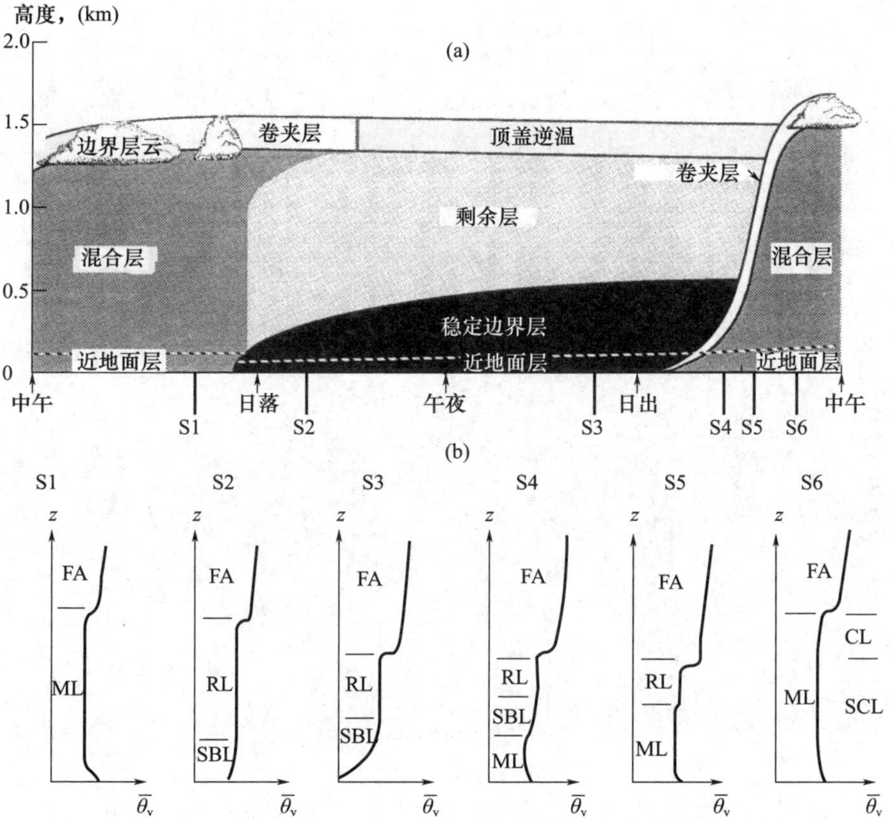

图 8.12　(a)晴朗小风条件下，大气边界层垂直结构日变化分布；(b)不同时刻的平均虚位温廓线图(盛裴轩 等，2013)

图 8.12b 中，S1 为午后边界层内位温廓线，此时是典型的不稳定边界层位温廓线分布图，底层有$\partial\theta/\partial z<0$ 的强不稳定层，中层有$\partial\theta/\partial z=0$ 的混合层，上层有$\partial\theta/\partial z>0$ 的卷夹层，FA(free air)为自由大气。虽然午后太阳辐射对地面的供热能力减弱，地表温度开始下降，但仍能保持对大气边界层的供热，因而混合层的厚度基本上维持在中午时分的高度。

S2 为稳定边界层发展初期的位温廓线，由图 8.12b 可见，此时底层稳定边界层(SBL)已经开始出现并持续向上发展，但这个高度不很高。上层仍保留相当厚度的等位温分布，即残余层(RL)。

S3 为黎明前的位温廓线也是最典型的稳定边界层位温廓线。

S4 和 S5 表示日出后，混合层(ML)重新开始发展后的位温廓线。此时混合层之上还保留了夜间稳定边界层的特征及残余层的特征，但随着时间的推移，新的混合层将逐渐向上发展建立新的不稳定边界层，从而形成一个完整的日变化周期。

S6 给出了存在边界层顶云层时的位温分布，CL 为云层，SCL 为云层下的边界层。

第 9 章　下垫面对边界层的影响

下垫面是指与大气下边界相接触的固态地面、液态水面或被植被覆盖的地面，即地球各种表面的统称。

大气边界层是大气层与下垫面进行物质、能量、动量交换的主要场所。然而，对于不同属性的下垫面，这种交互过程会表现出明显的差异性及复杂性。当下垫面寒冷、干燥时，上方就对应一个干冷气团，如冬季经常侵袭我国的西伯利亚冷气团；当下垫面温暖、潮湿时，上方就对应一个暖湿气团。

地球表面的构成极其复杂，不仅有山脉、丘陵、高原、平原、峡谷、盆地等复杂地形，同时还有森林、草地、沙漠、城市、农田、积雪、冰川、冻融土等多种下垫面。图 9.1 给出了全球 17 种下垫面分类图，有些研究机构给出的划分结果会更细。

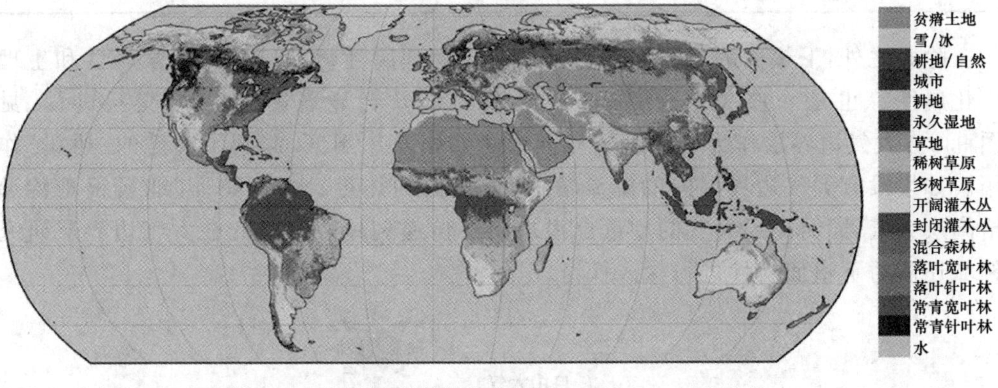

图 9.1　全球地表种类分类图(Broxton et al.，2014)

除了构成分类复杂之外，各种下垫面的属性也存在明显差异。表 9.1 为地球系统中各圈层部分热力特性、动力特性统计结果。由表 9.1 可见，五大圈层中，大气圈具有最小的密度、比热容、热容及热传导能力，但却具有最大的热扩散率和穿透深度。水圈的密度、比热容、热容、热传导能力相对较大，但具有最小的穿透深度。需要指出的是，这两个圈层的热力特性都是静态条件下的数据，如果在运动状态下，这些值要大 2～4 个量级，这是由于湍流扩散作用比分子扩散作用更有效。冰雪圈的密度和热容比水小，但却远远比空气大。土壤圈，以干黏土为例，具有最大的密度、最小的比热容和较小的穿透深度，其热传导率和热传导能力不到水的一半。值得注意的是，冰雪圈具有最大的反照率，而水圈(海洋)的反照率较小。

表 9.1　各大圈层部分热力、动力属性统计结果(李晓东,1997)

圈层(典型物质)	大气圈 低层大气	水圈 水	冰雪圈		土壤圈 黏土(干)	生物圈 森林
			纯冰	雪(新鲜)		
密度(10^3 kg/m^3)	0.0012	1.00	0.92	0.10	1.60	
比热容(10^3 J/(kg · K))	1.00	4.19	2.10	2.09	0.89	
热容(10^6 J/(m^3 · K))	0.0012	4.19	1.93	0.21	1.42	
热传导(W/(m · K))	0.026	0.58	2.24	0.08	0.25	
热扩散(10^{-6} m^2/s)	21.5	0.14	1.16	0.38	0.18	
传导能力(10^3 J/(m^2 · K · s$^{1/2}$))	0.006	1.57	2.08	0.13	0.60	
热量日穿透深度(m)	2.3	0.2	0.5	0.3	0.2	
热量年穿透深度(m)	44	3.6	10.2	6.0	3.9	
反照率(%)	~27	2~10	~70	84~95	>20	<20
连续性	好	好				
可压缩性	较强	较弱	弱	弱	弱	弱
黏性	小	较大	大	大	大	大
流动性	好	好	差	差	差	差

除此之外,下垫面的几何属性、结构属性、物理属性、化学属性、光学属性和生理生化属性等也是一些关键参数,这些参数的差异会显著影响地-气交互过程,见图 9.2。大气边界层作为自由大气与下垫面的相互作用区,起到了关键的“桥梁”作用。如果没有大气边界层内的湍流输送,下垫面的热量、水汽、物质、能量很难传递给高层大气,同时高层大气的动量也很难向下传递到地表。因此在大气边界层研究领域还需对下垫面特性进行深入探讨。

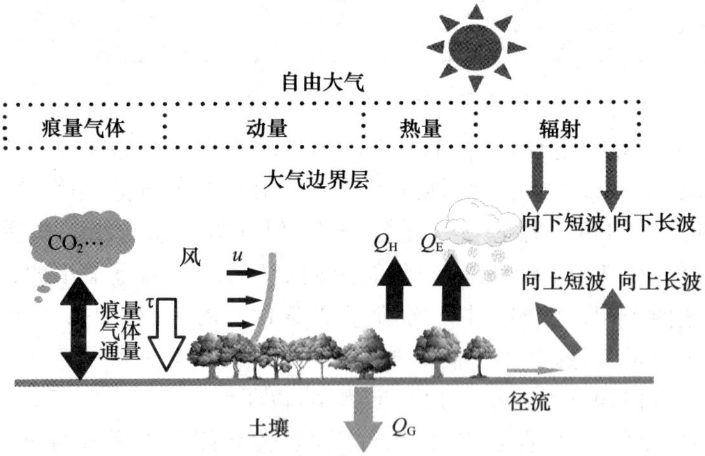

图 9.2　大气边界层范围内的地-气相互作用示意图(孙菽芬,2005)

9.1　下垫面的种类及差异

9.1.1　海洋下垫面

地球总面积约为 5.1 亿 km^2，其中 70%的面积为海洋。但南、北半球各纬度的海陆分布很不均匀，见图 9.3。其中北半球海洋面积只占北半球面积的 60.7%，而南半球海洋所占面积高达 80.9%。

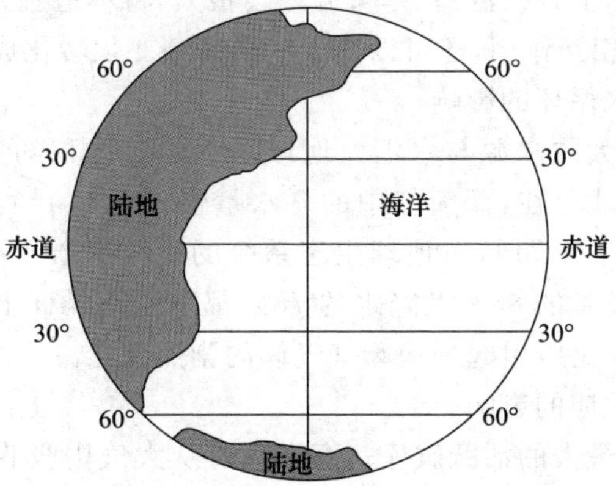

图 9.3　海陆面积随纬度的分布

海洋在全球天气和气候体系中起着重要作用，海洋的温度、盐度、密度、运动及海-气间物质、能量交换，塑造了地球上风格迥异的自然景观和复杂多变的天气气候现象，如北大西洋暖流给北欧一些国家送去了湿润多雨的气候环境，东亚季风性气候和南亚季风性气候使亚洲国家产生了明显的季节变化。除此之外，海洋还会造成厄尔尼诺、拉尼娜、台风等极端天气气候事件。因此，发生在边界层范围内的海-气相互作用研究已成为人类密切关注的科学问题。下面简单介绍一些海洋对大气影响。

(1)海洋对大气的热量供给

海洋是地球上最大的热源。据计算，海洋可吸收全球 70%以上的太阳辐射，且将其中 85%的能量贮存在海洋表层。这部分能量再以长波有效辐射(21%)、潜热(23%)、感热(7%)的形式输送给大气，成为大气运动的直接能源。

此外，如果海洋热力特性发生变化，将直接影响海水蒸发量及大气中热量和水汽的时空分布，进而影响气候变化。如厄尔尼诺和拉尼娜现象就是海洋表面热力属性异常所致。

(2)海洋的温度调节作用

海洋是地球上最大的"热存储器"。如前所述，海水具有巨大的热惯性。海水的热容量要比空气和土壤大得多,1 g 海水升温 1 ℃所需要的热量为 3.9 J,此热量可使同质量的土壤升温 1.9 ℃,空气升温 3.9 ℃。因此,海洋比陆地、大气具有更大的热惯性。

与海洋的热存储能力相比,海洋的运动和变化同样也具有明显的缓慢性和持续性。海洋的这一特性,一方面使其具有较强的"记忆"能力,可以通过海-气相互作用,把大气的变化信息储存于海洋中,然后再对大气运动产生影响;另一方面,海洋的热惯性使得海洋特性的变化具有滞后效应。例如,海洋对太阳辐射季节变化的响应比陆地要滞后 1 个月,表层海温的变化滞后于太阳辐射季节循环约 6 周左右。如果没有海洋热量调节,地球上昼夜温差、季节温差会很大,将不适宜人类居住。

此外,通过海-气相互作用,还可以使大气的高频变化转化成为较低频的变化。

(3)海洋对全球水循环的影响

海洋是地球上最大的水源与水汇。地球上水的总体积约有 14 亿 km^3,其中约 97%的量以海水的形式存在,而大气中的含水量仅占 0.001%。海洋作为全球水循环过程中,最大的"源""汇"地,对地球生态系统的稳定有着重要作用。统计结果表明,全球地表水汽蒸发量的 86%及降水的 78%都发生在洋面上。因此,海洋蒸发量和降水量的细小变化,足以引起局地天气气候的剧烈变化。

(4)海洋对温室效应的影响

海洋还是地球上最大的活跃碳库。海洋既可从大气中吸收 CO_2,同时也向大气排放大量 CO_2。因此,在控制温室气体过程中有着举足轻重的作用。

海洋中的碳包含无机碳和有机碳。

无机碳的存在形式有:1)含碳的无机盐;2)溶于海水中的 CO_2,如气体二氧化碳、二氧化碳(水化)、碳酸、碳酸根离子、碳酸氢根离子等。这些形式的 CO_2 是供给海洋初级生物进行光合作用的碳源。若以每立方米可溶解 2 mol(88 g)CO_2 计,那么可溶于海洋中的 CO_2 可达 118 万亿 t 之多。

如何利用好广袤的海洋,减少温室气体的排放,改善人类生存的环境已是现阶段科学家们关注的问题。有关海洋大气边界层的内容不在本书讨论范围,有兴趣的读者可参阅相关书籍及文献。

9.1.2 陆地下垫面

与海洋相比,陆地面积虽然只占地球表面的 30%,但其种类却极其丰富多样,包括约 1/4 森林,1/4 草地,1/4 沙漠,1/8 的城市和农田,1/8 为其他类型的下垫面。而且这些下垫面的属性还会随着季节发生变化,如草地下垫面有明显的生长期、茂盛期、枯萎期,不同阶段下垫面热力属性、动力属性、水力学属性都有显著差异,因此下垫面对大气边界层的强迫作用亦有不同。

此处就植被与土壤下垫面的一些关键属性作简要介绍。

(1)植被

地球上的植被群落有很多种。表 9.2 给出了一个简单的植被下垫面分类结果。

表 9.2　植被下垫面的简单分类

1	常青阔叶林(broadleaf-evergreen trees)
2	落叶阔叶林(broadleaf-deciduous trees)
3	阔叶针叶林(broadleaf and needleleaf trees)
4	常青针叶林(needleleaf-evergreen trees)
5	落叶针叶林(needleleaf-deciduous trees)
6	阔叶林和草(broadleaf trees with groundcover)
7	草(groundcover)
8	阔叶灌木和常年草(broadleaf shrubs with perennial groundcover)
9	阔叶灌木和裸土(broadleaf shrubs with bare soil)
10	阔叶灌木和草(broadleaf shrubs with groundcover)
11	裸土(bare soil)
12	冬小麦和落叶阔叶林(winter wheat and broadleaf-deciduous trees)

与大气的相互作用过程中,植被的几何属性(如高度、粗糙度)、结构属性(如冠层的叶面积指数,以及冠层内叶片空间和朝向的分布)、热力学属性、水力学属性、化学属性、光学属性(如反照率、透射率和吸收率)和生理生化属性(如光合作用与大气的辐射、温度、湿度及 CO_2 浓度等的关系)等都至关重要。表 9.3 列举了几种关键植被特性参数。

表 9.3　几种植被属性参数表

V_c	植被覆盖度
LAI	叶面积指数
N_g	绿色度
χ_L	叶倾角分布因子
z_2, z_1	冠层顶部及底部的高度(m)
z_0	粗糙度(m)
d	位移高度(m)
a, b, c	气孔阻抗的光系数(单位分别为:J/m^3, W/m^2, s/m)
T_a, T_u, T_0	植被光合作用的适宜、上限和下限温度(K)
c_1, c_2	土壤湿度调整参数
h_s	水汽压差调整参数(hPa^{-1})
c_b	计算边界层阻抗 r_b 的参数(Xue et al.,1991)
c_d	计算空气动力学阻抗 r_d 的参数(Xue et al.,1991)

(2)土壤

土壤的质地分类也十分复杂，通常可简单概括为15种(图9.4)，包括淋溶土，新成土，弱育土，灰土，石漠土地，灰烬土，冻土，黑沃土，老成土，流沙，旱成土，有机质土，氧化土，变性土，冰/冰川等。

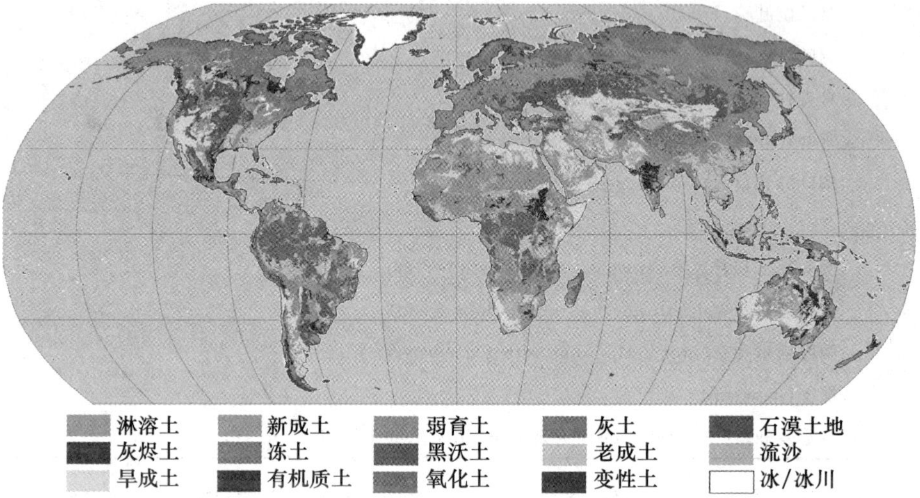

图9.4 全球土壤分类图

土壤特性包括质地、结构属性(如孔隙度、颗粒大小)、物理属性(如热力学属性、水力学属性)和光学属性(如反照率)。表9.4列举了简单生物圈模式中所需的有关土壤水力学性质参数。这些参数对计算土壤水分蒸发，水分输送都至关重要。

表9.4 土壤水力学属性参数表

z_d	根长(m)
B	B参数(见 Sellers et al.,1986)
Ψ_s	饱和土壤水势(m)
K_s	饱和水导率(hydraulic conductivity)(m/s)
θ_s	饱和体积含水量
D_1,D_2,D_3	分别为土壤表层、次表层和深层的厚度

地-气相互作用过程，不仅要考虑下垫面自身物理、化学、光学、生物特性的作用，同时还要考虑下垫面的地形及地貌特征，如高度、坡度、坡向、流域分布、河网水系等等，而且这些关键参数的确定通常很难，因为下垫面类型和特性在随时间和空间而变，而且空间的非均匀性和变异性也会影响这些参数的计算。因此，这些不确定性给地-气相互作用研究带来很多困难。

9.2　下垫面对大气边界层的影响

大气边界层对下垫面属性的变化十分敏感。大量的研究表明，地表反照率、地表粗糙度、地表湿度、地表温度、植被、积雪等地表属性的变化都会引起大气边界层物理过程的改变，同时也是引起气候异常的重要因子。

9.2.1　地表反照率的影响

地表反照率是下垫面最重要的光学属性之一。土壤水分、植被覆盖、积雪覆盖等的变化均能引起地表反照率的变化。而反照率的变化又会改变地表辐射收支过程，进而影响地表对大气的加热，最终对大气边界层过程产生影响(图 9.5)。

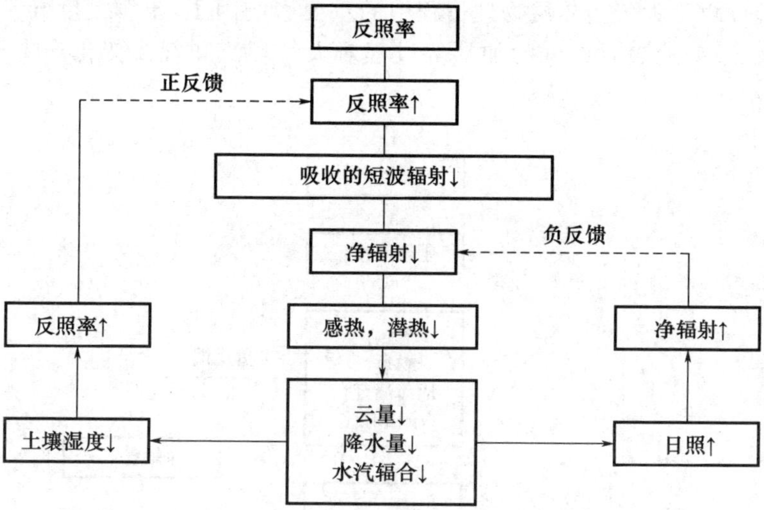

图 9.5　反照率异常变化可能引起的气候效应(Sellers,1992)

Charney(1975)在研究非洲 Sahel(萨赫勒)干旱时就注意到了植被覆盖的重要性，开创性地提出了“生物-地球物理反馈”机制，部分解释了大沙漠边缘地区的干旱重发现象。认为 Sahel 地区由于过度放牧破坏了地表植被，使反射率变大，从而改变了地表能量平衡，使之成为一个辐射热汇，大气冷却造成下沉气流的加强与维持，加剧了干旱，从而造成植被进一步退化，导致沙漠边缘的扩张这一恶性正反馈过程。此后，Charney(1975)通过数值模拟证实了这一假设。其后，一系列的研究从不同的角度都证明了地面反照率的变化可以对局地及邻近地区的大气环流和气候变化产生重要影响。

刘晓东和田良(1994)也通过数值模式讨论了青藏高原地表反射率的异常变化

对东亚大气环流、东亚夏季风和中国降水的影响。研究结果指出，当青藏高原主体范围内的地表反射率增大，将引起东亚陆地上的海平面气压升高，造成东亚夏季风减弱，最终导致中国东部季风降水减少。

9.2.2 土壤温、湿度的影响

土壤的热容远大于空气，土壤的热属性及其变化对大气边界层内的热量交换过程起重要影响。土壤温度是地表热状况的直接反映，土壤温度的异常，尤其是深层土壤温度的异常，具有很强的持续性。土壤温度的变化可以直接影响地一气之间的感热通量及辐射通量，从而对气候变化起到反馈作用。大量研究结果表明，不同层次的土壤温度与同一地区（或邻近地区）后期降水有显著的统计相关性，即前期土壤温度偏高，则后期降水偏多，反之亦然。层次愈深，滞后时间也愈长。

土壤湿度也是大气边界层物理过程中的重要影响因子，土壤湿度异常可通过影响地表蒸发、改变地表对大气的加热等过程对大气环流和气候变化产生显著影响，见图 9.6。

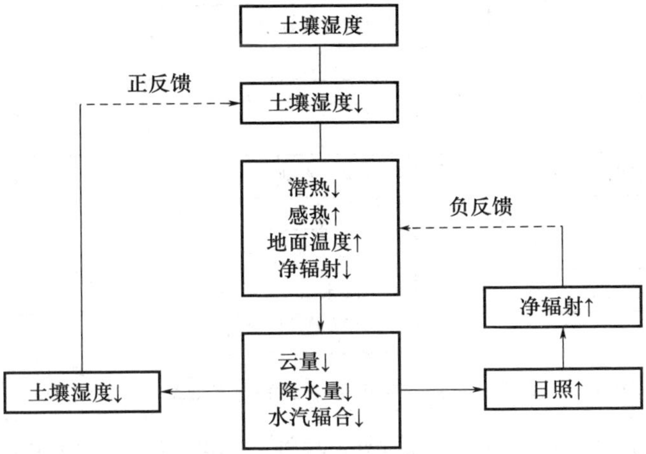

图 9.6 土壤湿度异常变化可能引起的气候效应（Sellers，1992）

早在 20 世纪 50 年代，研究人员发现，土壤湿度的季节性异常对大气的季节变化有重要影响。数值模拟试验指出，干土壤可使未来气温升高，湿土壤可使后期降水持续。

还有科学家（左志燕和张人禾，2007；2008）研究了我国东部春季土壤湿度与夏季降水的联系，结果表明，当春季从长江中下游到华北的土壤湿度偏湿，东北土壤湿度偏干时，中国夏季东北和长江流域降水偏多，华北和南方降水偏少，并提出了土壤湿度异常影响降水的相关物理过程。

9.2.3　植被的影响

植被是控制地表环境的主要因素之一，也是地球系统中最为重要而可变的组成部分。植被受到气候变化的影响，同时又通过生物物理过程和生物化学过程对气候产生反馈作用。植被的生物物理过程及形态特征对地-气交换有十分重要的影响，见图 9.7，其影响主要表现为：(1)对降水和辐射的拦截作用；(2)对辐射的吸收；(3)蒸散作用；(4)改变土壤湿度；(5)改变动量输送(改变地表粗糙度)；(6)生物通量输送等方面。一系列的研究证实，植被覆盖变化通过改变反照率、粗糙度及土壤湿度等地表属性可以在不同的时空尺度上对气候产生作用，是区域及全球气候变化的重要影响因素之一。

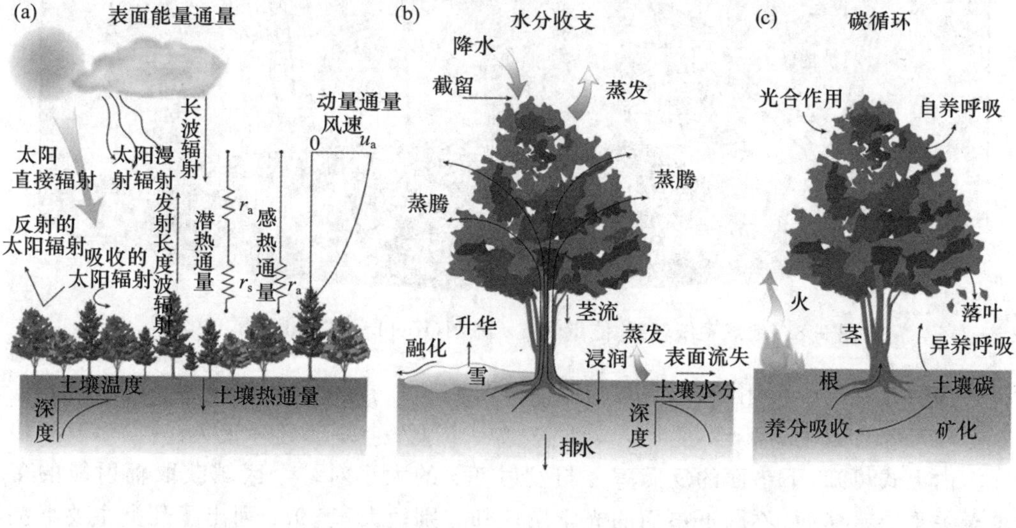

图 9.7　植被影响大气边界层的基本物理过程(Bonan，2008)

以上围绕地表反照率、土壤温度、土壤湿度、植被 4 个方面，简单介绍了下垫面对大气边界层的影响。不难发现，人们在这些方面取得了非常丰硕的成果和很大的进展，但有关针对复杂下垫面地-气相互作用的机理认识还远远不够。

9.3　下垫面的辐射收支过程

9.3.1　不同下垫面辐射特性的差异

太阳辐射是地球上的能量源泉，大气边界层范围内的湍流生消、热量转换、水循环、污染物输送等物理过程，都取决于辐射收支的多少。地球作为一个开放系统，不断地吸收太阳能，同时也通过长波辐射释放这些能量，在一定时段内，地球系统收入与支出的辐射能处于一个平衡态，称为辐射平衡过程，见图 9.8。

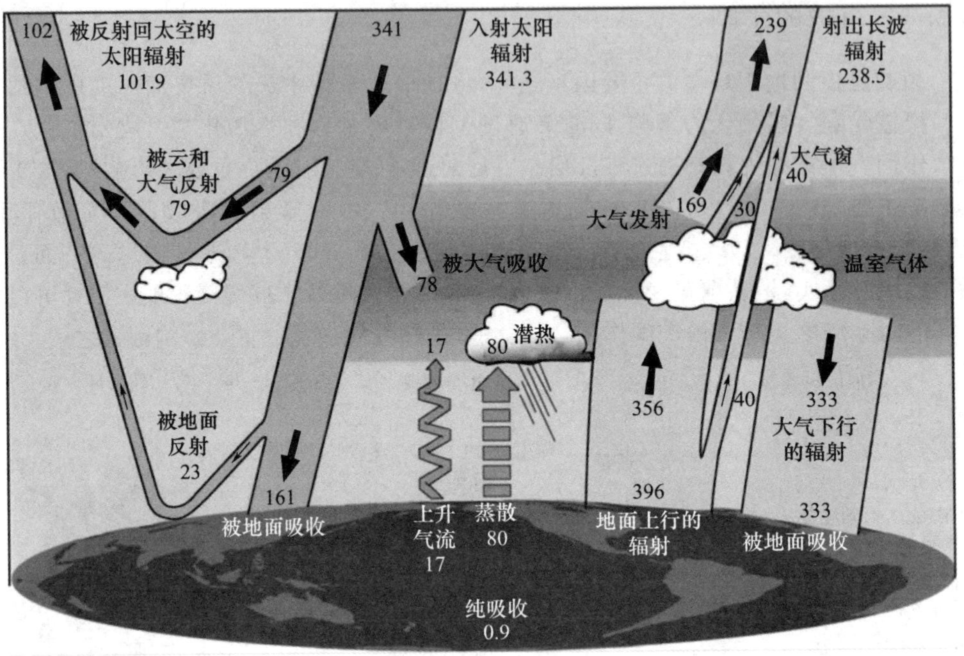

图 9.8 地球系统辐射、能量收支示意图(Kiehl 和 Trenberth,1997)

辐射收支过程可用下式表示:

$$Q^* = K_{\downarrow} + K_{\uparrow} + L_{\downarrow} + L_{\uparrow} = (1-\alpha)K_{\downarrow} + \varepsilon T_0^4 + (2-\varepsilon)L_{\downarrow} \tag{9.3.1}$$

由上式可知,下垫面的反照率 α 与发射率 ε 的大小对一个区域获取辐射能的多少至关重要。然而,不同下垫面的光学属性却差别较大,表 9.5 列出了几类主要下垫面的反照率、发射率的变化范围。由表 9.5 可见,下垫面反照率的大小取决于地表属性和状态,森林在 0.05～0.2,农田在 0.1～0.25,雪地 0.45～0.95。反照率还与土壤类型和土壤含水量密切相关。其中,深色土壤比浅色土壤反照能力小,粗糙土壤表面比平滑土反射能力小,含水量多的土壤比干燥土壤反射能力小。

表 9.5 主要陆地表面的辐射特性

陆面的类型	表面状态	反照率	发射率
水	太阳高的时候	0.03～0.1	0.92～0.97
	太阳低的时候	0.10～0.50	0.92～0.97
雪	旧雪	0.40～0.70	0.82～0.89
	新雪	0.45～0.95	0.90～0.99
冰	海冰	0.30～0.40	0.92～0.97
	河冰	0.20～0.40	—

续表

陆面的类型	表面状态	反照率	发射率
土壤	干砂	0.35～0.45	0.84～0.90
	湿砂	0.20～0.30	0.91～0.95
	干黏土	0.20～0.35	0.95
	湿黏土	0.10～0.20	0.97
	沙土	0.29～0.35	
	黏土	0.20	
	浅色土	0.22～0.23	
	深色土	0.10～0.15	
	黑钙土(干)	0.14	
	黑钙土(湿)	0.08	
道路	水泥路	0.17～0.27	0.71～0.88
	黑色砂石路	0.05～0.10	0.88～0.95
草地	一般草地	0.16～0.26	0.90～0.95
	绿草地	0.26	
	干草地	0.29	
农田	草本作物	0.10～0.25	0.90～0.99
	果树	0.15～0.20	0.90～0.95
	小麦地	0.10～0.25	
森林	落叶林	0.10～0.20	0.97～0.98
	针叶林	0.05～0.15	0.97～0.99

此外，反照率还会随着太阳高度角的变化而不同。以平静的水面为例，当太阳高度角超过 60°时，其反照率为 0.02，高度角为 30°时为 0.06，10°时为 0.35，5°时为 0.58，1°时可达 0.9。

有关简单下垫面的辐射收支过程已在第 8 章讲述，这里不再重复。

9.3.2　城市下垫面的辐射收支

在众多下垫面中，城市下垫面是一种较为特殊的下垫面，其辐射特性明显区别于简单的平坦、均一下垫面。差异形成的主要原因有三个：首先城市下垫面是由多种下垫面组成，包括建筑物、道路、广场、公园等，而这些下垫面的反照率和发射率各不相同。其次，三维结构的城市下垫面是由无数不同坡度和形态的表面组成。最后，这些组成面会相互发射或反射彼此之间的辐射，进而改变辐射交换过程。下面就对城市下垫面的辐射收支过程进行简要介绍。

(1)城市下垫面的光学特性及热力特性差异

最为典型的城市下垫面主要由墙壁、屋顶、地面构成，但这三者所用材料的辐射特性及热力特性的差异很大，见表 9.6。由表 9.6 可见，建筑物的墙壁、屋顶及地面的反照率相差较大，分别为 0.25，0.12，0.15；但发射率相近，都在 0.92 左右。由于所用材料的不同，三者的导热率，热容量属性也存在明显差异。这些基本参数的差异就会造成城市下垫面短波、长波辐射过程的复杂性。

表 9.6　城市各不同表面辐射和热性质(Oke et al. ,2020)

表面分类	材料	厚度 d(m)	反照率 α	发射率 ε	导热率 k [W/(m·K)]	热容量 C [MJ/(m³·K)]
墙壁	混凝土	0.2	0.25	0.90	0.80	1.33
屋顶	砾石，普通混凝土	0.1	0.12	0.92	0.06	1.00
地面	覆盖有沥青的混凝土	0.3	0.15	0.94	1.21	1.95

(2)城市结构的影响

城市下垫面具有复杂的结构特征，这些高低起伏的表面，及不同朝向的表面构成了一个复杂的辐射环境。

图 9.9 显示了城市下垫面辐射过程的复杂性，图中将一年内太阳穿过天空的路径叠加在一幅从城市街道中心向上拍摄的照片上。由图 9.9 可见，在整个视野中，有些天空是可见的，有些是被建筑物遮挡的。如果将整个天空分为可视部分与遮挡部分，其表达式如下：

$$\Psi_{env}+\Psi_{sky}=1 \tag{9.3.2}$$

式中，Ψ_{env} 为遮挡因子，当建筑物越多、越密集该值就越大；Ψ_{sky} 为天空可视因子，当天空越开阔该值就越大。

值得注意的是，拍照处在一年中 09:00 之前以及 15:00 之后一直处于阴影之中，仅有中午时分，部分太阳光束可通过建筑之间狭窄的空隙照到地表。此类下垫面的漫射辐射环境会更加复杂，这是因为城市表面类型具有多样性，同时每一类地表辐射平衡特征也不同，除此之外还有复杂的空间几何特征。

(3)墙壁和屋顶的辐射交换

图 9.10 为单体建筑物每一个表面上各辐射分量的日变化分布。以向下的短波分量为例，水平屋顶所接收到辐射量最大，也最具对称性。虽然屋顶视野开阔，没有任何遮挡，但不能接受来自建筑墙壁及地面的辐射。对于墙壁平面，短波辐射有两个来源，即天空和地面的反射辐射。和屋顶不同，墙壁是有方向的，太阳光会被建筑物自身所遮蔽。东墙和西墙分别在上午和下午接收到太阳辐射。东墙面向升起的太阳，是最早接收太阳直接辐射的墙壁之一，这个垂直表面完全暴露在太阳光下，太阳光从很低的角度几乎垂直地照射在这个表面上，太阳升起后，这个阳光照射的墙壁很快获得大于 500 W/m² 的辐射能。

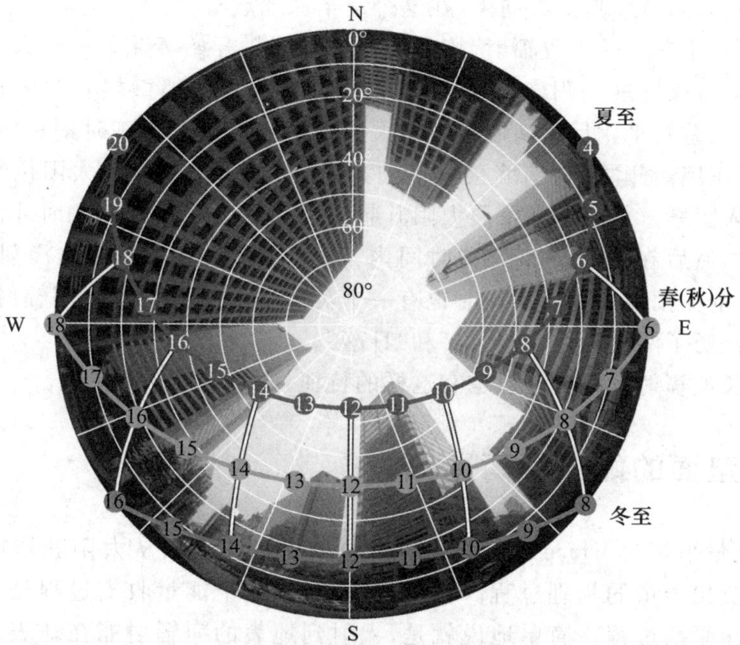

图 9.9　在城市街道中心从地面垂直往上拍摄的描绘半球视野的垂直鱼眼照片

（图中大量天空穹顶被建筑所占据。从上至下的三条线分别表示夏至、春秋分、冬至时太阳在天空经过的位置）

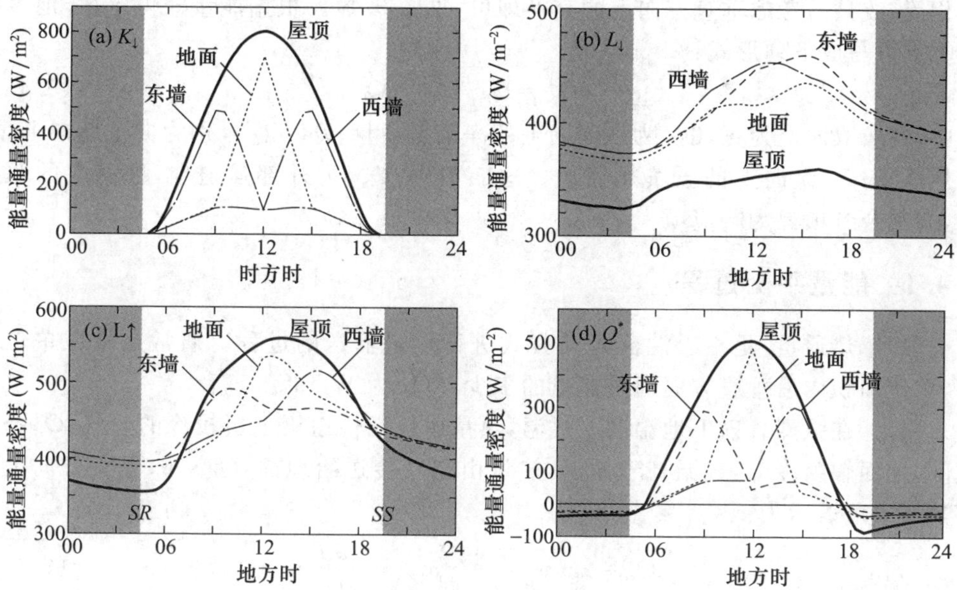

图 9.10　单体建筑物各辐射量日变化特征（Oke et al.，2020）

（a）入射短波辐射；（b）入射长波辐射；（c）出射长波辐射；（d）净辐射通量

在上午，太阳越来越高且向南（在这个北半球地点），在上午10时左右，太阳角度已经变得不利于东墙壁吸收辐射，接收到的太阳辐射开始衰减。中午太阳光垂直照射地表，此时东墙壁进入阴影，只接收漫射短波辐射。西墙壁接收太阳辐射的日变化情况和东墙壁几乎相反。南墙接收的太阳辐射日变化对正午时刻是对称的，在上午太阳位于东墙南侧之前，南墙接收不到太阳直接辐射，在傍晚太阳位于西墙北侧时，南墙进入阴影。北墙仅在早晨太阳升起后当太阳位于东墙北侧时才能短时间接收太阳辐射，然后在几乎一整天的时间内都处于阴影中，只能接收漫射短波辐射。在太阳落山前太阳位于西墙北侧时也有一个类似的短时间接收太阳辐射的时段，也就是说，它经历了两个局地的“日出”和“日落”。

同样，长波辐射及净全辐射也有这样的特征，详情请见相关文献。

9.4 下垫面的能量平衡过程

地表能量平衡（surface energy balance）是指地球表面从太阳获取能量与向大气、下垫面支出能量的物理过程。在一定时段内，这个能量收支过程处于一个平衡态，称为能量平衡过程。简单地说就是，入射到地表的净辐射能在地表的转换和再分配过程。该过程是驱动大气边界层内各种物理过程的主要原因。

对于一个无限薄的平坦、均一下垫面，可认为在水平方向上的能量交换过程处处相等，故只需考虑垂直方向上的交换即可，见图9.11。根据能量守恒定律，地表能量收支可写成下列形式：

$$-Q_S^* = Q_H + Q_E - Q_G \tag{9.4.1}$$

式中，各量取向上为正；Q_S^* 为地面向上的净辐射通量；Q_H，Q_E 分别为向上感热通量、潜热通量；Q_G 是向上的土壤热通量。这四项中，Q_S^* 为外部强迫项，即真实的驱动力，而其余各项都为响应项。

9.4.1 能量平衡过程

(1)感热通量，是指以湍流运动方式进行热量输送的过程。通常是指在单位时间、单位面积内沿垂直方向通过热量的多少，单位为 W/m^2。

白天，在强烈日射下地温高于气温，热量由地面传送给上层较冷的空气，$Q_H>0$；夜间，地面辐射冷却，气温高于地温，热量由空气传送给地面，$Q_H<0$，垂直方向上的感热通量可表示为：

$$Q_H = \rho c_p \overline{w'\theta'} = -\rho c_p \left(K_h \frac{\partial \overline{T}}{\partial z} \right) \tag{9.4.2}$$

(2)潜热通量，是指以湍流运动方式进行水分输送的过程。由于水分在输送过程中会有相态的变化，故会伴有热量的吸收与释放。例如蒸发量越大需要的能量就

越多,故这部分能量是"潜在的""背后的"能量,故称为潜热通量。垂直方向上的潜热通量可用下式表示:

$$Q_E = L_v E = \rho L_v \overline{w'q'} = -\rho L_v \left(K_q \frac{\partial \bar{q}}{\partial z} \right) \tag{9.4.3}$$

式中,E 为水汽质量通量密度,单位 $kg/(m^2 \cdot s^2)$;$L_v = 2.464$ MJ/kg,为汽化潜热系数。

(3)土壤热通量,是指单位时间、单位面积上的土壤热交换量。

白天,当地表温度高于深层土壤温度时,多余的热量则会进入土壤,$Q_G < 0$;在夜间,当地表温度小于土壤温度时,热通量则开始向上层传递,$Q_G > 0$。土壤热通量的获取通常有以下三种方式:

(1)利用热通量板直接测量。

(2)利用多层土壤温度梯度计算,如下式:

$$Q_G = -\lambda_g \frac{\partial \overline{T}_s}{\partial z} \tag{9.4.4a}$$

式中,λ_g 为土壤导热系数;$\overline{T}_s$ 为土壤平均温度,因而土壤热通量为:

$$Q_G = -\lambda_g \left. \frac{\partial \overline{T}_s}{\partial z} \right|_{z=0} \tag{9.4.4b}$$

(3)根据热力学第二定律得到:

$$\frac{\partial \overline{T}_s}{\partial t} = -\frac{1}{C_g} \frac{\partial Q_G}{\partial z} \tag{9.4.5}$$

式中,C_g 为土壤热容量,合并式(9.4.4a)和式(9.4.5)得到:

$$\frac{\partial \overline{T}_s}{\partial t} = -k_g \frac{\partial^2 \overline{T}_s}{\partial z^2} \tag{9.4.6}$$

式中,$k_g = \lambda_g / C_g$ 称作土壤热扩散系数。

能量平衡过程是由净辐射通量来驱动,因此能量平衡方程中的各项具有明显的昼夜区别。

在白天阳光充足时,见图 9.11a,下垫面获取的净辐射通量(Q_S^*)为负值,因为地表接收到的向下辐射大于向上辐射。这部分能量一方面使地表升温,另一方面盈余的热量就以感热、潜热的形式向空气输送热量,Q_H、Q_E 均为正值。与此同时,还有一部分热量向下层传递,以增加深层土壤温度,Q_G 为负值。

到了夜间,见图 9.11b,在没有了太阳短波辐射,净辐射通量只包含长波辐射,此时 Q_S^* 为正值,表征地表向外发射长波辐射,使地表降温。为了维持地表热量平衡,补充地表热量的损耗,深层土壤开始向表面输送,Q_G 转变为正值,高层大气也开始向下传输热量,Q_H、Q_E 也转变为负值。

上述白天和夜间的能量收支过程只是一个典型个例。在实际情况中,能量平衡中的各项的大小及能量传递方向会各不相同。如在白天一个干暖气团经过湿冷绿洲时(图 9.12a),地表获取的净辐射 Q_S^* 为负值;高层暖空气则会将热量向下传递,此时 Q_H 为负;为了转移多余的热量,潮湿的地面和植被将发生强烈的水汽蒸发,导致潜热 Q_E 为正;土壤热通量 Q_G 也向下层传递。如果忽略 Q_G 的作用,仅考虑 Q_S^*、Q_H、Q_E 这三项,潜热通量的值可能大于净辐射加热项,因为蒸发作用还吸收了一部分高层暖空气供给的热量。

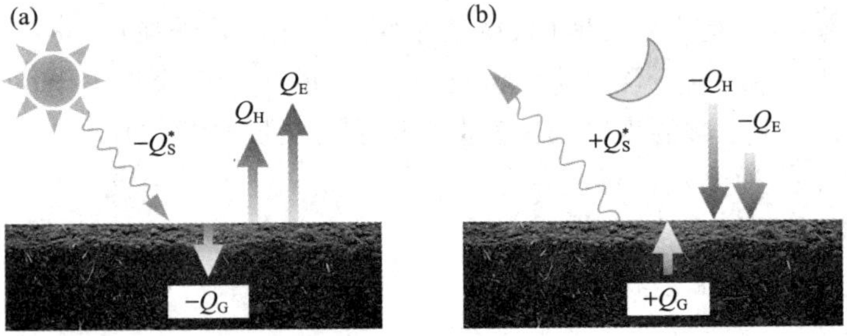

图 9.11　简单下垫面能量平衡方程中各项的收入与支出

(a)白天条件下;(b)夜间条件下

此外,海洋的热量收支特点也与陆地明显不同,因为水中的湍流能将海面的热量有效地输送到海水深处,海水的热容量又比空气大约 4000 倍,这会使得海水可以大量吸热而温度几乎保持不变,因此,辐射的日变化过程几乎被进入海洋中相应的能量输送日变化所平衡(图 9.12b)。此外,由于海面水温几乎不随时间变化,从而热通量和水汽通量也近似为常数,结果使洋面上方的空气温度和湿度变化很缓慢。

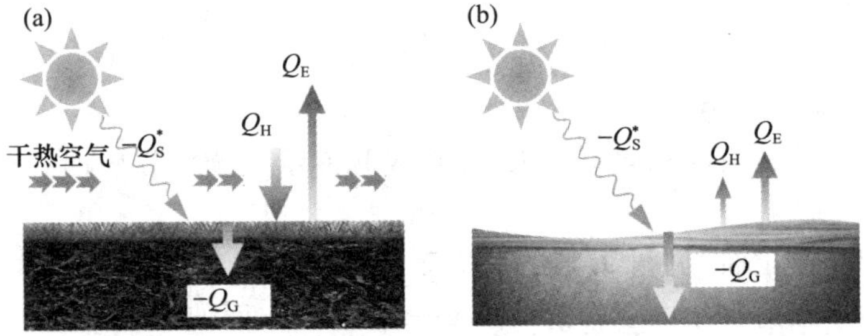

图 9.12　地表能量平衡各项的典型变化

(a)干热空气流过湿冷的绿洲地表;(b)白天海洋下垫面的能量收支

9.4.2　能量平衡的日变化特征

图 9.13 给出了南京地区典型草地下垫面不同季节的能量平衡各分量日变化特征。以春季为例,见图 9.13a,能量平衡各分量均表现为典型的单峰结构,其中净辐射、感热通量、潜热通量在午间 12—13 时达到峰值,土壤热通量存在位相的滞后,在

15 时左右达到峰值。

夜间 18 时—次日 07 时净辐射通量为负值，约为 −40 W/m² 左右，表明地表在通过长波辐射向外输送能量。此时段，感热通量和土壤热通量也为负，量值略小于净辐射通量，表明深层土壤与高层大气在向地表传输热量，弥补地表热量的损耗。潜热通量在夜间一直为正值，约为 20 W/m²，表明地表一直在向外蒸发水汽，但量值不大。

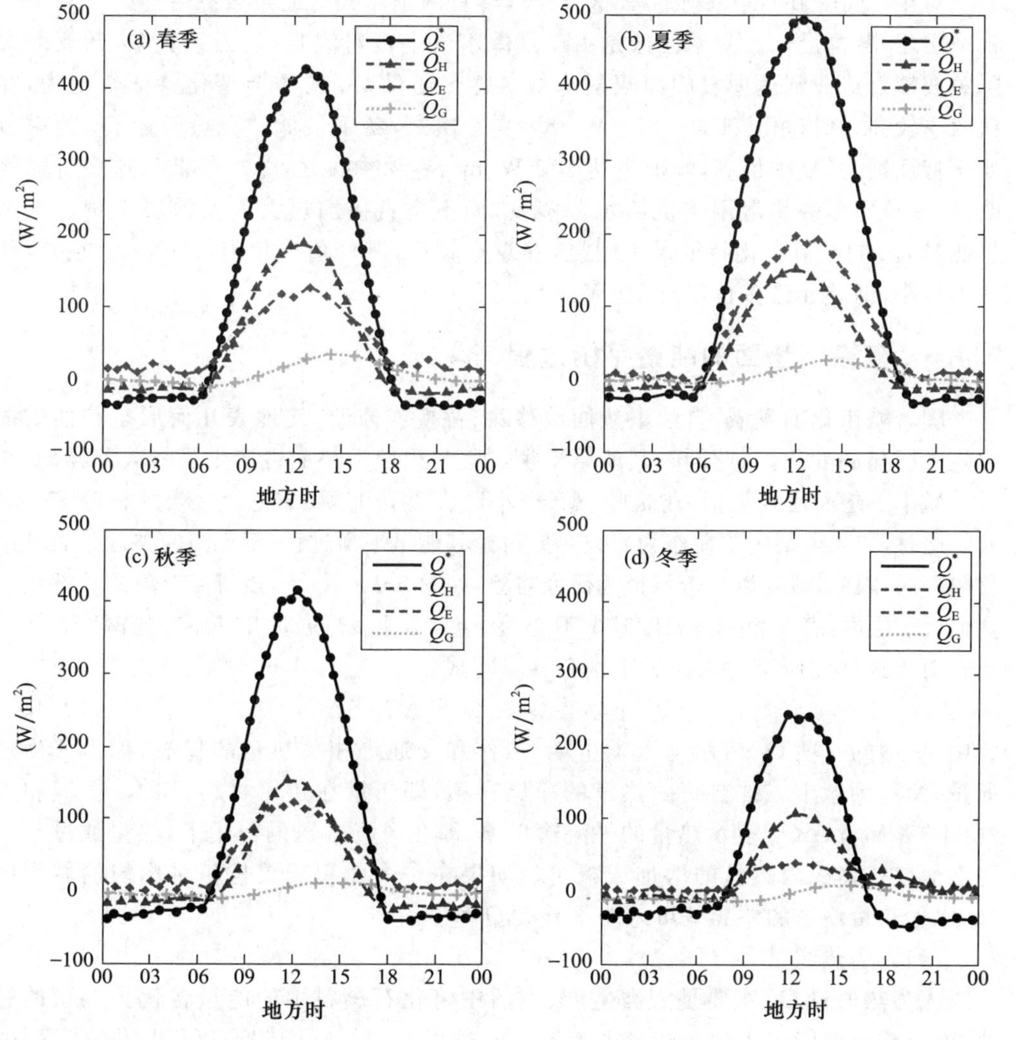

图 9.13　南京地区不同季节草地下垫面能量平衡各项日变化特征（王成刚 等，2018）

日出后，净辐射最先发生变化，呈快速增长趋势，在正午达到峰值 450 W/m²。感热通量和潜热通量在净辐射通量的驱动下也开始增长，但涨幅略小，在午后达到峰值，分别为 150 W/m² 和 120 W/m² 左右。土壤通量变化最为滞后，在白天不同分量存在着明显的相位差异。午后，随着太阳短波辐射的减少，地表获取的净辐射通量迅速降低，感热通量与潜热通量也开减少，但此时土壤热通量还在持续增加。日落前，感热通量较净辐射通量先转为负值，表明地表接收到的能量已不足以供给土壤向下层的热量传递及地表水分的蒸发，还需要高层暖空气来补给这部分能量，故感热通量转向。

对比不同季节的净辐射通量 Q_S^* 可见，春夏两季净辐射通量较高可达 500 W/m²，秋季次之，冬季最低。夏季偏低是由于夏季水汽丰富对流旺盛，云系较多，云反射太阳短波辐射造成到达地表的净辐射降低。感热通量 Q_H 的季节变化特征表现为，春秋两季较高，峰值可达 100～200 W/m²，夏季次之，冬季最低。潜热通量 Q_E 的季节变化特征则为，夏季最高，峰值可达 200 W/m²，春秋季次之，冬季最低。这一特征表明，在夏季更多的热量用于供给水分蒸发，而不是直接加热大气及深层土壤。土壤热通量 Q_G 的季节变化特征最不明显，春夏季较高，其峰值也仅有 30 W/m² 左右，秋冬季较小，但差异最多也仅有 10 W/m²。

9.4.3 复杂下垫面的能量平衡过程

随着城市化的发展，自然下垫面被移除、替换或修改，使地表几何形态和性质都发生了明显的变化，与此同时其能量平衡过程与简单下垫面也产生了较大差异。

城市下垫面通常包括，建筑物、街道、小区、广场、工厂、草地、水体、树林等多个单元。此时，如果以某一单元作为研究对象讨论其能量平衡过程，都无法完整地代表城市整体特征，因此，需要以整个城市为研究对象，如图 9.14 所示。该研究对象的顶部应设在惯性子层内，底部为土壤温度基本不变的深度，即地表热通量几乎不变的深度。

对于这样的研究对象能量平衡公式可写成：

$$-Q^* + Q_F = Q_H + Q_E + \Delta Q_S + \Delta Q_A \tag{9.4.7}$$

式中，新增的一项 Q_F 表示与人类生活、工作和交通等相关热量的释放，称为人为热通量；ΔQ_S 为城市三维空间内热量的净储存项，即热量在建筑材料、树木、土壤和大气中的存储量；ΔQ_A 表示热量的平流输送项，即在风场输送的作用下，热量通过某一侧面而使该体积内热量的增加或减少。如果在一个面积较大且相对均匀的城市区域，水平热量输送的差异就可忽略不计，$\Delta Q_A \approx 0$。

(1)人为热通量

人为热通量 Q_F 主要是人类生产、生活中将化石燃料中的能量转化为“新”的感热、潜热或辐射能注入地表能量平衡系统的过程。例如空调制冷、照明、供暖、烹饪、交通运输、工业加工等都会释放大量的能量。

Q_F 通常分为三个来源部分：建筑物、交通和人、动物代谢产物。能量可从许多燃料中获取，如石油、天然气、石油产品、其他可燃物(煤、木材、炭)和电力(由燃料燃烧、水力涡轮机、太阳能、风能或核能产生)。当燃料在空气中燃烧时,会释放感热、潜热(水蒸气)和其他气体。燃料转化为感热和潜热的多少取决于燃料的类型、发动机的效率以及一些环境条件。Q_F 具有明显的日变化特征。图 9.15 所示为美国亚特兰大和芝加哥的个例。从图中可以发现,在这两个城市中,Q_F 的日变化表现为一个典型的双峰过程,即早晚高峰 Q_F 较大。此外,Q_F 还有明显的昼夜变化,白天高值是因为人为活动显著,进入地-气系统的能量也多,在夜间睡眠时间,人为活动少,相应的能量也减少。

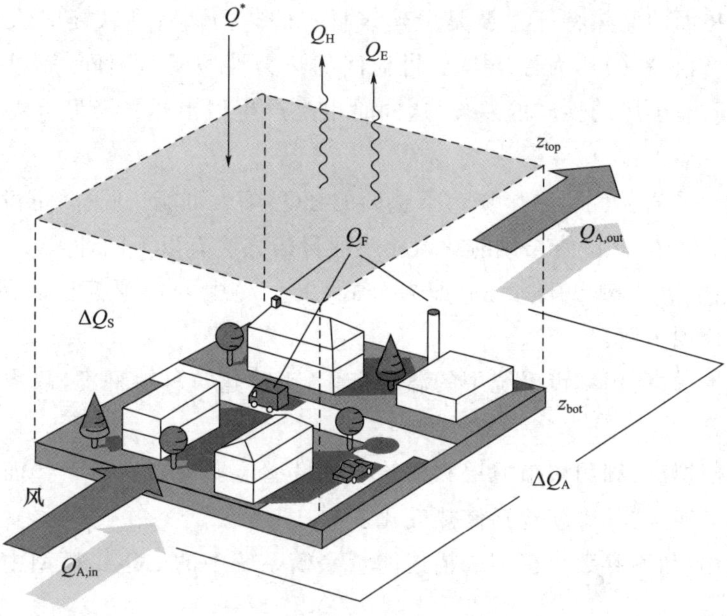

图 9.14　复杂下垫面地表能量平衡各项示意图

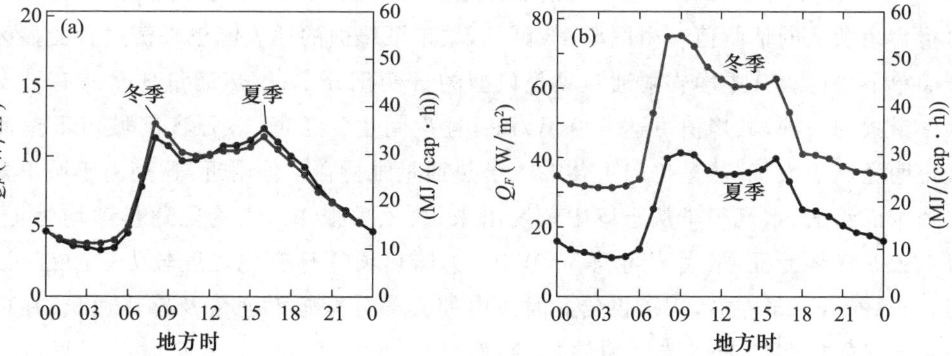

图 9.15　美国(a)亚特兰大和(b)芝加哥冬季和夏季人为热通量的日变化特征(Sailor 和 Lu,2004)

虽然这两个城市的日变化特征大致相同，但季节差异非常明显。亚特兰大地理位置靠南，冬季气候温暖，不需要供暖，故季节差异不明显。而在芝加哥冬季较冷，因此冬季 Q_F 的平均值（48 W/m^2）约是夏季值（26 W/m^2）的两倍。但芝加哥的 Q_F 的平均值要明显大于亚特兰大，这主要是因为芝加哥具有更高的人口密度（芝加哥人口密度 4900 人/km^2，亚特兰大 1200 人/km^2）。

（2）储热项

城市下垫面的储热特征主要是由建筑材料的热力属性所决定。大量研究结果表明，城市建筑材料的热力性质与乡村地区的热力性质明显不同，简单地讲是钢筋混凝土的性质与土壤的性质的差异，这同时也是产生城市热岛及城乡差异的主要原因之一。

与 Q_F 类似，直接测量整个城市下垫面的 ΔQ_S 不太可能。同样，也没有绝对的标准可以验证 ΔQ_S 的估计值。目前获取储热通量的方法有以下四种：

1）余项法：某个观测环境中，如果公式（9.4.7）中的每项都被测量或估算，则 ΔQ_S 可作为余项求解。

2）热质量法：利用城市系统中的温度变化特征，建筑材料种类，热力性质以及排列信息来计算。

3）数值模拟法：利用城市冠层和建筑能量模型能够模拟城市下垫面不同高度与建筑物的热交换，这其中就包括储热变化。

4）参数化：利用参数化模型来描述能量平衡系统中的 ΔQ_S。模型中需要一些经验参数。

图 9.16 为法国马赛中部夏季 8 个晴朗日测得的地表能量平衡总体平均值。图 9.16 中净辐射通量、感热通量、潜热通量为实际观测值，人为热通量为估测值，储热量为余项法的估测值。由图 9.16 可见，城市下垫面的地表能量平衡过程明显区别于简单下垫面。其中净辐射通量项呈典型的日变化分布；感热通量项是所有被支配项中最大的一项，其峰值可达 400 W/m^2，且夜间也为正值，表征夜间城市下垫面温度也明显高于大气，热量仍向上传输。潜热通量维持在 0 值附近，这是由于城市多由不透水面组成，水汽很难从土壤中蒸发出来，故该项很小。人为热通量项均为正值，且白天有双峰特征，最大值约为 50 W/m^2。储热项的日变化幅度较大，在夜间该项可达 −120 W/m^2 左右，用于供给此时段内的大部分净辐射通量及感热通量；在白天盈余的净辐射能量全部转化为储热，峰值可达 200 W/m^2，但其衰减要明显快于其他项。

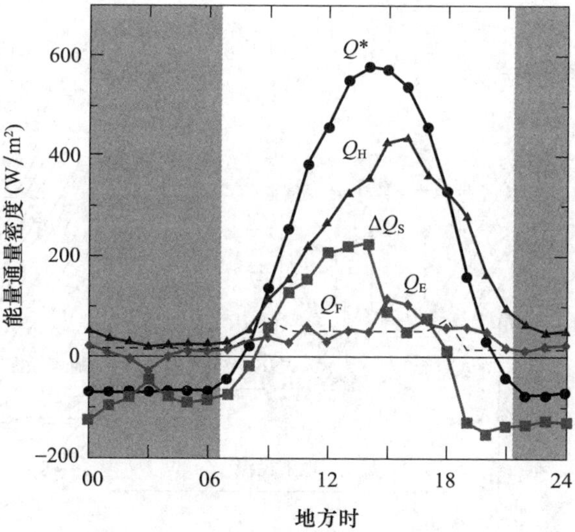

图 9.16　法国马赛中部 8 个晴朗夏季日测得的地表能量平衡总体平均值(Roberts et al.,2006)

9.5　下垫面的水分收支过程

水循环是指地球表面各种形式的水体以气态,液态和固态的形式在陆地、海洋和大气间不断循环,同时伴有热量的吸收和释放过程。这是一个多环节的自然过程,是联系各种水体和各大圈层的“纽带”。可以说,水循环就是地球系统的“血液循环”。

9.5.1　水循环过程

地球系统中的水可分为地面水、地下水、大气水和生物水四部分。地面水主要指海洋、河流、湖泊、冰川、沼泽等水体中的水。地下水是指土壤和岩石孔隙、洞穴、溶穴、土壤中的水。大气水主要指悬浮于大气中的水汽、包括以液态和固态形式悬浮于大气中的水。生物水是指含在生物体内的水分。

这些水在太阳能、重力以及大气运动的驱动下,不断地从水面、陆面和植被通过蒸发或蒸腾作用以水汽的形式进入大气圈,通过大气环流将水汽输送到全球各个地方。在适当的条件下,水汽又凝结成水滴,以降水的形式落到地表。这部分降水,一部分渗入地下;一部分则形成地面径流汇入海洋;还有一部分通过蒸发和蒸腾重新回到大气。渗入地下的那部分水,或者成为土壤水,或者以地下水形式排入江、河、湖泊,再汇入海洋。水的这种永无休止的循环运动过程称为水分循环过程,见示意图 9.17。

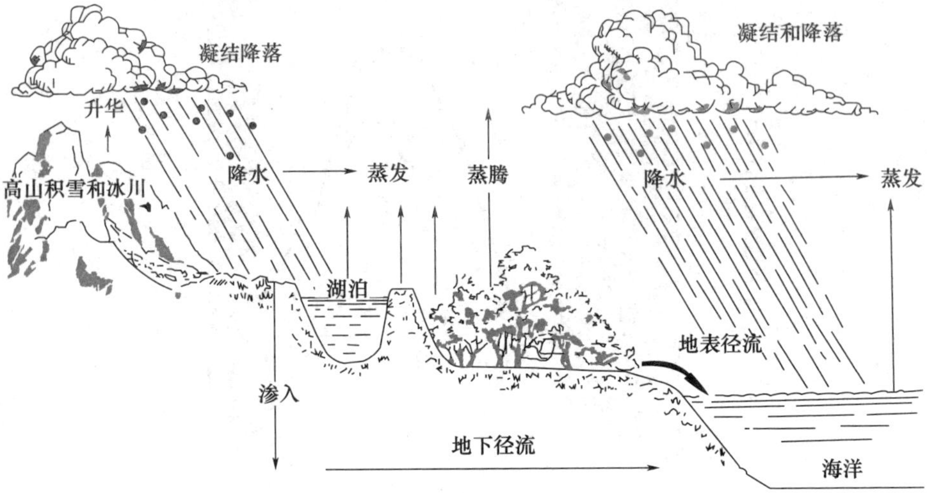

图 9.17　地球系统水循环过程示意图

水循环可以分为海陆间循环、海上内循环和陆上内循环三种形式。其中，海陆间循环是空间尺度最大的水分循环，也是最完整的水分循环，由于海陆分布不均匀与大气环流的作用，构成了地球上水的若干个大循环，这些循环随季节有所变动，它涉及气候系统各圈层的相互作用，与全球气候变化的关系密切。

海上内循环和陆上内循环为区域水分循环，是全球水分循环的组成部分。海上水分内循环相对简单，通常只包含降水、水汽输送、蒸发三部分。陆地水分循环则包含蒸发(蒸腾)、水汽输送、降水、截留、渗透、地表径流和地下径流以及多种形式的水量贮蓄等环节。

水分循环不仅具有不同的空间尺度，而且具有不同的时间尺度。一般来说空间尺度大的循环，时间尺度也长，如海陆间的一次水分循环过程可长达几个月。区域小循环的时间尺度可短到几小时。

由图 9.17 可见，可以影响水分循环过程的物理过程，可分为三类。

(1)气象因素影响：如风向、风速、温度、湿度等；

(2)下垫面因素影响：如地形、地质、地貌、土壤、植被等；

(3)人类改造自然的活动：包括水利措施、农林措施和环境工程措施等。

这三类因素中，气象因素最为重要，因为蒸发、水汽输送和降水这三个环节，基本上决定地球表面上辐射平衡和大气环流状况。而径流虽与下垫面条件有关，但基本规律还是决定于气象因素。人类活动，可以通过改变下垫面属性，对蒸发、径流等水循环过程进行直接或间接的影响，如水利措施、农林措施等。

9.5.2 大气边界层内的水分收支过程

水循环是大气边界层中一种重要的物理过程。如前所述，若土壤含水量不同，就会明显影响下垫面的反照率，从而影响下垫面辐射收支过程；土壤、植被蒸发量的变化还会影响潜热通量的大小，进而改变下垫面能量收支过程。此外，边界层内的雾过程，污染物吸湿增长过程等都与“水”密切相关。因此，水循环也是大气边界层研究的核心内容。

大气边界层内的水分收支过程是全球水分循环的重要基础。这个过程主要以“水-气-土-植被”为整体研究对象，其上边界为大气边界层顶部，下边界为无地下径流的土壤层，见图 9.18。

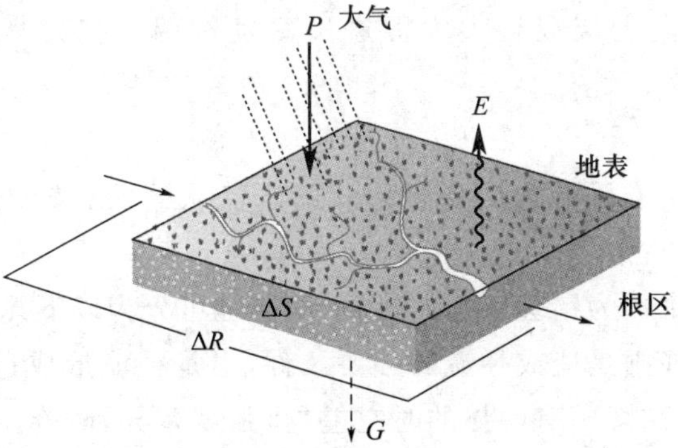

图 9.18　大气边界层内水分收支过程示意图(Oke et al.，2020)

在这个研究区域内，水分的收支过程可以表达为：

$$P=E+\Delta S+G+\Delta R \tag{9.5.1}$$

(1)降水量(P)

降水量是整个地表水分收支过程中最为重要的支配项。自然界中的降水形式多样，包括雨、雪、霜、露、霰、雹等现象。而且不同区域、不同时段的降水量会差别很大。在我国具体表现为以下特点：①地区分布不均。我国的降水空间分布总体呈东南湿润多雨、西北干燥少雨的特征。例如福建、台湾、广东、江西等地年平均降水量可达 1600 mm；在东北、山西、陕西、甘肃一带平均降水量降到了 400～800 mm；到了内蒙古大部、宁夏，甘肃北部地区、青海的地区年平均降水量不足 200 mm。②季节变化大。我国大部地区的降水受东南季风和西南季风的影响，雨季随东南季风和西南季风的进退变化而变化。冬季，我国大陆受西伯利亚干冷气团的控制，气候寒冷，雨雪较少。春暖以后，南方地区开始进入雨季，随后雨带不断北移。进入夏季后，全国大部地区都处在雨季，雨量集中。因此，我国的气候具有雨热同期的显著特点。

(2)地表蒸发量(E)

蒸发是水分从物体表面向大气逸散的现象。广义的地表蒸发通常包括陆面、水面的蒸发和植物的蒸腾,以及冰雪面的冰雪汽化。

地表蒸发量取决于三个因素:一是蒸发面上储存的水分多少,这是蒸发的供水因素;二是蒸发面上水分子获得的能量多少,这是水分子脱离蒸发面向大气逸散的能量供给因素;三是蒸发面上空气水汽输送的速度,这是保证向大气逸散的水分子大于从大气返回蒸发面水分子的动力条件。

供水因素与蒸发面的水分含量有关,例如湖面与沙漠的蒸发量就有很大差异。动力因素主要来自两个方面:一是水汽分子扩散作用,其作用力大小及方向取决于大气中水汽含量的梯度,但一般情况下该作用不大;二是空气湍流扩散作用。湍流作用会使水分快速向上层混合大大促进了蒸发作用。有关蒸发量的计算见潜热公式。

(3)净径流量(ΔR)

净径流量是指研究区域内的各种形式的水流从输入到输出的整个过程。包括地表径流和地下径流。

径流形成是一个极为错综复杂的过程,简单地可分为以下几个阶段:

1)降雨过程。降雨是造成径流的必要条件,也是径流形成过程的初始阶段。对于一个已知流域,每次降雨有明显的时空差异,强度差异,故降水特性与和径流形成密切相关。

2)蓄渗过程。降雨到达地面时,地面上的植物和建筑物要截留一部分降雨,称为截留水量。雨停之后,截留的水大部分被蒸发掉。雨水到达地面后,雨水从地面渗入土壤,称之为下渗。下渗发生在降雨期及雨停后一段时间内,只要流域表面有水,就有下渗过程。地表有各种形态的洼地和水塘,在降雨过程中,它们能容蓄一部分水量。这部分可以维持一段较长时间。植物截留、下渗及洼地蓄水等过程,总称为蓄渗过程。

3)坡面漫流过程。当研究区域有地形高度起伏时,就会出现水流沿坡面向下的流动,称之为坡面漫流。坡面漫流并不遵循固定的水流路线,而是沿着随机的泄水路线流入河网。坡面是径流输送的场所,尽管坡面上的汇流历时较短,对径流量起到了再分配的作用。

4)河网汇流阶段。水流在河网内沿河槽作纵向运动的过程称为河网汇流。河网汇流过程就是洪水波的形成和运动过程,而河流断面上的水位及流量的变化过程正是洪水流通过该断面的直接反映。

5)地下径流过程。地下径流是指由地下水的补给区向排泄区流动的地下水流，又称为基流。当地表水渗入饱和层及地下河之后，从水头高处流向低处的过程。

径流对降水表现出明显的时间响应特征，这取决于降水事件的规模和强度、集水区的特征（土壤的深度、坡度、底层地质等）以及由于先前存在的条件而产生的持续影响。在干旱期后，降水可能只是补充之前耗尽的储备水，使径流几乎没有可用的储备，但在雨季之后，水库可能已经满了，所以径流对降水的变化很敏感。

（4）存水量（ΔS）

存水量是指单位面积空气和土壤柱中水质量的总体变化（mm/h）。储存变化包括以下三部分：一是空气湿度改变导致的储存水分变化，即从地表到大气边界层顶；二是地表水分变化，如池塘或水池；三是土壤和基层湿度变化，包括土壤存水、地下水和所有地表水存贮形式，如湖泊、溪流、积雪、植被截留。在降水事件发生后 ΔS 为正值，而在干旱期为负值。

（5）下渗量（G）

下渗量为由地表渗入地下，且在土壤中以水流形式流出土壤层的水。此间，渗透是一个关键过程，它控制水分在地表和基层之间的运动。如果地表为不透水表面（水泥地）或接近饱和的土壤，此时的渗透率几乎为零，故积聚在表面的降水（P）会更多地转化为径流（ΔR）。

测量完整的地表水平衡非常困难，因为公式（9.3.7）中不同项在时间和空间尺度上不匹配。例如 ΔS 可持续数天或者数周。如果分析的时间范围很长，那么 ΔS 可能包括了流域内所有的湿润和干旱过程，在这种情况下 ΔS 趋于零。相比之下，降水量（P）则以离散脉冲串的形式出现，通常是在数小时或数天的时间段内间歇性地发生，或许之后的一个月或更长时间都没有增加。蒸发量（E）是一种半连续过程，受能量的利用、湍流输送效率和植物蒸腾的影响。径流量（ΔR）不仅有地表的还有地下的，有固定河道内的还有非正常河道内的。故有关地表水分循环过程如何详细准确计算还是一个难点。

其实在不同的下垫面，水分收支过程存在明显差异，如图 9.19 所示。由图 9.19 可见，在森林、草地、居民区、商业区四种下垫面条件下，当降水量一定时，森林下垫面的蒸发量最大，可达 45%，草地和居民区次之，商业区最小，这是因为商业区多为不透水的下垫面而且植被也少，故蒸发量小。渗透量也同样表现为森林下垫面最大、商业区最小。但净径流量则森林最小，商业区最大，这是由于在城市更多的降水量通过管道流入了河网。

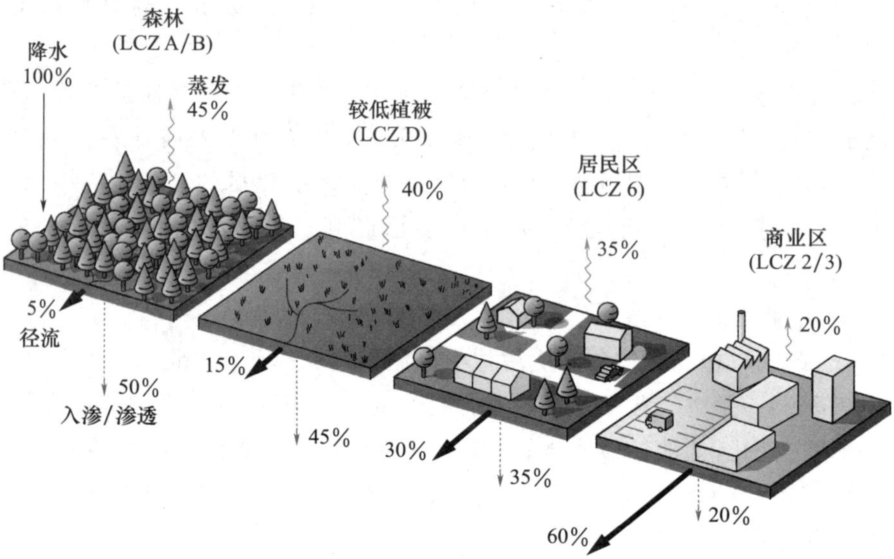

图 9.19　不同下垫面条件下水分收支项的差异示意图(Oke et al. ,2020)

第 10 章　复杂下垫面对大气边界层的影响

地球表面有很多广袤的平坦、均一下垫面，如海洋，沙漠，草原、戈壁、森林等，但人类更多生活在一些非平坦、非均一的下垫面。据统计，2020 年全球 58%的人口居住在复杂的城市下垫面，预计到 2050 年将增长到 66%。此外，其他非城市人口也多生活在靠近水源的河边、湖边，以及盆地、山脚、绿洲等地。因此，复杂下垫面才是人类最关注的区域。

复杂下垫面是非平坦、非均一下垫面的统称，如图 10.1。非平坦下垫面是指地形高低起伏不平的地表，如山地，丘陵，盆地，高山等。非均一下垫面是指下垫面热力、动力、湿度等属性不一致的情形，如海-陆、森林-沙漠-草原-农田、旱地-湿地、冰盖-冰-苔原、城-乡等。在复杂下垫面条件下，由于地表动力属性、热力属性、湿度属性等差异给大气边界层的研究带来了很多困难。

图 10.1　典型的复杂下垫面(山地-河谷)

自 20 世纪 80 年代初，大气边界层的研究工作重心已转向复杂下垫面对大气的影响。国内外先后开展了一批有影响的复杂下垫面外场观测实验，如 FIFE(美国)、CASES(美国)、BOREAS(加拿大)、LOTREX(德国)、EFEDA(西班牙)、COST(欧洲)、HAPEX(法国)等，在我国有 HEIFE 实验，HUBEX 实验，青藏高原实验，金塔绿洲实验，白洋淀实验，南京、北京、上海城市边界层试验等，这些观测试验极大地推动了大气边界层的研究工作。然而复杂下垫面对大气边界层的影响过程仍未完全、深入、透彻地掌握，尤其是几种下垫面同时作用时，问题会变得极为复杂。例如粗糙度和温度均有变化，或粗糙度和地形高度同时改变，其综合效应会显著改变地表辐射收支过程、能量收支过程、水汽收支过程及风、温、湿、湍流的日变化过程（胡隐樵和张强，1993）。

本章将以此为出发点，分别讨论非均一下垫面、非平坦下垫面对大气边界层物理过程的影响。

10.1 非均一下垫面对大气边界层的影响

当气流从上游一种下垫面流动到另一种下垫面时，下垫面的动力、热力和水汽输送条件常会发生跃变（这里先不考虑地形起伏影响），例如气流从相对光滑的海洋（z_0较小）移向相对粗糙的陆地时，不但下垫面的粗糙度发生跃变，而且还会产生温度及水汽条件的跃变。简单地说，非均一下垫面条件下的边界层大气会先后受到多种下垫面的强迫作用，从而产生一系列的复杂过程。

下面就分别讨论地表粗糙度、温度和湿度跃变对大气边界层的影响。

10.1.1 地表粗糙度跃变对大气边界层的影响

当气流从一种粗糙度表面跃变到另一种粗糙度表面的过程中，新下垫面的强迫作用将首先调整原有的风场分布特征。在气流向下游流动的过程中，下垫面的强迫作用会逐渐向上扩散，在新下垫面上空形成一个厚度逐渐加大的新边界层。最后完全摆脱上游来流影响，形成一个适应新下垫面的大气边界层，如图 10.2 所示。

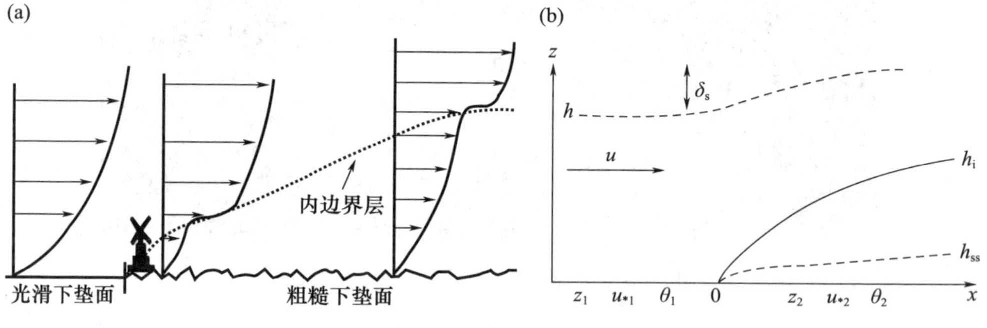

图 10.2 动力内边界层发展示意图（盛裴轩 等，2013）

在该过程中，下游边界层的发展通常具有如下特征：

(1)这个过程中形成的新边界层称为动力内边界层，即图 10.2b 中的 h_i；此高度以上，气流属性仍保持上游下垫面的强迫特征；此高度以下，则表现为新下垫面的强迫作用。h_i 随来流长度(下游某位置距跃变点的距离)x 的增加而增高。通常条件下,当 x 较小时,$h_i \propto x^{4/5}$;当 x 较大时,$h_i \propto x/10$;

(2)在新下垫面作用下,上游原先的边界层顶 h 在新边界层的发展过程中将会产生一个向上或向下的位移 δ_s,这个位移距离的大小取决于新下垫面的特征。

(3)在非常接近地面处,存在一个高度为 h_{ss} 的薄层,可认为这一薄层空气已完全适应了新的下垫面,其风廓线形式完全与局地边界条件相适应。

(4)在 h_{ss} 以上及 h_i 下面,存在一个掺混层(blending layer),在该层风速分布会逐渐由下游粗糙度的对数律形式过渡到上游粗糙度的对数律形式。

(5)当气流由光滑下垫面跃变到粗糙下垫面时($z_2 > z_1$),内边界层中各个高度的风速将比上游同一高度的风速小,为保持边界层 h 内满足连续方程,边界层厚度将有所增大,同时也使流线向上位移;相反,当气流由粗糙下垫面过渡到光滑下垫面时($z_2 < z_1$),边界层顶和流线将产生向下的位移。

(6)在分界点两侧的较远距离处,大气边界层内的各个物理过程调整为各自均一下垫面的状态。

图 10.3 为一次经典的野外实验结果,图中是不同 x 距离处的风速廓线,粗糙度跃变点在 $x=0$ 处。图 10.3a 为光滑到粗糙的过渡个例,$z_1=0.02$ mm,$z_2=2.5$ mm;图 10.3b 为粗糙到光滑的过渡个例,$z_1=2.5$ mm,$z_2=0.02$ mm。由图可以发现以下几个有意义的特征:

(1)随着下风距离的增加,风廓线会系统性偏移,而且廓线的汇合点会整体抬高,表明内边界层厚度随下风距离增加而增厚。

(2)汇合点以上平均风速廓线形式并不改变。

(3)对任何 x 值,仅有小部分廓线的速度分布与下游低层的对数形式,或者与内边界层顶部以上的上层对数形式有偏差。

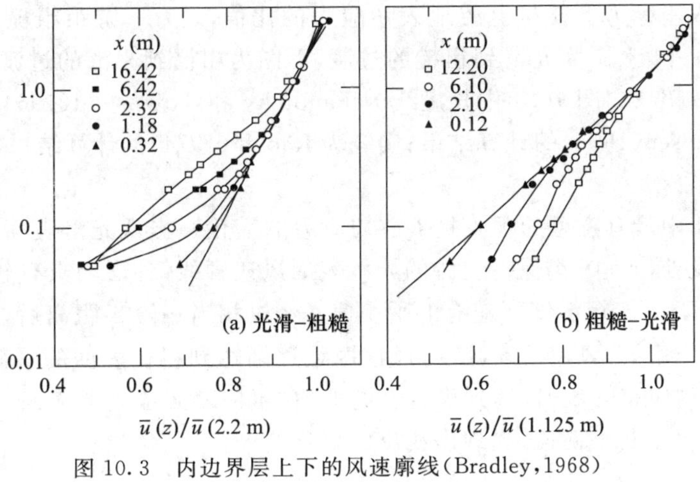

图 10.3　内边界层上下的风速廓线(Bradley,1968)

此类情形的风速廓线可以简单地用一种相拼接关系表示：

$$\bar{u}(z)=\frac{u_{*2}}{\kappa}\ln\left(\frac{z}{z_2}\right)+f\left(\frac{z}{h_i}\right) \tag{10.1.1}$$

其中

$$f\left(\frac{z}{h_i}\right)=\begin{cases}\frac{u_{*1}}{\kappa}\ln\left(\frac{z}{z_i}\right)-\frac{u_{*2}}{\kappa}\ln\left(\frac{z}{z_2}\right), & \frac{z}{h_i}>1\\ 0, & \frac{z}{h_i}\leqslant 1\end{cases}$$

该模型的计算结果与实测数据有较好的一致性。

对于内边界层高度 h_i 的确定，也可以用一个比较明确而简单的理论模式计算。假设内边界层顶的垂直伸展速度与 u_{*2} 成正比，平流输送速度为 $\bar{u}(x,z)$，于是有：

$$\frac{\mathrm{d}h_i}{\mathrm{d}x}=B_1\frac{u_{*2}}{\bar{u}(x,z)} \tag{10.1.2}$$

进一步假设：

$$\bar{u}(x,z)=\frac{u_{*2}}{\kappa}\ln\frac{z}{z_2}$$

设 $x=0$ 处 $h_i=z_2$，积分上式可得：

$$\frac{h_i}{x}\left[\ln\left(\frac{h_i}{z_2}\right)-1\right]=B_1\kappa \tag{10.1.3}$$

$B_1\neq 1$。上式存在问题是没有考虑上游来流的影响。目前，有关内边界层高度的预测多采用数值模拟方法。

内边界层中 u_*（或切应力 $\tau=\rho u_*^2$）的变化通常很难测量，但地表切应力 τ_0 或 u_{*0}^2 的测量可以借助地面观测仪器来完成。图 10.4 中的实心圆点表示 Bradley(1968)的实验结果，纵坐标为下游与上游地表切应力的比值，x 为下游距粗糙度跃变处的距离。图 10.4 中，上图为光滑到粗糙的过渡，下图为粗糙到光滑的过渡，其 M 值分别等于－4.8 和 4.8。图 10.4 中长虚线为 Panofsky 和 Townsend(1964)的计算结果；短虚线为 Jensen(1978)的计算结果；实线为 Rao 等(1974)的计算结果，但下图实线 B 的 M 值取作 7.1。

图 10.4 中最有意思的现象是下游切应力的变化。当从光滑表面过渡到粗糙表面时，因跃变处($x=0$)仍保持上游的光滑表面风速廓线，各层均具有较大的风速，此处的 τ_2 远大于在 z_2 粗糙度下应有的平衡值。经过相当一段 x 距离后，在下游粗糙表面摩擦力的作用下，风速逐渐减小，风速廓线逐渐达到粗糙表面的平衡状态，τ_2 值也就逐渐减小到应有的数值，达到稳定。同理，在粗糙表面往光滑表面过渡时，则因跃变处 τ_2 值远低于其平衡值，表现出相反的变化趋势。

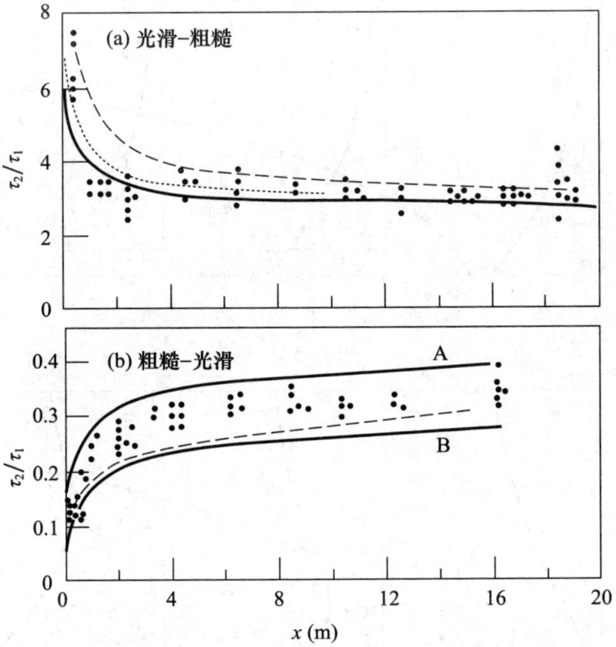

图 10.4　内边界层下垫表面切应力随距离的变化(Bredley,1968)

10.1.2　地表温度跃变对大气边界层的影响

气流从一种温度的下垫表面过渡到另一种温度的下垫表面时,上游边界层的温度层结受到新下垫面影响,必将产生明显的变化,并从地面逐渐往上发展。图 10.5 给出了两种最为典型的情况。图 10.5a 为地表温度较高的气流移向较冷地面的情况。上游边界层为不稳定层结,由于地表冷却作用,发展成为稳定层结(平流逆温)的热内边界层。图 10.5b 为地表温度较低的气流移向较暖地面的情况。上游是稳定边界层,在热力强制作用下,接近地面的空气层将逐渐发展成为混合层,其厚度从跃变处的零值逐渐增大。这种情况常发生于沿海地区海风登陆之后,或在夜间郊区的气流进入城市热岛之后,其初始和中期阶段形成的边界层,称作热力内边界层。

(1)对流热力内边界层

当气流从冷地表面向暖地表流动时,会形成对流热力内边界层。热力内边界层厚度会随着距跃变点长度的增加而加厚。例如,夏季冷水域上的空气平流至暖陆面时均可出现热力内边界层,或在冬季寒冷的大陆空气平流至暖水面时,如图 10.6 所示。此过程中,湍流在对流内边界层范围内发展旺盛,并还有一个比较清晰的顶,其他特征如不稳定边界层的结论。

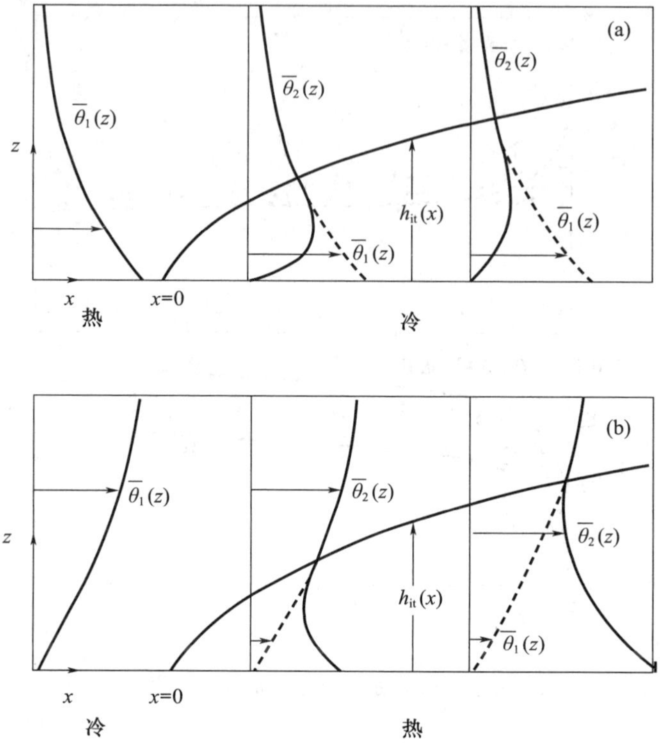

图 10.5　热力内边界层的发展及其温度廓线随距离的变化(Kaimal 和 Finningan,1994)

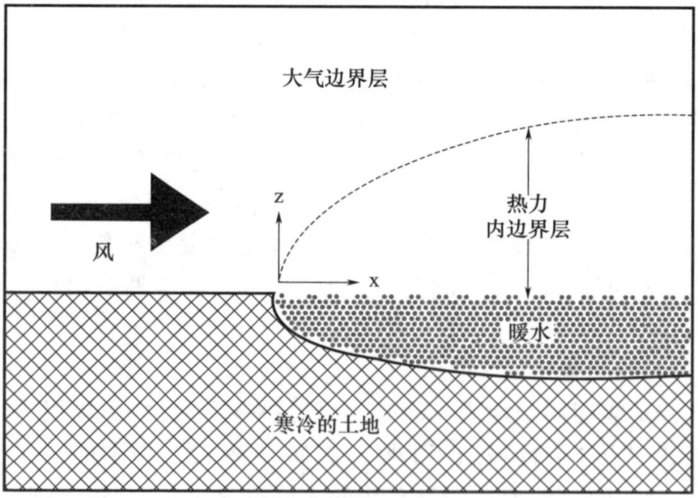

图 10.6　对流热力内边界层增长过程示意图(Stull,1991)

实际观测也证实，对流热力内边界层的结构及变化规律同混合层有很高的一致性。因此，可以模仿混合层顶的变化规律，来获取热内边界层高度 h_{it}：

$$h_{it}^2(t)=\frac{2(1+2A)}{\gamma}[\overline{(w'\theta')_s}-t] \tag{10.1.4}$$

由于在某一时刻，陆面上的感热通量不随距离变化，其值可认为是常数。令 $x=\overline{u}t$，将时间坐标改写为空间坐标，则上式变为：

$$h_{it}^2(x)=\frac{2(1+2A)}{\gamma-\overline{u}}[\overline{(w'\theta')_s}-x] \tag{10.1.5}$$

式中，γ 为上游空气层的逆位温梯度；A 为卷夹系数取作 0.20；$\overline{u}$ 为内边界层的平均风速；$\overline{(w'\theta')_s}$ 为下游地表的感热通量。

(2)稳定热力内边界层

当气流从暖下垫面向冷下垫面流动过程中，会形成一个稳定热力内边界层，该层的特征类似第 7 章所讨论的稳定边界层。此过程中，在跃变点之后的区域，从上游带来的旺盛湍流开始衰减，且“趴伏”在冷气层之上。在远离跃变点处，下垫面强迫作用使湍流被抑制，只有在近地面或有风切变的地方还可能产生湍流。对于充分发展的稳定热力内边界层，湍流会明显随高度减弱。

Garratt(1992)提出，稳定热力内边界层厚度通常会随距离平方根增长：

$$h_{it}=0.014\overline{U}\left(\frac{x\overline{\theta}}{g\,\Delta\overline{\theta}}\right)^{1/2} \tag{10.1.6}$$

式中，$\Delta\overline{\theta}$ 是热力内边界层发展前，暖空气与较冷地表之间的初始温度差；x 为下风方向距跃变点的距离。当稳定热力内边界的底部变冷且接近地表温度时，因地表热通量趋于零，上述方程不成立。在这个距离以外，除了空气下沉引起的厚度变化之外，热力内边界厚度不再变化。

其实，热力内边界层就是一种气团变性过程。如果边界层范围内的气团在某一源地停留的时间够长，那么气团就可以获得下垫面某些特征。当某一气团离开其源地而移到另一个不同温度的下垫面上时，就会发生气团变性。

10.1.3　地表湿度属性跃变对大气边界层的影响

沙漠-绿洲系统中，由于沙漠下垫面干燥，绿洲下垫面有充足的水汽蒸发，两者存在明显的湿度差异。在风场作用下会形成典型的地表湿度跃变过程，与温度跃变过程类似。观测研究表明，在绿洲上空 200～300 m 高度以下的湿度会显著高于周边环境，形成一个湿岛。与此同时，绿洲还会具有“冷岛”的特征(图 10.7)。

在沙漠地区经常能观测到“逆湿”现象，即低层湿度小高层湿度大的特征，但这一特征通常只有在临近绿洲的沙漠上空才有。根据黑河观测实验(HEIFE)的结果，发现夜间只在绿洲下游有逆湿现象，而白天绿洲上下游均有该现象，同时夜间逆湿要强于白天，其形成原因可用平流(包括背景场气流及局地热力环流)及湍流扩散作用来解释。夜间因局地环流及湍流扩散较弱，从绿洲到沙漠主要靠背景风场输送，故仅在绿洲下游出现逆湿现象。白天由于局地环流和湍流扩散作用较强，故绿洲上游也有逆湿出现。白天逆湿没有夜间强是因白天边界层中湍流混合强烈，容易造成水汽的垂直输送，故逆湿较弱。图 10.8 数值模式模拟出的夏季绿洲(宽 14 km)及其在上下游 17.5 km 处的比湿廓线，可见在绿洲区不出现逆湿，而上下游沙漠中出现。

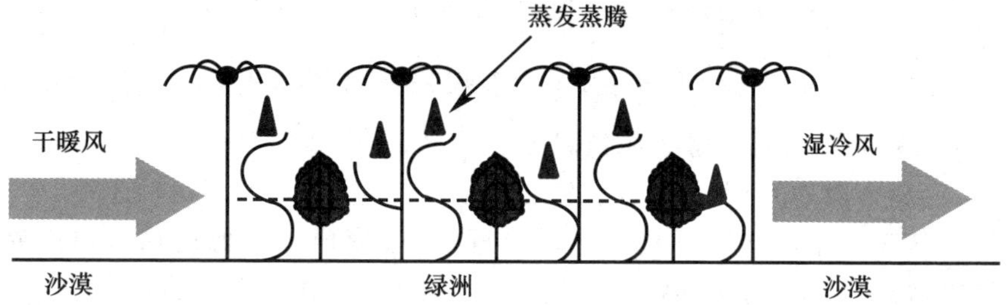

图 10.7　沙漠-绿洲下垫面的冷岛、湿岛示意图

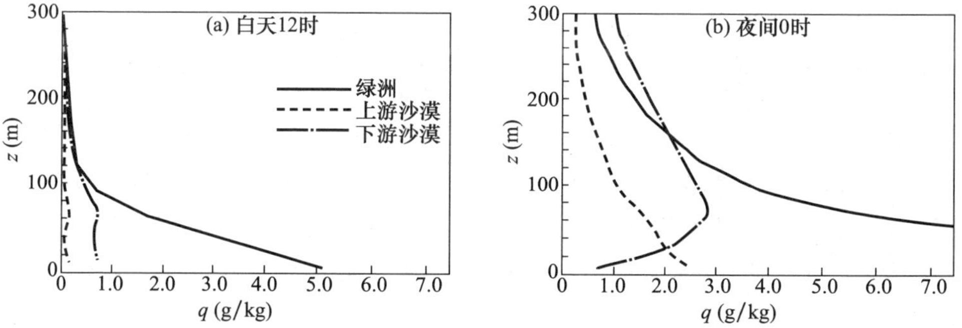

图 10.8　绿洲及沙漠中的比湿廓线(赵鸣，2006)

沙漠中的绿洲不仅体现为湿岛，其本身还是一个冷岛。图 10.9 是沙漠-绿洲系统中的位温垂直剖面图，绿洲位于 $-5\ \text{km}<x<+5\ \text{km}$ 之间。由图 10.9 可见，在绿洲上空形成了一个冷气团，这是受下垫面低温影响，其垂直结构就是一个逆温层，这是上游暖空气平流到冷下垫面上的典型结果。逆温层内部为稳定层结，同时比湿也比周边大。若绿洲面积更大，则层结更稳定，冷岛也更强。由于冷岛内层结稳定，湍流弱，使得冷岛相当于一个稳定的冷气块，其内部的潜热通量可以大于感热通量，与周边环境正好相反。绿洲的特殊小气候环境保证了绿洲成为适宜的农业区。

针对沙漠-绿洲系统的研究还有很多有趣的现象，并且具有很强的实际应用价值。国内外研究学者对此开展了大量研究，有兴趣的读者可参阅相关文献书籍。

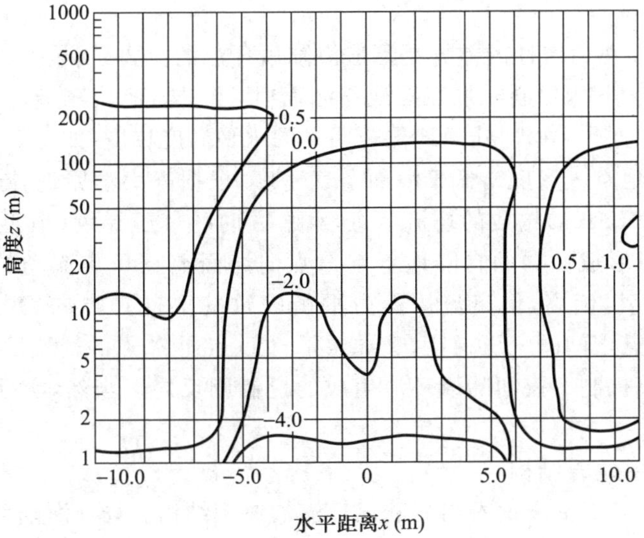

图 10.9　绿洲冷岛的扰动温度结构(单位:℃)(赵鸣,2006)

10.1.4　海陆风现象

海陆风(sea-land breeze)是一种出现在海岸地区具有周期性、局地性的风场现象。

海陆风在近地面有两个局地环流组分,即日间由海洋吹向陆地的海风(sea breeze)和夜间由陆地吹向海洋的陆风(land breeze)。高空则风向反转。此外,在海面和陆地上空一定范围内,还分别存在上升气流和下沉气流区,从而形成一个完整的局地环流。这种局地环流的水平影响范围可达几十千米,影响时段为几小时至12 h,其典型的垂直剖面结构如图 10.10 所示。

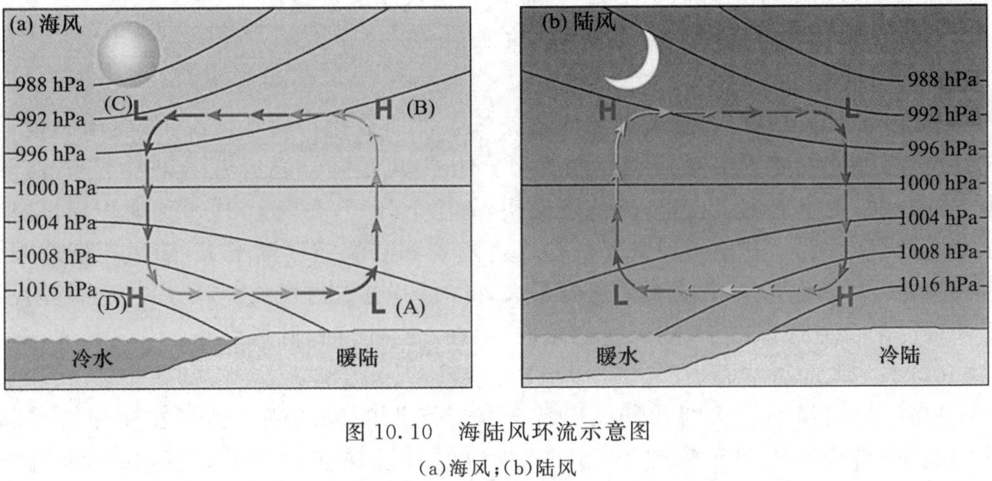

图 10.10　海陆风环流示意图

(a)海风;(b)陆风

(1)形成机制

海-陆下垫面热力属性的差异是形成海陆风环流的主要原因。

在白天，当太阳辐射同时加热陆地与海面时，由于陆地热容量比海水热容量小，故陆地升温比海洋快，在海-陆两地出现明显的水平温度梯度(如 1 ℃/20 km)。受热力作用影响，陆地空气密度略低于海面空气密度，根据静力学原理，陆地上的气压将低于海面(如图 10.10a)构成的环流示意，水平方向的气压梯度(典型值约 1 hPa/50 km)导致近地面形成微弱的自陆地上空 B 点向海面上空 C 点流动的气流。C 点附近的辐合致使气压增高，偏离流体静力平衡以致发生自 C 点向 D 点的下沉运动，由于 D 点与 A 点之间的气压梯度，又导致了自 D 点向 A 点的气流发展，这就是海风环流生成的简单机制。夜间陆风环流生成的机制则反之。当然，实际问题远非如此简单。

(2)海陆风的垂直结构

由图 10.10 可以清晰地看出海陆风环流的典型结构。局地海陆风的入流层厚度在 100～1000 m 范围内变动，典型值约为 500 m。热带地区的海风厚度比中纬度地区深厚。理论上讲，回流层的厚度约为 500～3000 m，但上层回流风速小，因此很难观测到，尤其是有大尺度背景风场存在的情况下。

海风形成后会以锋面的形式向内陆推进，起始速度较缓，1～2 m/s，之后逐渐增强至 3～5 m/s，可向内陆推进 10～20 km。而且锋区附近有明显的辐合(～$300\times10^{-5}s^{-1}$)和向上的垂直运动。这种辐合与垂直运动发生在与海岸平行的 1～2 km 宽的范围里。上升气流可能会遇到悬浮逆温层，从而可确定回流高度。

局地海风入流层的风速较大，常在 5～7 m/s。回流层的风速较小，常在 2～3 m/s。局地海风环流在离岸 20 km 处，有较弱的低层辐散(～$4\times10^{-5}s^{-1}$)和下沉运动。水面上方的气流下沉加上水温比较低，使得在近水面形成逆温。当气团移向陆地时，这种逆温受较暖陆面影响而消蚀抬升，形成热力内边界层结构。

与海风相比，陆风略浅薄些，其他特征类似。

(3)海陆风出现时段

海陆风的出现时段会随地理纬度及天气条件而变化。通常情况下，在中纬度地区，白天陆地温度高于海洋，一般在 14—15 时，海风最强。之后海陆温差下降，海风也逐渐减弱，直至消失。夜里，陆地降温快，海温下降慢，在晚上 21—22 时以后，陆地温度开始低于海温，开始出现微弱的陆风。随着海陆温差逐渐增大，陆风逐渐增强，在夜里 02—03 时左右，海陆温差达到最大，此时的陆风也最强。日出后，太阳辐射增温使得海陆温差逐渐减小，陆风随之减弱，约在 09—10 时，陆风终止。

(4)海陆风的影响因子

1)背景风：风速较大的背景风通常会“淹没”海陆风环流。当存在向岸背景风的情况下，背景风减弱了海陆温差及其相应的气压梯度的发展，海陆风环流稀松且不完整。当存在离岸背景风的情况下，海风形成得晚且浅薄，不能深入内陆，风速最大值也小很多，而且其撤退时间较静风情况早得多。如果离岸梯度风很强，有可能不能形成海风。当存在与海岸线平行的气流时，海风锋面将更宽更为弥散。

2)稳定度：海陆风与静力稳定度有密切关系。观测表明，海风向内陆伸展的最佳时段为白天大气最不稳定的时候。如果陆地始终为稳定大气，则海风可能无法到达海岸。在稳定层结中，热力抑制作用会阻碍海陆风垂直环流的发展。相反，在不稳定大气中，在水平和垂直方向都能促进海陆风环流发展，且使其增强。

3)地形效应：在山海毗邻的区域，海陆风与山谷风会发生相互作用，有时会形成更强海陆环流，有时又会削弱海陆环流。另外，地表的植被特征对海风的发展也有影响。在相同的外界条件下，与完好植被覆盖的海岸相比，干燥且光秃的沙滩，其加热速率会快得多，从而有更多的热量来启动海风环流。

10.1.5　源区域

大量研究结果表明，边界层中各气象要素的大小及其物理过程的发展不仅与下垫面属性有关，而且与风速、风向密切关联。尤其是在多种下垫面共存时，上风方向的强迫作用会被平流作用及湍流作用输送至下游。

例如，在一个范围较大、地势平坦的草坪和沥青交界处上进行气温观测，见图10.11，两种下垫面各有其独特热力属性。在晴好天气条件下，与草地相比，沥青地表通常在白天会更热，夜间更冷。在不同风向条件下，温度计会位于不同的内部边界层中，并对流经的各种湍涡做出响应。如果上游来流只是草地下垫面 S_1（或沥青下垫面 S_2），则观测到的空气温度在白天相对凉爽（温暖），而夜间温暖（凉爽）。如果气流蜿蜒穿过草地沥青交界处 S_3，温度计将记录一个混合信号，气温会产生波动变化。换句话说，此温度值是两种下垫面热力强迫作用的综合结果。因此，在讨论复杂大气边界层问题时，应首先搞清楚上游影响区域的位置及大小。

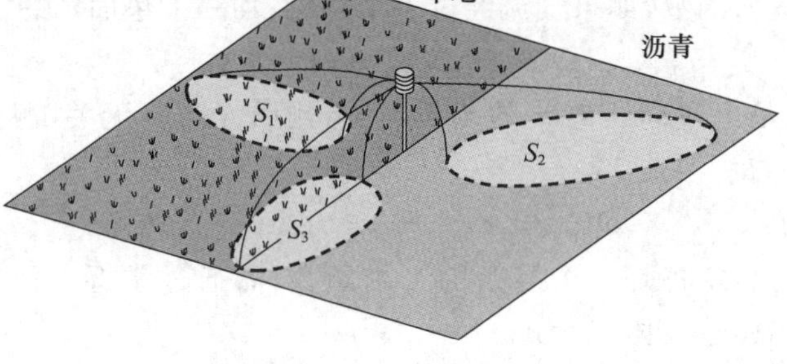

图 10.11　位于草坪和沥青面的交界处，温度计的测量环境和湍流源区概念示意图（Oke et al.，2020）

(1)源区域

源区域(source area)是指在湍流及平流作用下将上游下垫面影响输送至研究点的相对贡献,即上游影响区内下垫面强迫作用的加权平均(蔡旭辉,2008)。此概念中的湍流作用主要是将下垫面的各种强迫作用输送到上层大气,如感热、潜热就是湍流作用将热量及水汽输送到高层大气的一个过程;平流则是将上游影响输送至下游的过程;二者缺一不可。如果仅有平流,无湍流,则下垫面的影响很难上传,只能贴地传输;如果仅有湍流作用,无平流,则下垫面的影响只能被湍流输送到周边很小的范围内。

源区域的概念与照相机原理类似,照相机只能捕捉到其视野范围内的物体,而且离相机越近的物体所占比例越大,越远比例越小。与之相似,传感器也只能捕捉到源区域内的信号,离得越近信号越强。此外,照相机可以改变镜头参数来设置视野宽度及远近。源区域也会随着风向、风速和大气稳定度的变化而改变。

这一物理概念可通过数学公式表达:

$$F(x_m, y_m, z_m) = \int_0^{+\infty}\int_{-\infty}^{+\infty} Q(x_m - x, y_m - y) f_2(x, y; x_m, y_m, z_m)\,\mathrm{d}y\mathrm{d}x \qquad (10.1.7)$$

式中,F 为传感器在(x_m, y_m, z_m)处的测量值,(x, y)为地表源要素在水平方向上与传感器的相对距离,Q 为面源的源强函数,f_2 是源区域函数又称印痕(footprint)函数,下标 2 表示该函数是二维贡献区。公式(10.1.7)是线性叠加原理的延伸,可以理解为所有上风向地表源要素对观测结果贡献的加权积分。权重因子为源区域函数 f_2,它依赖于传感器的位置以及源与传感器之间的水平距离,根据定义,该值不可能是负值。

由于边界层中各物理量的垂直分布通常是不均匀的,故此,所以传感器高度 z_m 始终是函数 f_2 的自变量。换句话说,如果传感器在垂直方向上发生移动,源区域将会随之改变。

(2)源强函数与印痕函数

由式(10.1.7)可知 F 的大小直接与源强函数 Q 与印痕函数 f_2 密切相关。其中,Q 为下垫面源强函数,如果气流经过一个广袤、均一下垫面,源强函数可表示为:

$$Q(x_m - x, y_m - y) = 常数$$

如果下垫面属性是上风向距离 x 的函数,且与侧风方向 y 无关,源强函数 Q 可则表示为:

$$Q(x_m - x, y_m - y) = Q(x_m - x)$$

如果在复杂下垫面,Q 将是一个复杂的二维函数,需通过掌握上风方向每个位置的“源”强特征,才能构建具体表达式。

印痕函数 f_2 是一个不依赖于源强和空间分布的函数。

如果气流经过区的源强为常数,那么,印痕函数则满足

$$\int_0^{+\infty}\int_{-\infty}^{+\infty} f_2(x,y;z_m)\mathrm{d}y\mathrm{d}x = 1 \tag{10.1.8}$$

如果风速为常数，湍流扩散系数随高度线性变化，且大气层结为中性，那么印痕函数可转化为一维函数：

$$f_1(x;z_m)=\frac{z_u}{\kappa^2x^2}\exp\left(-\frac{z_u}{\kappa^2x}\right) \tag{10.1.9}$$

$$z_u=z_m[\ln(z_m/z_0)-1+z_0/z_m] \tag{10.1.10}$$

式中，κ 为冯·卡曼常数，z_u 是新的高度尺度，z_0 为下垫面粗糙度。

公式(10.1.9)有几个值得注意的特征。印痕函数满足公式(10.1.8)，并且与摩擦速度 u_* 无关，这表明风向决定了上游影响区的方向，但风速却对贡献值的大小无关，这主要是由于印痕函数中的积分为 0～∞，故风速没有出现在公式中。该影响区域的大小完全由粗糙度高度及仪器所在高度决定。

$$x_{\max}=z_u/(2k^2) \tag{10.1.11}$$

上式表明，上游影响区域内，距离观测点 $x_{\max}$ 处的下垫面强迫对观测值影响最大。而且，这个最大影响点会随着观测高度增加，与传感器的距离变远。图 10.12 即为两个不同观测高度的一维印痕函数分布图。由图 10.12 可见，当测量高度为 3 m 时，其最大影响点位置在其上游 60 m 处；当测量高度为 6 m 时，其最大影响点则在 110 m 处。

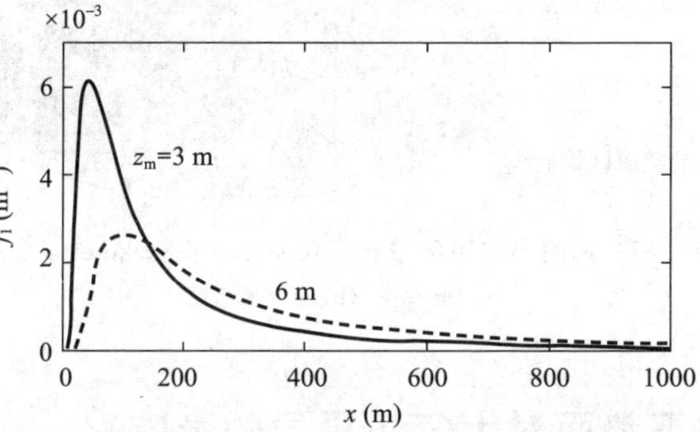

图 10.12　由式(10.1.11)得到的两个观测高度的一维印痕函数(李旭辉，2018)

利用概率独立约束条件，可将一维通量贡献区模型拓展为二维：

$$f_2(x,y,z_m)=\frac{z_u}{\kappa^2x^2}\exp\left(-\frac{z_u}{\kappa^2x}\right)\times\frac{1}{\sqrt{2\pi}\sigma_y}\exp\left(-\frac{y^2}{2\sigma_y^2}\right) \tag{10.1.12}$$

这里再次假设横向扩散服从高斯分布。横向扩散参数 σ_y 的一种参数化方案为 $\sigma_y=\sigma_v x/u_p$，其中 σ_v 为横向风速的标准差，且烟羽运动的时间被 x/u_p 代替。u_p 为地表与传感器高度 z_m 之间的平均风速：

$$u_p=\int_{z_0}^{z_m}\overline{u}\mathrm{d}z\Big/\int_{z_0}^{z_m}\mathrm{d}z\approx u_*z_u/(kz_m) \tag{10.1.13}$$

需要注意,上述公式都是中性层结条件下的结果,在不同层结条件下使用,还需对公式进行稳定度修正。

图 10.13 为城市复杂下垫面条件下的湍流源区域示意图。图 10.13a 显示了对观测点有影响的垂直分布图;影响观测值的区域全部位于新的内边界层中。图 10.13b 为平面分布图,湍流源区域为椭圆形,其长轴与风向一致,当然也可以是其他形状。等值线表示区域面积占全部源区域的比例,较暗的阴影表示影响传感器的概率较大。越靠近传感器区域其贡献度越大,距离越远贡献度越小。

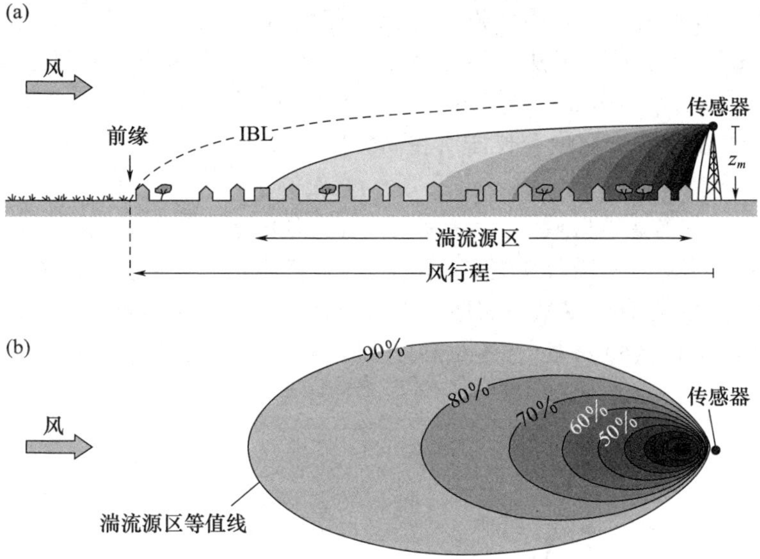

图 10.13 观测点与源区域相互关系示意图(Oke et al. ,2020)
(a)侧视图;(b)俯视平面图

10.2 非平坦下垫面对大气边界层的影响

大气和地面之间的相互作用很大程度上依赖于下垫面的地势、地形、地貌特征。其中,地形起伏对大气边界层中各种物理过程的影响尤为明显,进而还会对天气、气候变化产生作用。我国地形复杂多样,其中起伏不平的山区面积占全部陆地面积的 2/3。因此,关于非平坦下垫面大气边界层的研究一直被高度重视。

10.2.1 斜坡地形对辐射过程的影响

非平坦地形可对地表辐射过程产生非常复杂的影响。在坡度大小,坡度朝向不同时,辐射过程变得非常复杂,若再涉及多坡之间的相互影响则更为复杂。本节仅介绍简单斜坡地形对辐射过程的影响。

地表辐射收支过程中，入射辐射量的大小与地形坡度密切相关。对于倾斜地表，地表面接收到的辐射与入射光束之间的关系可由余弦定律给出，见图10.14a。

$$\hat{S}=S_i\cos\hat{\Theta} \tag{10.2.1}$$

式中，$\hat{S}$为斜坡表面所获取的辐射通量密度，S_i为入射的辐射通量密度，$\hat{\Theta}$为入射光束与斜面的法线之间的夹角。需要注意，为了计算任意时刻的$\hat{S}$，不仅需要知道坡度的大小，同时还需要知道坡度的方位角及太阳的方位角和天顶角。由图10.14b可见，如果坡面与入射辐射垂直则会得到最多的辐射量，即$\hat{\Theta}=0$；如果入射辐射与坡面平行，则接收的辐射通量最小，随着坡度角的增加，接收的辐射通量将会迅速下降。

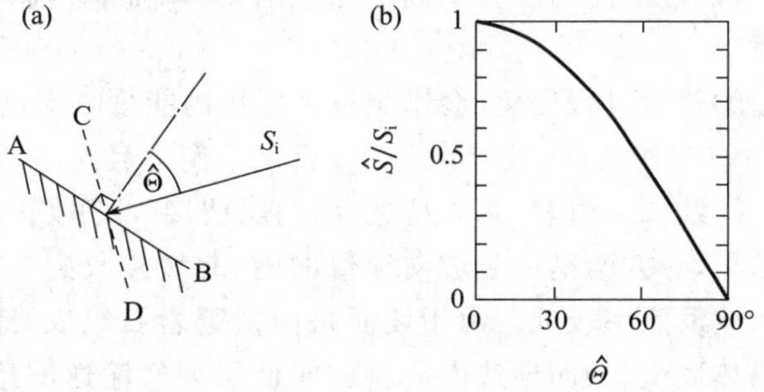

图10.14　(a)斜坡与入射辐射$\hat{S}$夹角$\hat{\Theta}$的图示；(b)$\hat{\Theta}$对辐照度的影响

图10.15为春(秋)分时，北纬40°处，不同坡向和坡度角度条件下，坡面接收到的辐射量的日变化特征。

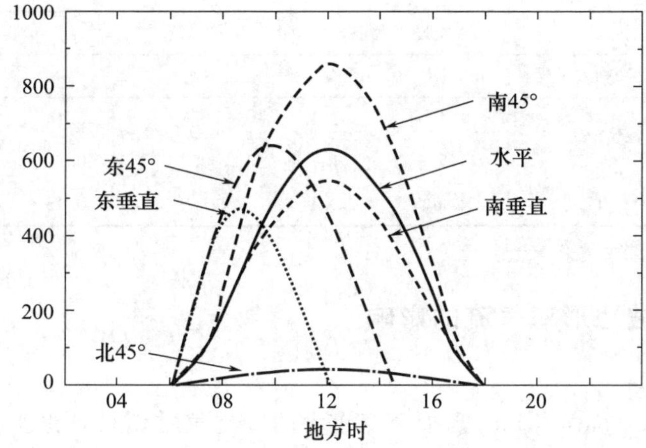

图10.15　春(秋)分时在40°N地区不同坡向、坡度角度下，坡面入射辐射$\hat{S}$的日变化

从理论上讲，在春(秋)分时，地表接收到的最大入射辐射应该出现在正午朝南的40°斜坡上。此时 $\hat{\Theta}=0$，太阳在头顶，$\hat{S}=S_i$。由图 10.15 可见，几个坡面中，朝南 45°坡面上接收到的辐射量最大，其 $\hat{\Theta}=5°$，正午的最大值可达 900 W/m^2 左右。其次是水平地面，$\hat{\Theta}=40°$，地表接收到的辐射量较大，然后是南向垂直斜坡，$\hat{\Theta}=50°$。朝东的斜坡比朝南的斜坡能更有效地接收到清晨的太阳光。因此，日出后，东向斜坡的曲线上升幅度更大，东向 45°斜坡的曲线比东向垂直斜坡的曲线上升幅度大。然而，当太阳的方位在一天中不断变化时，朝东的斜面很快就会达到它们的最大值，入射辐射迅速减少到最小值。虽然图 10.15 中没有显示，但可以想象，西向斜坡的情况与东向斜坡的情况是对称的，在傍晚接收到的辐射量较南向斜坡高。45°北坡的入射值在任何时候都最小。

夏至与冬至时，其辐射特征与此类似，仅是太阳高度角及入射辐射量的差异。一般来说，当太阳直射点从高纬度移动到低纬度时，会增加朝南斜坡的照射，而减少了朝北斜坡的照射。

斜坡地形引起的辐射过程变化，会影响整个区域内能量收支过程。表 10.1 为土耳其斯坦山脉(41°N)三种坡向、坡度条件下，能量平衡方程中各项的对比结果。表中数据为 9 月的平均结果。由表 10.1 可见，南向斜坡接收到的净辐射几乎是北向斜坡的 3 倍。这种差异，一方面是由于坡向导致的南、北坡接收到的辐射通量的差异，另一方面是由于南坡反照率较低。由于坡面是由裸露岩石组成，地表所获取的能量会更多的分配到感热通量，从而导致南向斜坡向低层大气输送的感热是北坡的 3 倍还多，这种强烈的加热差异很可能产生局地的山风。

综上，地表相对于太阳入射光束的方向及坡度是决定其能量收入的一个重要变量，会影响局地能量收支，甚至会形成局地小气候。

表 10.1　斜坡地形对表面能量收支的影响(Aisenshtat,1966)

位置	能量平衡各项				无量纲量值		
	Q^*	Q_H	Q_E	Q_G	α	β	Q_H/Q^*
水平地表	14.4	9.4	2.1	2.1	0.14	4.5	0.15
北坡(33°)	6.0	3.5	1.7	0.7	0.20	2.0	0.28
南坡(31°)	17.6	12.6	3.1	1.9	0.15	4.1	0.18

注：α 为地表反照率，β 为鲍恩比。

10.2.2　斜坡地形对气流的影响

(1)冷泄流

冷泄流(katabatic wind)是指密度较大的冷空气在斜坡地形上因重力下滑形成的风，也称为重力流、下坡风，通常在夜间斜坡出现，如图 10.16a。图 10.16b 是冷泄流的典型廓线分布。

日落后，因地表及近地层中大气的长波辐射冷却，促使近地面气温急速下降。造成斜坡地形上的冷空气与相同高度上的暖空气之间会形成明显的温度差，进而产生气压梯度，使冷空气沿山坡加速下滑，形成下坡风。如图 10.16a 所示，在近地面，由于摩擦作用而使风速减小；在摩擦层之上，由于空气仍然较冷，在重力和平流作用下加速向下，形成一个风速最大值（鼻状突起）；在更高处，穿过重力流顶部的切变在弱稳定度情况下将产生明显的湍流、混合和卷夹。下滑冷空气会在下坡端地势较低的地方（或山谷）堆积而形成深厚的逆温层。

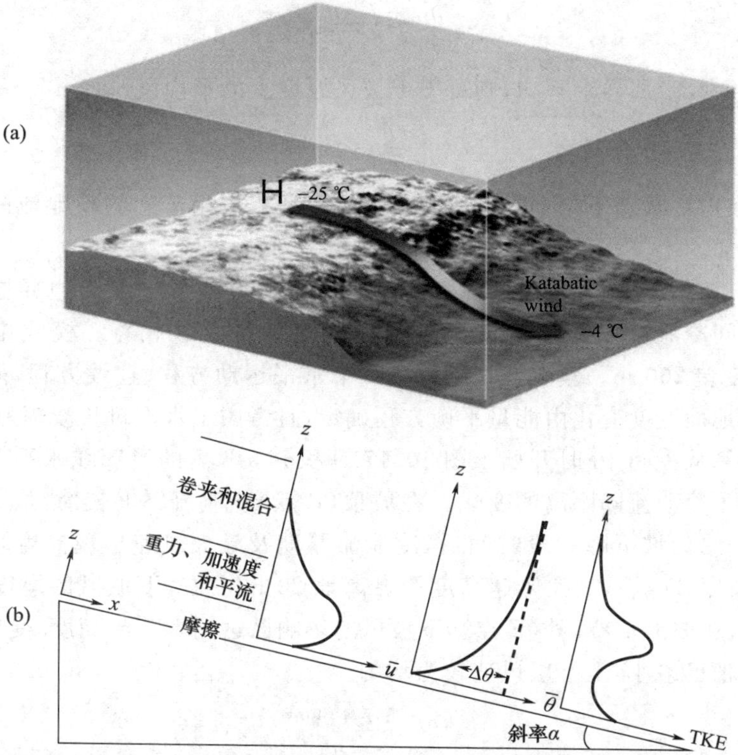

图 10.16　稳定边界层中的下坡冷泄流

Mahrt(1982)在图 10.16b 的坐标系下，给出了冷泄流的运动方程：

$$\underset{\text{I}}{\frac{\partial u}{\partial t}}+\underset{\text{II}}{u\frac{\partial u}{\partial x}}+\underset{\text{III}}{v\frac{\partial u}{\partial y}}+\underset{\text{IV}}{w\frac{\partial u}{\partial z}}=\underset{\text{V}}{g\frac{\Delta\theta}{\theta}\sin(\alpha)}-\underset{\text{VI}}{\cos(\alpha)\frac{g}{\theta}\frac{\partial\bar{\theta}h_d}{\partial x}}+\underset{\text{VII}}{fv}-\underset{\text{VIII}}{\frac{\partial\overline{u'w'}}{\partial z}} \quad \text{IX} \tag{10.2.2}$$

式中第Ⅱ、Ⅲ、Ⅳ项分别为下坡、侧坡和垂直平流项，第Ⅴ项为浮力项，第Ⅵ项为热成风项，其余各项意义与前面有关章节中的相同。α 为坡度角，h_d 为下坡风厚度，$\Delta\theta(z)$ 是环境空气和冷的下坡风之间的位温差。气流中的平均位温下降可用下式表示：

$$\bar{\theta}=\frac{1}{h_d}\int_{z'-z}^{h_d}\Delta\theta\mathrm{d}z' \tag{10.2.3}$$

当环境气流条件不同时，方程(10.2.2)中各项的重要性也将不同。Mahrt(1982)根据尺度分析将气流分成八种不同类型。显然，式(10.2.2)中的第Ⅴ项是引起冷泄流的最根本原因。而第Ⅵ项是由斜坡地形引起的热成风。理论和实际观测都证明，当空气沿坡地向下流动时，冷泄流的厚度会增加，最大风速也会增加，即风随 x 增大，因此第Ⅱ项通常也不能忽略。当考虑只有第Ⅱ和Ⅳ项为重要项而不被忽略时，Mahrt 称它为平流一重力气流。这种气流不随时间变化，但却是下坡距离的函数。从零到 h_d 积分下式：

$$u\frac{\partial u}{\partial x}=g\frac{\Delta\theta}{\theta}\sin\alpha \tag{10.2.4}$$

并如同式(10.2.3)那样求平均，则可得下坡风厚度上的平均风速：

$$\overline{u}=\left(\frac{g\overline{\theta}}{\theta}x\sin\alpha\right)^{1/2} \tag{10.2.5}$$

上式表明，在定常状态下，由重力(密度)加速和平流作用产生的冷泄流随下坡距离的平方根增加。

此外，研究人员采用二维的数值模式模拟了斜坡地形上夜间边界层的发展过程。所得夜间冷泄流以及辐射逆温过程与观测事实大致相符。模式中的山坡长 1000 m，高度差 200 m。基本方程组包括 2 个水平运动方程、连续方程、静力方程和位温方程。地面温度变化由能量平衡方程确定，且考虑了水汽对长波辐射的影响。

模式计算从夜间 19 时开始。图 10.17 是积分 5 h 后的风廓线水平分布。廓线清晰地表明了冷泄流随距离的变化。在坡顶(B 点)冷泄流厚度较薄，最大风速出现高度也较低；沿山坡下降一段时间后，冷泄流厚度及最大风速出现高度均明显增加(C 点)；在坡底(D 点)，最大风速高度约在离地 20 m 左右，下坡风的厚度约在 75～100 m 之间；在坡下 4 km 处(E 点)，下坡风的影响已达到 125 m 高度，受地表摩擦作用最大风速值已减小，上下层风速较为均匀。

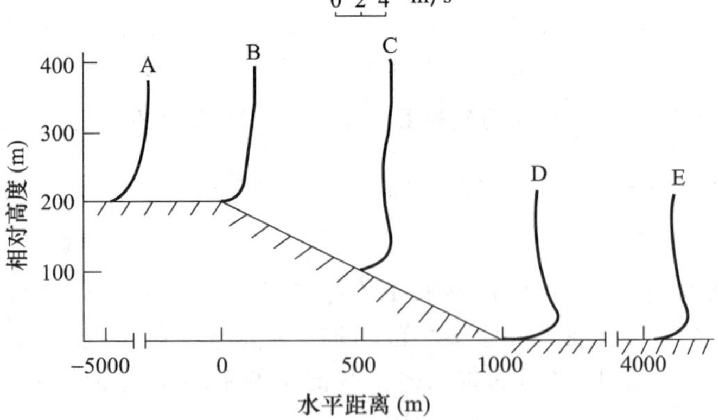

图 10.17　积分模拟第 5 h 后(即夜间 24 时)下坡风廓线的空间分布(桑建国和吴刚，1985)

(2)焚风

焚风(foehn wind),顾名思义就是“燃烧”的风,是指气流沿山坡作绝热下沉运动时,而形成的一种温度高、湿度低的干热风。在山区,强烈的焚风可使气温突然升高20 ℃以上,焚风经过之处树叶变得焦枯,甚至会自燃形成火灾。这种现象在全球很多山区都能见到,尤以欧洲的阿尔卑斯山,美洲的落基山最为有名。

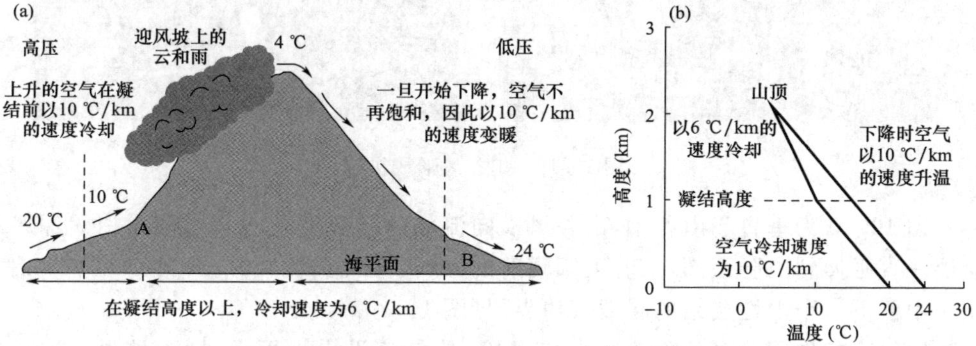

图 10.18 (a)焚风的形成机制;及(b)气流过山前后温度层结廓线

焚风的形成机制,如图 10.18a 所示。富含水汽的湿空气块如同一块“海绵”,气块在背景风的输送下开始爬山,随着海拔的逐渐升高,气温降低,水汽也会凝结成小水滴、大水滴、最终形成迎风坡降水。气块翻山之后,随着海拔的降低,气温会逐渐升高。每下降 1000 m,气温平均升高 6.5 ℃,当空气从海拔三四千米的高山下降至地面时,气温会升高 20 ℃左右,使原本凉爽的区域顿时燥热起来。

石家庄市是我国焚风效应非常显著的城市之一。石家庄位于太行山东麓,冬春季节盛行西风时,气块在翻越太行山之后,气块迅速升温且干燥,加之与城市的热岛效应相互叠加,使石家庄成为我国北方有名的“火炉”。

10.2.3 山谷风

山谷风是出现于山地及其周边地区的,具有日周期性的局地风。按其三维结构,山谷风在近地面拥有 4 个局地环流组分,即日间由山谷向山坡运动的上坡风(upslope wind)和沿山谷轴吹向山地的谷风(valley wind);以及在夜间由山坡向山谷运动的下坡风(downslope wind)和沿山谷轴吹向谷地的山风(mountain wind)。

山谷风主要是由于昼夜交替过程中山坡—山谷和山地—平原间的气温差所致。只要地形高度有变化,地面温度分布必然有差异。山坡通过白天太阳加热或夜间辐射冷却,由分子热传导和湍流输送作用加热或冷却山地附近的空气,使其温度不同于山谷中央同样高度的环境气温,在浮力强迫作用下就会产生复杂的局地三维山地环流,如图 10.19 所示。

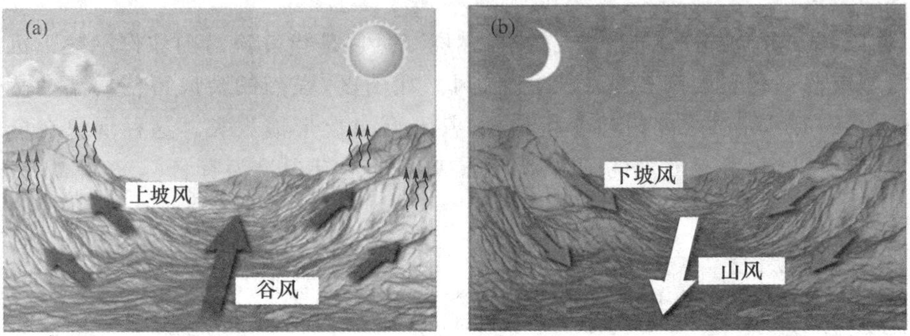

图 10.19　山谷风形成机制

图 10.20 为垂直于山谷轴，山谷风横向流场的昼夜变化过程。假设白天深厚混合层一直延伸到山脉顶部，随着太阳辐射的减弱，大气湍流衰减，日落后在整个山谷系统中留下一个中性层结的暖残余边界层（图 10.20a）。

辐射冷却作用使高处的山地空气更冷，使气流沿山坡下滑，即下坡风。这类气流层很浅（2～20 m），风速约为 1～5 m/s。冷空气流入山谷，聚集成一个冷空气池。在谷底上空有向上的微弱回流，朝山脊方向辐散（图 10.20b）。

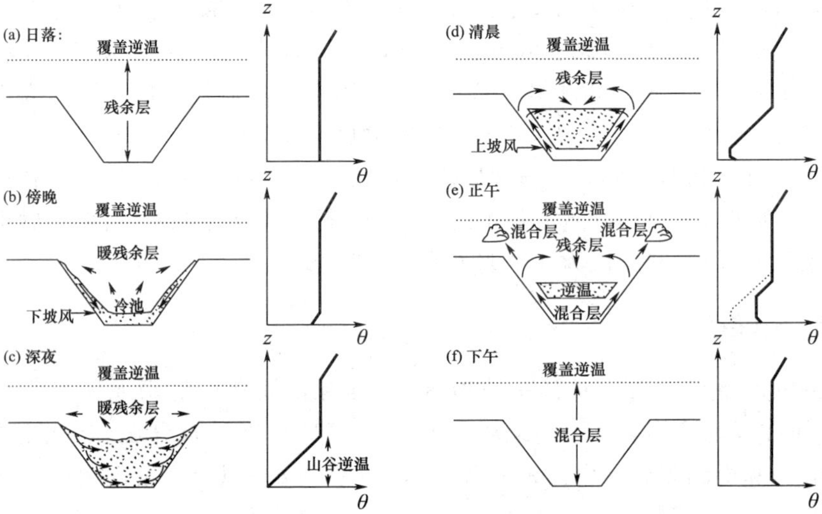

图 10.20　谷内横向环流的日变化过程（盛裴轩 等，2013）

夜间，持续的下坡风使山谷中冷池逐渐增厚变大。冷池上层的残留暖空气，形成覆盖逆温层。在重力和浮力的共同作用下，下坡冷空气通常会运动到一个谷中的平衡位置，即该处气温与冷空气温度相同。故最冷的空气下沉到池底，而较冷的空气只能在较高的高度上进入冷池（图 10.20c）。由此形成的气层往往整层都是稳定层结，称作山谷逆温。

日出以后，太阳辐射的加热作用使山谷壁附近的空气变暖，形成上坡风(图10.20d)。这种微风(<1 m/s)在沿山坡爬升时往往贴近山谷壁，最后消失在中性浮力层高度或山坡顶部。当这种暖的空气离开谷底时，池中其余冷空气下沉取代离开的暖空气；而且谷底由于太阳辐射加热，本身也会形成浅薄混合层；但其增长比平坦地形上要缓慢得多(图10.20e)。最后，冷池完全消失，形成一个日间对流混合层(图10.20f)。这时湍流能量会突然增大，有时可达凌晨值的6倍。

需注意，上述讨论把山谷壁两侧的加热理想化了。实际情况中，两侧山壁的走向及与太阳的相对位置往往会影响山壁的加热程度，由此产生的山地环流通常是非对称的。

山谷风对污染物在山地丘陵地区的迁移和扩散过程起着重要作用，污染物浓度的空间分布随着山谷风的变化，昼夜间会发生明显变化。一般地说，在谷风和山风转换间的静风时期最不利于污染物的扩散。

从热力学的角度看，山谷风与海陆风类似，即白天与夜间的风向和风速变化都有明显的规律性。夜间山风相当于陆风，从山地吹向谷地；白天谷风相当于海风，由谷地向山上吹。山谷风和海陆风均属于中尺度环流系统。不过，海陆风规模通常大于山谷风，山谷风环流系统的活动范围限于山脊高度以下，但功效却是山谷风大，只需输入较小热量，环流系统就能迅速运行起来。山谷风尺度虽小，强度远比海陆风大。

10.2.4　过山气流

山地对大气边界层物理过程的影响是多方面的。在动力方面，山地改变了气流的运动方向和速度，同时也会影响陆-气间的动量交换；在热力方面，山地参与了大气的热量和辐射传输过程。上述影响在不同尺度的大气现象中均有体现。同时，山地也是强风、山火、泥石流、雪崩和大气污染等气象灾害的多发地区。

山地大气边界层的研究无论在理论、外场观测、数值模拟中都存在很大难度，这里仅简单介绍一些低矮山丘(山丘高度远低于边界层顶)的研究结果，以便读者对过山气流的基本情况有所了解。

(1)中性层结条件下的过山气流

假设上游气流是中性层结条件下符合对数风廓线规律的切变流。图10.21给出气流过山丘前后流场变动的一般形式。当近地面层气流由平原触及到山脚时，流线将以一定的迎角与山体接触，因山体表面高于上游平原的下垫面，近地面的气流就会有一个短暂的减速过程，并同时产生切应力的变化。这种速度和切应力增减称作速度扰动 $\Delta\overline{u}$ 和切应力扰动 $\Delta\tau$(不可误解为附加在 u 和 τ 上的脉动起伏)。气流在越过迎风面中部时，流线开始密集，边界层内的气流加速，同时产生较强的切应力扰动。对于典型的平缓小山，山顶上的风速能增加 60%或更多，最大加速度的高度在山顶以上 2.5～5 m 之间。气流越过山顶流向背风坡时，流线逐渐辐散又使气流减速（此时 $\Delta\overline{u}$ 出现负值）。

根据伯努利定律可以考察流线上静压的变化过程。假定 $\overline{u}_0$ 为上游未受山丘影响的风速廓线。迎风坡流场的逐渐加速将导致静压力的降低，到山顶处静压力降到最低值，气压扰动的量级为 $\Delta p \sim \rho\overline{u}_0^2$。越过山后，静压力将逐渐恢复正常，因而使背风坡区的流场处于逆压流动的状态。如果山体保持较大的坡度，背风坡将产生脱体效应形成空腔区。空腔区内形成一定的半永久性的二次涡，涡旋的下部保持反向流动，空腔区的下游则存在较高湍流区。

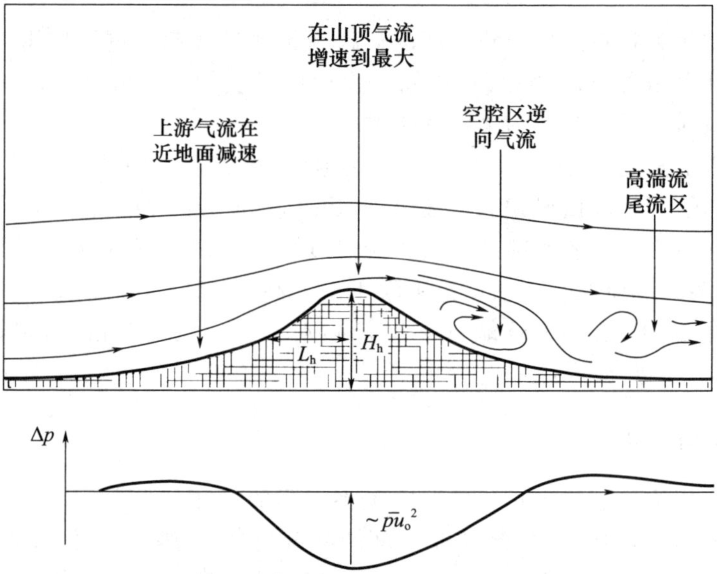

图 10.21　翻越二维山丘时的流场和气压场（盛裴轩 等，2013）

根据 Jackson 和 Hunt（1975）的工作，由于气流翻越山丘的影响，山丘上空大气边界层可分为几个特征层（图 10.22）。

1）内层。最贴近山体的具有风速切变的气层，厚度以 l 表示。该层内的风切变被加强，非线性平流项与湍流切应力散度达到局地平衡，即：

$$\overline{u}\frac{\partial\overline{u}}{\partial x}=\frac{\partial\tau}{\partial\Delta z} \tag{10.2.6}$$

式中，Δz 为自山体表面起算的垂直高度，可用下式表示：

$$\Delta z = z-\left[H_h\cdot f\left(\frac{x}{L_h}\right)\right] \tag{10.2.7}$$

式中，H_h为山丘的高度，L_h为 $0.5H_h$高处的山丘半宽度，$f(x/L_h)$为小山丘的外形曲线函数。通常情况下，内层厚度 l 约为 $0.01 \sim 0.05L_h$。

2)外层。边界层的顶层，该层内 $\Delta\overline{u}$ 和 $\Delta\tau$ 的影响不但可以忽略不计，而且可以假设平均流场 $\overline{u}$ 已不存在任何切变。

3)中间层。介于内层和外层的过渡层。令中间层高度为 h_m，根据 Hunt 等(1988)的推导：

$$h_m = L_h \left(\ln \frac{l}{z_0}\right)^{-1/2} \tag{10.2.8}$$

取 $L_h = 500$ m，$z_0 = 1$ cm，根据式(10.2.8)得到的 h_m 值约为 150～200 m。

在山丘的背风坡，包括贴近背风坡的空腔区以及随后的高湍流区通称尾流区。尾流区内已经很难再划分出其他分层，污染物输送到尾流区内将可能出现熏烟型的扩散。尾流区的控制因子比较复杂，例如山丘的外形也将是一个比较重要因子，一些坡度较缓的山丘，贴近背风坡后空腔区中的二次涡将不一定能形成。

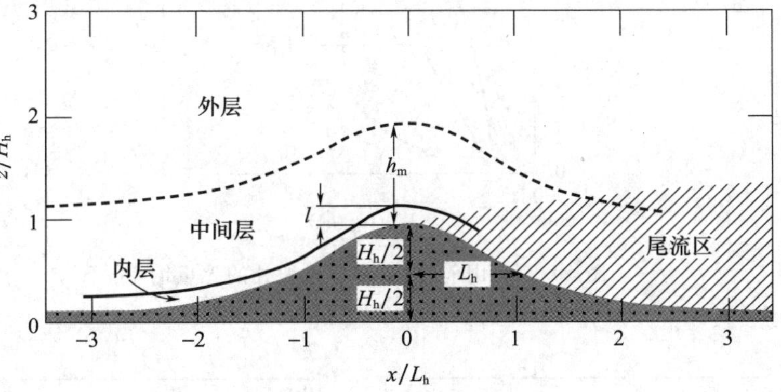

图 10.22　大气边界层受二维山丘影响产生的副层分布(Kaimal 和 Finningan，1994)

图 10.23 给出气流在山前、山顶以及背风坡处的风速廓线，清晰地显示了其不同阶段的特点。为便于分析比较，这些风速廓线以特征尺度 l 和 $\overline{u}_0(h_m)$ 进行了无量纲化。

(2)稳定层结条件下的过山气流

稳定层结条件下过山气流的流场是相当复杂的，可能出现下列几种现象。

1)气层在背风坡产生波动，波动的波长 Λ 为：

$$\Lambda = \frac{2\pi\overline{u}_0(h_m)}{N} \tag{10.2.9}$$

可理解为稳定层结条件下扰动气块以 N 频率振荡，以平均风速 $\overline{u}_0(h_m)$ 移动时，形成的波动的波长。

2)背风坡的空腔区在中等稳定度的情况下会受到抑制。图 10.24 为北京西郊山区观测到的背风坡二次涡。由图 10.24 可见，在 1975 年 5 月 28 日 20 时山坡附近仍保持谷风及其回流，背风涡旋的垂直尺度较大；午夜后大气趋于稳定，29 日 03 时的空腔区内二次涡尺度明显减小，但结构仍比较清晰。04 时二次涡已完全受到抑制。

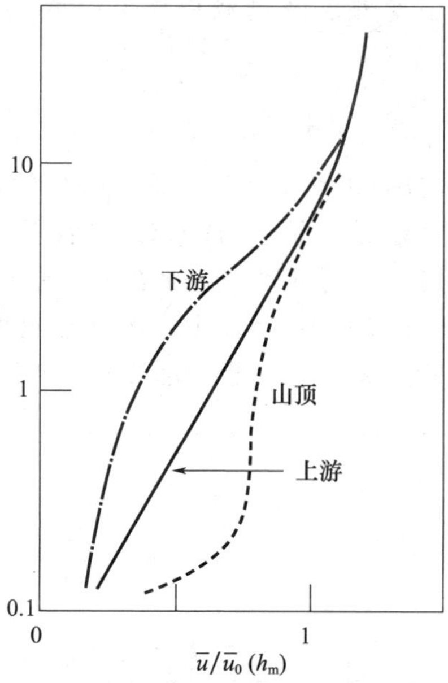

图 10.23　山前、山顶和背风坡处的无量纲风速廓线(Kaimal 和 Finningan，1994)

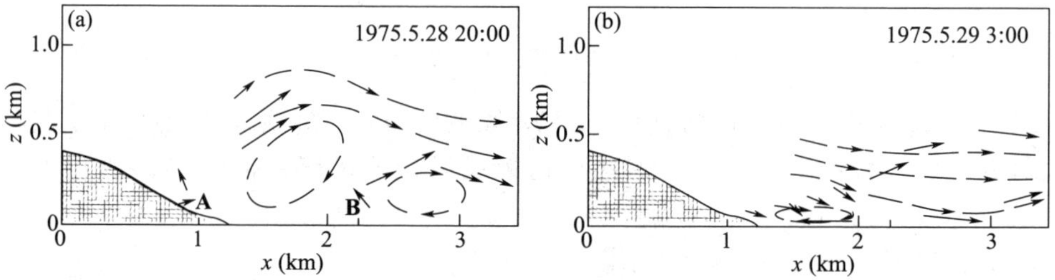

图 10.24　背风坡流场随时间变化

(实线箭头为投影风矢量，虚线表示流线)

3)强稳定条件下近地面处将产生在背风坡波动的脱体，形成背风坡波动滚轴(lee wave rotor)。

判断过山气流的稳定性，不但需要考虑当时的大气温度层结，还应考虑山体尺度对气流扰动的影响。取山体的半宽度 L_h 作为障碍物(山体)特征尺度，令特征速度 $U=\overline{u}_0(h_m)$，定义山体水平弗劳德数(Froude number) Fr_l 作为动力稳定度判据：

$$Fr_l = \frac{U}{NL_h} \tag{10.2.10}$$

式中，N 是布伦特拉-维萨拉频率。弗劳德数的平方表征惯性力与浮力之比。受山体扰动的气流处于中性稳定时，$Fr_l \to \infty$，此判据不再适用。

Kaimal 和 Finningan(1994)，Hunt 等(1988)均认为：过山气流稳定度的强弱除了与弗劳德数 Fr_l 有关之外，还与山体的坡度有密切的关系，他们引入了一个新的判据，称作山体垂直扰动的弗劳德数 Fr_h：

$$Fr_h = \frac{U}{NH_h} \tag{10.2.11}$$

Fr_h 和 Fr_l 的结合表示了山坡陡度对翻越其上空稳定气层的影响程度。过山气流弱、中、强稳定度的判据如表 10.2，流场的特征见图 10.25。

表 10.2　过山气流动力稳定度的判据

稳定度类别	判据	背风坡流场特征
弱	$u_*/NL_h \leqslant 1$；$Fr_l > 1$；$Fr_h \gg 1$	存在空腔区二次涡，无大气波动
中	$Fr_l \leqslant 1$；$Fr_h > 1$	无空腔区二次涡，存在大气波动并诱发波动滚轴
强	$1 \geqslant Fr_h > 0$	存在明显的波动滚轴

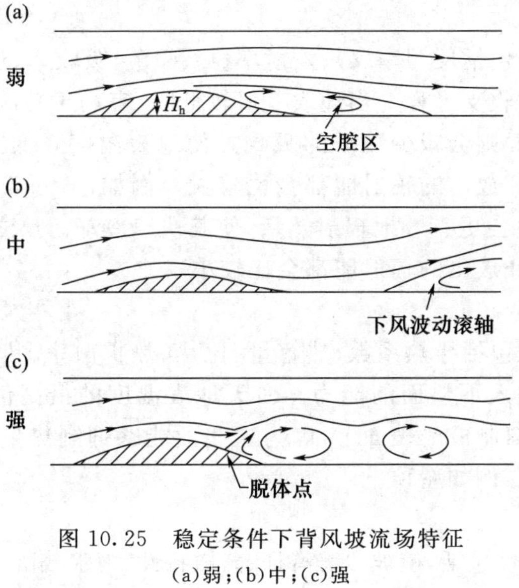

图 10.25　稳定条件下背风坡流场特征
(a)弱；(b)中；(c)强

第 11 章　城市下垫面对大气边界层的影响

工业革命之后，随着新兴制造业的诞生及商业的快速发展，人类逐渐离开农田、牧场走进城市。城市化成为人类社会发展的必经之路。在此过程中，人类活动方式的差异、文化背景的差异、地理条件的差异致使每个城市有其独有的特征，这种特征与土地利用及人为干预程度密切相关。城市下垫面既包含自然下垫面，如池塘、湖泊、峡谷、山丘、森林等；也包含人为下垫面，如工厂、道路、建筑物、广场、小区、公园等。

作为非平坦、非均一下垫面的综合体，城市下垫面对大气边界层的影响更为复杂。本章将城市下垫面作为一种特殊的下垫面进行详细介绍。

11.1　城市下垫面

11.1.1　城市下垫面属性

城市下垫面由众多属性各异的表面组成，这些属性包括：

(1)辐射属性

下垫面辐射属性包括反照率(α)、发射率(ε)、颜色、吸收率、透射率等。这些参数会显著影响地表辐射收支过程。当地表 α 值较低时，有利于短波吸收，使地表温度增高；而 α 值较高的表面则会减少短波的吸收并使地表温度降低。当物体表面的 ε 值较高，则该表面吸收和放出的辐射能都会比较大。例如，某一表面比周围环境较暖，且具有较高的 ε，它将会更有效地辐射热量，使其快速冷却。反之，当物体表面的 ε 值较小，则该表面吸收和放出的辐射能都会比较小。

(2)热力属性

下垫面热力属性包括导热系数、热容量、比热、热扩散率、热导纳率等，这些参数决定了将热量传导进入下垫面的能力。白天地表温度的最高值通常出现在由低导热系数、低热容量材料制成的表面上，因为这些面能够抑制热量向内部传输，并将热量集中到易热表层上，例如屋顶。

(3)湿度属性

下垫面的湿度属性包括，植被覆盖特征、蒸散特性、雨水截留和存储容量、土壤渗透性等，这些参数会明显影响水汽收支过程。当然，水汽含量在下垫面的流入流出会改变地表的热量变化，即潜热通量改变地表热量收支过程。例如，地表温度的最大值通常位于干燥面(如混凝土、屋顶),这是因为,干燥面不能把热量用于水的蒸发。

(4)空气动力学特性

空气动力学特性包括粗糙度、零平面位移、建筑物形态结构参数等。这些参数会显著影响气流的运行速度与方向,以及湍流的生消过程。

以上结果是对下垫面物理属性进行的简单分类,其实还可以根据城市下垫面材质(材料)、地表覆盖、城市结构和“城市新陈代谢”等属性进行描述和量化。

(1)材质是指建造城市所用的各种材料,如混凝土、沥青、石材、砖瓦、木材、金属、玻璃等。当然,自然材质,如土壤、植被、水体等也会出现在城市区域。每种材质都有不同的辐射、动力、热力和湿度属性,因此,由大量不同材质组成的各种表面都具有其独特的小气候特性。在微尺度上,必须仔细考虑各种表面的材质差异,但在研究小区或者城市尺度的系统时,仅需考虑它们的总体属性即可。

(2)“城市新陈代谢”是指城市在运行过程中需要有燃料、水、木材及其他材料和各种资源的使用,这些材料及资源最终又以各种形式被移出城市重返自然。其中,进入大气圈最主要的三种回归方式:1)感热排放:主要指在交通运输、工业生产、建筑物内部温度调节过程中,使用各种能源所释放的感热通量。2)潜热排放:指人类生产、生活中释放的多余的水汽,如工业喷淋、居民空调使用、绿地灌溉等都会释放额外的气态或液态水。3)物质排放:车辆使用、建筑施工、生活垃圾、工业垃圾的生成过程中会排放各种颗粒态和气态污染物。这些物质能量的循环过程,会明显影响城市大气边界层的各种物理过程。

(3)地表覆盖程度是通过几何特征来描述城市下垫面的特征,例如地表总面积中某种覆盖类型或者元素类型的俯视图面积、迎风面积、阴影面积等。

当然,城市单元的空间排列也非常重要。最普通的排列方式有:对齐(城市单元基本等距对齐排列,前后对齐并左右对齐,有清晰的通道)、交错(城市单元在前后或者侧面有位移)和随机(城市单元无组织分布)。这些分布可对城市大气动力过程产生明显影响,例如当空气通过不同阵列形式时,可产生各种气流路径和湍流。

此外,这些不同属性的表面还会以不同的结构方式排列,例如,表面的大小、形状及与周围表面的关系都会显著影响上层大气属性。因此,对这些表面进行深入的认识是理解城市大气边界层的基础。

11.1.2　城市组成单元

城市中各表面的排列组合及其相关的小气候特征,在空间上跨度较大,可从几米(墙壁和花园)到几十千米(整个城市),因此,尺度问题对城市边界层的研究至关重要。

作为初步近似,一个城市可划分为多个城市单元的集合。表 11.1 即为各种单元的分级,不同的城市其组成单元的种类、数量、分布特征都会有明显差异,这也是造成每个城市大气边界层、小气候特征各异的主要原因。

表 11.1 城市基本单元的尺度分类及对应的现象(引自 Oke,1984;1989)

城市单元	具体表现形式	对应绿地水体特性	小气候特征	水平尺度	天气尺度
组成面	屋顶、墙壁、道路	叶片、草地、池塘	阴影、储热通量、露和雾的结构	10 m×10 m	微尺度
粗糙元	楼房、厂房	树	尾流、烟羽	10 m×10 m	微尺度
街谷	街道、街谷	成行的行道树或花园、河流、运河	道路阴影、街谷涡旋、行人生物气候、园林气候	100 m×100 m	微尺度
街区	城市街区(内部有花园、并以街谷为界),工厂	公园、林地、水池	公园气候、工厂烟云	0.5 m×0.5 km	局地
小区或局地气候区	城市中心、居民区、工业区	绿化带、森林、湖泊、沼泽	局地小区气候,局地风,空气污染地带	2 km×2 km	局地
城市	建成区	完整的城市森林	城市热岛、光化学烟雾穹窿	25 km×25 km	中尺度
城市区域	城市和周边乡村		城市“烟羽”,云和降水异常	100 km×100 km	中尺度

(1)组成面与粗糙元。组成面是指屋顶、墙壁、草地、道路等较小的单元体。粗糙元是指在城市中反复出现并产生城市小气候效应的三维单元。粗糙元可以是建筑、树木和建筑群。每个粗糙元的分布位置及其辐射、动力、热力和湿度属性均可以通过湍流涡旋、尾流、烟羽、遮挡、降水等过程影响其上层大气。

(2)城市街谷。也称城市街渠,是由一条街道和两侧对齐的建筑物组成,其基本形式在城市区域中经常出现。其几何形态是最关键的特征参数。这些参数与辐射量的获取、阴影区域大小、降水截留量、风效应、热舒适度及污染物扩散等物理过程密切相关。

(3)城市街区。由城市路网形成,一般由多个结构相似的相邻街谷组成。由网格型道路可形成正方形或者长方形区块,周围有建筑物,其核心是花园、广场等。其他路网分布也可以形成三角形或月牙形的街区。街区也可以是不规则的,并由特殊的建筑群组成,例如购物中心、住宅小区、工厂厂房等,并可产生街区尺度的小气候现象。这类城市单元产生的气象环境错综复杂,同时这一尺度的城市单元足以产生局地环流系统。

(4)城市功能区。这一城市单元包括在城市中常见的工业区、居民区、商业区、公园和未开发土地等。这些区域又常基于某些标准进行细分,例如重工业、轻工业,高低密度居住区等。

(5)城市区域。城市自身形成一套与乡村在结构和材质上完全不同的系统,形成了独特的小气候现象例如“城市热岛”和城市污染烟羽。城市杂乱的延展和散布的边缘使得很难确定城市边界与乡村边界。

在上述城市基本单元的组合下，城市形成了一些独特的区域，称之为局地气候区(local climate zones，LCZ)，见图 11.1。在这些区域由于其材质、地表覆盖、结构等的差异形成了自身的微气候和小气候特征。

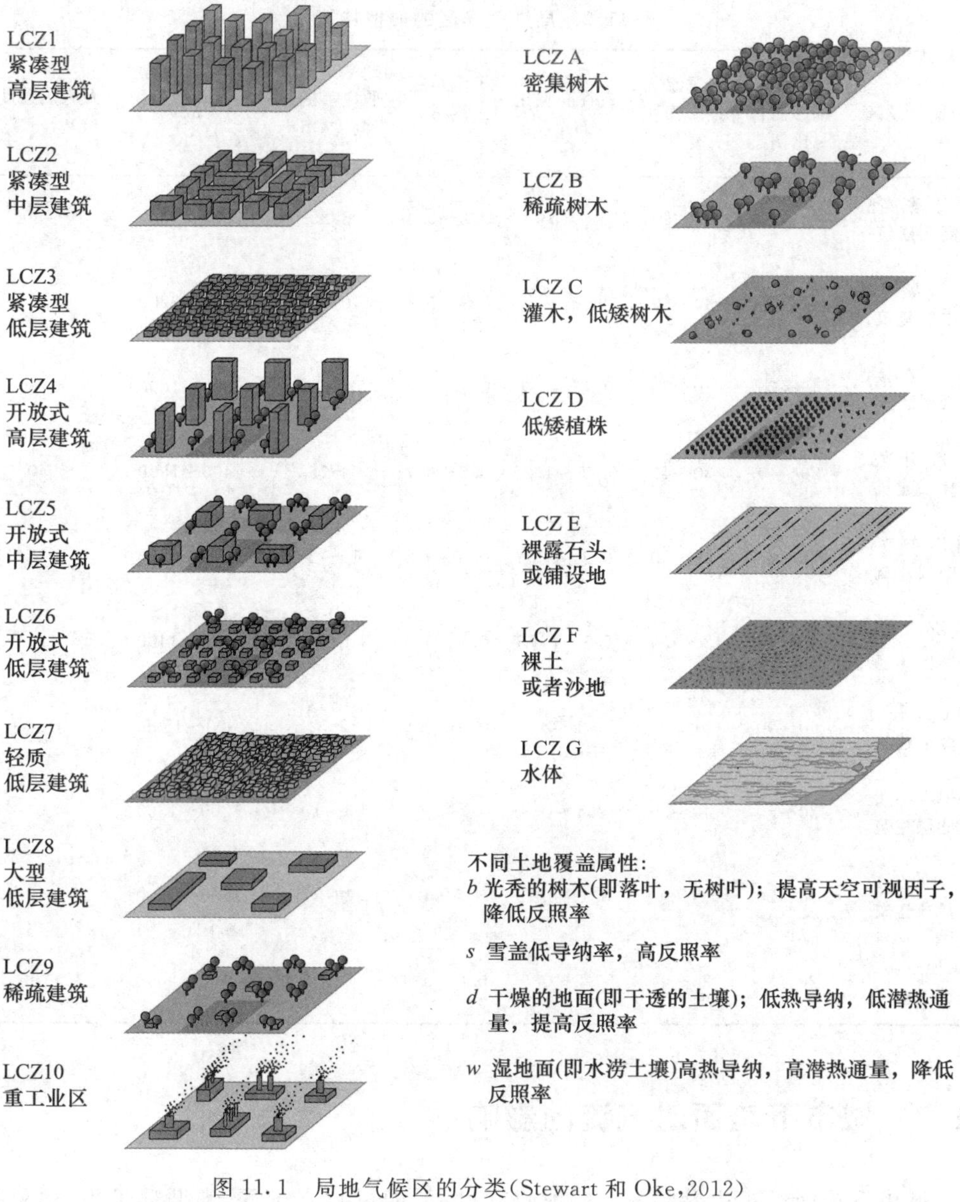

图 11.1　局地气候区的分类(Stewart 和 Oke，2012)

(定量参数见表 11.2)

表 11.2 中通过描述下垫面的不透水属性、动力属性、热力属性来区别这些区域。世界上大多数城市都会包含几种人造局地气候区(LCZ),或者是其在独特文化和经济条件下的变形。这种划分方案比土地利用划分(例如商业区、工业区、居住区)更适合于城市边界层的研究。

表 11.2 局地气候区的典型特征

局地气候区	建筑物投影面积比例	不透水面投影面积比例	街谷高宽比 H/W	天空可视因子 Ψ_{sky}	平均粗糙元高度(m)	系统热导纳($J \cdot m^{-2} \cdot s^{1/2} \cdot K^{-1}$)	人为热强度(W/m^2)
LCZ1 紧凑型高层建筑	40~60	40~60	>2	0.2~0.4	>25	1500~1800	50~300
LCZ2 紧凑型中层建筑	40~70	30~50	0.75~2	0.3~0.6	10~25	1500~2200	<75
LCZ3 紧凑型低层建筑	40~70	20~50	0.75~1.5	0.2~0.6	3~19	1200~1800	<75
LCZ4 开放式高层建筑	20~40	30~40	0.75~1.25	0.5~0.7	>25	1400~1800	<50
LCZ5 开放式中层建筑	20~40	30~50	0.3~0.75	0.5~0.8	10~25	1400~1800	<25
LCZ6 开放式低层建筑	20~40	20~50	0.3~0.75	0.6~0.9	3~10	1200~1400	<25
LCZ7 轻质低层建筑	60~90	<20	1~2	0.2~0.5	2~4	800~1500	<35
LCZ8 大型低层建筑	30~50	40~50	0.1~0.3	>0.7	3~10	1200~1800	<50
LCZ9 稀疏建筑	10~20	<20	0.1~0.25	>0.8	3~10	1000~1800	<10
LCZ10 重工业区	20~30	20~40	0.2~0.5	0.6~0.9	5~15	1000~2500	>300

11.2 城市下垫面对气流的影响

城市下垫面可对边界层内的辐射收支过程、能量收支过程、水循环过程、热量传输过程、动量输送过程等都会产生显著影响。前面几章内容对一些具体过程进行了介绍，这里只讨论城市下垫面对气流的影响。

11.2.1　单体建筑物对气流的影响

城市表面主要由建筑物组成。与植被不同，建筑物是不可渗透、无弹性且通常有尖角的物体。它们可对平均风场形成阻力并在周边和下风向产生扰动催生出尾流。

图 11.2 为一个孤立建筑物对迎风气流的影响。由图 11.2 可见，当来流(A)遇到建筑物时，由于迎风面产生的正压力扰动导致平均流场发生偏移(图 11.2 中位移区 B)。空气将在垂直或水平方向发生偏转并绕过或越过建筑物。压力扰动的最大值出现在建筑物迎风面离地面 2/3 的高度处，即驻点。此处气流所有的动能都被转化为压力并且空气静止。在该点上气流向各个方向分离：从屋顶越过、从侧面绕过或沿着迎风面向下。在屋顶、侧墙和建筑物背风面的负压力扰动则会产生抽吸现象并使空气在主导气流的反方向产生环流。如果在来流方向上的建筑物长度(L)大于它的高度(H，即 $L/H>1$)，气流将重新附着在屋顶和侧墙上。

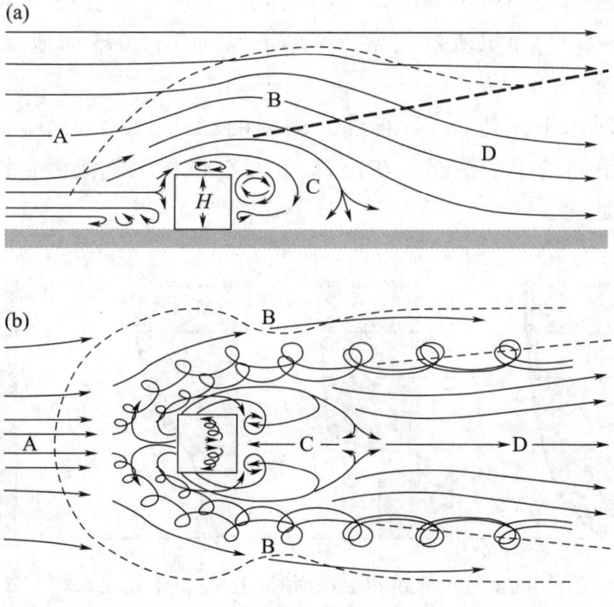

图 11.2　单个正方体“建筑物”周围流场的典型结构(Meroney，1982；Yakhot et al.，2006)
(a)未受阻挡的气流从左侧沿法向(0°)流入时的侧视图；(b)俯视图
(A：来流；B：位移区；C：空腔区；D：尾流区)

部分空气沿着建筑物表面偏转向地面，并在接近地面处离开建筑物表面向来流方向回流，从而削弱回流并使其向上离开地面，最终形成一个贴近地面的持续涡旋。这种卷状结构常常包括不止一条旋转轴正交于来流，即平行于迎风墙面的涡线。这些涡的尾部沿建筑物两侧延伸并被带向下游，形成一个独特的马蹄形。马蹄结构的"臂"是一对反向旋转的涡旋，它们决定了下游近地面建筑物尾流的侧边界。

建筑物后面的气流结构更是复杂，气流的分离起主导作用，因为气流经过侧墙和屋顶的后边缘后会在建筑物背风处形成一个抽吸区。这就是建筑物的空腔区 C，它是整个尾流区 D 的一部分。空腔是一个三维回风结构，它由气流吹过屋顶后的顺风向卷涡和由侧墙面较低的气压导致的水平卷涡组成。空腔的三维结构大小在垂直和侧向与建筑物尺度近似(即，经典值在 1 到 1.5H 或者建筑物宽度 W)，但正方形障碍物的空腔顺风向长度可以从背风墙面向下游延伸 2～3H，而对于 H/L 值较小的建筑物其相应长度可以到 12 H。在建筑物下风侧的墙角处，垂直朝向的分离区形成了柱状的螺旋式涡旋。它们从马蹄涡旋中卷夹气流并旋转向上相遇，并在后墙面交叉形成弓形结构。柱状结构的顶部向流过屋顶的气流提供带有高湍流动能的流体，造成反向旋转湍涡被抬升并同时向下游移动。空腔虽然不是封闭的，但它限制了空腔内外的空气交换，也导致了"下洗"，在大气污染物被抽吸到障碍物(烟囱或建筑物)后方的回风涡旋时常常出现这种现象。整个尾流区包括了建筑物从气流抽取平均动能(即形成屏蔽)和产生湍流动能的效应。尾流区高度在下风向 10 H 的地方通常可以达到 3～4 H，而尾流效应能持续到下风向 5～30H 的地方。被抬升的涡旋对则可以持续更远。

单个建筑物对水平风速($\overline{u}$)垂直廓线的影响如图 11.3 所示。在建筑物的上风向(Ⅰ)，廓线与下垫面处于平衡态。在位置(Ⅱ)，在位移区气流汇合作用下，气流"挤"过建筑物顶部并加速。

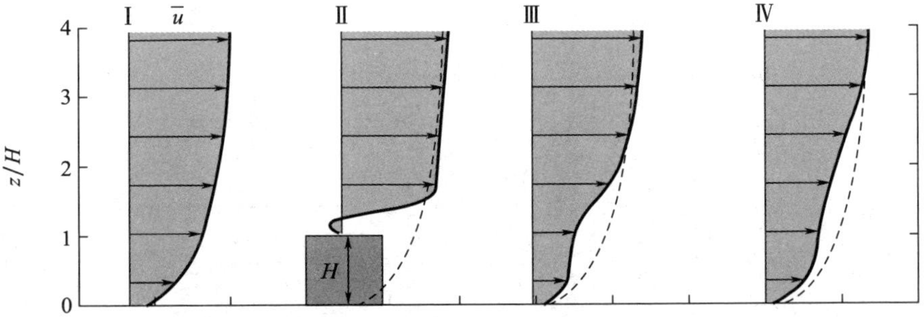

图 11.3　气流垂直于建筑物迎风面时，上风向(Ⅰ)、建筑物上方(Ⅱ)和下风向(Ⅲ，Ⅳ)的风廓线侧视图(Meroney，1982)

11.2.2　整齐建筑物阵列对气流的影响

图 11.4 为整齐建筑物阵列对气流影响的风洞实验结果。由图 11.4 可见，在不同的间隔条件下，街谷中的气流状态差异明显。

(1)当建筑物之间间隔较大,建筑物高度与间距的比值小于 0.35 时,$H/W<0.35$,除非阵列中的来流上游粗糙元的影响出现变化,否则建筑物后的尾流分别单独形成,仿佛它们是独立的建筑物(图 11.4a),称之为孤立粗糙元流。侧面涡旋的相互作用可能会出现,这取决于建筑物的横风向间隔或者建筑物排列方式是规则排列、错落排列还是随机排列,但粗糙元间的相互作用很小。在这种以大间距建筑物布局为特点的区域,城市街谷的特征不明显。

(2)当建筑物间距更密时,$0.35<H/W<0.65$,粗糙元在顺风向的间隔与建筑物空腔在水平方向上的延展距离相当,此时上风向建筑物的空腔区涡旋会因下一个建筑物前的下沉气流而加强(图 11.4b),称之为尾流扰流现象。这种涡旋的平均气流特征时间尺度小(湍流尺度),它们是不稳定的,并体现为风场的涨落、形成和重建。

(3)当间距更狭小时,$H/W>0.65$,屋顶的气流会"跃"过建筑物的顶部而不进入街谷,称之为爬越现象。在这种情形下,街谷的特征得到了充分体现,屋顶之上的气流与街谷内的气流失去相互耦合(图 11.4c)。街谷之上的平均流场提供微弱的强迫使街谷内可维持涡旋环流。在弱风条件下,这种作用仍会向街谷底部的静风区注入动量。

当建筑物在某一方向大量排布时(形成狭长的街谷而不是单个方体),不同气流类型之间转换的高宽比阈值会略微变小。

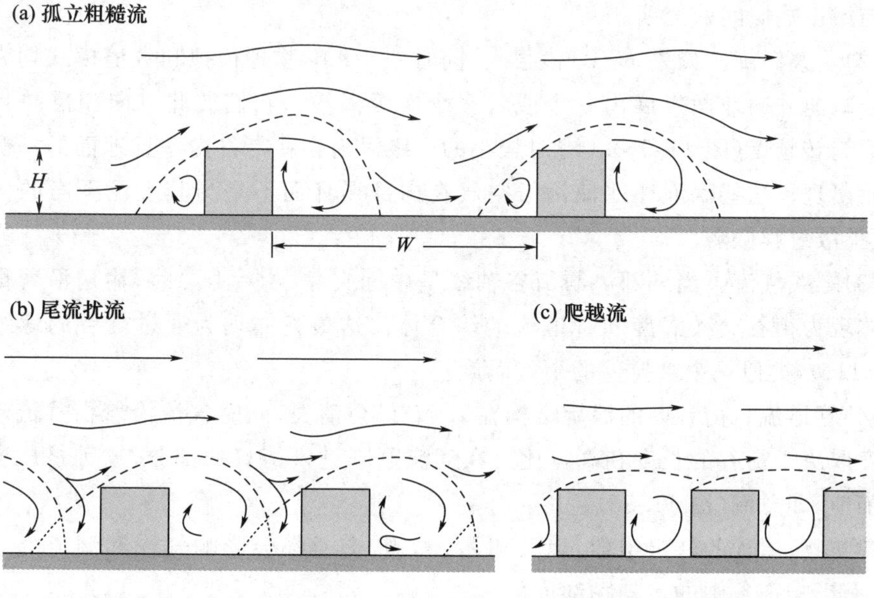

图 11.4　风洞实验中类城市"建筑"阵列分布密度(H/W)对流场机制的影响(Oke,1988)

(a)孤立粗糙元流;(b)尾流扰流;(c)爬越流

图 11.4a 中出现的粗糙元间的简单下沉气流实际上是间歇性的阵风。这种间歇性除了来源于湍流自身固有的间歇性外，还来自于切变区(风速随高度急剧变化的区域)的“摆动”，由从迎风的屋顶或者更高处下沉的更大涡旋产生。大部分城市冠层和其上大范围的动量交换与这些较强的向下阵风(下扫)导致的雷诺应力有关。它们将高风速的空气带入城市冠层并导致空气减速，然后产生不那么强烈的上升运动并离开街谷(上扬)。

需要注意的是，这些都是理想模型，它们为描述建筑物对风场的影响提供了一个大致框架，实际情况比上述情形要复杂得多。

11.2.3 不同风向条件下整齐建筑物阵列对气流的影响

建筑物对气流的影响与风向密切相关。图 11.5 给出了几种不同风向条件下，气流的分布特征。

(1)街谷交叉涡旋。当来流与街谷中轴垂直时($\phi_c=90°$)，可以观察到平均流在上风向建筑物的空腔区形成回流涡旋，并因下风向建筑物墙壁偏转加强(图 11.5a)。最强的街谷交叉涡旋易出现在强风条件和建筑物结构易出现尾流干扰流的区域。如果连接成街谷的建筑物被建成尖顶(或者坡顶)而不是平顶，这对气流有显著影响。尖顶抑制了街谷交叉涡旋的形成，降低了街谷内的平均风速并削弱了屋顶以上大气与城市冠层间的交换。

(2)层叠涡旋。如果 H/W 值很大，同时 $\phi_c=90°$，物理模拟和数值模式均表明主涡旋会减速并向地面发展出一个或者多个次级涡泡。它们彼此方向相反并且越靠近地面旋转越慢(图 11.5b)。有时较小的次级涡泡会在街谷内贴近地面的一侧或两侧拐角出现。这些涡泡往往使污染空气在内部循环而不是与其上更干净的大气混合，故扩散过程微弱。

(3)螺线气流。当外部风与街谷轴线呈中间夹角($\phi_c=45°$)时，输送沿着街谷进行并体现为街谷交叉涡旋和管道流的综合体。这最终体现为通过街谷的螺线路径(图 4.11c)，类似一个被拉伸的街谷涡旋。

(4)管道流。街谷内的涡旋结构在 $\phi_c<30°$ 会消失，同时气流沿着街谷流动。这个角度取决于街谷的长度和高宽比。在气流刚刚进入街谷的部分，这种挤压会导致气流加速，即急流(图 11.5d)。

建筑物、屋顶的特定维数，以及树木、车辆、交通都会影响气流和湍流的运动方式，进而影响街谷中的污染物浓度。

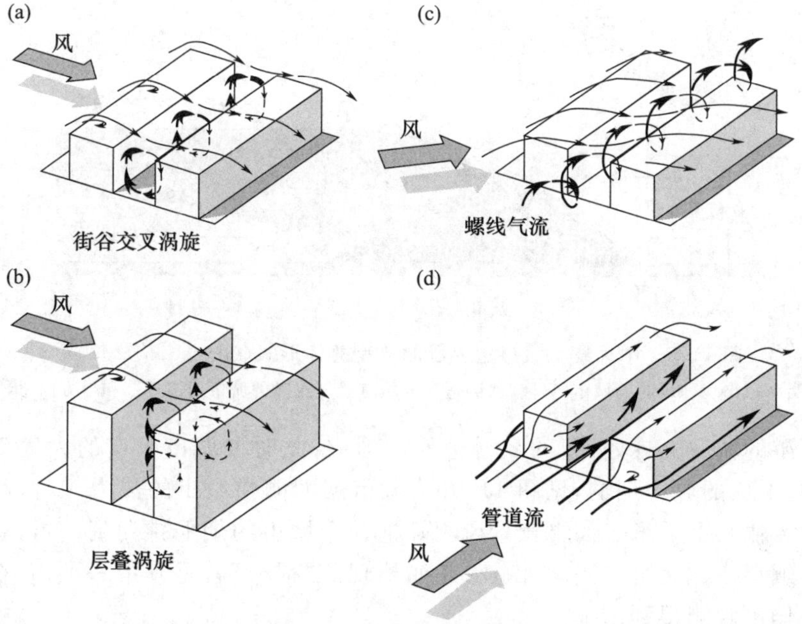

图 11.5　城市街谷的典型气流结构(Oke,1997;Belcher,2005)
(a)街谷交叉涡旋;(b)层叠涡旋;(c)螺线气流;(d)沿街谷的管道流和急流

11.3　城市边界层的垂直结构

大型城市的边界层有它自身的结构。理论上在无背景风影响下,城市边界层内的各种物理过程会被限制在一个独立的城市穹窿中(图 11.6a)。更多情况下,当有区域背景风时,会从城乡上边界开始形成一个向下游延伸并最终充满整个大气边界层的内边界层,大气边界层中受城市影响的部分被称为城市边界层(urban atmospheric boundary layer,UBL)(图 11.6b)。

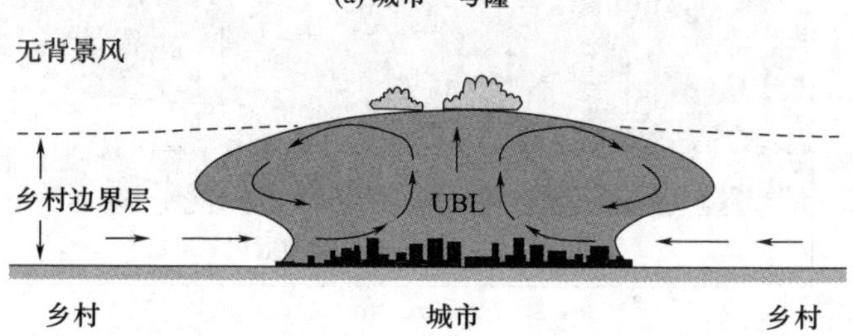

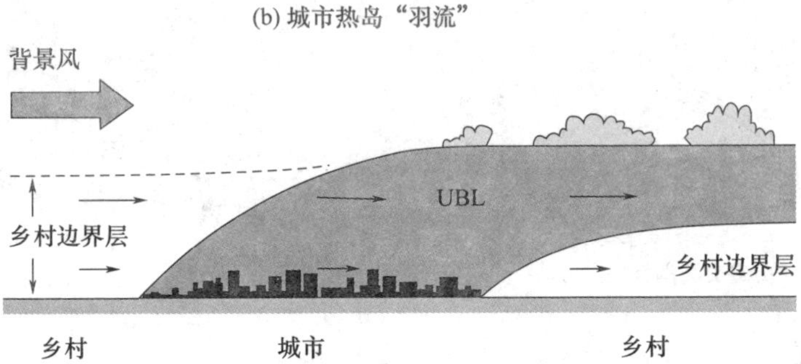

图 11.6 中尺度上城市边界层的典型总体形式(Oke et al. ,2020)

(a)当区域出现静风时的城市“穹窿”;(b)适当区域背景气流时的城市内边界层和下方向“烟羽”

在下游的城乡交界处,新的乡村边界层形成,此时被城市改变的大气孤立地飘浮在空中,形成的城市烟羽,见图 11.6b。城市烟羽能使城市的热力、水汽和动力影响向下游传输几十千米。如果背景风刚好把几个城市的烟羽排列到一行,就会形成超大城市烟羽。在北美东海岸、南亚、东亚出现的“褐云”就是其中一种,它在下风向数千米外仍可观测得到。

11.3.1 城市边界层的昼夜差异

类似平坦下垫面的大气边界层结构,城市边界层的垂直结构也有明显的昼夜差别,见图 11.7。

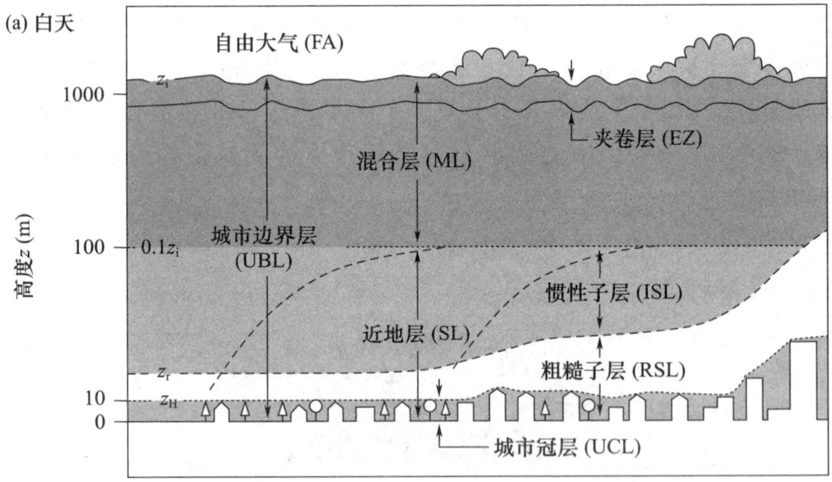

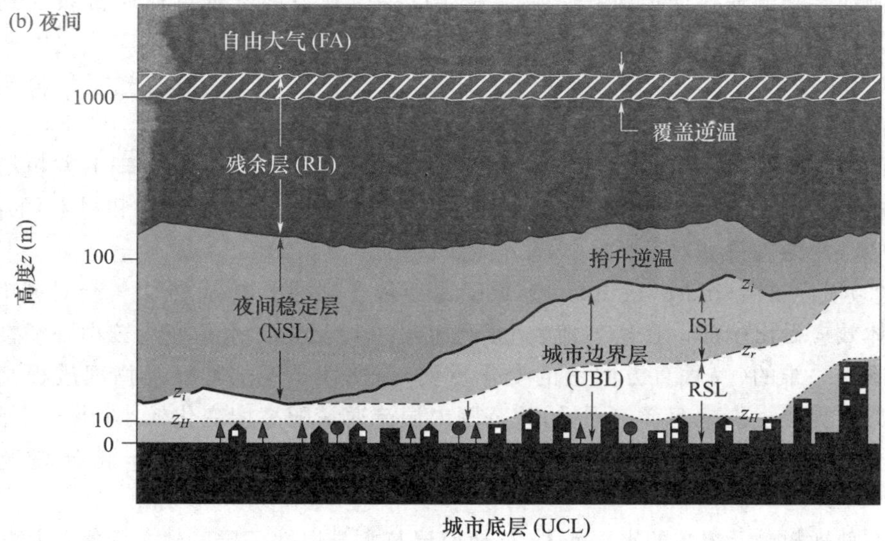

图 11.7　城市大气在(a)日间和(b)夜间分层示意图(Oke et al.,2020)
(高度为对数坐标)

在白天,城市表面的加热效应比周边的乡村环境要强,将导致城市混合层中会产生更剧烈的湍流,顶部卷夹层也比乡村边界层厚。故大气边界层高度 z_i 在城市地区会有所升高。

在夜间,与乡村边界层相比城市边界层有更大差异。由于夜间城市地表感热通量仍为正值,使热力作用在夜间仍能促使湍流的发展,故夜间城市大气的湍流混合比郊区更强。尤其是在人口众多、建筑物密集的区域,大气仍能在 50～300 m 范围内保持微弱的不稳定层结。夜间城市边界层的高度远低于日间,可能只有其四分之一,这取决于城市热岛效应与动力效应的强度。

11.3.2　城市边界层的垂直分层

受城市下垫面的强迫作用,城市大气边界层在垂直方向上可分为以下几层:

(1)城市冠层(urban canopy layer,UCL),是大气边界层内的最底层,通常是指城市元素高度 z_H 以下的范围。类比植被冠层,人们将“水泥森林”称为城市冠层。城市冠层是人类活动的主要场所,同时也是能量、动量、水汽交换和转换的场所。城市冠层的顶部一般定义为城市元素——建筑和(或)树木——的平均高度。确定城市元素高度不是一件容易的事情,因为有研究表明少数特别高的城市元素(如孤立的高楼、高大的树木等)在粗糙度和湍流的产生中起着特别显著的作用。

近屋顶高度的大气现象和各种物理过程与冠层内是截然不同的。在屋顶处有强烈的风切变和混合,而街谷里不受风速的影响。此外,街谷内对太阳和天空视角的限制还会影响辐射交换过程。城市冠层中一个地点的气候特征通常只受到半径几百米内地表属性影响。

(2)粗糙子层(roughness sublayer,RSL)是城市冠层的上层,在这里气流会对粗糙元的特性做出响应。这是一个气流发生偏转的区域,存在气流上升、下沉、回流、涡旋的区域,同时比平均态更暖/冷、更湿/干、更清洁/污染,这取决于下方粗糙元的属性粗糙子层一般可从地表向上延展到1.5～3倍的城市元(建筑物和树木)的高度,在其中常用的关系如对数风廓线率等无法适用。

(3)惯性子层(inertial sublayer,ISL)是粗糙子层的上层,此处大气会对城市小区的总体效应做出响应。在均匀地表上(例如某一LCZ内),水平变化较小则惯性子层可以看作一维的(仅垂直方向上的变化重要)。惯性子层的特征及物理过程基本可用经典边界层理论来解释。同样,此范围内湍流通量随高度变化较小(小于5%),因此惯性子层也被称作"常通量层"。惯性子层的上边界被称作混合高度(z_r)(图11.7a)。

在低矮粗糙元覆盖的水平面上,近地面层基本与惯性子层一致。而在更加粗糙的表面,当气流接近地面时,它受到单个粗糙元的影响,粗糙子层将成为近地面层的主要部分。正如图11.7a所示,当从左向右移动时,建筑物高度升高的同时混合高度z_r也增加。

在城市中心,很难保证惯性子层一定存在(如图11.7b)。惯性子层的存在需要两个条件。首先,惯性子层必须在粗糙元个体影响之上,即高于单个城市元一起组成的均匀混合结构,形成混合高度z_r;其次,它的属性需要与均匀下垫面保持平衡。

因为建筑物和树木的高度通常为5～10 m,第一个条件要求意味着惯性子层至少在地面以上混合高度10～20 m处,因为在城市中心有些元素可以达到100 m甚至更高,因此混合高度可能处于数百米。惯性子层在如此高的建筑群上很难形成,它们激发的混沌气流很容易把之前已经存在的惯性子层"排挤"出去,因为它的上边界只有城市边界层高度的10%。

惯性子层存在的第二个条件是局地地表的平衡。这要求在两个局地气候区边界间激发出内边界层(IBL)。在图11.7a中随着建筑尺寸变化,也就是不同局地气候区,弯曲向上的虚线就是内边界层。这个层次增长缓慢(一般水平方向上每延伸100～300 m垂直方向增加1 m)。下风向的地表属性变化为一个新的局地气候区后,需要至少1～3 km才能发展出一个达到粗糙子层的平衡层,有时甚至需要30 km以上。综合两个条件可以发现,一个平衡的惯性子层是否存在取决于城市元的高度和分布,以及在下风向到第一次局地气候区变化的距离。因此考虑到真实城市里物理结构的变化和斑块状分布,很难假定惯性子层在每个城市都存在,这是很遗憾的,因为大部分大气边界层理论和假设都只适用于惯性子层,而不适用于粗糙子层中的复杂流动。

(4)地下层(underground layer),城市表面不仅改变大气气候状况,同时在微尺度到城市尺度上改变了地下的水、热体系。城市地下部分远比自然下垫面复杂,通常包括城市土壤、建筑物的地下部分、隧道管道等，它们有选择性地与其上的城市冠层进行水、热和污染物交换。地下过程通过地表界面以热传导和扩散的方式与大气过程耦合，因此城市大气模拟中需要考虑城市地下过程的影响。

此外，惯性子层之上的混合层、卷夹层特征与之前讲述内容一致，这里就不再赘述述。表 11.3 给出了各个子层之间的空间尺度差异及其特征。

表 11.3　城市大气边界层的垂直分层及其主要特征(Oke,1984)

层级名称	定义	典型垂直维度	常用尺度参数	尺度[3]
城市冠层(UCL)	从地面到建筑物或者树木的平均高度。它包含了外部(室外)和内部(室内)大气	几十米	z_H, W	小
粗糙子层(RSL)	从地面到 2～5 倍建筑物/树木平均高度，它包含了城市冠层。在 RSL 中气流受粗糙元素个体影响	几十米	z, z_H, W	小
惯性子层(ISL)	在 RSL 之上，切变主导的湍流产生了对数风廓线，并且湍流通量随高度变化小(<5%)	25～250 m	$(z-d), z_0, U_*, \theta_*$	局地
混合层(ML)	在 ISL 之上，大气特性在热力湍流影响下混合均匀并通常有逆温层覆盖	250～2500 m	z_i, w_*, θ^*_{ML}	中

注：z 为地面以上高度；z_H 为平均建筑物、树木高度；W 为街谷宽度；z_0 为粗糙长度；d 为零平面位移高度；z_i 为混合层高度；u_* 为摩擦速度；w_* 为对流速度尺度；θ_* 为摩擦温度；θ^*_{ML} 为混合层温度尺度。

11.4　城市热岛

城市热岛(urban heat island，UHI)即城市热岛效应，是指城市中大量人为热、建筑物和道路等高蓄热体的增加及绿地减少等因素，造成城市气温明显高于外围乡村的现象。在地面温度图上，表现为城市区域温度高、乡村低，就像突出海面的岛屿，因此被形象地称为城市热岛，见图 11.8a。此外，在城乡边界处有气温突变现象，称为热岛“悬崖”；在城市地区，如果温度梯度相对较小，会形成一个热岛“高原”；在最密集的建筑区域，如城市的商业核心区，则会形成热岛“高峰”；其他建筑物密度相对较高的区域或有大量人为热通量的区域，在温度图上表现为一个温暖的“山丘”。当然，在城市发展相对较慢或不发达的地区，包括森林、湖泊、河流、高尔夫球场、植被公园和其他绿地，都是高原上相对凉爽的“山谷”或“池塘”。也就是说，城市热岛轮廓的形状，与城市建设和人类活动的程度密切相关，见图 11.8b。

城市热岛是人类活动导致局地气候变化最明显的一个例子。通常情况下，热岛效应可使城市年平均气温比郊区高出约 1 ℃，甚至更多。城市热岛效应在一年四季都能出现，但冬季更为明显。热岛效应同时也表现出明显的昼夜变化，夜间热岛通常强于白天。

除此之外，城市热岛效应还带来了其他影响，例如城市地区植物开花更早、采暖需求更低、制冷需求更高、夏天城市居民面临高温的压力更大、城市中浓雾更少、更容易出现城市大气污染等现象。

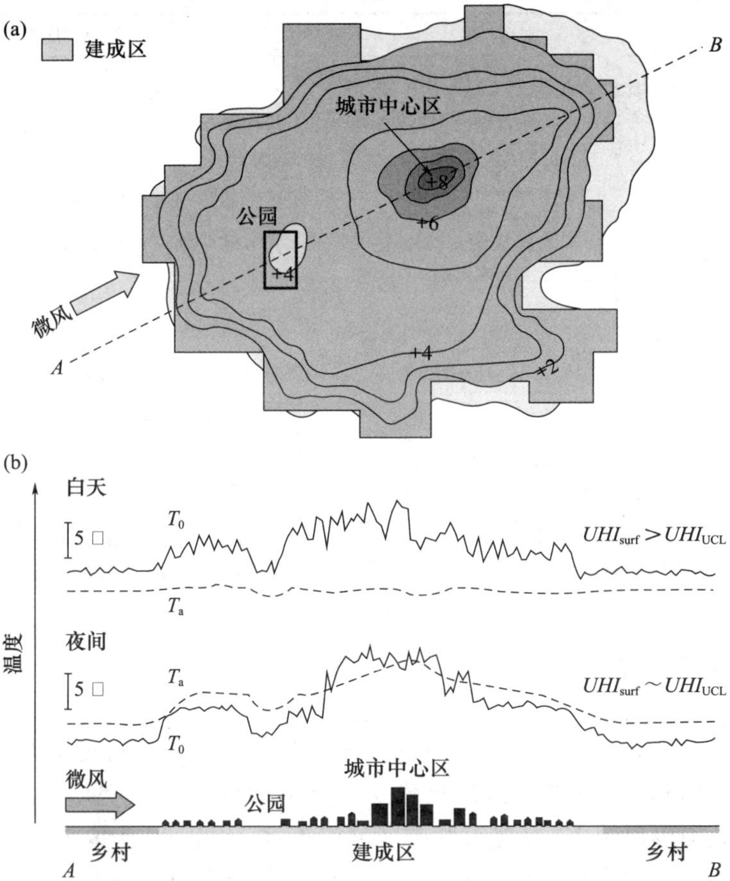

图 11.8 相对平坦的城市在夜间静风、无云的情况下典型的城市冠层热岛示意图

(a)等温线地图，显示了城市热岛的典型特征及其与城市发展程度的对应关系；

(b)沿图(a)中 A—B 线所示的是地表和百叶箱高度气温分布的二维横截面(Oke et al.，2020)

11.4.1 城市热岛类型

城市热岛形成的根本原因是城市的发展改变了该区域的能量收支过程。例如在一个城市中，深色的柏油马路，干燥且没有阴影遮挡，致使其表面温度相对于透水的自然地表会高很多。这个例子说明了城市下垫面对地表温度的贡献,类似的变暖同时还发生在城市大气和城市地下。虽然城市热岛的温度相对比较容易测量,但一些类型的城市热岛在时空上都是动态的,从而使得其研究方法变得非常复杂。因此,不应将城市热岛看作单一的现象,而是首先确定城市的热岛类型。

根据前人的研究结果,可将城市热岛分为以下几个类型:

(1)城市地下热岛(UHI_{sub})——城市地面下温度分布的差异,包括城市土壤和地下建筑材质,以及周围乡村地区的温度模式。

(2)城市地表热岛(UHI_{surf})——城市户外地表温度值与乡村地表温度值的差异。理想情况下,这些界面包括它们各自的总体表面。

(3)城市冠层热岛(UHI_{UCL})——城市冠层内所测温度,即城市地表至屋顶高度(外部 UCL)间的空气温度,与乡村近地层对应高度的温度差异。

(4)城市边界层热岛(UHI_{UBL})——在 UCL 顶部与城市边界层顶部之间空气的温度,与周围乡村地区大气边界层相同海拔高度的温度差异。

这四类城市热岛(图 11.9 的概念图)源于城市和乡村地区地面、地下和空气中的冷却与升温速率的差异。这些速率的改变是由地表能量平衡变化引起的。在这里只添加了与城市冠层和城市边界层空气层和下垫面(土壤)相对应的变化。

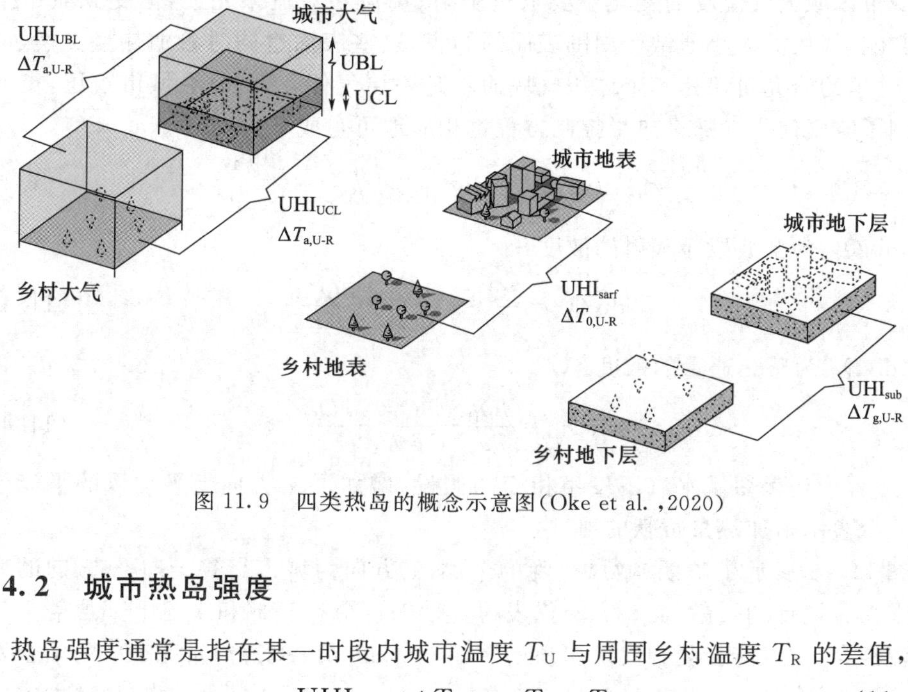

图 11.9　四类热岛的概念示意图(Oke et al.,2020)

11.4.2　城市热岛强度

热岛强度通常是指在某一时段内城市温度 T_U 与周围乡村温度 T_R 的差值,即:

$$UHI_{type} = \Delta T_{U-R} = T_U - T_R \tag{11.4.1}$$

如果这两个值的选取不当,则会得到差异很大的结果。通常条件下,两个温度值都应该具有明显的区域代表性，如果空间变化特征较为明显，则建议计算每个环境的空间平均温度。也可以通过计算典型的城市及乡村局地气候区(LCZ)的平均温度来得到热岛强度。该方案考虑了地表的几何、辐射、热力、湿度和空气动力学特性的变化，这些特性会影响城市和非城市的地表，并影响其热响应。当然，在这里还需要考虑人类活动、季节变化、物候效应、植被、天气系统、风速、风向、云量、积雪、土壤湿度等因素的影响。

热岛强度的计算过程中，自然下垫面温度 T_R 的测量和计算相对简单，比较难的是城市温度。下面将介绍城市地表、大气、地下温度的获取。

(1)城市地表温度

每一种下垫面都有其独特的地表能量收支过程。城市地表温度(T_0)也应遵守能量收支过程的变化，实现增温与降温，公式为：

$$C\frac{\partial T_0}{\partial t}z=Q^*-Q_H-Q_E-Q_G \tag{11.4.2}$$

式中，z 为城市地表厚度；C 为城市地表热容量，在不同的城市区域，城市地表的材料属性、结构、分布排列将会有很大差异，该值将会通过辐射、热力、湿度、空气动力学等方面影响 T_0。当然，能量平衡各项也会影响 T_0 的大小。

(2)城市气温

城市区域大气温度的变化主要通过辐射、湍流和对流来完成，但受到城市下垫面的影响，气块的大小通常受周围表面的约束，这些表面也同时参加热量交换过程。注意，这里的研究对象是一个体积气块而不是一层气体。例如，在城市冠层，街谷墙壁限制了空气体积。那么热量控制方程也相应地可写成下式：

$$\frac{\partial T_a}{\partial t}=\frac{1}{C_a}(\mathrm{div}Q_v^*+\mathrm{div}Q_{Hv})+\bar{u}\frac{\partial \overline{T_a}}{\partial x}+\frac{\partial S}{c_p\partial t} \tag{11.4.3}$$

式中，$\mathrm{div}Q_v^*$ 为全波段净辐射的散度：

$$\mathrm{div}Q_v^*=\frac{\partial Q^*}{\partial x}+\frac{\partial Q^*}{\partial y}+\frac{\partial Q^*}{\partial z} \tag{11.4.4}$$

式中，$\mathrm{div}Q_{Hv}$ 为感热通量的散度：

$$\mathrm{div}Q_{Hv}=\frac{\partial Q_H}{\partial x}+\frac{\partial Q_H}{\partial y}+\frac{\partial Q_H}{\partial z} \tag{11.4.5}$$

此外，方程中还保留了水汽不发生相变的假设，增加了 x 方向上平均风的平流效应以及一个表示附加热量贡献的项。

图 11.10 展示了晴朗、微风夜晚的个例，x 方向为城市街谷走向，y 方向的变化代表了街谷墙壁的贡献，而 z 方向代表的贡献来自街谷底部和来自上部覆盖空气层的湍流混合(这可能会受到建筑屋顶的影响)。来自街谷墙壁 Q_H 和 Q^* 的辐合发生在 y 方向而 Q_H 和 Q^* 的辐散都发生在垂直方向。由式(11.4.3)控制的城市冠层气温与乡村相应高度层的气温之差，如式(11.4.2)所示，是计算城市冠层热岛的依据。

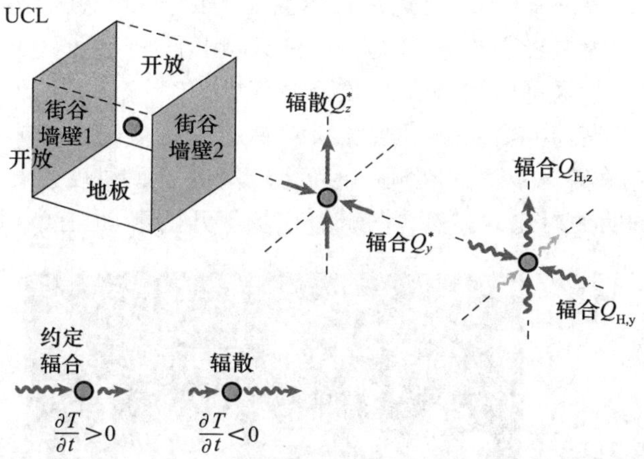

图 11.10　“理想”条件下(无云的天空,微风或静风),城市街谷中近地面气层的热交换过程
箭头的长度与热传导(长波辐射或湍流感热)的相对强度成正比(Oke et al. ,2020)

(3)城市地下温度

地表能量平衡为地表以下的基层提供了边界条件。在简单的自然下垫面,当地下层的热力属性为常数时,土壤温度(T_g)随时间的变化,可用一维热传导方程表示:

$$\frac{\partial T_g}{\partial t}=-\frac{1}{C_g}(\mathrm{div}Q_{G_v})=-\frac{1}{C_g}\frac{\partial Q_G}{\partial z}=-\kappa\frac{\partial}{\partial z}\left(\frac{\partial \overline{T_g}}{\partial z}\right) \tag{11.4.6}$$

然而,在城市区域,热量不仅可以通过自然土壤传递,同时还可以通过城市基础设施的地下元素进行传递。因此,土壤热通量散度为三维结构:

$$\mathrm{div}Q_{Gv}=\frac{\partial Q_G}{\partial x}+\frac{\partial Q_G}{\partial y}+\frac{\partial Q_G}{\partial z} \tag{11.4.7}$$

相应的热传导过程也不是简单的一维方程,而是更为复杂的计算公式。需要根据实际情况具体给出。

综上可知,城市和乡村地区的 T_g 是由下垫面热力属性和地表温度特征共同决定。当城乡两地热力性质和地表导热通量差异明显时,就会形成城乡地下温度差异,从而产生地下热岛(UHI_{sub})。

11.4.3　城市地表热岛的形成

城市地表热岛通常是利用空基遥感设备远距离观测地表温度 T_0,来估算 UHI_{surf}。观测仪器会安装在飞机、直升机或卫星平台上,观测结果可以提供整个城乡区域的 T_0 空间分布图像。这种观测方式可以有助于克服外场传感器无法充分采样城市系统各种表面的困难。

图 11.11 为 Terra 卫星上 ASTER 红外传感器获取的加拿大温哥华的地表温度

图。城市区域的边界非常明显，北边是森林覆盖的山坡，西边为海洋，南边为沼泽和农田。建筑区域的内在形态也很明显。在白天，屋顶、轻工业区、仓库、道路的温度要比乡村高出很多。这是因为城市屋顶反照率低、传导率低与表面干燥的特征，可使其白天温度非常高，50 ℃的屋顶温度很常见。热屋顶完全暴露在感应器“视野”中，所以屋顶看上去闪闪发光。在同一时间，较高的屋顶温度值与开阔潮湿的乡村地面的 T_0 形成鲜明的对比。当然，在道路、广场等开阔区，也有类似地表温度特征。

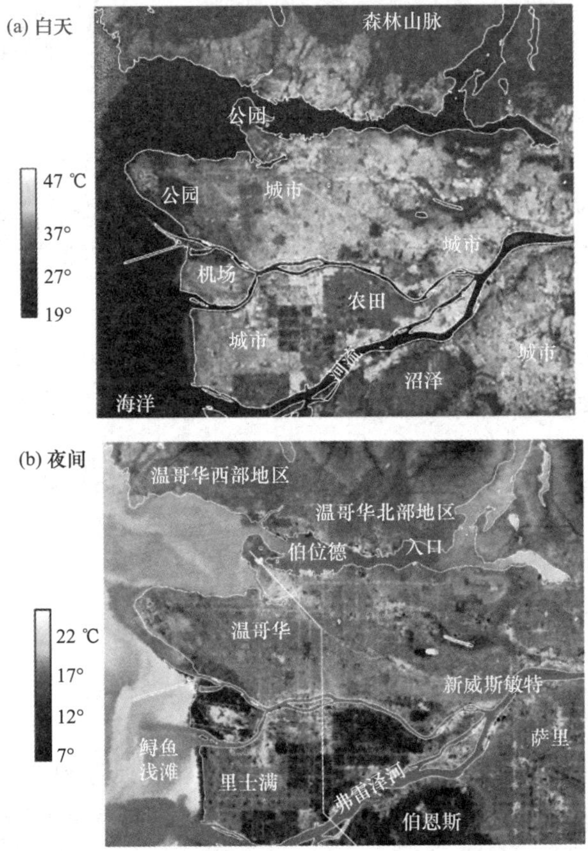

[彩]图 11.11　加拿大温哥华地表亮温的热成像图(Oke et al. ,2020)

(a)日间:2010 年 9 月 3 日 12:24;(b)夜间:2008 年 7 月 15 日 23:10

但是在密集的高层建筑区，其地表温度反而不是很高。这是因为密集的街谷内，短波和长波辐射会受到周边墙壁的干扰。进入街谷的短波辐射会因阴影遮蔽作用和多重反射等作用形成“辐射陷阱效应”。同样，街谷内的长波交换也会在不同街谷面之间进行多次吸收和再发射。故此，墙壁和地面所吸收的净辐射相对于屋顶要少很多。

墙壁和道路的高导纳值使其具有相对较高的热惯性。在早晨会快速将辐射能吸收到建筑材质中，与乡村相比，意味着表面增温被推迟了。街谷底部的 T_0 取决于其热力性质和渗透性，以及植被的存在与否。街谷可能包含树木和其他植物，它们会投射阴影和蒸发，这两者都会导致城市冠层内相对的表面冷却。因此，尽管单个面可能在短时间内经历强烈的加热，而且大多数的表面是干燥的，但在街谷内的平均 T_0 通常比街区的屋顶要低得多。

将白天城市地表温度 T_0 与乡村进行比较，表面温度通常按如下等级排列：$T_{0,\mathrm{roof}} > T_{0,\mathrm{walls}} > T_{0,\mathrm{floor}} > T_{0,\mathrm{rural}}$。这仅仅是一个粗略的排序，因为它还取决于城市材质、城市结构、纬度和一年中建筑物阴影分布时间，以及乡村地区土壤和植被的湿度状况。

大量的研究结果表明，T_0 与不透水表面积比始终保持正相关，而 T_0 与植被表面积比之间有强烈的负相关。对比城市和乡村的 T_0，可以得出白天城市地表热岛约为 9～12 K。

夜间城市地表热岛（图 11.11b）的情况与白天有所不同。屋顶、轻工业区、仓库、道路的相对高温往往会消失，而商业区和城市中心区则成为最热的区域。这是因为，城市屋顶天空视野较大（通常接近 1），所以午后到傍晚这段时间的净长波辐射 L^* 为强负值，产生了强烈的冷却效应。此外，屋顶的隔热层也会阻碍热量从建筑内部向上补充。结果，$T_{0,\mathrm{roof}}$ 成为城市系统中最低的表面温度，因此在深夜，L^*_{roof} 的强度下降，并且可能比 $L^*_{\mathrm{canyon\ top}}$ 小得多。

在街谷内部，致使 $T_{0,\mathrm{walls}}$，$T_{0,\mathrm{floor}}$ 要比 $T_{0,\mathrm{roof}}$ 温暖的原因有以下几个：(1)街谷相对避风；(2)Ψ_{sky} 相对较小；(3)墙体和地面的储热更有效地保留了白天的热量。(4)相对于更开阔的乡村环境，城市地表的冷却率在接近日落时开始减小，但冷却率始终小于乡村地区。这些因素共同导致了夜间地表热岛的形成。

在晚上典型的地表温度排列是：$T_{0,\mathrm{roof}} < T_{0,\mathrm{rural}} < T_{0,\mathrm{walls}} < T_{0,\mathrm{floor}}$。这也只是一个粗略的排序，它可能会受到诸如城市结构、乡村土壤湿度状况等因素的干扰。

11.4.4　城市冠层热岛的形成

城市冠层热岛是前人最常研究的一种类型。人类活动、季节变化、物候效应、天气系统等都是冠层热岛的重要控制因素，$\mathrm{UHI_{UCL}}$ 的大小是对这些控制因素的响应。为了使问题简化，本节先介绍理想条件下，城市冠层热岛的形成机制，即无风、晴朗的夜晚，辐射冷却较强且湍流混合微弱的时候，此时冠层热岛在水平方向及垂直方向上都存在明显的温度梯度。

$\mathrm{UHI_{UCL}}$ 只需利用温度计测量城乡两地地面附近的气温（T_a）就可得到。当然，也可以通过多个城市和乡村的 LCZ 代表站点的平均气温来计算 $\mathrm{UHI_{UCL}}$，这样的统计结果也更具真实性。

由于每个城市的发展过程与下垫面热力属性不同，这就意味着每个城市的冠层热岛的分布形式都是独特的，均会受地形、土壤、植被、建筑形式和功能分布特征等因素影响，但它们都显示出了与图 11.8 相似的“悬崖”“高原”“丘陵”“山谷”和“山峰”

的特征。也就是说，小城镇和城市的模型类似于大城市和超大城市的缩影。

冠层热岛的最大值通常出现在无云、微风的平静晴朗夜晚，在此条件下，城乡两地的地表温度与气温都会产生较大的日较差变化，但是乡村的幅度更大。虽然在两种环境下白天气温最大值相当，但乡村地区的夜间最小值要低得多(图 11.12)。这是冠层热岛效应的本质；它主要是一种夜间现象，因为在傍晚和晚上，城市地区无法像乡村环境那样迅速冷却。因此，城市升温与冷却率的差异(图 11.12b)导致了冠层热岛的日变化(图 11.12c)。

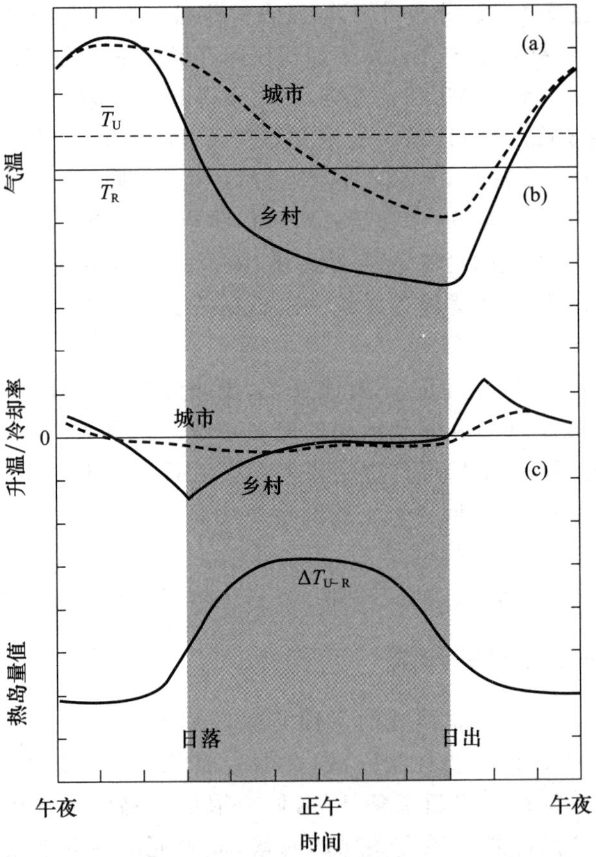

图 11.12 (a)晴朗天气下城市和乡村气温的时间变化，(b)相应的升温/冷却率，(c)城市冠层热岛的时间演变。气温和热岛强度的垂直刻度单位约为 2 ℃，加热/冷却率为 2 ℃/h(Oke,1982)。

由图 11.12a 可见，在日出前后乡村地区明显较冷，但不久后气温上升速度很快。这是因为乡村的表面通常暴露于太阳，升温集中在低层空气，直到早晨，持续的夜间逆温仍然可阻碍地面和上层大气边界层之间的混合。在同一时期，冠层热岛的升温更加缓慢。这主要有两个原因：首先，上午城市冠层中的街谷大部分在阴影处。其次，由于城市材质的高热导纳，地表温度的响应没有那么快。到了中午，T_U 已达到了 T_R，前夜的冠层热岛很快就被侵蚀了，所以中午城乡之间微小的负差异(即，$T_R > T_U$)并不罕见，即出现冷岛特征。在下午最大值过后，两种环境都开始冷却。乡村冷却率要大得多，因为 Ψ_{sky} 很大，除非乡村土壤非常潮湿，否则热导纳相对较小，尤其是土壤干燥时。另一方面，城市冠层被遮蔽，视野受限，存储的热量缓慢释放，同时还有人为热的排放。如果土壤不潮湿，在接近日落时乡村的冷却率峰值为 3 ℃/h 或更多，而城市的冷却率峰值通常小于 1 ℃/h。冠层热岛增长最快的时期是午后到傍晚。随着白天的热量储存消耗殆尽，乡村的冷却率开始降低，城市和乡村的降低速率变得更接近，而冠层热岛通常会在午夜达到高峰。在剩下的时间里，这两个地区的夜间温度降低速率相似。黎明后，随着乡村快速的变暖迅速侵蚀夜间的冠层热岛，白天的热岛现象又重新建立。

造成冠层热岛的原因与地表面特性(表 11.4)密切相关。需要注意的是冠层热岛讨论的是一层或一个体积内的空气温差，而不仅仅是地表温差。当然，地表温度 T_0 对最低层的气温 T_a 仍然至关重要，虽然两者紧密相连，但不是线性关系。如果 T_a 是在百叶箱高度上测量的，那么在城市中心站点它将位于一个街谷空间。要了解大气中任何一点的气温变化，需要分析空气体积的能量平衡。

表 11.4　冠层城市热岛的潜在成因表(Oke et al.，2020)

成因	成因描述
地表面几何特征	(1)城市地表面积增大($\lambda_c > 1$) (2)紧密间隔的建筑群 ➤多次反射和更大量的短波吸收(较低的系统反照率)； ➤小的天空开阔度($\Psi_{sky} < 1$)减少净长波损失，尤其是在晚上； ➤城市冠层里减少了由对流和平流造成的热量损耗。
热力性质	建筑材料往往具有更大的储存和释放感热的能力。
地表面状况	(1)建筑物及其铺装的防潮表面可减少土壤水分和地表面湿度。 (2)相比于潜热通量密度 Q_E，对流更有助于感热通量密度 Q_H。 (3)与乡村地区相比，城市的雪反射率较低，短波吸收相对增加。
人为热	由于燃料的燃烧和电力的使用，城市中人为释放的热量要大得多。
城市“温室效应”	更温暖、被污染和更潮湿的城市大气会向城市冠层发出更多向下的长波辐射。

11.4.5　城市边界层热岛

图 11.13 为 1968 年 3 月 12 日，加拿大蒙特利尔边界层热岛的 3 维温度场全景图。由图 11.13a，b 可见，在晴朗小风天气条件下，冠层热岛约为 4 K，热力内边界层在城乡边界处开始发展(a 点)，随着上游气流的移动热力内边界层继续在城市中心发展，厚度约有 250～300 m(d—f 点)。在垂直横切面中，图 11.13c，显示在城市边

缘,大气边界层变浅薄。热岛呈脊状并沿着风的方向延伸。城市边界层从中心向下游逐渐消失,且没有城市烟羽。来自东北部的高空暖平流使得难以识别城市效应。

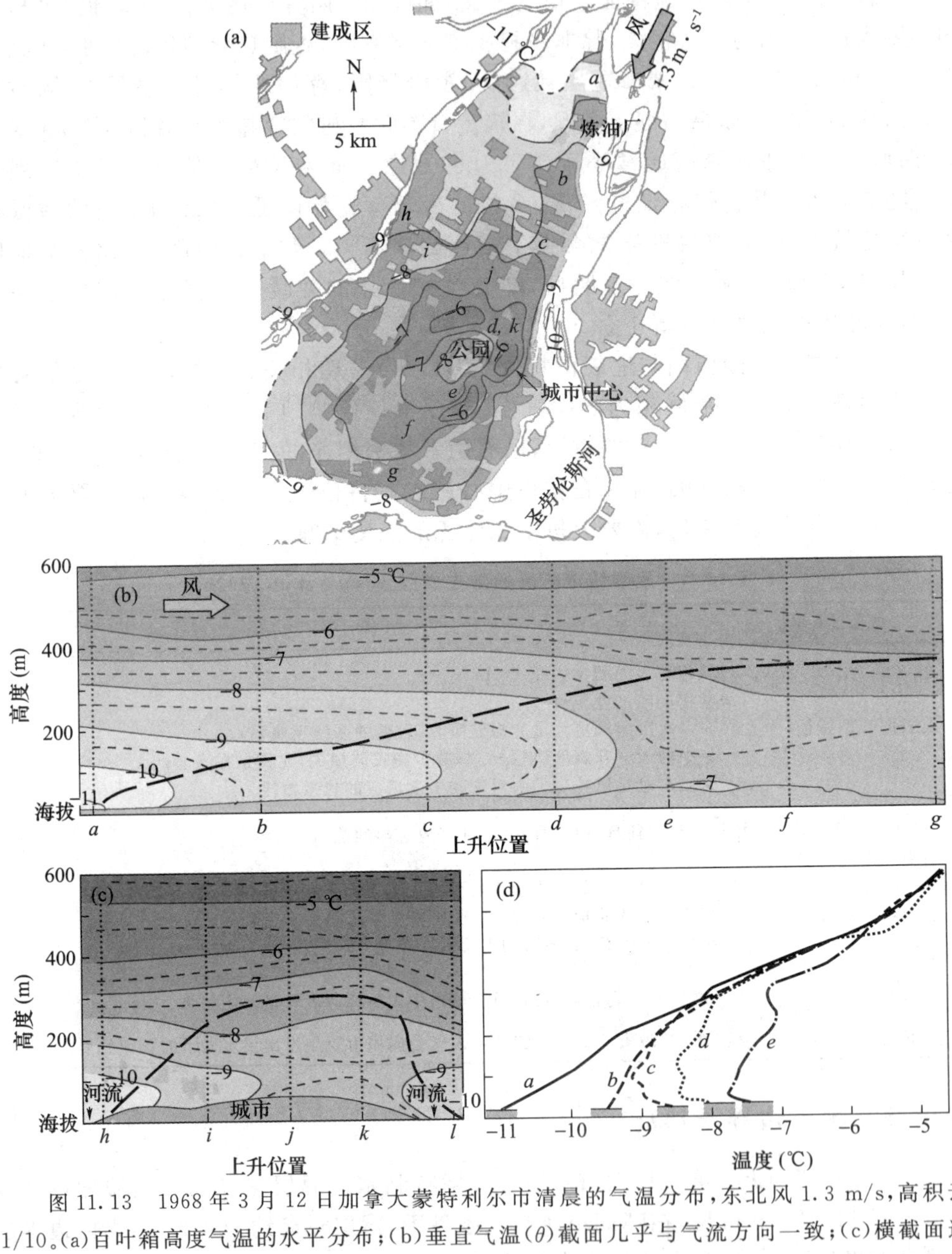

图 11.13　1968 年 3 月 12 日加拿大蒙特利尔市清晨的气温分布,东北风 1.3 m/s,高积云 1/10。(a)百叶箱高度气温的水平分布;(b)垂直气温(θ)截面几乎与气流方向一致;(c)横截面近似正常的流动,和(d)从上游城市前缘到城市中心站点的 θ 垂直廓线。粗虚线是城市热岛顶部的估计值。垂直放大约 12.5(Oke et al. ,East,1971)

图 11.13d 为此次观测试验中，各城市点垂直气温(θ)廓线分布图，从城市的上风边缘(廓线 a)到中心(廓线 e)，显示了一个强烈的乡村稳定层结是如何在穿过城市时转变为不稳定层结的过程。即使是在深夜，城市边界层的底部也是中性或弱不稳定层结，而在其上方，残余层内则为弱稳定层结。这是由夜晚密集城市区域上空“正”感热通量所导致，有些时候城市边界层的底层还能形成较弱的对流现象。

上述只是城市边界层热岛的一个个例，从理论上讲，城市可以被看作是一个可产生内边界层(IBL)的异常热源，如同一个区域里的加热板。典型的加热效果如图 11.14 所示，在顺风方向，在湍流和平流的作用下，城市边界层热岛如同一个巨大的城市“热烟羽”从烟囱喷涌而出，如图 11.14b。烟羽能发展的高度及向下游传输的距离，主要是与城市感热通量的强度成正比，与风速成反比关系，并随着城—乡两地距离的平方根而增长。

在与风向垂直的截面上，如图 11.14c，城市边界层热岛表现为一个穹窿状，穹窿的高度取决于热岛的强度，同时还取决于城市周边乡村地区的稳定度和每个乡村逆温的高度。穹窿的边缘即为城市边缘。

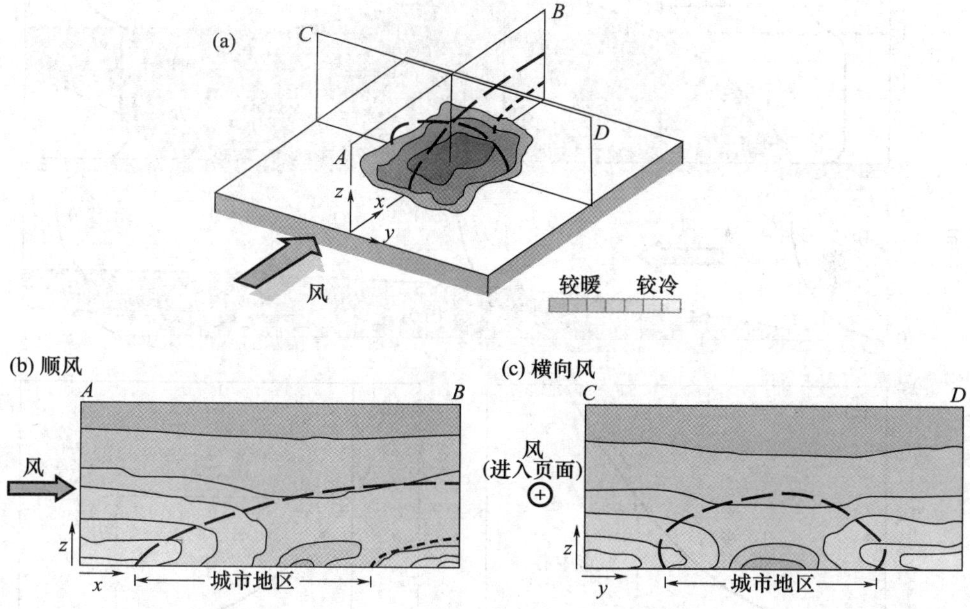

图 11.14　典型的夜间城市边界层热岛示意图，天空晴朗，微风，城市上空无强地形气候控制。(a)城市冠层顶部位温 θ 等温线的水平分布，(b)θ 在顺风方向的垂直部分，(c)横风方向的分布。虚线表示冠层热岛的顶部和(b)中右下角乡村边界层的顶部(Oke,1982)

图 11.14 是对城市边界层主要热特性的总结。必须强调这是平滑后的平均视图；个别的观测结果比这些情况复杂得多，包括在高空出现多个逆温。鉴于每个城

市有其独特的地形、水体分布、城市发展和工业点源，因此每个城市的热岛特征都有许多特有的控制因素。尽管这些控制因素同等重要，但城市边界层热岛结构的大部分变化是由天气引起的，特别是当气团和锋面发展时，热对流和温度结构的变化可以影响和改变整个区域。

由图 11.15 可见，城市边界层温度结构最重要的影响是其对大气稳定性的影响，同时还影响了大气边界层内的很多物理过程。在白天，在城市内部密集建筑区，约95%的时间大气是不稳定的，而在近郊，这一比例大约是 80%，而在远郊只有 70%左右。郊区站点被认为更接近中性，因为开阔站点的粗糙度相比于较密集的城市中心，更能促进与爬越流的混合。

在夜间，城市稳定层结的出现频率明显下降。在城市中心只有 5%的时间为稳定，而相比之下乡村地区则为 60%。在城市内部，不稳定条件的发生随着建筑密度的增加而增加。由于 ΔQ_s 的延迟释放和 Q_F 的持续排放，会导致高密度城市站点 Q_H 的观测值一直为正值。

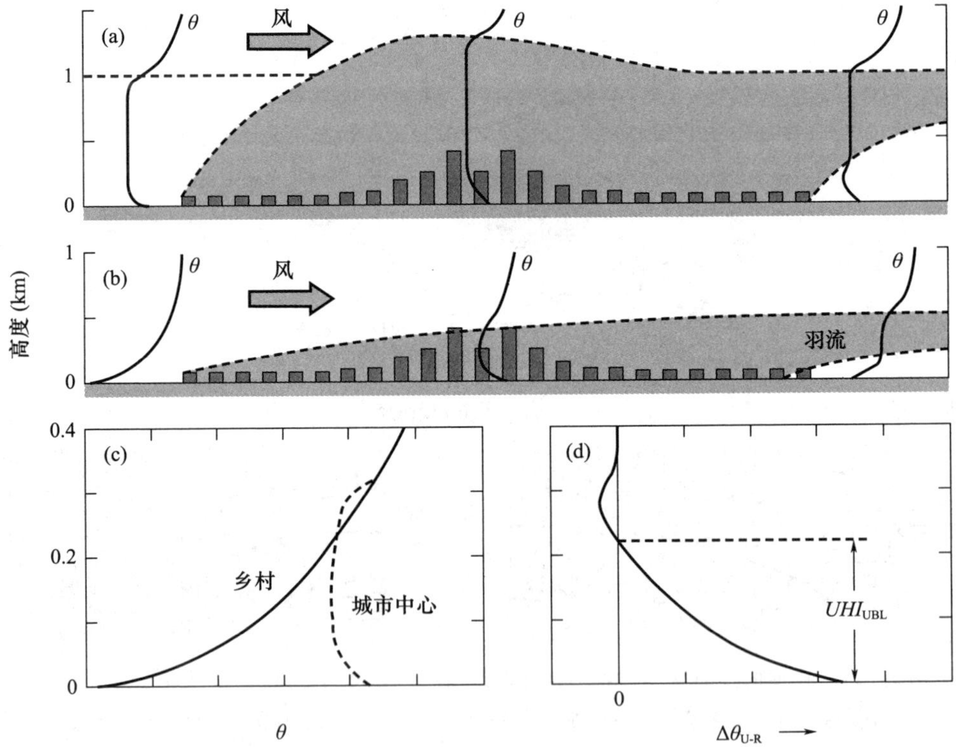

图 11.15　在天气晴朗时，典型的城市边界层热力结构示意图。(a)白天，(b)夜间，(c,d)乡村和城市中心在夜间的廓线确定了城市热岛强度随高度及其深度的变化(Oke,1982)

乡村地区 Q_H 典型的日变化特征，如图 11.16 所示，在日出后 Q_H 增长，混合层增长迅速，然后在下午持平，到接近日落时瓦解为零。在城市中，城市边界层和混合层的日变化过程与前者类似，但城市下垫面促使湍流大幅增强，致使城市的混合层变得更高，增加了约 20%。增强的湍流区通常以斑块状分布在城市地区。向上的热泡冲击着上层自由大气，由于进入自由大气的过渡层是逆温层，卷夹通量带来了更暖、更干燥、更清洁的空气返回到城市边界层。

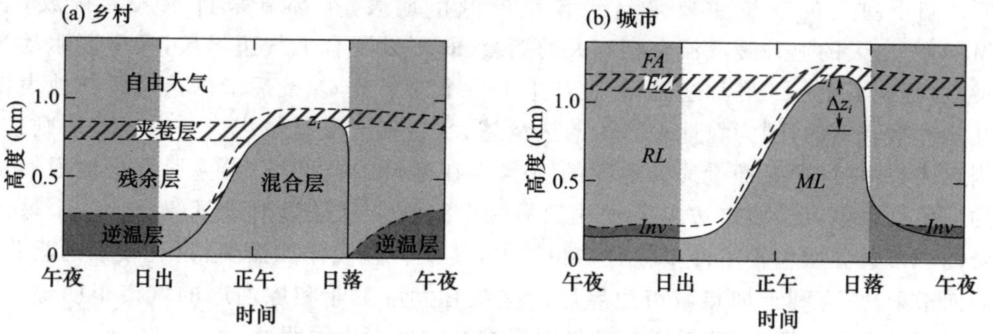

图 11.16　天气晴朗时(a)乡村和(b)城市大气边界层典型的日变化。注意：城市混合层在下午更厚，其变化量为 Δz_i，并且在夜间维持为很浅的混合层(Oke 等，2020)

在夜晚的乡村地区，感热通量需从最底层中提取能量，形成带有贴地逆温层的夜间稳定边界层。逆温将上面的层结从表面效应中分离，在高空留下衰减的湍流，这就是残余层。晚上，在城市中最密集的建筑区，从材质中释放的 ΔQ_s 和从车辆、建筑物中释放的 Q_F 合起来就足以支撑起一个向上的 Q_H 和一个较弱的对流低层，大概有 75～150 m 高。日间的混合层在夜间转化为弱中性层结，在此期间可以看到间歇性的热量"流通"，这种现象发生在街谷内，因为其温度比屋顶上方的气温要更热。夜晚 Q_H 的强度和轨迹与建筑物密度相关，因此当已建成的局地气候区有一个混合层时，在较不发达的郊区，混合层可能会消失，而且可能会有大面积的逆温。通常情况下，也会有一些平行的层结出现而导致逆温抬升，可能包括波状结构。

边界层热岛与冠层热岛有着非常密切的联系，而且是一种明显相互作用现象。该过程可以分为"自上向下"和"自下向上"两种，以表明影响的来源和方向。自下向上方式是由能量通量在粗糙子层的顶部直接驱动。自上向下方式是由于辐射与污染的混合层和对流过程(热力和机械)的相互作用，该过程源自粗糙子层的顶部，但主要发生在位于混合层顶部的卷夹层内。

在夜间，在地表能量平衡中有自下而上过程产生的条件，但是它们退出粗糙子层并进入城市边界层。首先，在建筑物密集区，Q_H 为正值且一直持续到晚上。其次，车辆、家庭烟囱和工业烟囱产生了感热和潜热的人为通量。两个来源的热量直接注入城市边界层，而不经过城市冠层。这些通量的潜热成分只有在水汽凝结进入云羽或其他云时才会对大气加热有贡献。第三，一个城市重新分配热量可产生更大的热力和机械混合，原本属于上风的乡村逆温。这就提高了较低层的温度，降低了较上层温度的部分廓线。综上所述，夜间的边界层热岛是由从上方和下方辐合的感热通量所激发：一个是由于城市冠层的能量平衡，另一个是乡村逆温穿过城市的平流。

白天的边界层热岛受到类似自下向上和自上向下过程的推动，但粗糙子层感热通量的强度要大得多，而且在城市边界层中热浮力作用是促进气流上升，而不是限制。自下向上的热量主要来自于较热的城市地表，小部分来自于人为排放（表11.5）。白天的上升暖气流有相当大的能量，既可以混合大气边界层，又可以驱动卷夹，这消耗了上层的底部逆温，并且产生了一个向下的 Q_H。后者的热通量与地表特性是间接联系的，因为在地表产生的热量越大，卷夹通量就越大。一个经验法则是，当对流很强时，卷夹通量约为地面的 20%。在多风的条件下，卷夹通量与地面通量的比值可以更大。城市边界层加热的另一个潜在来源是辐射通量辐合。一个被污染的城市边界层包含了许多颗粒物和气体，其中一些气体如黑炭，具有较强的吸收/后向散射比，有利于加热城市边界层。这在有大量工业和炼油厂的城市很明显，或在煤炭是主要的燃料，或者燃烧垃圾不受控制的地方也很明显。

表 11.5 城市边界层热岛的潜在成因列表（Oke et al. ,2020）

成因	成因描述
被污染的边界层	气溶胶和气体污染物改变辐射传输，导致短波吸收和散射增强、长波吸收和发射增强。
感热通量	更大的湍流感热通量来自粗糙、温暖的城市表面。并且生成更多的吸收和散射辐射、长波放射，以及向上混合较暖的冠层空气（即 UHI_{UCL}）。
人为热	热量从烟道和工厂烟囱向上注入城市边界层。
卷夹	更强的对流从覆盖逆温上部注入较温暖、较干燥的空气，进入城市边界层。

11.4.6 城市地下热岛

城市地下热岛是指城市地下土壤温度比周围乡村同样深度土壤温度高的一种现象，是地表热岛下的延伸，如图 11.17 所示。

由于土壤热导纳相对较大，再加上土壤分子热传导较慢，因此，土壤温度对地表温度变化的响应时间会有明显的滞后。也就是说，地下热岛的出现时间要明显落后于地表热岛，深度越深，滞后越明显。

土壤温度 T_g 的大小还与地表水的下渗有密切关系，如雨水、灌溉、河流和其他排水。除此之外，在城市区域，由于屋顶、道路和其他路面的温度相对较高，当雨水、灌溉水流经这些下垫面时会迅速升高水温，当这些温水进入土壤和地下水后，土壤温度就会明显升高。当然，一些工厂也会将一些温暖的废水注入地下，这就在地下热岛中产生了温暖的异常点。由于地下水是垂直和横向流动的,它有能力将地下温度异常的形状变形为热"烟羽"或其他形状。

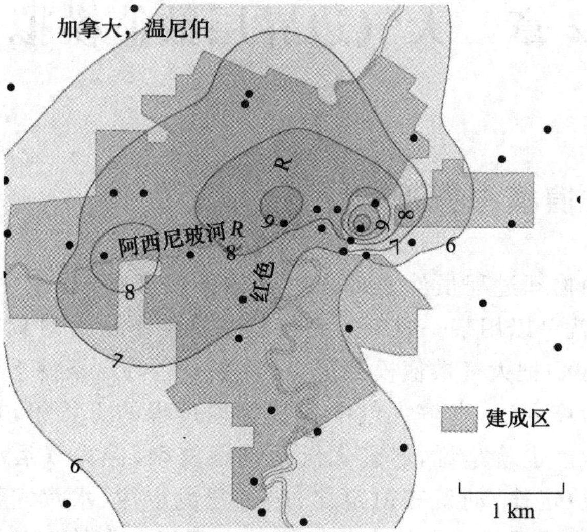

图 11.17　2007 年加拿大温尼伯 20 m 深度处城市地下热岛等温线分布(单位:℃)
(Ferguson 和 Woodbury,2007)

城市下方的地面是由自然元素(土壤、沉积物、岩层)和地下城市基础设施(建筑物的低层部分、道路、隧道、地铁、下水道、排水管等)组成的复杂混合体,这些地下设施会延伸到地下几十米,可以阻塞或引导水的流向。同样也会影响城市地下热岛的分布形势。

与地面或大气的城市热岛相比,地下热岛的观测结果相对较少,典型地下热岛强度约为 1～5 ℃。T_g的空间形态还会对地面温度分布特征有响应,在更密集的建筑区域和稀疏植被区,T_g更高且多变,在植被更多的区域,T_g相对较低。如图 11.17,加拿大温尼伯地下热岛有两个中心,其中一个位于河流西侧的城市中心区上(9 ℃等温线),一个位于在河东侧的中心(10 ℃等温线),后一个中心是由于温暖的工业水下渗所致。

当然,各种类型的城市热岛都会诱发其他大气现象。额外的温暖改变了边界层的热力结构,使其趋向中性和不稳定,从而促进垂直混合。改进的温度结构也会在城市热岛环流(urban heat island circle,UHIC)中产生乡村风,在低层的地方将空气吸引到市中心辐合上升,在高层气流向外流动,并远离城市在邻近的乡村地区下沉。城市始终是气块上升的首选区域,这有助于城市对云的形成和降水产生影响。冠层热岛的存在影响了加热和冷却的需求。这一切都增加了热浪发生期间对人类的热应力,促使人们通过城市设计措施缓解城市热岛的方面进行了大量研究。

第12章 大气边界层数值模拟基础

12.1 大气数值模拟概况

大气中的各种物理过程虽然表现出很强的多尺度性、非线性特征，但又存在明显的连续性，故此就可以用某一时刻的大气状态推演下一个时刻的状态。基于这一想法，Bjerknes(1904)把大气数值模拟定义为：在一些特定条件下(初始条件、边界条件等)，通过数值计算方法，求解大气中各种物理过程的方程组，来重现或推演大气中的各种变化过程。也就是说，尽管大气运动很复杂，但大气运动必须遵循一些基本规律，如质量守恒定律、动量守恒定律、热量守恒定律、水汽守恒定律等。这些定律的数学表达式，构成了描写大气变化规律的方程组。在给定的初始条件和边界条件下，通过数学计算，便可得到不同位置、不同时刻、不同物理量的分布结果。该方法的出现是大气科学发展的一个里程碑，也是近代大气科学成为一门定量化科学的标志。

大气数值模拟的发展已有上百年历史，早在20世纪初期，英国科学家Richardson(1922)利用手摇计算机进行了数值天气预报的尝试。自电子计算机问世后，大气数值模拟技术得到了飞速发展。与此同时，随着人类对大气运动的变化规律有了更深入的认识，使得大气数值模拟的定量分析能力越来越强。图12.1为欧洲数值预报中心自1981—2018年期间，南北半球温带地区500 hPa高度场数值模拟结果的提升过程。由图12.1可见，数值模拟准确性逐年提高，3天内的模拟准确性已由1981的87%提升到了2018年的98%，5天、7天的准确性也有显著提高，但10天内的预报准确性仅有50%左右。图中阴影区是南北半球预报准确性的差异。

现阶段，大气数值模拟技术进入快速发展期，不同种类、不同尺度、不同算法、不同区域的大气数值模式应运而生。如天气预报模式、气候模式、污染扩散模式、全球尺度模式、区域尺度模式、中尺度模式、城市尺度模式等等。虽然，大气数值模式的种类很多，但每个模式都是由以下几个部分构成。

(1)控制方程组

大气的运动和变化过程必须遵循一些规律，如牛顿第二定律、质量守恒定律、热力学定量、能量守恒定律、水汽守恒定律、气体实验定律等，这些定律的数学表达式分别称为动量方程、连续方程、热力学方程、水汽方程、状态方程等。如果需要还可以添加其他方程,如颗粒物质量守恒方程、二氧化碳质量守恒方程等。这些方程的联立就是大气运动的控制方程组:

$$\begin{cases}\dfrac{p}{R_{\mathrm{d}}}=\rho T_{\mathrm{v}}\\[2mm]\dfrac{\partial u}{\partial x}+\dfrac{\partial v}{\partial y}+\dfrac{\partial w}{\partial z}=0\\[2mm]\dfrac{\partial u}{\partial t}+u\dfrac{\partial u}{\partial x}+v\dfrac{\partial u}{\partial y}+w\dfrac{\partial u}{\partial z}=-\dfrac{1}{\rho}\dfrac{\partial p}{\partial x}+fv+\nu\left(\dfrac{\partial^2 u}{\partial x^2}+\dfrac{\partial^2 u}{\partial y^2}+\dfrac{\partial^2 u}{\partial z^2}\right)\\[2mm]\dfrac{\partial v}{\partial t}+u\dfrac{\partial v}{\partial x}+v\dfrac{\partial v}{\partial y}+w\dfrac{\partial v}{\partial z}=-\dfrac{1}{\rho}\dfrac{\partial p}{\partial y}-fu+\nu\left(\dfrac{\partial^2 v}{\partial x^2}+\dfrac{\partial^2 v}{\partial y^2}+\dfrac{\partial^2 v}{\partial z^2}\right)\\[2mm]\dfrac{\partial w}{\partial t}+u\dfrac{\partial w}{\partial x}+v\dfrac{\partial w}{\partial y}+w\dfrac{\partial w}{\partial z}=-\dfrac{1}{\rho}\dfrac{\partial p}{\partial z}-g+\nu\left(\dfrac{\partial^2 w}{\partial x^2}+\dfrac{\partial^2 w}{\partial y^2}+\dfrac{\partial^2 w}{\partial z^2}\right)\\[2mm]\dfrac{\partial \theta}{\partial t}+u\dfrac{\partial \theta}{\partial x}+v\dfrac{\partial \theta}{\partial y}+w\dfrac{\partial \theta}{\partial z}=-\dfrac{1}{\rho c_p}\dfrac{\partial Q_j^*}{\partial x_j}-\dfrac{LE}{\rho c_p}+\nu_\theta\dfrac{\partial^2 \theta}{\partial x_j^2}\\[2mm]\dfrac{\partial q}{\partial t}+u\dfrac{\partial q}{\partial x}+v\dfrac{\partial q}{\partial y}+w\dfrac{\partial q}{\partial z}=\nu_q\dfrac{\partial^2 q}{\partial x_j^2}+\dfrac{S_q}{\rho}+\dfrac{E}{\rho}\\[2mm]\dfrac{\partial C}{\partial t}+u\dfrac{\partial C}{\partial x}+v\dfrac{\partial C}{\partial y}+w\dfrac{\partial C}{\partial z}=\nu_C\dfrac{\partial^2 C}{\partial x_j^2}+\dfrac{S_C}{\rho}\end{cases}\tag{12.1.1}$$

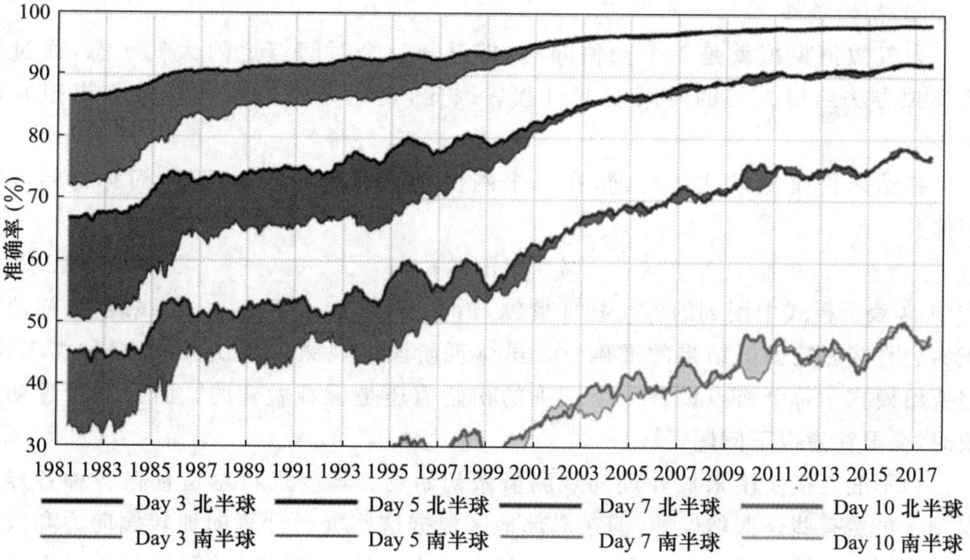

图 12.1　欧洲数值预报中心得到的 1981—2018 年期间,南北半球温带地区 500 hPa 高度场数值模拟结果与观测结果距平相关系数的提升过程。超过 60%表示模拟可信,超过 80%表示准确度很高

(2)数值计算方法与计算能力

由式(12.1.1)可知,控制方程是一组复杂的、非线性的偏微分方程组,通常不能直接获取其解析解。只能采用数值方法先离散化原始方程组,再来求其近似解。常用的数值方法有:1)差分方法,即采用差商代替微商,使得偏微分方程组变成差分方程组,继而可用代数方法求解。2)谱方法,利用适当的基函数(如球谐函数),把解展开成有限项的线性组合。这样就将对一个变量预测的问题转化为预报展开系数的问题。3)有限元方法,是把偏微分方程问题变成相应的泛函极小问题,以变分原理为基础,吸收差分方法的思想而发展起来的一种新方法。这三种方法中,差分方法最为简便、应用也最广泛。

上述计算方法都需要靠计算机来实现。计算机可根据程序所设定时空范围、网格数、积分步长、计算精度等要求很快地给出差分计算结果。现阶段,各国中期天气预报模式的水平空间分辨率都在千米量级,垂直分层约有100层,积分步长可达分钟量级。如果还有相应的集合预报、资料同化等计算要求,每天要对上几百亿格点上的物理过程进行计算求解。因此,只有高性能超级计算机才能实现这样大规模的科学计算。

可以说,好的数值计算方法与强大的数值计算能力是提高大气数值模拟时效性、准确性的两个重要环节。

(3)初始条件

大气数值模拟就是一个初值问题,即已知一个时间点上的大气状态,通过数值模拟方法给出大气的时间演变过程。因此,初始条件对于大气数值模拟非常重要。

初始条件是指模式运行前,在每个网格点上设置的各物理量,简称初始场或初值:

$$\phi=\phi(x,y,z,0) \tag{12.1.2}$$

式中,ϕ 表征模式中用到的各个物理量($u,v,w,p,T,\rho,q,C,\cdots$)。实践表明,初值的优劣会直接影响模拟结果的准确性。虽然现阶段的观测手段众多,资料种类丰富,但要给模式中每个格点设置一个准确的初始值还是很难做到的。而且在设置初始值时,需要注意以下问题:

1)不能直接使用未加处理的观测值做初始场。观测资料总是存在各种各样的误差。虽然有些是偶然误差,但在局部地区根据这些资料计算的地转偏向力和气压梯度力之间可能有较大不平衡,即出现较大的虚假地转偏差。这种虚假地转偏差会激发出远超过实际的重力惯性波,以致可以掩盖真正的大气波动。

2)要考虑初始场和数值模式之间的平衡问题。对于有限区域的大气数值模拟,方程组的解还和其他条件有关。也就是说,控制方程组的解应满足初始条件、边界条件以及其他假设条件。实际上，初始条件与这些限定条件并不能完全匹配，故会产生初始场与模式之间的不协调。时间积分过程中可能产生虚假的高频振荡。

(4)边界条件

大气数值模拟是计算一定区域范围内的大气运动状况。在全球模式中，大气运动会与下边界有明显的相互作用，上边界模糊，且没有水平边界。但在区域模式中，在特定计算区域内不仅有下边界，还要考虑虚假侧边界对计算过程的影响。因此，需要模式中各物理量在边界处满足一定的假设条件，并且这种条件是随时间变化的：

$$\phi=\phi(\Sigma,t) \tag{12.1.3}$$

式中，Σ 表示边界。在实际大气数值模式中，通常包含以下几种边界条件。

1)下边界条件

大气的下边界一般取在地球表面上，它是一个物质面。由于复杂地形的影响，一般下边界条件取为如下形式：

$$z=z_s(x,y),w_s=V_{hs}\cdot\nabla_h z_s \tag{12.1.4}$$

式中，z_s 为地表海拔高度；w_s 为地表垂直风速；V_{hs} 为地表水平风速；$\nabla_h z_s$ 为地表水平梯度。

2)上边界条件

大气运动控制方程组是在大气为连续介质的假定条件下建立起来的，故可把连续介质假定成立的极限高度看作大气的上界。大气上界的高度比平流层、中间层大气的高度要高得多。一般认为在大气的上界与外界无质量交换。因此上边界条件可取如下形式：

$$z\to\infty,\rho_t w_t=0 \tag{12.1.5}$$

式中，$\rho_t w_t$ 为大气上界的质量通量。

3)水平(侧)边界条件

对于区域尺度模式，由于模式是建立在一个有限区域内，因此，在模式的水平边界处，需要满足一定的边界条件。如固定边界条件、法向速度为 0 的边界条件、海绵边界条件、外推边界条件、对称反对称边界条件等。

4)内边界条件

大气内部经常会出现气象要素的过渡带或不连续面，例如锋面和逆温层、海洋和大气的界面等，在这种情况下有关气象要素的梯度是不连续的，此时运动方程和连续方程都会失去意义，这种不连续面可看成大气的内边界。

图 12.2 为一个区域模式中网格点的设置，各种边界的设置，及初始场赋值的示意图。

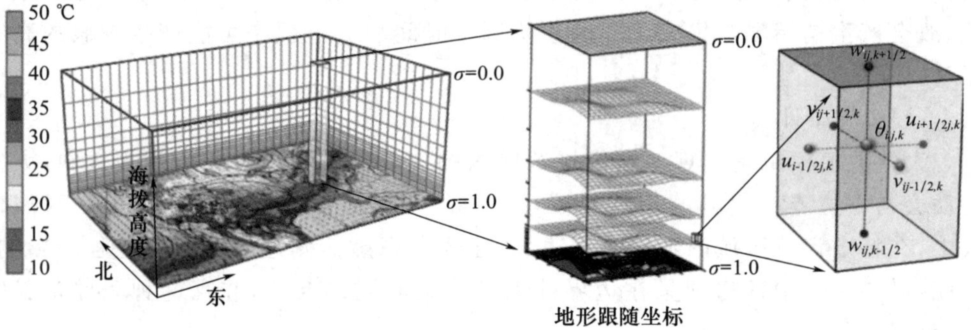

图 12.2 典型区域尺度数值模式中初始条件、边界条件的设置示意图

12.2 大气边界层的数值模式

大气边界层是一个复杂的物理系统，各种不同尺度、杂乱无章的湍流充斥着整个区域，且影响着各个物理量的变化。先前介绍的经验公式或相似理论通常只能在特定条件下给出一些简单结果，如果要更细致、更充分地描述整个大气边界层的变化过程，就必须建立一套完整的物理模型和动力框架，在此基础上运用数值模拟手段予以研究。

大气边界层数值模式，由于其自身的特点：(1)物理过程的时空尺度跨度大；(2)边界层大气运动的湍流 Re 数可高达 $10^5 \sim 10^7$ 量级，湍流运动表现出明显的随机性；(3)控制方程不闭合；(4)下垫面影响明显等。这些特点使得大气边界层的数值模式明显有别于天气、气候模式。

现阶段，常用的大气边界层模式主要有以下三种：直接数值模拟(direct numerical simulation，DNS)、大涡模拟((large eddy simulation，LES)、雷诺平均模拟(Reynolds average Navier-Stokes，RANS)。下面将对这三种模拟技术进行简要介绍。

12.2.1 直接数值模拟(DNS)

直接数值模拟是现阶段大气边界层领域中较为先进的一种模拟技术。

模式需要对研究区域内各个尺度的湍涡进行直接模拟，计算每个湍流的运动过程。也就是说，模式中不采用任何湍流简化模型，直接求解完整的三维非定常大气边界层控制方程组，计算包括湍流运动在内的动力、热力、水汽的时间演变过程。

(1)控制方程组

DNS 的控制方程组主要以非稳态的 N-S 方程和连续方程为主，见式(12.2.1)和式(12.2.2)。当然根据实际需求也可包含热量守恒方程，水汽守恒方程等。

$$\frac{\partial u_i}{\partial t}+u_j\frac{\partial u_i}{\partial x_j}=fu_i-\frac{1}{\rho}\frac{\partial p}{\partial x_i}+v\frac{\partial^2 u_i}{\partial x_j\partial x_i} \tag{12.2.1}$$

$$\frac{\partial u_i}{\partial x_j}=0 \tag{12.2.2}$$

如果模式的时空分辨率足够高，能分辨每一个小湍涡的变化，那么 N-S 方程组是闭合的，不用任何湍流简化模型就可直接求解。为了能模拟最小湍涡的运动，计算网格的分辨率应足以分辨最小尺度的涡，该尺度以科尔莫戈罗夫定义的内尺度$\eta=(v^3/\varepsilon)$为代表。同时，计算区域的设置范围也应足以容纳最大尺度的涡(L_{max})，因此在一个方向上的网点数目至少应与 L_{max}/η 同量级。根据统计理论可知这个比值与流动的雷诺数 Re_λ 有如下关系：

$$L_{max}/\eta\approx Re_\lambda^{3/4} \tag{12.2.3}$$

于是整个三维空间的网格点至少为：

$$N=N_x\times N_y\times N_z\sim(L_{max}/\eta)^3\approx Re_\lambda^{9/4} \tag{12.2.4}$$

另一方面，模式的积分步长应小于最小涡的时间尺度 η/u'，而总的模拟时间也应大于最大湍涡的特征时间 L_{max}/u'，因此需要计算的步数应不少于 L_{max}/η。如假设每一时间步长的计算工作量，即使按最低限度估计，与 N 成正比，则总的计算工作量至少也要正比于 Re_λ^6。假如每个时间步长、每个网点上要执行 100 条计算机指令，则对一个雷诺数 $Re_\lambda=10^4$ 的大气边界层问题，就需执行约 10^{26} 条指令。这意味着在一个计算速度为每秒百亿亿次的超级计算机(中国神威超级计算机，2018)上也要运行约 3 年时间。由此可见，DNS 对计算资源的消耗非常大。图 12.3 为不同雷诺数下，DNS 对湍流运动的模拟结果。

图 12.3　不同雷诺数条件下，DNS 对湍流运动的模拟结果

(2)数值计算方法

由于最小尺度的湍涡在时间与空间上变化很快，为能模拟湍流中的小尺度结构，就必须要有高精度的数值计算方法。现阶段，DNS 模式中多采用谱方法或伪谱方法，简单来说，就是将所有未知函数在空间上用特征函数展开，成为以下形式：

$$V(x,t)=\sum_m\sum_n\sum_p a_{mnp}(t)\Psi_m(x_1)\phi_n(x_2)\chi_p(x_3) \tag{12.2.5}$$

式中，Ψ_m，ϕ_n 与 χ_p 都是已知的正交完备的特征函数族。在具有周期性或统计均匀性的空间方向一般都采用 Fourier 级数展开，这是计算精度与计算效率最高的特征函数族。如将上述展开式代入 N-S 方程组，就得到一组 $a_{mnp}(t)$ 所满足的常微分方程组，对时间的微分可用通常的有限差分法求解。

此外，有些 DNS 模式还采用高阶有限差分法，其基本思想是利用离散点上函数值 f_i 的线性组合来逼近离散点上的导数值。设 F_i 为函数 $(\partial f/\partial x)_j$ 的差分逼近式，则：

$$F_j = \sum \alpha_j f_j \tag{12.2.6}$$

式中，系数 α_j 由差分逼近式的精度确定，将导数的逼近式代入控制流动的 N-S 方程，就得到流动数值模拟的差分方程。差分离散方程必须满足相容性和稳定性。

(3)DNS 方法的优缺点

直接模拟方法的优点在于：1)该方法不需要任何湍流简化模型，因此不包含任何人为假设或经验常数。2)由于直接对 N-S 方程求解，故不存在方程组闭合问题，原则上可以求解所有湍流问题。3)能提供三维流场内任何物理量的时间和空间演变过程，其中包括许多迄今还无法用实验测量的量。

主要缺点或困难是要求用非常大的计算机内存容量与机时耗费。

(4)DNS 在大气边界层研究中的应用

1972 年，Orszag 和 Patterson 首先将 DNS 方法应用于大气湍流的研究，当时模式设置的网格点仅有 323 个，$Re_\lambda=45$。虽然模拟的区域尺度小，网格数少，与实际大气情况也不符，但却开启了一个新的数值模拟领域。现阶段，在强大计算能力下，DNS 模式的网格点已经可以达 2048^3 或更多的网格数，湍流状态也可以达到 $Re_\lambda=10^4\sim10^5$，该方法已广泛应用于理想埃克曼层中湍流的研究（Shah 和 Bou-Zeid，2014）、卷夹层干过程（Garcia 和 Mellado，2014）、边界层云（Mellado，2017）、切变卷夹过程（Jonker et al.，2013）、夜间边界层低空急流（Fedorovich et al.，2017）、冷泄流（Shapiro 和 Fedorovich，2008）、稳定边界层中湍流在“崩塌”过程（Ansorge 和 Mellado，2014）、水汽通量的研究（Helgans 和 Richter，2016）等。

12.2.2 大涡模拟(LES)

大涡模拟(LES)是近几十年才发展起来的一个非常重要的数值模拟方法，有别于直接数值模拟。

众所周知，湍流运动是由各种不同尺度的湍涡组成，但不同尺度涡的分工不同。其中，大尺度湍涡对于平均运动有较大影响，而小尺度湍涡则会通过非线性作用对大尺度运动产生影响。大气边界层中主要的动量、热量、质量、能量交换都是通过大涡运动来实现，而小涡的作用主要体现在能量耗散。反过来，大气的平均运动、下垫面的阻碍作用也同样只对大涡有较大影响，使其具有更明显的各向异性；而对小涡的影响并不明显，小涡仍然会保持其原有特征，也更接近各向同性。

大涡模拟方法就是基于上述物理基础，通过滤波方法将各种尺度的湍涡分解成大涡、小涡两部分。其中，大尺度湍涡的运动过程及其作用要通过数值方法直接计算出来；小尺度湍涡的作用则通过简化模型来模拟，即次网格模拟。

大涡模拟方法克服了直接数值模拟所需的巨大计算开销，是描述高雷诺数、复杂边界条件下，边界层大气的最佳方法(张兆顺 等，2008)。

(1)滤波

大涡模拟的第一步就是把所有湍涡分为大涡和小涡，这一过程称为滤波。滤波运算相当于在一定空间范围内按一定条件对空间分布函数进行加权平均，其目的是滤掉高波数而只保留低波数，截断波数的最大波长由滤波函数的特征尺度决定。

现阶段常用的滤波函数有：Top-Hat 型、Gauss 型和截谱型等，其中最简单的滤波器是 Deardorff 的盒式(BOX)滤波，具体表达式如下：

$$\begin{cases} G(\eta)=1 & |\eta_i| \leqslant \Delta/2 \\ G(\eta)=0 & |\eta_i| > \Delta/2 \end{cases} \tag{12.2.7}$$

式中，$G(\eta)$为滤波函数；Δ 为过滤尺度；η 为被过滤的变量。假设 $c=\bar{c}+c'$，c 代表任一物理量，$\bar{c}$ 为 c 的网格体积平均值或空间滤波后的值，c'为 c 的次网格尺度(SGS)脉动。如果滤波函数满足平均量二次滤波操作的守恒性，即 $\bar{\bar{c}}=\bar{c}$。如果对大气运动的瞬时方程组进行网格体积平均，即可得到与雷诺平均方程组形式完全相同的 LES 控制方程组。但两个方程组中的平均变量、雷诺应力及通量在概念上有根本的区别，在雷诺平均方程组中的各变量都是空间和时间的平均量，其空间变化和时间变化均较缓慢，在 LES 方程组中，各变量只是空间的平均量，因此只包含大于滤波尺度的大涡特征量。LES 的次网格尺度量也有随时间和空间的随机变化特性，并且比雷诺平均值小，因为它们只代表次网格运动的贡献。

(2)控制方程组

大涡模拟的控制方程组由连续方程、运动方程、热力学方程及标量守恒方程等一系列方程组成，这些方程皆可经滤波后导出。如将过滤函数作用于 N-S 方程，可得如下运动控制方程：

$$\frac{\partial \bar{u}_i}{\partial t}+\bar{u}_j\frac{\partial \bar{u}_i}{\partial x_j}=-\frac{1}{\rho}\frac{\partial \bar{p}}{\partial x_i}+v\frac{\partial^2 \bar{u}}{\partial x_j \partial x_j}+\frac{\partial}{\partial x_j}(\bar{u}_i\,\bar{u}_j-\overline{u_i u_j}) \tag{12.2.8}$$

式中，带“—”的量都为滤波后需要准确计算的各物理量。由于无法同时求解变量 $\bar{u}_i$ 和$\overline{u_i u_j}$，所以将$\overline{u_i u_j}$分解成$\overline{u_i u_j}=\bar{u}_i\cdot\bar{u}_j+\tau_{ij}$，$\tau_{ij}$ 即称为次网格剪切应力张量，也就是需要通过次网格参数化方案计算的小尺度湍流贡献。

(3)数值计算

大涡模拟的数值计算也需要对偏微分方程进行离散化，再进行求解。假设模式使用的格距为Δx，那么大于这个尺度涡就可以直接计算，而小于这个尺度涡就必须实施参数化。目前普遍认为小涡对较大尺度系统运动的敏感性不高，因此对参数化方案也不敏感。于是，可对它们使用较为简单的次网格计算方法。

现阶段，常用的次网格模型有标准的 Smagorinsky 模型、动态涡黏性模型、动态混合模型、尺度相似模型、梯度模型、选择函数模型等。其中 Smagorinsky 模型使用的最为广泛，该模型是由 Smagorinsky 于 1963 年提出，其具体表达式如下：

$$\tau_{ij}-\frac{1}{3}\delta_{ij}\tau_{kk}=-2\nu_{\mathrm{T}}\overline{S_{ij}} \tag{12.2.9}$$

式中，$\overline{S_{ij}}=(1/2)\cdot[(\partial\overline{u_i}/\partial x_j)+(\partial\overline{u_j}/\partial x_i)]$是可解尺度的变形率张量，$\nu_{\mathrm{T}}$ 是涡黏系数：

$$\nu_{\mathrm{T}}=(C_s\Delta)^2\left|\overline{S}\right| \tag{12.2.10}$$

式中，$\left|\overline{S}\right|=(2\overline{S_{ij}S_{ij}})^{1/2}$是变形率张量的大小；$\Delta$ 是过滤尺度；C_s 无量纲参数，称为 Smagorinsky 系数。

此后，1991 年，Germano 等又在 Smagorinsky 模式的基础上提出了动态次网格模式，该模式是动态确定次网格涡黏模型的系数。动力模型需要对湍流场做两次过滤，一次是细过滤之后再做一次粗过滤。通过在网格尺度和检验滤波器尺度条件下，计算得到的应力差来确定应力模型系数，使模型系数成为空间和时间的函数，从而避免了在模拟过程中对系数进行调节。

LES 与传统的静力中尺度模拟不同，LES 本质上是非静力的，从而涉及三个运动方程以及典型压力泊松方程的求解。

LES 中侧边界条件常取为周期性的，这种取法的优点在于，通过出流边界传播的湍涡能在入流边界上再次进入模拟区。但是，周期性边界条件可能歪曲大尺度湍涡，如边界层翻滚涡旋。下边界层条件则在地表附近处理，传统的方法是采用近地层相似理论。上边界条件一般采取辐射边界层条件，可以阻止重力波能量向内部反射。图 12.4 为复杂地形条件下，LES 对流场的模拟结果。

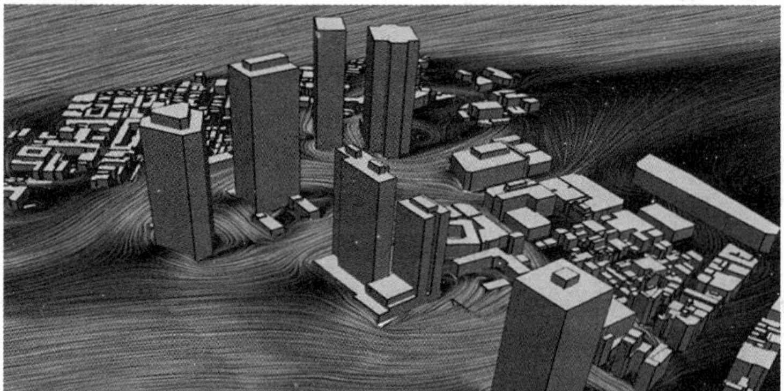

图 12.4　复杂下垫面条件下大涡模式对流场的模拟结果

(4)LES 方法的优缺点

大涡模拟方法的优点在于：1）能够描述小尺度湍流运动，但是计算量远小于 DNS。2）可以模拟大气运动的瞬时状态，即湍流运动的随机性。3）可以提供高精度、高分辨的湍流计算结果，可部分代替外场观测，为其他数值模式的检验、比较提供基础数据。

缺点为：1）由于模式会有一定的区域限制，故大于模拟尺度的湍涡会被“丢失”。2）在模式的底部和顶部分辨率较差。3）边界条件比较难以合理的给出。4）小涡模型网格节点的划分极密集，还是需要庞大的计算机存储能力。5）大量数据处理和非线性偏微分方程的求解需要高速数值处理能力。

(5)LES 在大气边界层研究中的应用

1972 年，Deardorff 首次把 LES 应用于理想条件下中性和不稳定边界层大气的研究。由于当时计算能力有限，其模拟区域在水平方向只有 2～5 km，垂直方向为 1～2 km，水平网格间距为 50～125 m，垂直间距为 50 m，而且也只能模拟一些简单的大气运动过程。之后，随着大涡模拟的不断改进，使其模拟精度更加接近真实大气。如 Deardorff(1974)在模式中添加了辐射过程，1976 年 Sommeria 在模式添加了云物理过程。

同样，LES 在污染扩散、边界层云的形成等研究中都发挥了重要的作用。苗世光等(2001)用 LES 技术对 CBL 中高架烟流的扩散进行了模拟，并对 Gauss 扩散模式在 CBL 中的使用进行了修正。Herwehe 等(2015)用 RAMS-LES 和使用高精度第二代 GEAR 算法的大气化学模式耦合成大涡模拟-化学(LES-chem)模式。

此外，LES 也越来越多地被用于改进天气和气候模式中，并已经在 WRF、RAMS、ARPS 等一些中尺度数值模式中提供了有关 LES 的选项和专门针对云、辐射、陆地表面相应的物理参数化配套选项。另外，为了更好地模拟大范围复杂下垫面的大气边界层演化过程，近年来也有一些研究尝试将中尺度模式与 LES 模块进行了耦合嵌套，尽可能全面地描述复杂下垫面上边界层内各种不同尺度的物理过程及相互作用等，从而对不同的研究对象实现从几米至几千米流场的精细化预报。这样不仅提高了中尺度模式模拟的精度，同时也解决了 LES 模式初边值分辨率不足的问题，这些研究已在近地层风场的模拟中取得了较好的效果。

12.2.3　雷诺平均模拟(RANS)

大气边界层中的湍流运动及其他物理过程虽然瞬息万变，但人们日常生产生活中更关注一段时间内的总体平均结果，基于此思想就诞生了雷诺平均模拟方法。该方法应用湍流统计理论，对非稳态的 N-S 方程及其他方程进行时间平均，通过一些闭合方案来求解控制方程组。RANS 方法是现阶段最常用的大气边界层数值模拟方法。

(1)控制方程

在第3章中,已给出了边界层大气的控制方程组,但在实际运用中往往需要针对具体研究对象,舍去和简化方程中的某些项,以求在不影响模拟结果的前提下,获得满意的计算精度与适宜的计算资源。

1)不可压缩近似

质量守恒方程的表达式为:

$$\frac{\mathrm{d}\rho}{\mathrm{d}t}=-\rho\left(\frac{\partial u}{\partial x}+\frac{\partial v}{\partial y}+\frac{\partial w}{\partial z}\right) \tag{12.2.11}$$

对于大气边界层,其厚度远小于大气标高,因此可以不考虑密度在空间上的变化,即可得到浅对流连续方程:

$$\frac{\partial u}{\partial x}+\frac{\partial v}{\partial y}+\frac{\partial w}{\partial z}=0 \tag{12.2.12}$$

这也称作不可压缩假设。

2)静力假设

垂直运动方程的完全形式应为非静力方程。尺度分析表明:垂直运动方程中的垂直加速度项和湍流项,在某些条件下相对于其他项可略,方程可近似为:

$$\frac{\partial p}{\partial z}=-\rho g \tag{12.2.13}$$

当模拟研究对象的水平尺度大于大气的密度标高时,以及垂直运动较小时,可采用静力近似。

3)维数的简化

完整的边界层数值模式应该是三维的,但是,有时气象要素在两个水平方向上都是均匀的,或者在某一方向上是均匀的,那么就可简化模式的维数。

如果是水平均匀条件下的物理过程,可用一维模式进行模拟。如果某些物理量在一个水平方向上可作均匀假设,那么就可以用二维模式进行模拟,它的特性介于一维和三维模式之间。用它可以方便地处理与地表非均匀性(如海岸效应、山丘效应以及地表特征的变化等)有关问题,在前几章有过讨论。图12.5为一个二维模式对过山气流的模拟结果。

(2)湍流闭合问题

应用雷诺的方法对控制方程组进行平均后,公式(3.3.1)中出现了一些新的湍流脉动统计量,如$\overline{u'_iu'_j}$、$\overline{u'_iT'}$、$\overline{u'_iq'}$项等,这些量都是全新的未知数。也就是说,此时方程组中包含的未知量个数超过了方程个数。类似“$x+y=0$”的情形,一个方程包含2个未知数时,方程有无穷多个解,即此时方程组不闭合。

解决方程组闭合的问题有两种方案:要么减少未知数,要么增加方程个数。

第一种解决方案就是在方程组中去掉$\overline{u'_iu'_j}$、$\overline{u'_iT'}$、$\overline{u'_iq'}$等未知数,让方程组闭合。

但这样的处理就会把所有的湍流信息抹杀掉,只保留平均量。这种方式就是后面要介绍的零阶闭合方案。

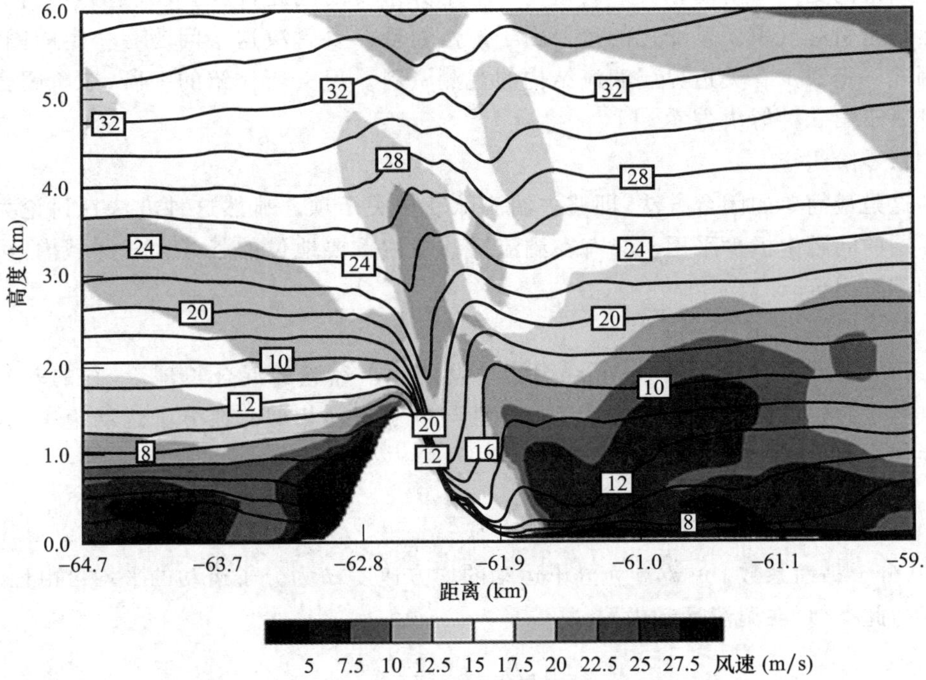

图 12.5　二维 RANS 模式对过山气流的模拟结果

第二种解决方案就是在方程组中增加未知量的预报方程或诊断方程。当方程个数和未知数个数相等时,方程组可解。然而,当建立起有关二阶相关矩$\overline{u'_iu'_j}$、$\overline{u'_iT'}$、$\overline{u'_iq'}$的预报方程时,方程中又会出现脉动量的三阶相关矩。依此类推,当建立第 n 阶相关矩方程时将出现 $n+1$ 阶相关矩项,如表 12.1 所示。

表 12.1　各种动量统计矩的方程和未知变量数目示例,以示湍流封闭问题

预报变量	矩	方程	方程个数	未知数个数
$\overline{U_i}$	一阶	$\frac{\partial \overline{U_i}}{\partial t}=\cdots-\frac{\partial \overline{u'_iu'_j}}{\partial x_j}$	3	6
$\overline{u'_iu'_j}$	二阶	$\frac{\partial \overline{u'_iu'_j}}{\partial t}=\cdots-\frac{\partial \overline{u'_iu'_ju'_k}}{\partial x_k}$	6	10
$\overline{u'_iu'_ju'_k}$	三阶	$\frac{\partial \overline{u'_iu'_ju'_k}}{\partial x_k}=\cdots-\frac{\partial \overline{u'_iu'_ju'_ku'_m}}{\partial x_m}$	10	15

为使方程闭合可解，必须针对所研究问题的需要，在某阶相关矩方程处截断。所以，湍流闭合问题实质上是研究在哪阶相关矩截断以及如何用有关参数来表征方程中出现的更高一阶的相关矩。这是一个十分重要的问题，因为大气边界层内的湍流运动是引起气象要素变化的重要因子。然而现今要解决这个问题有一定的困难，原因之一是缺少有关边界层湍流结构的观测资料。后文所介绍的一阶、二阶闭合方案都属于第二种解决方案。

1)零阶闭合

这是最简单的闭合方法，即略去湍流脉动相关矩项。显然这种方法在讨论大气边界层的问题中极少采用。只有在湍流运动不占重要地位的某些大气区域内，可以采用零阶闭合。

2)一阶闭合(K 理论)

Prandtl(1925)和 von Karman(1931)发展了半经验的混合长理论，它的基本出发点就是假设湍流的运动方式及运动特性与分子运动相似。在分子运动论中，分子黏性切应力τ'为：

$$\tau'/\rho=\nu\frac{\mathrm{d}U}{\mathrm{d}z} \tag{12.2.14}$$

式中，分子黏性系数$\nu\sim\bar{v}l$，$\bar{v}$为分子运动的均方速度，l为分子运动的平均自由程。

与此类似，在湍流运动中取

$$\tau/\rho=K_{\mathrm{m}}\frac{\partial\bar{u}}{\partial z} \tag{12.2.15}$$

式中，$\tau=-\rho\overline{u'w'}$为雷诺应力，代表因湍流速度引起的垂直方向动量输送；K_{m}为湍流黏性系数或湍流动量交换系数、涡动扩散系数。于是有：

$$-\overline{u'w'}=K_{\mathrm{m}}\frac{\partial\bar{u}}{\partial z} \tag{12.2.16}$$

湍流摩擦力项或湍流黏性力项为：

$$-\frac{\partial}{\partial z}(\overline{u'w'})=K_{\mathrm{m}}\frac{\partial^2\bar{u}}{\partial z^2} \tag{12.2.17}$$

同样可假设

$$-\overline{w'\theta'}=K_{\mathrm{h}}\frac{\partial\bar{\theta}}{\partial z} \tag{12.2.18}$$

式中，K_{h}为湍流扩散系数或热量交换系数。以及：

$$-\frac{\partial}{\partial z}(\overline{u'\theta'})=K_{\mathrm{h}}\frac{\partial^2\bar{\theta}}{\partial z^2} \tag{12.2.19}$$

根据混合长的概念，交换系数可表示成：

$$K_{\mathrm{m}}\propto Vl_{\mathrm{m}} \tag{12.2.20}$$

式中，V 为湍流运动速度的典型尺度；l_m 为混合长，即把 l_m 设想成一距离，在此距离内湍涡保持其原有特征。而一旦超过此距离，湍涡完全和周围流体混合。或者可以把 l_m 设想成代表湍涡的长度尺度。如果确定了 V 和 l_m 以及表达式(12.2.20)中的比例系数，则 K 就可认为是已知的。

当 K_m 和 K_h 确定后，未知的湍流相关量 $\overline{w'u'}$ 和 $\overline{w'\theta'}$ 以及 $\overline{w'v'}$ 和 $\overline{u'v'}$ 等都可用变量 $\bar{u}, \bar{v}, \bar{\theta}$ 的空间导数乘以湍流黏性系数(或湍流扩散系数)表示。于是未知变量的数目又减少到和方程的数目一致，从而完成了方程组的闭合。

K 理论已被广泛地运用于地面附近的边界层问题中，但该方法也有一定的局限性。

3)二阶闭合

由于 K 理论的局限性，人们就着手研究高阶闭合，并成功地模拟了很多大气湍流状况，尤其是对流边界层，高阶闭合中最初级形式是二阶闭合。

所谓二阶闭合，就是在现有控制方程组的基础上，添加描写 $\overline{u'_i u'_j}$ 和 $\overline{u'_i T'}$ 的方程。然而，在这两式中又将出现更高的脉动矩量，例如 $\overline{u'v'w'}$ 被参数化为：

$$\overline{u'v'w'} = -l_1 e^{-\frac{1}{2}} \left(\frac{\partial \overline{u'v'w'}}{\partial z} + \frac{\partial \overline{u'w'}}{\partial y} + \frac{\partial \overline{v'w'}}{\partial x} \right) \tag{12.2.21}$$

式中，l_1 是湍流长度尺度；$\bar{e}$ 是湍流动能。二阶的闭合参数方案提高了计算平均状态量的真实性，在一定程度上可模拟非局地湍流的输送过程。与一阶闭合方案相比，二阶闭合方案的一个明显的弊端在于它包含了更多的自由系数，这些系数中有些是无法用实验来验证的。很显然，二阶闭合方案的计算量将远大于一阶闭合。依此类推可以设计三阶乃至更高阶的闭合。

除上述闭合方案外，还有 0.5 阶、1.5 阶、3 阶、4 阶、TKE 闭合、E-ε 闭合等。各种方案各有优缺点，使用过程中要根据自身需要选取最佳方案。

(3)RANS 模式的优缺点

雷诺平均数值模拟其优势在于：1)计算量相对直接模拟、大涡模拟来讲要小很多，对计算机的要求较低，同时也能符合大部分天气、气候研究的实际需求。2)该模式对大气边界层结构、基本物理量的时空分布及其变化过程等方面都有较好的模拟效果。3)模式的边界条件、初始条件的设置相对简单，对计算方法的要求也相对容易。

缺点：1)湍流闭合方案中，由于不区分湍涡的大小和方向性，对湍涡的运动学和动力学问题考虑不足，不能用来对流体运动机理进行描述。2)对于非定常流动、气流分离运动、逆压力梯度数值模拟等问题，受湍流模型条件的限制，很难得到满意的计算结果。3)严重依赖流场形状和边界条件，普适性差，计算很大程度上依赖于经验。

(4)RANS模式在大气边界层的应用

1963年，Estoque首先以相似理论为基础建立了一个较为简单的RANS分层模式，即在垂直方向上将大气边界层分为近地面层和埃克曼层，并将这两层的湍流交换系数作为常数处理，虽然这种模式参数化方式简单，计算量小，但能够模拟出准均匀边界层的基本结构和基本的物理过程。但模式在边界层顶部连续性、卷夹层特征变量以及云覆盖边界层顶辐射过程等方面的处理存在缺陷。此后，分层模式发展为连续模式，这类模式是基于大气运动控制方程组建立的，不仅能够较好地模拟出边界层物理量在垂直方向的连续分布特征，还能预报一些相对较复杂边界层的能量和通量等，因此在非均匀边界层的模拟中具有一定的优势。然而，由于此类模式采取的是差分运算的方法来求解大气运动的方程组，所以模拟结果会受到模式所采用的湍流闭合方案和模式分辨率的影响，因此在实际应用中常常会存在一定的不确定性。

12.2.4　三种模式的比较

本节对上述三种大气边界层数值模拟方法进行简单比较，见表12.2。由表12.2可见，DNS模式其时空分辨率最高，网格尺度小于湍流耗散尺度，对任何湍流都可直接计算求解，故模式中没有任何假设条件，但其计算量巨大。LES模式其时空分辨率也较高，网格尺度与惯性子区尺度同量级，即模式多关注大湍涡的贡献作用，所以大涡部分需要直接求解，而小涡部分则通过湍流模型来简化计算，计算量介于三者之间。RANS模式通常只关注大气边界层中各平均量的变化，其时空分辨率低，网格尺度也会大于湍流含能尺度，湍流的各种变化过程都是通过参数化的方案计算得到的，因此计算量最小。

表12.2　三种不同大气边界层模式的比较

模拟方法	分辨率	网格尺度	计算量	湍流参数化
DNS	最精细	小于耗散尺度	很大	无参数化
LES	较高	与惯性子区尺度同量级	较大	部分参数化
RANS	较低	大于含能尺度	较小	完全参数化

图12.6为三种模式对同一个气流喷射过程的一个对比模拟。由图12.6可见，在不同模拟时段，DNS模拟方法可抓住气流运动过程中各个细小的细节，湍流的运动特征非常明显。LES的模拟结果与DNS结果有很大的相似性，但气流的浓度值略有区别，而且很多湍流细小结构特征无法显现。RANS的模拟结果只能看到一个粗略的运动轮廓，而没有任何湍流结构可以体现。

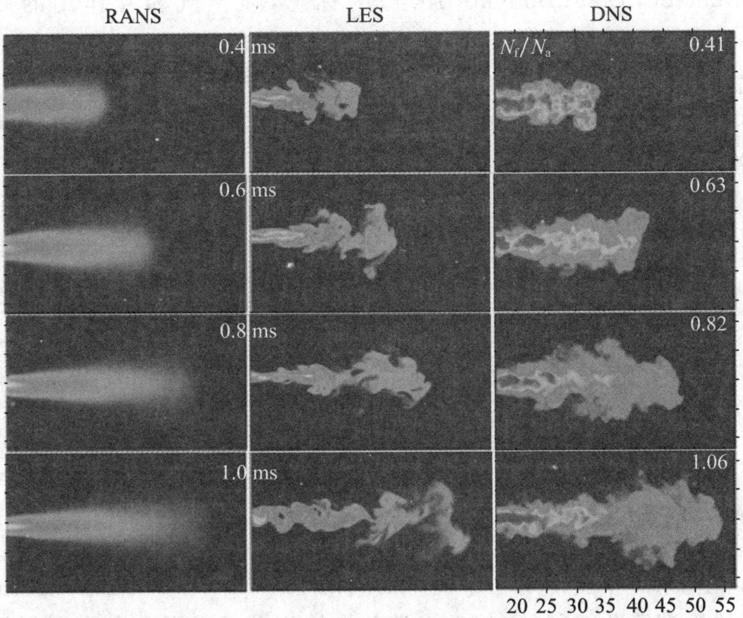

[彩]图 12.6　三种模式对同一个气流喷射过程的一个模拟对比

12.3　陆面过程模式简介

越来越多的事实证明，属性复杂、分布不均的下垫面是整个地球系统中一个重要影响因素。下垫面与大气间进行的各种尺度的相互作用，以及动量、能量、物质、水汽、CO_2、辐射的交换对天气、气候变化有很大影响。同样，大气边界层中的各种物理过程在很大程度上也是由下垫面驱动的。因此进行大气边界层数值模拟时，必须考虑下边界对大气的作用。

陆面过程是指在陆地表面和土壤中发生的物理、化学、生物和水文等过程（戴永久和曾庆存，1996），包括土壤和植被与大气间的动量、热量、能量、物质交换，大气降水、蒸发蒸腾、地表径流、地下水流及冰雪融化等过程（Shukla 和 Mintz，1982）。

陆面过程模式就是通过数学物理方程描述陆面与大气之间的各种相互作用，并由计算机对陆-气之间动量、能量、物质、辐射交换过程进行模拟，为大气边界层的模拟提供蒸发、蒸腾、地表温度、湿度等相关信息。

20 世纪 60 年代以前，大气模式中对陆面过程的描述相对简化。经过 60 多年的发展，陆面过程模式中考虑的影响因子越来越多，物理过程越来越完善。根据陆面过程模式的发展历程和研究重点，可以概括为四个阶段：

第一代陆面过程模式（20 世纪 60 年代末到 70 年代），以“水桶模式”和简单能量平衡模式（Manabe，1969；Budyko，1974）为标志，陆一气相互作用的计算也非常简单。

第二代陆面过程模式（20 世纪 80 年代）的代表模式有：BATS、SiB、IAP-LSM—1994、NOAH 等。它们细致地考虑了植被在陆地水、热过程中的作用，包括对辐射传输、动量交换、蒸腾、降水截留等过程的影响。

第三代陆面过程模式（20 世纪 90 年代）的代表模式有：BATS1e、SiB2、AVIM 等。模式最显著的改进是耦合了光合作用、呼吸作用等关键植被生理与生态系统过程。

第四代陆面过程模式（20 世纪 90 年代末至今）的代表模式有：CLM、CoLM、JULES、Noah-MP 等。这些陆面过程模式对陆面物理、化学和生物等过程的描述更加精细，加入了大量新模块，包含的过程也更加完备。

下面将对这四代模式进行简要介绍。

12.3.1 第一代陆面模式

Budyko 在 1956 年提出了一个简单的所谓水桶“Bucket”方案。该模式是对陆面水循环过程的极端简化，通过空气动力学总体输送公式和几个均匀的陆面参数来反映土壤水的蒸发和地表径流。该模式将全球陆地假设成一个单一的土壤层（厚度约 15 cm），即看作一个水桶。模式中的地表水文方案由下式表示：

$$\frac{\partial W}{\partial t}=P_{\mathrm{r}}+M_{\mathrm{s}}-E-R_{\mathrm{s}} \tag{12.3.1}$$

式中，W，P_{r}，M_{s}，E，R_{s} 分别为土壤水分、降水、融雪、蒸发量和地表径流。

地面雪量收支方程为：

$$\frac{\partial m_{\mathrm{s}}}{\partial t}=P_{\mathrm{s}}+M_{\mathrm{s}}-E_{\mathrm{s}} \tag{12.3.2}$$

式中，m_{s} 为单位面积积雪质量；P_{s} 为降雪率；M_{s} 为融雪率；E_{s} 为升华率。

假定全球陆地水桶的最大持水量为 $W_{\max}$，在有降水或融雪过程时，土壤水会增加，有蒸发过程会损失一部分水，当积累的水超过 $W_{\max}$ 时，附加水将溢出水桶作为径流流走。如果土壤湿度 W_{C} 大过临界含水量 W_{FC}，则以最大蒸发率 E_{P} 蒸发；如果土壤湿度比 W_{C} 小，则蒸发率 E 作为 W_{C} 的函数呈线性减小。整个物理过程的示意图见图 12.7。

此外，模式中的感热、潜热由下式计算：

$$Q_{\mathrm{H}}=-\rho c_{p}\frac{(T_{\mathrm{a}}-T_{\mathrm{s}})}{r_{\mathrm{a}}} \tag{12.3.3}$$

$$Q_{\mathrm{E}}=-\frac{\rho c_{p}}{\gamma}\frac{(e_{\mathrm{a}}-e_{*}(T_{\mathrm{s}}))}{r_{\mathrm{a}}/\beta} \tag{12.3.4}$$

式中，Q_{H} 和 Q_{E} 分别为感热和潜热；ρ 为空气密度；c_{p} 为比定压热容；T_{s} 为地表温度；

e_* 为 T_s 下的饱和水汽压；γ 为干湿表常数；r_a 为感热和潜热传输的空气动力学阻力；e_a 和 T_a 分别为参考高度上的水汽压和气温。

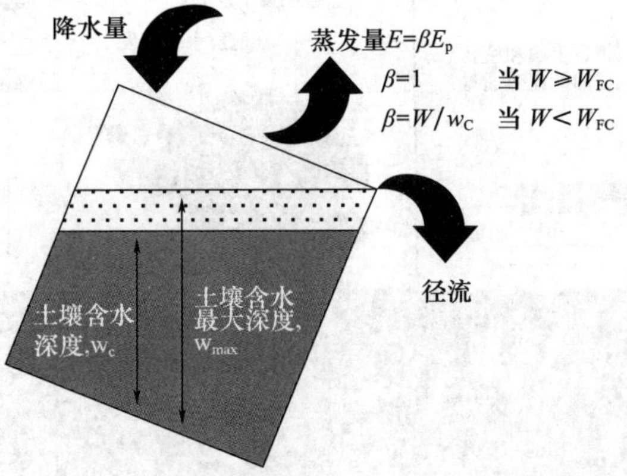

图 12.7　第一代陆面过程模式——水桶模式的概念示意图

综上可知，第一代的陆面模式几乎没有考虑植被的生物物理过程。这样将导致两个主要问题：一是，地表反照率 α、粗糙度 z_0 及湿润系数 β 等是简单指定的，未能考虑全球陆地不同地区土壤质地以及植被种类差异的影响。如 α 取固定值或地理位置函数，z_0 全球陆地取同一值，使得动量、热量和水汽交换机制模糊不真实。二是，水桶模式描述的蒸发过程也并不真实。土壤未作分层处理，这样没有考虑土壤内部水分扩散的物理过程，导致地表温度和土壤含水量的计算不精确。其蒸发过程对裸土和有植被地区都不真实，因而影响了模拟的准确性。

12.3.2　第二代陆面模式

由于第一代陆面模式方案所存在的缺陷，Deardroff(1978)最早提出了“大叶”模式(big-leaf)，首次将植被冠层对陆面过程的控制作用引入到陆面参数化中。第二代陆面模式的典型代表是 BATS(Dickinson et al.，1986，1993)和 SiB(Sellers et al.，1986)。

BATS 方案将土壤分为 3 层。植被覆盖区域和无植被覆盖的裸土被假设为均匀分布。植被和土壤参数分别被认为是植被和土壤类型的函数。另外，植被根系的分布在地表和土壤根区被视为非均匀。该方案较细致地考虑了植被在地气相互作用中的重要性，对植被的拦截、气孔阻尼、冠层阻尼和植被对辐射传输等过程进行了全面的参数化处理。BATS 方案在陆气相互作用中得到了广泛的应用。

之后，在此基础上又发展了一系列繁简程度不同的陆面过程模式。这些模式主要考虑了植被对辐射、水分、热量和动量传输的控制作用，对植被在陆面过程中的作用进行了较细致的描述，从而较为真实地描述了土壤-植被-大气系统的水热交换过程，见图 12.8。

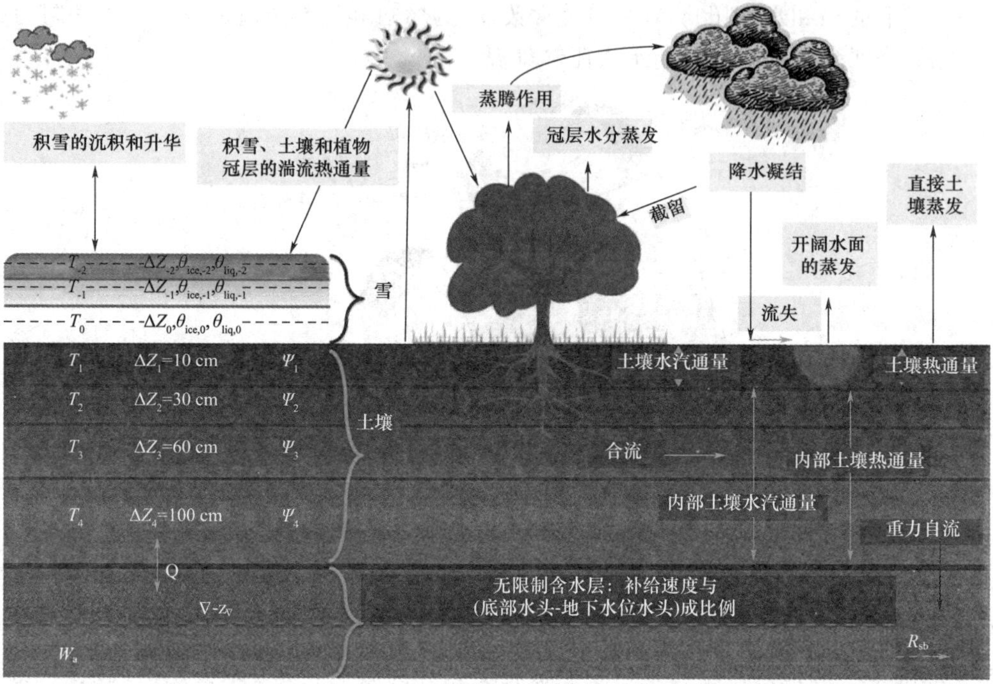

［彩］图 12.8　第二代陆面过程模式土壤-植被-大气系统的水热交换过程示意图

第二代模式利用了当时可能得到的地理分布数据，对每一个网格下垫面的植被、土壤种类分布特征及相应的各种水热特性以接近实际的情况给以规定。模式中的辐射传输及水分和能量交换都是建立在这个分布基础之上的，进而引进了植被生物圈-土壤圈-大气圈相互作用和反馈的机制，并把这种物理规律和相互作用参数化方案建立在大多有明确物理意义的可测量参数基础上，对提高模型准确性及预报能力有了很大的改善，使模型具有真实的物理特性。

12.3.3　第三代陆面模式

20 世纪 90 年代，随着植物学与生态学的深入研究，人们逐渐认识到植被光合作用、植被呼吸作用、植被气孔阻抗大小等特征，在植被能量及水循环中发挥着重要作用。于是，在第二代陆面模式基础上，研究学者发展了考虑物理生化过程（光合作用）的第三代模式。其中，Sellers 等（1996）发展的 SiB2 模式最具代表性，模式考虑了气孔导度与光合作用的关系，实现了通过群落光合作用的估算来推算植被冠层的气孔阻力，进而实现了光合作用与水汽传输的耦合。与此同时，光合作用还被引入到能量平衡和质量传输过程。

这些生物、物理、化学过程在陆面过程模式中的引入，大大改进了模式的合理性及准确性。其中最为关键的是发展了一系列叶片光合生化模型，即叶片光合速率与气孔导度模型：

$$g_s = m\frac{A_n}{C_s}h_s p + b \tag{12.3.5}$$

式中，A_n 为叶净同化速率；h_s 为叶表面相对湿度；C_s 为叶表面 CO_2 分压；p 为大气压；m 和 b 为观测系数。

之后，随着卫星资料的不断丰富、准确，大型外场实验和理论工作相互配合，使遥感资料和外场观测资料用于陆面过程的研究日趋成熟。在此基础上，推动了陆面过程模式不断向前发展。

12.3.4　第四代陆面模式

第四代陆面模式的典型代表是 CLM(Community Land Model)模式，它是气候/地球系统模式 CCSM/CESM(Community Climate/Earth System Model)的陆面子模块。CLM 综合了 BATS、LSM、IAP94 等陆面模式的优点，加入了汇流过程，改进了土壤水文、冻土、雪盖等过程的描述。陆面参数方面基于卫星观测数据(叶面积指数、土地覆盖类型等)作为模型输入，并利用植被功能型概念描述模型的次网格结构，发展成为 CLM3.0。模式在气候要素、植被生产力等方面的模拟效果较之前的版本有了很大的改进，但仍然存在许多不足，尤其是水循环过程。CLM3.5 在此基础上进一步引入完善了冻融、水文和碳氮循环过程，并借助卫星产品改进了地表参数和植被冠层截留过程的描述，蒸发以及土壤可利用含水量的算法方面也有部分改进。CLM4.0 在数值求解 Richards 方程时，不再采用土壤水下边界通量为零的假设，将地下水与土壤水直接耦合。CLM4.5 在此基础上对积雪、城市模型、土壤水文、动态植被等一系列过程进行了改进，土壤水的计算过程中将土壤有机质的影响考虑在内。CLM5.0 考虑了动态陆地单元，更新了土壤深度参数化方案，修改了地下水方案，冠层截留、冠层雪过程、城市模型、氮循环过程也得到了很大的改进。图 12.9 为 CLM5.0 模式中各种物理、化学、生物过程相互作用示意图。

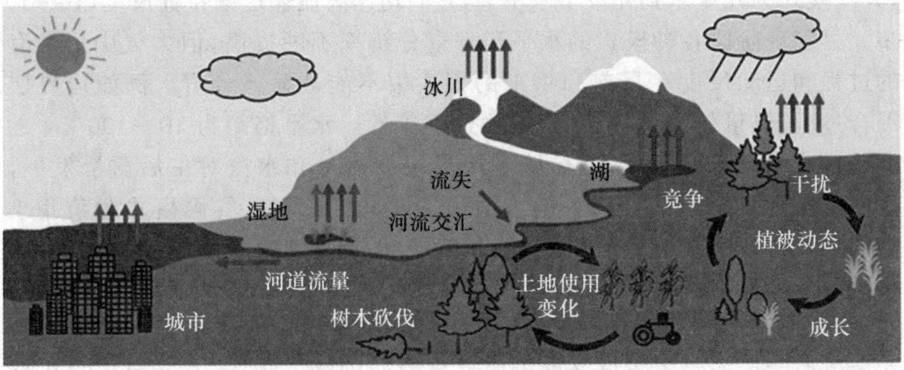

图 12.9　第四代陆面过程模式：CLM5.0 模式中各物理、化学、生物过程示意图

(Lawrence 和 Chase，2010)

近年来，人类活动，包括农业活动、人为热排放及城市化引起的陆表及气候的变化引起了国内外学者的重视。在过去的几十年，城市化进程加快（Chen et al.，2014），城市生产生活的能源消耗及人为热排放不断增加，导致高温、暴雨和干旱等极端事件增加。此外，城市用水，如灌溉和道路洒水改变城市水分收支和热环境。在气候变化、人类活动与资源承载力矛盾日益突出的背景下，城市的协调优化发展迫切需要城市规划建设。利用陆面过程及区域气候模式探究城市规划作用对于有效的水资源管理环境保护和社会发展至关重要（苗世光 等，2020）。

12.4 天气、气候模式中边界层参数化方案简介

天气、气候模式是现阶段人们日常生活中接触最多的模式，模式产品包括 7 d 内的短期天气预报结果、7～14 d 的中长期天气预报结果及一些长期气候预测结果等。

近年来，随着天气、气候模式的不断发展和改进，人们逐渐意识到大气边界层的重要性。细致地、准确地反映大气边界层内的各种物理过程已成为中尺度、大尺度数值模式中必不可少的内容，而且这些工作对提高天气、气候预报的准确性起了重要作用。

虽然人们在大气边界层研究中取得了很多丰硕的成果，但有关湍流的问题，陆-气相互作用、海-气相互作用、天气系统与边界层相互作用，以及边界层内部各种物理、化学、生态过程的相互作用还不完全了解，再加上相应理论还不很成熟，因此在天气、气候模式中多采用参数化的方法来处理大气边界层的一些问题。

12.4.1 边界层物理过程的参数化

实际大气中包含各种不同尺度的大气现象，如微尺度的湍流运动，小尺度的龙卷，中尺度的台风，大尺度的罗斯贝波运动等，其空间尺度从毫米量级变化到几千千米量级。为了抓住事物的主要矛盾，目前主流的气候模式其水平格距一般为 100 km 左右，天气模式为几千米到几十千米不等，它们均比湍流输送的特征尺度（10～100 m）大很多。尽管现阶段各种模式的水平和垂直分辨率不断提高，但大气中仍然有许多重要的过程和运动尺度在目前和将来的模式中不能被显式分辨。例如边界层内的湍流混合过程，热量传输过程、水汽传输过程等等。水平格距为 10～100 km 的模式不可能分辨这些尺度的运动，但传输到边界层的热量和水汽对午后雷暴发展，以及其他一些天气现象来说都十分关键。也就是说，这些天气、气候模式对某些小于网格尺度的大气综合贡献无法直接描述，但为了模拟结果的准确性，又必须考虑这些次网格尺度效应，那只能通过参数化方法解决。

所谓参数化就是通过大尺度的物理量表征次网格尺度或小尺度作用的总体效应。在数值模式中通常不直接考虑次网格过程的细微结构，而是通过大尺度物理量来刻画次网格过程对大尺度运动的总体效应，并作为某些物理量的源汇项包含在平

均运动方程组中，以反映网格尺度运动与次网格尺度运动之间的相互作用。

现阶段，对边界层物理过程的参数化方法主要有两种：一种是单层参数化方法，另一种是多层参数化方法。

所谓单层参数化方法，就是将边界层作为一个整体进行处理。这是由于某些中尺度和大尺度模式垂直网格距较大，仅有一个或两个网格面位于边界层内。这样，由地面进入边界层或通过边界层上界向上输送的次网格尺度通量，仅能由模式最低的一个或两个网格面上的变量参数化给出。这种参数化方法可以体现出边界层的总体效应，亦称为总体参数化方案。

对于仅有几个网格面的大尺度模式，其最低的计算面可能在边界层之上。这个面上的变量都是自由大气的变量，不能直接把边界层控制方程写到这个面上。一般是采用边界层与自由大气间的一些经验统计关系，这就是所谓的经验输送公式法，式中的输送系数是由经验或数值试验事先给定的。由于经验系数有时能较好地反映边界层影响的综合作用，加之关系式计算也较简单，而且这些经验统计关系式还是有一定的物理基础。因此，一些大尺度模式中还在常采用这种方法。

随着模式水平格距及垂直分辨率的提高，多层参数化方法的应用越来越普遍。也就是说，当模式垂直分层较细，就会有很多模式面位于边界层内。这时，可以根据大气边界层控制方程对贴地层、近地面层、埃克曼层、卷夹层分开处理。图 12.10 即为多层参数化方法的概念示意图。

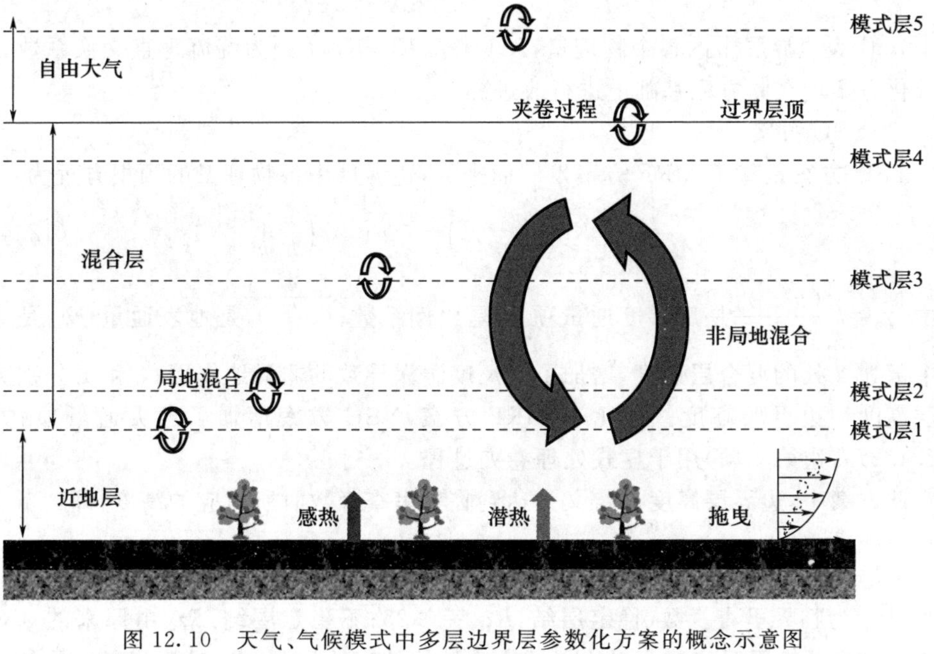

图 12.10　天气、气候模式中多层边界层参数化方案的概念示意图

在贴地层，模式主要处理大气边界层与下垫面间的相互作用，即边界层底部物理过程，主要包括：辐射过程、能量平衡过程、水循环过程、地表拖曳过程等。

在近地面层、埃克曼层，模式主要处理大气边界层内部物理过程，主要包括大气湍流过程、热力过程、动力过程、日变化过程、云雾物理过程、气溶胶过程等。

12.4.2 WRF 模式中几种常用边界层参数化方案简介

WRF 模式是现阶段国内外较为流行的中尺度模式，模式中有关边界层的参数化方案就有 30 多种，如 YSU（Hong et al.，2006）、MYJ（Janjic，1994）、GFS（Hong and Pan，1996）、QNSE（Sukoriansky et al.，2005）、MYNN2、MYNN3（Nakanishi et al.，2006）、ACM2（Pleim，2007）、BouLac（Bougeault et al.，1989）、UW（Bretherton et al.，2009）、TEMF（Angevine et al.，2010）、GBM（Grenier et al.，2001）、MRF（Hong et al.，1996）及 Shin-Hong（Shin et al.，2015）等。由于参数化方案本身的差异，在模拟不同的气象要素时会出现不同的模拟结果（Shin et al.，2011）

在 WRF 模式中，边界层参数化方案主要分为：局地闭合方案和非局地闭合方案两大类。本节主要对两类方案中的 YSU 方案、ACM2 方案、MYJ 方案、BL 方案进行详细介绍。

边界层参数化方案中，次网格扰动通量（$\overline{w'c'}$）与平均量 $\bar{c}$，的关系可以表示为：

$$\frac{\partial \bar{c}}{\partial t}=-\frac{1}{\partial z}\overline{w'c'}=\frac{\partial}{\partial z}\left(K_{c}\frac{\partial \bar{c}}{\partial z}\right) \tag{12.4.1}$$

式中，c 代表边界层中的各个物理量，K_c（代表 K_m，K_h，K_q）为湍流垂直交换系数。各参数化方案均在此方程基础上进行改进。

（1）YSU 方案

YSU 方案是基于 MRF 方案发展而来的，边界层中各物理量的预报方程为：

$$\frac{\partial c}{\partial t}=\frac{\partial}{\partial z}\left[K_{c}\left(\frac{\partial c}{\partial z}-\gamma_{c}\right)-\overline{(w'c')_{h}}\left(\frac{z}{h}\right)^{3}\right] \tag{12.4.2}$$

式中，$\gamma_c=b\dfrac{\overline{(w'c')_0}}{w_{s0}h}$是反梯度通量项；$b$ 是比例系数；$\overline{(w'c')_0}$是地表通量；w_{s0}是边界层中部 $h/2$ 处的混合层速度，增加了大尺度湍涡导致的非局地作用；z 和 h 分别为模式层高度和边界层高度。相比于 MRF 方案，YSU 方案增加了卷夹通量项（方程（12.4.2）右边第三项）用于显式处理卷夹过程。

此方案中，边界层高度 h 定义为达到临界里查森数时所对应的高度，即：

$$h=Ri_{cr}\frac{\theta_{va}\left|U(h)\right|^{2}}{g(\theta_{v}(h)-\theta_{s})} \tag{12.4.3}$$

式中，Ri_{cr}为临界里查森数（稳定层结：$Ri_{cr}=0.25$；不稳定层结：Ri_{cr}由原来的 0.5 调整为 0 是为了克服风速较小时边界层高度计算偏高的问题）；θ_{va}是模式最底层的虚位温;$U(h)$是 h 处的水平风速;g 是重力加速度;$\theta_v(h)$是 h 处的虚位温;θ_s是近地面虚位温:

$$\theta_s=\theta_{va}+\theta_T=b\frac{\overline{(w'\theta_v')_0}}{w_s} \tag{12.4.4}$$

$$w_s=\left(u_*^3+\phi_m k w_{*b}^3\frac{z}{h}\right)^{\frac{1}{3}}$$

$$w_{*b}=\left[\left(\frac{g}{\theta_{va}}\right)\overline{(w'\theta_v')_0}h\right]^{\frac{1}{3}}$$

式中,θ_T 是位温增量;$b=6.8$ 是常数;$\overline{(w'\theta')_0}$是地表热通量;w_s是混合层速度;u_* 是摩擦速度;ϕ_m 是近地面层底部的风廓线函数;w_{*b}是湿空气对流速度尺度。

湍流动量垂直交换系数的计算公式为:

$$K_m=\kappa w_s z\left(1-\frac{z}{h}\right)^p \tag{12.4.5}$$

式中,$\kappa=0.4$ 是冯・卡曼常数;$p=2.0$ 是廓线指数;z 是离地高度;h 是边界层高度;w_s是混合层速度尺度,不同层结下无量纲风速/位温廓线普适函数分别为:

1)不稳定、中性层结

$$\phi_m=\left(1-16\frac{0.1h}{L}\right)^{-\frac{1}{4}},\quad \phi_h=\left(1-16\frac{0.1h}{L}\right)^{-\frac{1}{2}} \tag{12.4.6}$$

2)稳定层结

$$\phi_m=\phi_h=\left[1+5\frac{0.1h}{L}\right] \tag{12.4.7}$$

温度和水汽的湍流垂直交换系数取相同的值 K_h,可以根据普朗特数 $Pr=K_m/K_h$ 和 K_m 计算得出,其中 Pr 的计算公式为:

$$Pr=1+(Pr_0-1)\exp\left[-3\frac{(z-\varepsilon h)^2}{h^2}\right] \tag{12.4.8}$$

式中,Pr_0是近地层顶部的普朗特数;ε 是近地层高度与边界层高度之比(其值为 0.1)。YSU 方案中考虑了 Pr 随高度的变化,而在 MRF 方案中普朗特数 $Pr=\left(\frac{\varphi_h}{\varphi_m}+bk\frac{0.1h}{h}\right)$为一个常数。

根据前人的工作,逆温层的热通量计算公式为:

$$\overline{(w'\theta_v')_0}=-e_1 w_m^3/h \tag{12.4.9}$$

式中,e_1是有量纲的常数(其值为 4.5 $m^{-1}\cdot s^2\cdot K$);$w_m^3=w_*^3+5u_*^3$ 是速度尺度;$w_*=\left[\left(\frac{g}{\theta_a}\right)\overline{(w'\theta')_0}h\right]^{\frac{1}{3}}$是干空气的混合层速度尺度;位温 $\theta=300$ K;重力加速度 $g=10$ m/s^2;$u_*=0$,则式(12.4.9)可以改写为:

$$\overline{(w'\theta_v')_h}=-0.15\left(\frac{\theta_{va}}{g}\right)w_m{}^3/h \tag{12.4.10}$$

卷夹层的通量可以认为是对应的量在卷夹层的梯度变化，即：

$$\overline{(w'\theta_v')_h}=w_e\,\Delta\theta|_h,\ \overline{(w'q')_h}=w_e\,\Delta q|_h$$
$$\overline{(w'u')_h}=Pr_h w_e\,\Delta u|_h,\ \overline{(w'v')_h}=Pr_h w_e\,\Delta v|_h \tag{12.4.11}$$

式中，$w_e=\dfrac{\overline{(w'\theta_v')_h}}{\Delta\theta_{v|h}}$是逆温层的卷夹率，为了防止分母中虚位温变化过小导致卷夹过强，设置 $w_{emax}=w_m$。在逆温层中，$Pr_h=1$。

(2)ACM2 方案

ACM2 方案是基于 ACM1 发展而来的。ACM1 方案是基于 Blackadar(1978)对流模式改进而来，边界层中向上的过程主要是靠浮力作用，从模式的最底层向上传递到其他层，而向下则是逐层传递(图 12.11)。ACM1 方案的不足之处是当模式的垂直分辨率增加时向上的局地输送作用没有较好地表示。

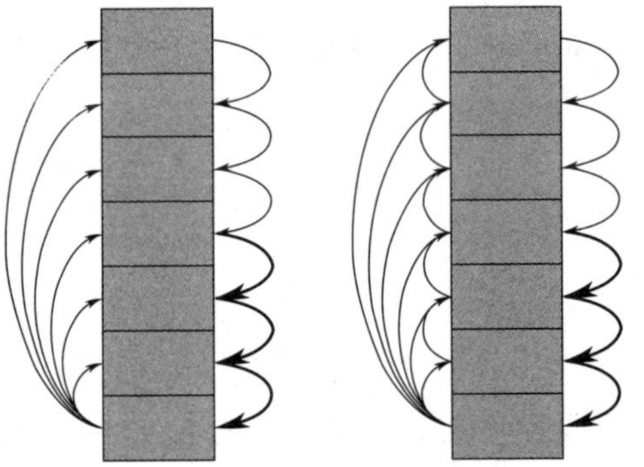

图 12.11　ACM1 方案和 ACM2 方案垂直交换示意图

ACM2 方案的预报方程为：

$$\frac{\partial c_i}{\partial t}=f_{conv}Muc_1-f_{conv}Md_ic_i+f_{conv}Md_{i+1}c_{i+1}\frac{\Delta Z_{i+1}}{\Delta Z_i}+\frac{\partial}{\partial Z}\left[K_c(1-f_{conv})\frac{\partial c_i}{\partial z}\right] \tag{12.4.12}$$

$$f_{conv}=\frac{K_h\gamma_h}{K_h\gamma_h-K_h\dfrac{\partial\theta}{\partial z}} \tag{12.4.13}$$

式中，c_i是第 i 层的变量；Mu 是模式底层向上的对流混合率；Md_i是模式中第 i 层到第 $i-1$ 层向下的混合率；Δz_i是模式层的厚度。方程(12.4.12)中引入了一个重要的权重系数 f_{conv}来控制非局地作用和局地作用的比例，其中 θ 为位温。f_{conv}的范围是 0～1，f_{conv}越大，非局地混合作用越强。方程(12.4.12)右边前三项表示大涡的非局地混合作用，第四项表示湍流的局地混合作用。

根据 Holtslag 和 Boville(1993)给出的反梯度通量项公式：

$$\gamma_h = a\frac{w_*\overline{(w'\theta')_0}}{{w_m}^2 h} \tag{12.4.14}$$

式中，a 是常数 7.2；w_* 是对流速度尺度；$w_m = \dfrac{u_*}{\phi_m}$。结合式(12.4.12)和式(12.4.14)可得出地面感热通量为：

$$\overline{(w'\theta')_0} = -k\frac{u_*}{\phi_h}z_s\frac{\partial\theta}{\partial z} \tag{12.4.15}$$

式中，$z_s = 0.1h$。由$\dfrac{\phi_h}{\phi_m^2} = 1$，$\dfrac{u_*}{w_*} = k^{\frac{1}{3}}\left(-\dfrac{h}{L}\right)^{-1/3}$可得权重系数 f_{conv} 为：

$$f_{conv} = \left[1 + \frac{k^{-2/3}}{0.1a}\left(-\frac{h}{L}\right)^{-1/3}\right]^{-1} \tag{12.4.16}$$

ACM2 方案对稳定和不稳定条件下的边界层高度进行了分别处理：

1)稳定层结：边界层高度的计算方法：

$$h = Ri_{crit}\frac{\overline{\theta_v}U(h)^2}{g(\theta_v(h) - \theta_v(z_1))} \tag{12.4.17}$$

式中，$\theta_v(h)$是 h 处的虚位温，$\overline{\theta_v}$是模式第一层至边界层顶部的平均虚位温，Ri_{crit}为临界里查森数，当里查森数 $Ri_b = 0.25$ 时的高度被诊断为边界层高度。

2)不稳定层结：边界层高度分两步进行确定，首先计算底部对流不稳定层高度 z_{mix}处的虚位温：

$$\theta_v(z_{mix}) = \theta_s = \theta_v(z_1) + b\frac{\overline{(w'\theta')_0}}{w_m} \tag{12.4.18}$$

式中，$b = 8.5$ 是常数。然后根据里查森数计算边界层高度：

$$Ri_b = \frac{g[\theta(h) - \theta_s](h - z_{mix})}{\overline{\theta_v}[U(h) - U(z_{mix})]^2} \tag{12.4.19}$$

当 $Ri_b = Ri_{crit} = 0.25$ 时的高度被确定为边界层高度。

由 Holtslag 和 Boville(1993)的研究可知湍流垂直交换系数公式为：

$$K_z(z) = \kappa\frac{u_*}{\phi\left(\dfrac{z_s}{L}\right)}z\left(1 - \frac{z}{h}\right)^2 \tag{12.4.20}$$

式中，$\kappa = 0.4$ 是冯 · 卡曼常数；u_* 是摩擦速度；h 是边界层高度。定义 $z_L = \dfrac{z}{L}$，有如下三种情况。

① 不稳定层结：当 $z_L < 0$ 且 $z < 0.1h$ 时：

$$\phi_m = \left(1 - 16\frac{z}{L}\right)^{-\frac{1}{4}}, \phi_h = \left(1 - 16\frac{z}{L}\right)^{-\frac{1}{2}} \tag{12.4.21}$$

当 $z_L<0$ 且 $z\geqslant 0.1h$ 时，令 $z_L=\dfrac{0.1h}{L}$，有：

$$\phi_{\mathrm{m}}=\left(1-16\,\frac{0.1h}{L}\right)^{-1/4},\phi_{\mathrm{h}}=\left(1-16\,\frac{0.1h}{L}\right)^{-1/2} \tag{12.4.22}$$

② 弱稳定层结：当 $0<z_L<1$ 时，有：

$$\phi_{\mathrm{m}}=\phi_{\mathrm{h}}=\left[1+5\,\frac{z}{L}\right] \tag{12.4.23}$$

③ 强稳定层结：当 $z_L>1$ 时，有：

$$\phi_{\mathrm{m}}=\phi_{\mathrm{h}}=\left[5+\frac{z}{L}\right] \tag{12.4.24}$$

(3)MYJ 方案与 BL 方案

局地闭合方案均是对湍流动能(turbulent kinetic energy，TKE)预报方程(12.4.25)进行参数化，TKE 方程为：

$$\frac{\partial e}{\partial t}=-\frac{1}{\rho}\frac{\partial}{\partial z}\rho\,\overline{w'e'}-\overline{u'w'}\frac{\partial u}{\partial z}-\overline{v'w'}\frac{\partial v}{\partial z}+\beta\overline{w'\theta'}-\varepsilon \tag{12.4.25}$$

方程(12.4.25)右边第一项表示湍流输送的 TKE，第二项和第三项表示风切变产生的 TKE，第四项表示浮力贡献的 TKE，第五项表示分子黏性耗散消耗的 TKE。方程(12.4.25)中的湍流通量$\overline{w'u'}$、$\overline{w'v'}$、$\overline{w'\theta'}$和$\overline{w'e'}$分别利用 K 理论进行参数化：

$$\overline{w'u'}=-K_{\mathrm{m}}\frac{\partial u}{\partial z},\overline{w'v'}=-K_{\mathrm{m}}\frac{\partial v}{\partial z}$$

$$\overline{w'\theta'}=-K_{\mathrm{h}}\frac{\partial \theta}{\partial z},\overline{w'e'}=-K_{\mathrm{e}}\frac{\partial e}{\partial z} \tag{12.4.26}$$

MYJ 方案和 BL 方案主要的区别是动量湍流垂直扩散系数的计算方案不同，即混合长和比例系数的确定方法不同。MYJ 方案：Mellor-Yamada 2.5 级方案是一种常用的湍流动能 1.5 阶局地闭合方案。

根据 Kolmogorov 的湍流理论，湍流垂直交换系数与湍流动能 TKE 的平方根成正比，即：

$$K_{\mathrm{m}}=S_{\mathrm{m}}le^{1/2},\quad K_{\mathrm{h}}=S_{\mathrm{h}}le^{1/2} \tag{12.4.27}$$

式中，l 是混合长，当 z 趋近于一个很小的值时，l 趋近于 κz；当 z 趋近于一个很大的值时，l 趋近于 l_0。l 的计算公式为：

$$l=\frac{l_0\kappa z}{\kappa z+l_0},\quad l_0=\alpha\frac{\int_{p_{\mathrm{T}}}^{p_{\mathrm{s}}}|z|q\,\mathrm{d}p}{\int_{p_{\mathrm{T}}}^{p_{\mathrm{s}}}q\,\mathrm{d}p},\quad \alpha=0.25 \tag{12.4.28}$$

式中，S_{m}和 S_{h}是 G_{m}和 G_{h}的函数，根据 TKE 方程可知：

$$S_m(6A_1A_2G_m)+S_h(1-3A_2B_2G_h-12B_1A_2G_h)=A_2 \tag{12.4.29}$$

$$S_m(1+6A_1{}^2G_m-9A_1A_2G_h)-S_h(12A_1^2G_h+9A_1A_2G_h)=A_1(1-3C_1) \tag{12.4.30}$$

$$G_m=l^2q^{-2}[(\partial U/\partial z)^2+(\partial V/\partial z)^2] \tag{12.4.31}$$

$$G_h=-l^2q^{-2}\beta g\partial\theta_v/\partial z \tag{12.4.32}$$

式中，常数$(A_1,A_2,B_1,B_2,C_1)=(0.660,0.657,11.878,7.227,0.001)$

MYJ 方案中边界高度定义为湍流强度下降到临界值 0.1 m^2/s^2时所在的高度。

由于 MYJ 方案思路清晰，且能满足需要的精度要求而广泛应用。但是此方案考虑的物理过程较多，当假设不能满足时，该方案的模拟结果将会存在一定的偏差。

BL 方案：也是湍流动能 1.5 阶方案，此方案不同于 MYJ 方案的是在湍流热通量利用 K 理论进行参数化时，在对流边界层内考虑了反梯度通量项 $\gamma_h=0.7\times10^{-5}$ K/cm，具体公式为：

$$\overline{w'\theta'}=\begin{cases}-K_h\left(\dfrac{\partial\theta}{\partial z}-\gamma_h\right)\\-K_h\dfrac{\partial\theta}{\partial z}\end{cases} \tag{12.4.33}$$

BL 方案中动量湍流垂直交换系数等于热量湍流垂直交换系数，计算公式为：

$$K_m=S_m le^{1/2},K_h=\alpha_T K_m,\alpha_T=1 \tag{12.4.34}$$

式中，比例系数 $S_m=0.4$ 是常数；混合长 l 被认为是一个气块在给定一定量的动能后垂直运动的位移，由于受到浮力的影响导致了气块向上、向下的垂直混合长 l_{up} 和 l_{down} 定义为：

$$\int_z^{z+l_{up}}\beta[\theta(z)-\theta(z')]\mathrm{d}z=e(z) \tag{12.4.35}$$

式中，β 是热扩散系数，混合长 l 由 l_{up} 和 l_{down} 中的最小值决定，即 $l=\min(l_{up},l_{down})$。

BL 方案的边界层高度定义为模式中某一层的虚位温大于近地面虚位温 0.5 K 时的高度。

(4)四种边界层参数化方案的比较

图 12.12 对比了四种不同边界层参数化方案对夏季中国科学院大气物理研究所所铁塔 325 m 高度的温度垂直剖面模拟效果。由图可知，四种方案均较好地模拟出了不同垂直高度的温度日变化趋势，但是在不同垂直高度的模拟效果存在差异，低层的模拟效果优于高层。2014 年 7 月 13 日北京 16:30—17:30 发生的短时降水过程(约 0.3 mm)导致该时段的温度模拟存在明显的差异(图 12.12a—e)。此外，四种边界层参数化方案对温度的模拟也存在一定的不同，其中 YSU、ACM2 和 BL 方案对白天温度的模拟表现出地面的热量会在较强的湍流混合作用下输送至高层，而 MYJ 方案在地面的热量输送过程中表现出明显的不足。这主要是因为 YSU 和 ACM2 方案为非局地闭合方案，白天的垂直混合作用较强，而作为局地闭合方案的

BL 方案来说，白天，对于温度的模拟添加了反梯度通量修正项，使得该方案在白天表现出更强的垂直混合能力，这也是和局地闭合方案 MYJ 方案对温度模拟的区别之处。

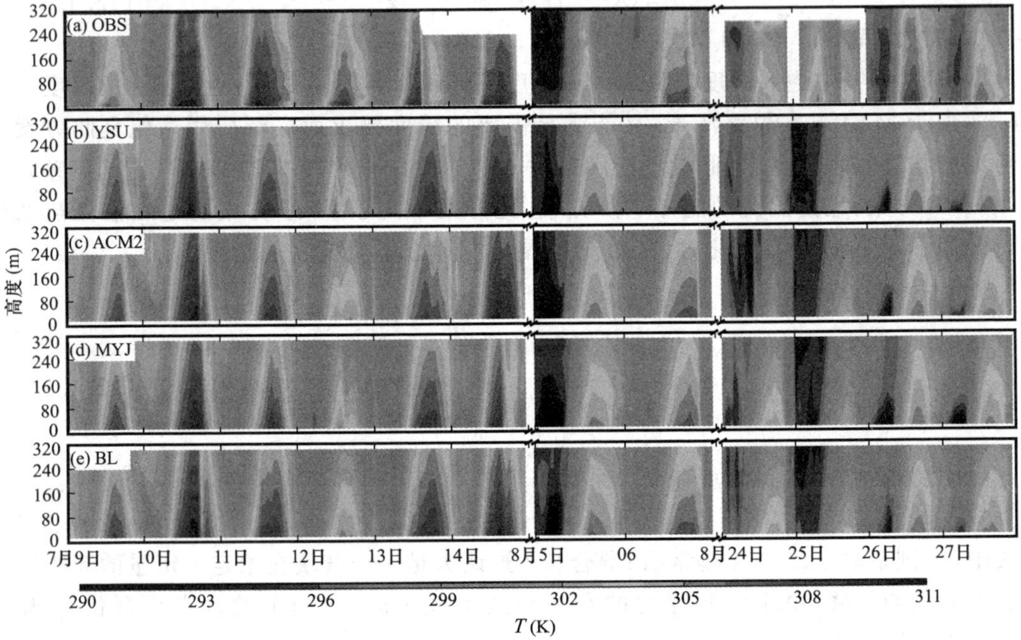

[彩]图 12.12　不同边界层参数化方案模拟的温度和观测值的高度-时间剖面对比图(贾文星，2019)

第13章 大气边界层的外场观测

13.1 大气边界层观测的重要性

人类对大气的认识是从大气边界层开始的，对大气边界层的认知又是从观测开始的。气象史中最早的观测记录也大都是大气边界层内各要素的测量结果，诸如温度、湿度、风等。

大气边界层内各物理量的测量也随着学科的发展，建立起了一套相对完整的观测体系及观测方法。真正意义上的边界层观测是从18世纪初开始，人们利用飘移气球携带温度计进行探测，获取了第一条完整的大气边界层温度廓线。此后，各种形式的飘移气球、系留气球和自由气球以及风筝等方法被用来测量边界层温度、湿度、风廓线。20世纪初，各种近地面层气象要素的观测，尤其是湍流脉动量测量仪器的研制成功，使得对湍流交换和湍流通量的研究与认识实现了一个质的飞跃。与此同时，飞机作为一种新的观测平台开始在气象领域使用，使得空中观测效能和数据量大增。20世纪中期以来，遥感探测技术和相应装备的出现和发展，使得大气边界层探测与观测试验有了很大的推进(张强，2003；刘红年 等，2004；刘辉志 等，2018)。与此同时，计算机的加入解决了海量数据的采集问题，极大地提高了定量观测的时空分辨能力和分析处理能力。近年来，随着科学技术的迅猛发展，声、光、电、微波、红外线等各种遥感遥测技术的发展使大气边界层探测伸向更高、更密、更广的时空范围，促进了该领域的快速发展(Lenschow，1990；Foken，2008)。至此，由近地面测量、气象塔、气球、飞机、卫星及遥感综合探测所构架的四维立体观测系统，已在大气边界层研究中起到了非常重要的作用，见图13.1。

我国大气边界层探测起步虽晚，但一直紧跟国际前沿。20世纪70年代，中国科学院大气物理研究所建成了高325 m的气象专用观测塔，安装了15层风速、风向、温度和湿度的自动观测系统，当时其高度位于世界之最。此后，该研究所又相继研制了声雷达、风廓线雷达、激光雷达等遥感探测仪器，在大气边界层风、温、湿及污染物的测量中发挥了巨大优势。近十年来，我国开展了一系列大型气象科学研究，而且每个项目都将大气边界层探测作为重点研究内容之一，这些观测项目对提高探测水平、获取优质观测数据带来了很好的机遇(胡非 等，2003)。

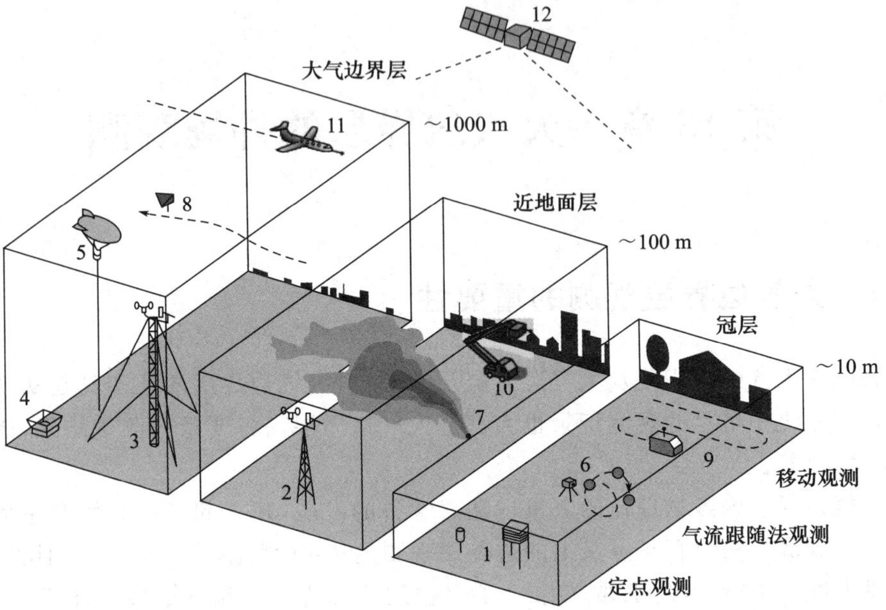

图 13.1 地基、天基、空基和遥感观测平台的概念图(Oke et al. ,2020)

1—固定平台包括百叶箱;2—气象塔;3—高塔;4—地基遥感平台有声雷达;5—系留气球;6—流动跟踪方法包括示踪小气球;7—示踪剂释放实验;8—等容气球;移动法包括:9—车辆;10—移动式起重机平台;11—直升机、飞机或无人机;12—卫星遥感可以描述多种尺度上的地表或大气特征

13.2 大气边界层的观测内容

大气边界层观测目的是利用各种观测仪器、观测平台,对大气边界层范围内各物理量及各物理过程进行系统的、连续的、全面的观察和测量,并对获得的数据进行整理,最终为大气边界层的研究提供科学依据。当然这些数据也越来越多地应用在天气、气候、大气污染、农林、交通、电力、建筑和城市建设等研究和应用领域。

13.2.1 观测内容

(1)观测对象

大气边界层研究或观测对象有 3 个:下垫面、大气边界层及其上部的自由大气。

由大气边界层的定义可知,大气边界层是介于下垫面与自由大气之间的一个过渡层,如同一个“夹心饼”。大气边界层中各物理量及物理过程的变化是内因与外因共同影响的结果。也就是说下垫面会向上输送其强迫作用给大气边界层,同时上层自由大气也会通过卷夹过程向下影响大气边界层属性。虽然大气边界层是外场观测的重点，但也不能忽视下垫面及上层自由大气的作用。

(2)观测要素

针对上述三个不同的研究对象，所需观测的物理量也有差别。

1)下垫面的观测内容主要包括：

➢下垫面几何特征：地形、地貌、山体大小、坡向、坡度、空间几何结构等；

➢下垫面分类特征：植被覆盖率、植被种类、建筑物密集度、人口特征等；

➢辐射属性：颜色、吸收率、反射率、透射率、发射率等；

➢热力属性：土壤温度、比热、热容量、热传导率、热扩散率、热导纳率等；

➢湿度属性：土壤湿度、降水截留和存储特征、土壤渗透特征、气孔特征等；

➢动力学属性：粗糙度、零平面位移、孔隙率等；

这是一个庞大的数据量，这里只是简要地列举了几种有代表性的参数。这些参数的变化会显著影响下垫面对大气边界层的强迫作用。

2)大气边界层的观测内容主要包括下列各要素的时空分布：

➢天气现象：雨、雪、雾、霾、沙尘、雷暴等；

➢气象要素：温度、湿度、风向、风速、气压、辐射量、降水量等；

➢湍流特征量：湍流动能、湍流强度、湍流通量、湍流脉动量等；

➢大气成分：大气颗粒物、SO_2、NO_x、CO、CO_2、CH_4、O_3等；

3)自由大气的观测内容主要包括：

➢天气系统：槽、脊、涡、锋面等；

➢气象要素：温度、湿度、风向、风速、气压、辐射量等；

➢大气成分：大气颗粒物、SO_2、NO_x、CO、CO_2、CH_4、O_3等；

观测过程中不仅需要对各物理量进行测定，同时还需要对发生在大气边界层范围内的一些物理过程进行系统的观测，如辐射过程、能量平衡过程、热量传输过程、水汽传输过程、动量传输过程、污染物的传输过程等。当然也包括一些特殊的大气现象，如沙尘、浓雾、海陆风、山谷风、城市热岛、热岛环流，绿洲冷岛、边界层低空急流等现象。

(3)观测时间

这里讲的观测时间包含两个概念，即观测的起止时间与数据采样时间。

1)观测的起止时间是指外场观测的开始与结束时间。外场观测在人力、物力、财力上的消耗较大，有些复杂的大型外场试验不可能持续很长时间。因此，选好起止时间对一次外场观测试验的成败至关重要。观测时长应在满足既定科学目标的前提条件下，越长越好。对于大气边界层外场试验来说，观测人员所关注的物理过程应能在观测时段内多次重复出现，获取足够多的样本。例如，关注冬季边界层雾的形成机制，要获取多个不同天气形势下完整的雾过程，观测时段应该在1～2个月。如果关注海陆风现象，观测时段需20 d左右，虽然海陆风的完整周期为1 d，但还需要考虑观测期间各种不可控因素的影响。

2)数据采样时间是指测量仪器多长时间获取一次数据。根据 Nyquist 数据采样定理,在进行模拟一数字信号的转换过程中,数据的采样频率(f_s)应该大于信号的最高变化频率(f_{max})的 2 倍时($f_s > 2f_{max}$),采样的数字信号才能完整保留原始信号中的信息。实际应用中,为确保采样信号不失真,采样频率通常为信号频率的 3～4 倍,甚至更高,见图 13.2。

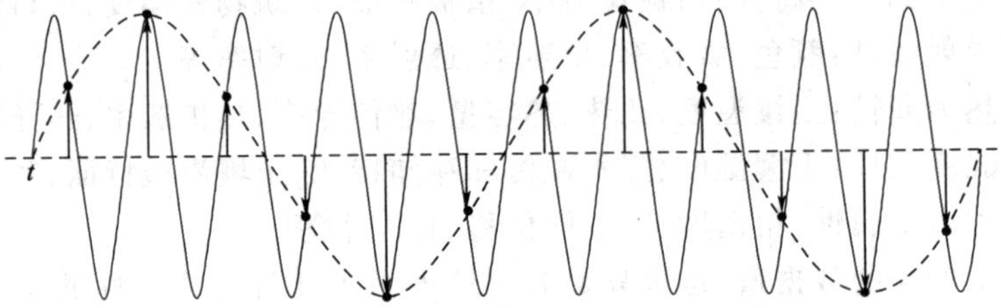

图 13.2 Nyquist 采样定理示意图

(深灰色虚线为被采信号,浅灰色实线为采样信号)

发生在大气边界层范围内的物理过程、天气现象众多,而且时间跨度很大,有些湍涡的时间特征尺度仅有"秒"量级,甚至更小,而一些大的物理过程可以持续好几"天",时间尺度的跨度可达 10^6。也就是说,在观测过程中,需要根据测量对象、测量目的,选用不同采样频率的观测仪器。例如关注湍流特征量,就要选用高频采样观测仪器,如超声风温仪及热线风速仪,其采样频率可达 10～1000 Hz;如果关注平均量的特征,则可以选用常规测量仪器及采样频率略低的仪器。

(4)观测站点

观测站点是获取观测资料的主要场所。观测站点的选择需要根据观测对象、观测内容、观测目的的不同而有取舍。观测地点的恰当与否会直接影响观测结果的真实性、准确性及可靠性。

针对平坦均匀下垫面,观测站点无需较多,有几个典型代表站即可。站点应设在能较好地反映本地较大范围的气象要素特点的、符合观测规范的,且能长期保持良好气象探测环境的地方。观测点四周应空旷平坦,保持气流通畅和自然光照。观测点四周建筑物的阴影不会投射到观测仪上,且附近没有强反射物体。避免在陡坡、洼地或邻近有铁路、公路、工矿、烟囱、高大建筑物的地方。

对于非平坦、非均匀下垫面,大气边界层物理过程在时空尺度上表现为明显的多尺度性、多样性和复杂性。因此观测站点安装位置、架设高度变得十分复杂,而且还需要考虑观测环境的源区域特征等。

1)水平尺度的影响

对于复杂下垫面观测站点的布设,首先要考虑水平空间尺度的影响。

① 微尺度。是指大气现象的影响范围在"米"量级至"百米"量级。在复杂下垫

面，每个表面和物体都有各自的微气候特征，其影响过程就是一个典型的微尺度过程。在城市下垫面，典型微尺度气候特征，通常由城市单元所决定，如建筑物、树木、道路、街道、庭院、花园等都能形成其自身的微尺度气候，见图 13.3a。例如，地面温度和空气温度虽然两者相距仅几个毫米，但温度却变化剧烈。因此，在针对个别目标物观测时，应尽量接近该物体，减少周边物体的影响。

② 局地尺度。水平影响距离在“千米”量级，这是标准气象站应能代表的水平尺度。在这个范围内，应有明显的地形、地貌、景观、下垫面、局地气候等特征。例如在城市地区，局地尺度范围内的观测结果应该是城市类型、地表覆盖度、建筑物特征、人为活动特征等信息的综合体，见图 13.3b。所以在站点布置时应通过“源区域”分析法考虑下垫面的综合影响。

③ 中尺度。水平影响距离在“几十千米”至“百千米”的范围内。单个站点的观测很难捕捉这一尺度范围内的大气基本状态及其变化特征。例如，讨论城市下垫面对天气和气候变化的影响，就要在城市上游，下游，及各局地气候区内设置观测站点，见图 13.3c。

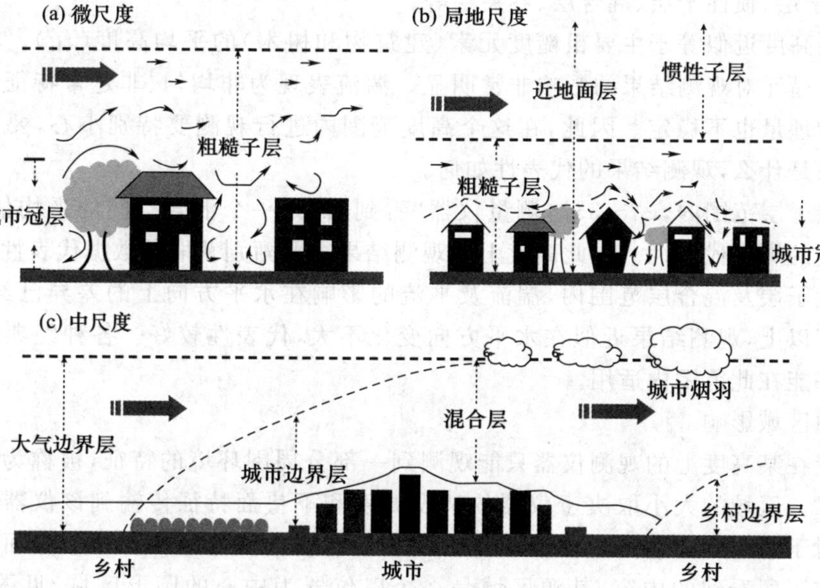

图 13.3　复杂城市下垫面条件下三种不同水平尺度及物理过程的差异（Vitousek et al.，1997）

2）垂直尺度的影响

在大气边界层观测中，特别关注垂直方向的测量。这是因为大气边界层范围内各物理量在垂直方向的变化最为剧烈，如图 13.4 所示，温度的垂直廓线在近地面变化最为明显，随着高度的上升及深度的下降，温度变化反而放缓了。因此，要获得理想的垂直廓线就要了解大气边界层各物理过程的垂直尺度。

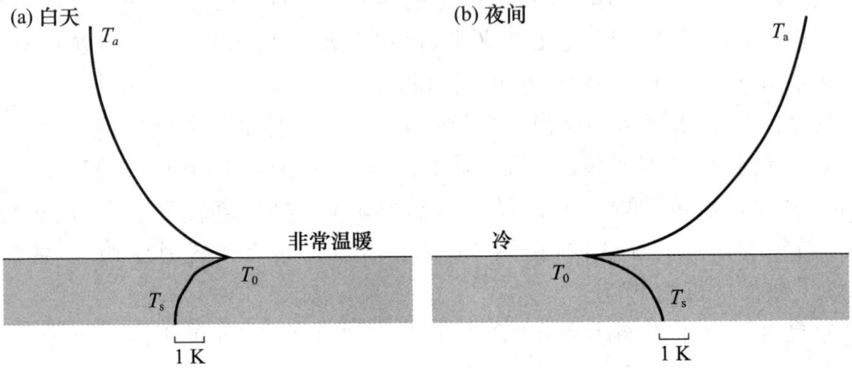

图 13.4　复杂下垫面条件下白天与夜间温度垂直廓线的分布(Oke et al.，2020)

无论是简单下垫面还是复杂下垫面，大气边界层在垂直方向上通常可以分为冠层、粗糙子层、惯性子层、混合层、卷夹层等。

冠层高度近似等于主要粗糙度元素(建筑物和树木)的平均高度(z_H)。在这个范围内粗糙元对观测结果的影响非常明显。湍流表现为非均匀、非定常特征，风向、风速等物理量也不稳定。因此，在这个高度范围内进行观测要特别小心，要弄清观测的对象是什么，观测结果的代表性如何。

粗糙子层范围内，$z_H \sim 3z_H$，测量仪器"看到"的是一个混合空间的平均信号，且具有一定的局地代表性。在此高度上的观测结果需要甄别获取的数据代表性。

惯性子层及混合层范围内，湍流及平流的影响在水平方向上的差异已经很小，在此高度以上，观测结果近似在水平方向变化不大，代表性较好。各种经典的边界层理论都能在此范围内适用。

3)源区域影响

放置在某高度上的观测仪器只能观测到一部分周围环境的特征，被称为仪器的"源区域"。区域的大小取决于仪器的架设高度和下垫面特征传输到该仪器的物理过程。对于常用的辐射测量仪器(短波、长波辐射表)，仪器的视场和下垫面的几何形状决定了所看到的内容，其源区域是一个以仪器为中心的圆形区域，见图 13.5。区域半径可根据下式计算：

$$r = z_1 \left(\frac{1}{F} - 1\right)^{-0.5} \tag{13.2.1}$$

式中，z_1 为观测高度；F 为天空可视因子。

但温度、湿度、风速等传感器的源区域是通过湍流传输来获取信号的，对称地分布在传感器位置周围，形状为椭圆形。如果有风，仪器正下方的影响为零，因为湍流无法将下垫面影响传输到传感器。在上风方向的某一距离处，下垫面源开始影响传感器，随着距离的衰减，下垫面的影响达到峰值。有关湍流源区域的内容已经在第 10 章有所介绍。

由式(10.1.11)可知，不同高度上的仪器“看到”的上游范围会差别很大。在自然下垫面，仪器所在高度与“看到”最远距离的比例，会从不稳定条件下的 1∶10 变化到稳定条件下的 1∶1000 不等，且与稳定度大小密切相关。例如，在不稳定条件下，10 m 高度处的观测结果是上风方向 100 m 范围内的综合信息；在稳定条件下，则是上风方向 1000 m 范围内的综合信息。现阶段，通常认为 1∶100 是典型的比例。

此外，在同样高度上，不同仪器看到的范围也不同，表 13.1 给出了三种常用边界层测量仪器的观测高度与源区水平尺度的关系。

表 13.1　三种常用边界层测量仪器的观测高度与其对应的源区水平尺度

观测仪器	观测高度(m)	源区水平尺度(m)
辐射	1.5～2	10～15
土壤热通量	−0.02～−0.1	0.1
湍流通量	2～10	10～1000

图 13.5 所示源区域是一个理想的平坦、均匀的下垫面情形，或者是仪器放在惯性子层中的情形。而在低矮的冠层或粗糙子层中，辐射和湍流源区域的大小及分布形式的确定还是一个难点。例如，城市冠层内需要考虑建筑物结构、走向、排列、密度等几何特征对辐射源区域大小及分布的影响。因此在复杂下垫面布设站点时，需详细考虑观测点的高度及上游源区域影响。

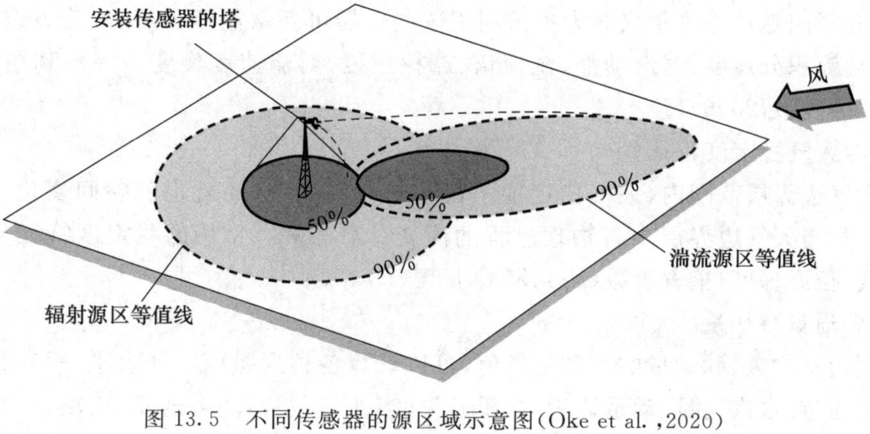

图 13.5　不同传感器的源区域示意图(Oke et al.,2020)

(辐射传感器，50%、90%的辐射通量来自于相应圆内的面积。温湿传感器，50%、90%的信号来自于各自椭圆内的面积。源区域面积的大小还与风向和大气稳定度有关)

13.2.2 数据处理

观测仪器获取数据后，需根据级别对观测数据进行分类。

Ⅰ级数据，一般是与地理坐标有关的，由一些物理单位表示的仪器读数，如长度、频率、电压、电阻、电流等信息。它们需要转化成标准的气象变量，这类数据称为原始数据。例如，热敏电阻测量温度，其实是一个电阻值，这个测量结果需要转换为温度值。

Ⅱ级数据称为气象参数。它们可直接来自于仪器（如许多简单仪器场合），或由Ⅰ级数据计算加工得到。例如，能见度仪的测量值是一个消光系数值（Ⅰ级数据），通过该值可计算得到能见度（Ⅱ级数据）。

Ⅲ级数据是那些内部格式一致的数据集，一般为格点形式。

此外，为满足大气边界层学研究及其应用需求，还需对观测数据进行整理加工得到一些特征值，例如：

(1)平均量

平均量可以是空间平均或时间平均，需要根据实际需要设定平均尺度，如分钟平均、小时平均、日平均等。在大气边界层研究领域内，经常会用到土壤温度、土壤湿度、大气温度、大气湿度、风速、风向、气压、辐射、颗粒物、大气组分等各物理量的平均值。

(2)湍流特征量

湍流是大气边界层中最受关注的信息。由于湍流的时空尺度跨越较大，因此要捕捉完整的湍流信息必须使用高频采样仪器，现阶段主要以热线风速仪、超声风速仪、大孔径闪烁仪等测量仪器为主。利用这些仪器可获取湍流强度、湍流方差、湍流通量、湍流积分尺度、湍流动能、湍流谱、摩擦速度、对流速度尺度等一系列信息（于贵瑞和孙晓敏，2006）。

(3)大气稳定度特征量

大气边界层范围内，大气稳定度不仅会随时间变化，而且也随空间变化。稳定度特征量与大气边界层中各物理过程的演变息息相关。常用的稳定度特征量有温度梯度、位温梯度、里查森数(Ri)、M-O 长度(L)等。

(4)通量特征量

利用平均量、脉动量的基础测量值，可以计算各种通量值。如水平、垂直方向上的热量通量、水汽通量、动量通量、物质通量，当然也包括，辐射通量、土壤热通量、人为热通量等。这些通量值在辐射收支过程、能量收支过程、热量收支过程、水汽收支过程中都是关键量。此外，还需注意，如果不是平坦、均一下垫面，平均量的通量贡献是不可忽视的。表 13.2 给出了大气边界层领域中，常用的几种通量。

表 13.2 大气边界层范围内平流及湍流通量的测量结果

	平流通量(时间平均)	湍流通量(时间平均)
感热通量	$\rho C_p(\overline{u\theta},\overline{v\theta},\overline{w\theta})$	$\rho c_p(\overline{u'\theta'},\overline{v'\theta'},\overline{w'\theta'})$
水汽通量	$\rho(\overline{uq},\overline{vq},\overline{wq})$	$\rho(\overline{u'q'},\overline{v'q'},\overline{w'q'})$
动量通量	$\rho\begin{bmatrix}\overline{u^2} & \overline{uv} & \overline{uw}\\ \overline{vu} & \overline{v^2} & \overline{vw}\\ \overline{wu} & \overline{wv} & \overline{w^2}\end{bmatrix}$	$\rho\begin{bmatrix}\overline{u'^2} & \overline{u'v'} & \overline{u'w'}\\ \overline{v'u'} & \overline{v'^2} & \overline{v'w'}\\ \overline{w'u'} & \overline{w'v'} & \overline{w'^2}\end{bmatrix}$
物质通量	$\rho(\overline{uc},\overline{vc},\overline{wc})$	$\rho(\overline{u'c'},\overline{v'c'},\overline{w'c'})$

(5)垂直分布特征量

大气边界层具有明显的垂直分层特征,因此可利用飞行平台(升空气球、无人机、飞机、火箭等)搭载各种传感器获取不同物理量的垂直分布特征。常见的垂直廓线有,温度廓线、位温廓线、湿度廓线、风速廓线、风向廓线、颗粒物浓度廓线、臭氧浓度廓线、大气稳定度廓线、辐射廓线等。通过这些廓线可以区分近地层、混合层、卷夹层等特性层,同时还可以获取逆温层特征、逆湿层特征、边界层低空急流、风向随高度转变特征等信息。图 13.6 为 2015 年 1 月 24 日 14 时苏州东山观测站,利用系留气艇观测得到的虚位温、污染物浓度($PM_{2.5}$,PM_{10})、温度、相对湿度、风速的垂直分布廓线。由图 13.6 可见,此次观测中 400 m 以下为典型的混合层,污染物浓度在此范围内分布较为均匀。利用位温梯度法可判断边界层高度约为 450 m。在边界层顶部存在明显的覆盖逆温,逆温强度约有 3 ℃/(100 m),在逆温强抑制作用下,污染物浓度、湿度、风速在此范围内都有明显的跃变。

(6)大气边界层特征高度

利用垂直廓线信息还可以获取不稳定边界层高度(白天)、稳定边界层高度(夜间)、近地层高度、混合层厚度、污染物高度、卷夹层厚度、逆温层高度、粗糙度高度等特征量。

(7)时空变化特征量

在基础数据上,可以对每个变量进行时间和空间的一阶导数计算:

$$\frac{\partial A}{\partial t},\frac{\partial A}{\partial x},\frac{\partial A}{\partial y},\frac{\partial A}{\partial z}$$

以温度为例,$\frac{\partial T}{\partial t}$可以得到温度的随时间变化特征,日变化特征,日较差特征,月变化特征等;$\frac{\partial T}{\partial x}$,$\frac{\partial T}{\partial y}$可以得到温度的水平空间分布特征,诸如城市热岛、绿洲冷岛、海陆温差都是温度水平分布特征的反映;$\frac{\partial T}{\partial z}$可以得到温度的垂直递减率、大气稳定度特征、逆温特征等。

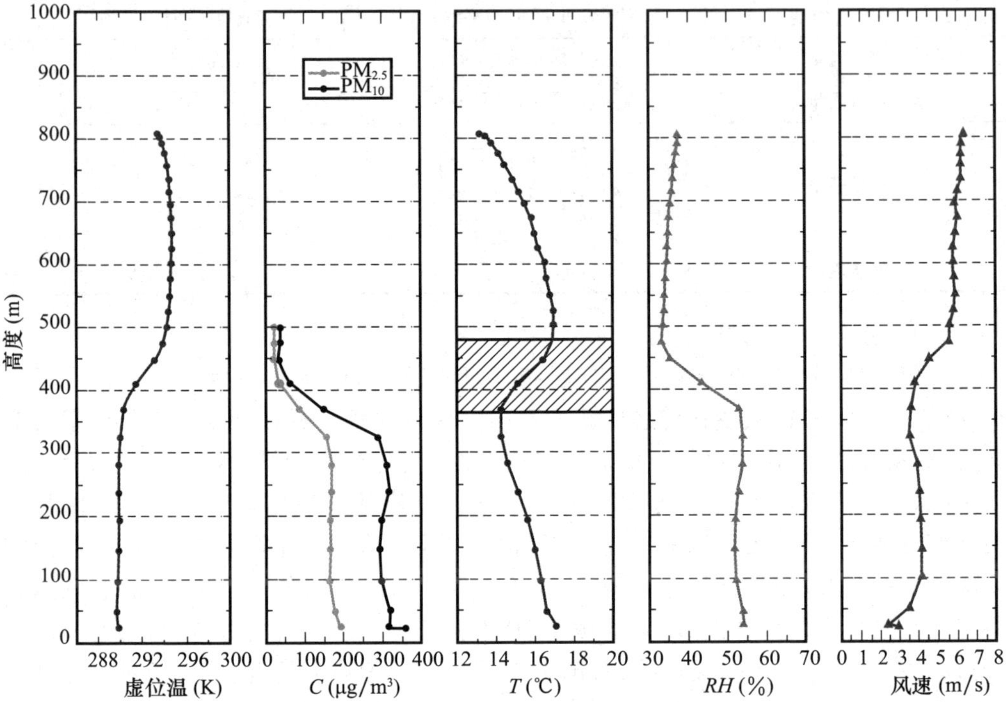

图 13.6　2015 年 1 月 24 日 14 时苏州东山观测站
大气边界层垂直观测结果

13.2.3　数据质量控制

所有的观测数据在使用前，都必须进行质量控制。

观测仪器的使用过程中，总会出现各种的问题，如仪器故障、安装问题、数据传输问题等，获得的观测资料总有一些虚假数据，因此只有对数据的合理性、准确性、代表性、真实性进行评估后才能使用。

现阶段，数据质量控制过程通常包括以下几个步骤：质量控制码筛选，逻辑极值检验、僵值检验、时间一致性检验、相似一致性检验、决策算法和人工干预检验等，具体处理流程如图 13.7。

(1)质量控制码筛选

观测数据从传感器中输出后，每个数据后面都会带一个数据质量控制标识，即质量控制码。该码表示这个数据是否经过设备终端数据质量控制，以及数据的置信度，具体码见表 13.3。数据使用前，应先剔除那些非正常数据。

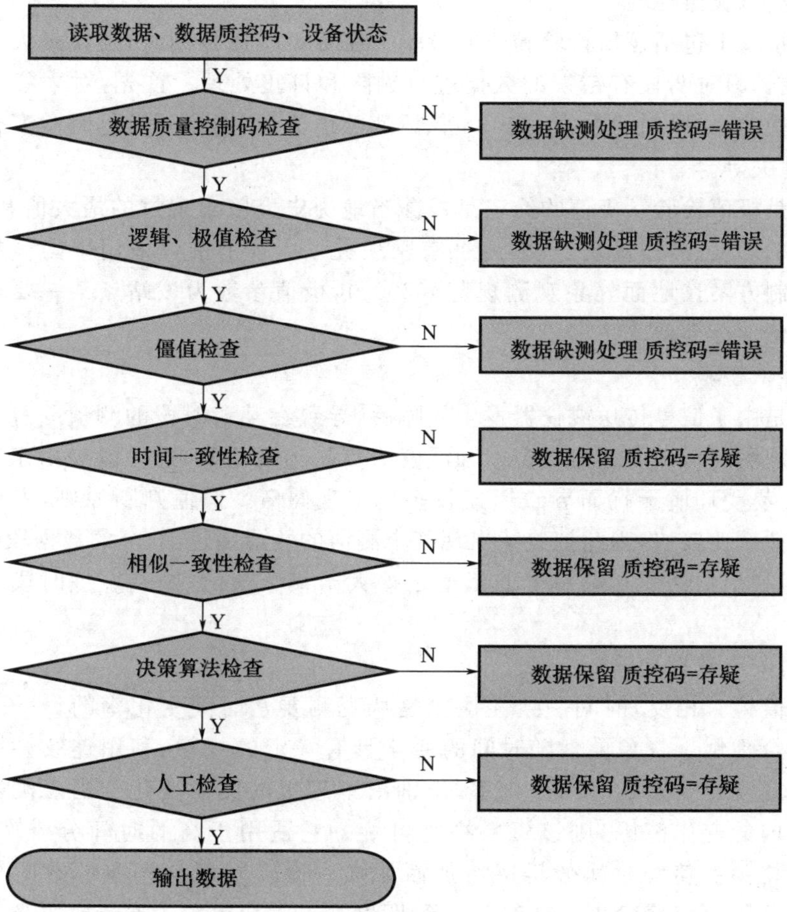

图 13.7　数据质量控制流程图

表 13.3　数据质量控制标识

质量控制码	描述
0	“正确”:数据没有超过给定界限
1	“存疑”:不可信的
2	“错误”:错误数据,已超过给定界限
3	“不一致”:一个或多个参数不一致;不同要素的关系不满足规定的标准
4	“校验过的”:原始数据有问题,后来利用其他检验程序确认为正确的
8	“缺失”:缺失数据
9	“没有检验”:该变量没有经过任何质量控制检验
N	“没有传感器”;无数据。

(2)逻辑、极值检验

这项检验中包括逻辑检验和极值检验。在资料质量控制时，建议最大限度地保护原始资料，只对明显有错误的数据进行剔除和订正处理。首先，对采集到的数据进行逻辑检验，如风向的数值大于 360°、风速数值为负、数据不满足时空变化的连续性、数据遗失等。

其次是极值检验。极值的给定是根据当地历史上曾出现过的最大值和最小值，这与当地的纬度、海拔高度、气候特征有密切关系。本书推荐采用中国气象局使用的质量控制方案，《地面气象观测规范》(2003)，极值参数为该站点某一要素的平均值加减 4 倍的标准差。

(3)僵值检验

僵值是由于信号传送或仪器发生故障后，导致在某一时段的测值一直不变的情形。气象观测资料中风速值较温度和湿度值更易出现僵值，这可能是由于风杯性能不够稳定、易受环境干扰而导致风速较多地出现僵值。僵值判断原则，考虑气象资料的变化频率比较快，因此把连续出现某个测值的数目超过 10 个的数据段判定为僵值。例如，找出的僵值与第一个非僵值之差大于某个阈值，则判定该时段内的值为僵值。

(4)时间一致性检验

与僵值检验相反，时间一致性检验是从观测要素时间变化率的另一个角度检验观测的合理性。气象要素随时间的变化具有一定的规律，利用连续性原理检验观测信息或观测要素的时间变化率，识别出不理想的突然变化。当观测数据超出一定时间内的变化范围，则该资料视为可疑。它适用于高的时间分辨率，因为相邻样本的相关性随着时间分辨率增加而加强。检验判据与样本的时间分辨率有关。此处采用时变检验来实现时间一致性检验。时变检验主要是根据要素在某一时段内可能变化范围判断该要素值的质量，其中风向资料由于变化太大，故不对其做此检验。

(5)相似一致性检验

常规观测中，同一要素往往有几个不同高度的观测值，于是可以在相邻不同层次要素间进行比较，当这两个观测值之差大于给定的判据，则认为数据可疑。相似性检验方法可应用到温度、湿度和风速等要素。如一个 4 层气象塔观测资料，可分为 2 组，即 1 m、2 m 为一组；8 m、18 m 为一组，分别求其差的绝对值 A，然后规定阈值 D，在 $<D$ 范围内标记为 0(可信)，在 D 与 $2D$ 之间标记为 1(怀疑)，$>2D$ 的范围标记为 2(错误)；如果一组中有一个数据没有通过前面的检验，则标记为 8(无法判断)。

(6)决策算法

决策算法是根据前几个步骤，逻辑极值检验、僵值检验、时间一致性检验、相似性检验的质量控制结果，进行的一次数据质量综合判断。

(7)人工检验

完全自动化的质量控制不可能解决所有的数据质量问题，对于一些特殊情况或问题的判断还要辅助以人工检验。有时因中小尺度现象或局地气候，某一观测要素产生较大突变，自动质量控制过程有可能把正确的观测资料误判为可疑或错误的；对似是而非的资料，自动观测质量控制也无法做出决策，这些都需要借助人工干预才能做出最后的判断。同时人工检验过程中，需要了解仪器性能、具有经验的人员来完成。

13.3 观测仪器及平台

13.3.1 观测仪器

常用的大气边界层观测仪器可为两类：一类为慢响应传感器；另一类是快响应传感器。

慢响应传感器是指用于测量温度、湿度、风向、风速等的常规仪器。这类仪器对大气变化的响应较慢，采样多为秒级、分钟级，也就是仪器在采样过程中已平滑了一些快速变化信息，得到的数据值是某时段的平均值。

快速响应传感器主要是用来测量湍流特征量。根据测量结果，可以计算湍流的动能、通量和高阶矩。大气边界层内有些空间尺度小、生命史短的湍涡，因此需要高频采样仪器来测定湍流特征，但这些仪器往往结构复杂、灵敏且造价昂贵。

此外，如果按照探测方法分，观测仪器还可分为直接探测和遥感探测两类仪器。

(1)所谓直接探测，就是探测仪器与被测大气直接接触进行的探测，例如用风杯风速计测量风速的探测方法。这种测量方式的优点是灵敏度高、准确性好、仪器简易、价格便宜、维护方便。缺点是观测仪器会改变观测环境，例如气流穿过风速传感器时会发生变形，测量数据不能真正代表测点上的值。此外，如果要测量大气边界层上部 800 m 高度处风速的时空变化，直接测量仪器的放置、安装、维护也将是一个难点。

现阶段常用的直接探测仪器有：

1)温度测量仪器：金属丝电阻和热敏电阻温度计、石英晶体温度计(由电共振频率变化表征温度变化)等。

2)湿度测量仪器：湿敏电阻温度计等。

3)辐射测量仪器：总辐射表、直接辐射表、净辐射表、短波辐射表、长波辐射表、日照计等。

4)风的测量仪器：风杯风速计、螺旋桨式风速表、压力管式风速表、热线风速仪、三轴风速计等。

(2)所谓遥感探测,又称为间接探测,是指探测仪器与被测大气不直接接触进行的探测。遥感探测又分为主动遥感与被动遥感。主动式是指仪器向目标物发射(声、光、电)信号,并通过接收被目标物散射、吸收或折射后的信号,从中反演目标物特征的方法和技术。被动遥感是指测量仪器只接收目标物自身发射或散射的信号,从中反演目标物特征的方法和技术。遥感测量方法的优点是,不影响观测环境,测量范围较大、资料连续性好。缺点是反演数据的质量会受很多因素影响。

目前,常用的遥感仪器主要有:

1)激光雷达(light detection and ranging,Lidar)意为光探测与测距,是一种主动式光学遥感设备,是传统的无线电雷达向光学频段的延伸。激光的许多特殊性使其能够探测各种大气要素,包括温度、湿度、气流速度、气体成分及其浓度等。自20世纪60年代激光出现仅仅几年后,激光雷达就已开发成功并被用于监测大气中气溶胶与云的光学特性、污染气体浓度廓线、温度廓线、湿度廓线、风廓线等。当前激光雷达可分为米散射(Mie scattering)激光雷达、瑞利散射(Rayleigh scattering)激光雷达、拉曼散射(Raman scattering)激光雷达、差分吸收激光雷达、共振荧光激光雷达以及多普勒测风激光雷达等若干种类。

2)风廓线雷达(Wind Profiler Radar),又被称为风廓线仪,是一种新型测风雷达,它以晴空大气湍流对入射电磁波的散射回波为探测对象,采用多普勒雷达收发技术,通过依次测量垂直波束和东、南、西、北4个倾斜波束上的多普勒速度,来获取垂直速度、水平风场随高度的分布和随时间的变化。此外,该仪器还可提供回波功率、径向速度、速度谱宽、信噪比(signal-to-noise ratio,SNR)、折射率结构常数(C_n^2)等数据。其中,折射率结构常数,可表征湍流脉动动能的强弱,利用该值可推断大气的稳定状况。该仪器具有较高的时间和空间分辨率,已经广泛应用于航空航天、水文水利、大气环境监测和天气预报等方面。

3)声波雷达(sonic detection and ranging,Sodar),发射定向声脉冲并接收其散射回波的装置。声雷达主要用于探测大气边界内的温度、风场及湍流的垂直结构,如层云,逆温和锋面等。声波在大气中的传播速度与大气的温度和风速有关,声雷达定向发射一定频率的强声脉冲,当大气的温度和风速分布不均匀(有脉动)时就会对声波散射,通过分析声音的散射回波强度,就可以判断大气的热力结构和湍流情况。比较发射的声波和声散射回波频率的差异,可以计算风向、风速随时间和高度的变化。由于声波在大气中传播衰减很大,所以声雷达的探测高度受到限制,通常只有几百米左右。

4)微波辐射计(Microwave Radiometer)是一种被动式的微波遥感设备,其本身不发射电磁波,而是通过接收目标物辐射的微波能量来探测其特性。由基尔霍夫热辐射定律可知,当物体温度>0 K时,物体就会向外界辐射电磁能量,且每种物质的辐射特征各不相同。当微波辐射计的天线指向目标物时,天线接收到目标物辐射、目标物散射和传播介质辐射等辐射能量，会引起天线接收端电磁辐射能量的变化。对微波辐射计的接收信号进行反演就可以了解被探测目标的一些物理特性。近年来，该仪器已逐步用于估算大气边界层高度，分析研究边界层内气温、湿度、水汽含量的垂直分布特征。

5)大孔径闪烁仪(Large Aperture Scintillometer，LAS)是目前使用最广泛的闪烁仪类型，一般由发射仪和接收仪两部分组成，两者相隔一定的距离分开放置，安装高度为几米到几十米。接收器接收来自光程路径上大气波动(温度、湿度等)影响后的光束信号，以大气折射率结构常数(C_n^2)来表示大气的湍流强度特征，继而计算观测路径的感热、潜热通量。

此外，还有一些其他常用遥感探测仪器，其工作原理及测量目的见表13.4。

表13.4　大气边界层观测中常使用的遥感仪器设备

仪器系统	工作原理	目的
辐射计	太阳或红外辐射	被动测量辐射通量。朝上观测的仪器用于测量向下通量。朝下观测的仪器用于测量地面发射或反射的辐射。
天气雷达	无线电波	定位并跟踪大气中悬浮物质的移动。可用于获取有关气流、气溶胶、云和降水的信息。
声雷达	声波	测量城市大气中的风场。可用于估计数百米高度内的垂直风廓线和大气湍流状态
微波风廓线仪	微波	测量大气边界层和上方对流层内的风场(包括 u,v,w 三个分量)。可用于估计大气层中的湍流状态
RASS	微波/声波	声雷达和微波风廓线仪的组合。同时测量至少1.5 km内大气中的空气温度和风廓线。
激光雷达	光波(单色激光)	朝上观测的仪器可定位气溶胶和云滴高度。可以用来确定混合层厚度，云底和热逆温高度。一些仪器也可通过跟踪气溶胶的运动监测风和湍流。朝下观测的仪器可获取城市下垫面的高程数据(例如建筑物、树木)。
闪烁仪	光波(单色激光)	测量大气折射率，该物理量的变化是由于湍流运动引起空气温度、湿度波动所致。仪器的水平定向测量可获取城市地区某一水平区域内的平均对流通量值。

13.3.2　观测平台

为实施边界层气象观测并获取具有一定时空分布形式的记录，大气探测系统中有各种形式和不同高度的观测平台(图13.1)，包括有：近地面百叶箱、测杆、气象塔、系留气球或气艇、自由飞行气球、飞机等。另外，在一些特殊地形条件下的边界层观测往往需要特殊设计的观测平台。例如，海上边界层观测用的船舶平台、浮标平台等。

(1)百叶箱：传统的白色百叶箱又叫斯蒂文森百叶箱，在我国被安装在距地面1.5 m高度上可放多种气象测量仪器。百叶箱不但可以保护仪器不受太阳直射，同时也过滤掉了许多小尺度扰动，因此，在百叶箱内只能测量诸如温度、湿度和气压等物理量的平均值，换句话说湍流测量仪器不能放在其中。

(2)测杆：是一根典型高度多在10～50 m之间的长杆。测量仪器可安装在杆上不同高度，且仪器架设简单、花费不高，但测杆高度有限，基本上只用于近地层观测。由于气象要素随高度的变化基本为对数规律，因此测杆底部的仪器密度应大于顶部，安装高度通常为z=0.5 m，1 m，2 m，4 m，8 m，16 m，32 m……

(3)气象塔：气象塔观测为大气边界层各物理量、物理过程的观测提供了可靠的支持条件，所得测量结果也揭示了许多重要的大气边界层现象。铁塔高度通常在50～300 m或更高。塔体可以是专门用作气象观测，亦可以是多用途，如城市的电视塔等。在我国北京设有一座325 m高的气象观测塔。塔上设置15层观测平台，分别为9 m、15 m、32 m、49 m、65 m、80 m、103 m、120 m、140 m、180 m、200 m、240 m、280 m和320 m(洪钟祥，1981)。与其他观测平台相比，气象塔具有如下优点：1)时空同步；2)全天候的实时观测，能够得到海量的观测资料；3)可信度较高，相比卫星、雷达、流动观测车、系留气艇等，气象塔上所测的资料是直接利用各种气象观测仪器所探测的资料，不需要资料反演处理，而且能较好地代表所测地点的特征；4)多用途：除观测风、温、湿等常规气象资料外，根据需要，还可将气象塔发展成一个多样化的观测平台。

(4)系留气艇观测平台，主要包括绞车、气艇、传感器及探测信号的发射接收和处理设备，如图13.8所示。探空仪是系留气艇探测系统的重要组成部分，包括传感器，数据处理器和信号发射器。其主要功能为气象和环境要素的探测，并将探测结果按特定格式通过无线模块发送回地面。拴在地面绞车上充满氦气(或氢气)的气艇，由于其自身浮力大，可作为探测仪器的升空平台。使用过程中可以通过绞车来控制气艇的升降。为了获取统计上的稳定样本，气艇在各个测量高度上应停滞一段时间。系留气艇飞升高度可达1.5～2 km，因此可以测量整个边界层范围内的垂直分布特征，而且可移动。其缺点在于在大风、降水等恶劣天气条件下无法使用(周明煜 等，1982)。

(5)无线电探空系统，是随着探空气球上升，用感应元件直接测量大气压力、温度和相对湿度等物理量的遥测系统，主要由探空仪、地面接收设备组成。探空仪通常由感应元件、转换电路、编码装置、无线电发射机和电源组成；地面设备由接收装置、解码装置、处理装置和输出装置等组成。近年来，随着探空系统的逐步升级，传感器和数据处理器的采样频率可达秒级，大大提高了探测数据的时间分辨率和空间分辨率，为获取高垂直分辨率大气边界层垂直廓线提供了很好的平台。

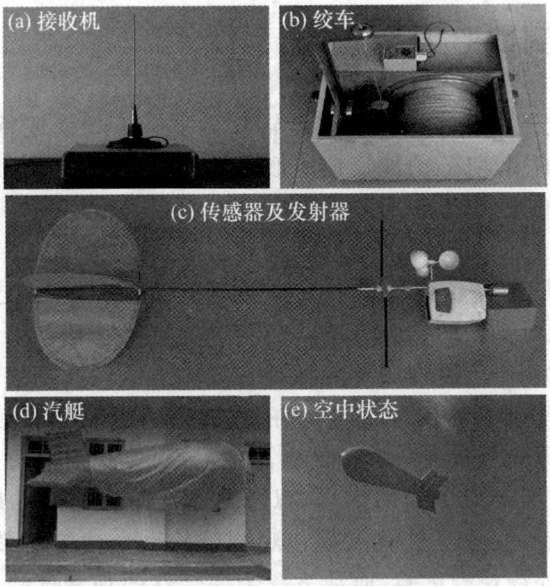

图 13.8　系留气艇探测系统组成部分

(6)飞机平台。现阶段,用于气象观测的飞机主要有以下三大类:1)民航飞机;2)无人机;3)专业飞机。基于飞机平台的探测、监测与遥感测量技术仍是当今科技发展的一项前沿技术。飞机气象观测的项目一般包括:飞机位置和时间、温度、相对湿度、水平风矢量、垂直阵风、湍流扩散率等。飞机不仅可以用于垂直廓线探测又可用于水平面上的往返飞行探测,或用于二者的结合。不同于其他气象观测手段,飞机气象观测的主要目标是探测高空大气状况及气象要素分布,垂直分辨率相对较高,水平分辨率为百米量级,时间分辨为几秒,高于常规观测资料的分辨率。图 13.9a,b 分别为国产 6 旋翼无人机和运-12 改装后的专业气象探测飞机。

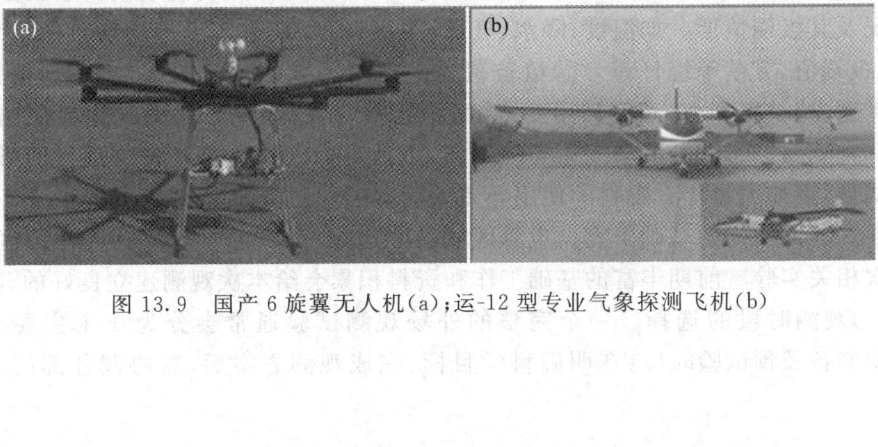

图 13.9　国产 6 旋翼无人机(a);运-12 型专业气象探测飞机(b)

13.4 外场观测试验方案设计

现阶段，大气边界层观测试验研究已转移到复杂下垫面或特殊条件下的探测。例如，水陆交界区、城市地区、山地复杂地形地区、森林、农牧地、沙漠、河谷流域以及贴地面生态系统里的观测试验。在这些下垫面条件下，会发生一些非均匀、非定常的特殊大气边界层过程，对这些过程的认识和了解，尤其需要细致的、强化的大气边界层观测试验。但是在外场观测试验实施之前先要设计和制定一个科学的、完整的、明确的、详细的、可操作的试验方案。

(1)研究背景的调研。事物的发展总有一定的连续性和延续性。任何开创性的工作也都是在已有基础上的提升。同样，在开展大型边界层观测试验前，需要详细地了解这一工作的历史背景与科学背景。其中，历史背景需要通过查阅相关文献资料，详细了解前人开展类似工作的信息，以及与本次观测试验的脉络关系。如何借鉴先前试验中的优点，避免各种缺点是让观测试验事半功倍的最佳方法。此外，现阶段的大气边界层外场观测试验，通常是一个综合性的观测试验，观测目标、观测内容不应该仅局限于本领域，应该是一个多学科、多领域、多维度的一个交叉试验，因此，也需要对观测试验的科学背景进行调研。

(2)科学目标的制定。科学活动目的就是达到人类需求及目标。因此，每次观测试验开始之前应该制定一个明确的科学目标，该目标可以是理论上的目标也可是实践上的目标，用以指导外场观测试验的实施。

(3)科学问题的提出。科学问题是指在完成科学目标之前，需要科学家去解决的那些尚未解决的问题。试验之前需明确此次观测要解决哪些科学问题、如何去解决这些问题。

(4)观测区域的选择。观测区域的选择对解决科学问题，完成科学目标至关重要。观测区域的选择中要重点考察：①观测区的地理状况，包括地形、地貌、地质环境、生态环境等信息。②气候背景，指该区域在某时段内，天气或气候要素的多年平均状况及其极端情形。如温度、降水、气压、土壤湿度、地表温度等物理量的平均值、总量、极端值、方差等统计量。③植被覆盖。观测区域中植被的覆盖类型、覆盖度、植被类型、植被生产力、光能利用率、叶面积指数等，这些要素对大气边界层的外场观测非常重要。④人类活动。人类的生产、生活对大气边界层各种物理量的影响越来越明显，诸如大量化石燃料的使用导致人为热通量已是能量平衡方程中必不可少的一项。⑤试验区的基础研究。观测区域最好选在一个“熟”区，即已经在该区域做过多次相关实验。前期丰富的基础工作和资料积累会给本次观测建立良好的开端。

(5)观测时段的选择。一个完整的外场观测试验通常会分为 4 个主要时段。①试验准备及预试验时段：在明确科学目标、完成观测方案后，需协调各部门、各领域的工作人员及各种观测仪器，在有条件的情况下，集成已有观测资源，测试试验方案可行性。②设备校准时段：为确保观测数据的质量，需要在观测前期对所有观测仪器设备进行比对、标定。③加强观测时段：按照观测试验方案获取准确的、有代表性的、可靠的、详细的、全面的观测资料。④补充观测时段：在加强观测期之后，通过数据整理及初步分析后，针对有问题或有残缺的观测资料进行补充观测。

(6)观测平台、仪器的选择。如前所述边界层范围内可用的观测仪器、观测平台很多，但侧重点各不相同，故在试验开始之前应综合考虑既定的科学目标、要解决的科学问题、试验经费等因素去选择合适的观测平台、观测仪器。此外，还需考虑仪器种类、仪器数量、仪器安装高度、仪器源区域、仪器采样频率等因素。

(7)数据处理及共享。观测试验开始后就要实时或定时收集各种观测资料，包括探空站、地面站、辐射站、自动气象站、卫星、雷达等仪器，此外，还包含很多诸如气候预测分析数据、数值预报数据等。所以，整个观测试验中包含多种类型的数据格式，且数量十分庞大。对收集到的观测资料应及时进行质量控制、计算加工、产品分类，统一格式并建立相应的数据集和数据库。此外，数据开放与数据共享已经是一项必备要求。在我国，为了完善科技资源共享服务体系，推动科技资源向社会开放共享，国务院办公厅在2018年印发了《科学数据管理办法》，明确了数据开放是受政府预算资金资助的研究项目的基本原则。

参考文献

蔡旭晖，2008. 湍流微气象观测的印痕分析方法及其应用拓展[J]. 大气科学，32(1)：123-132.

车军辉，赵平，史茜，等，2021. 大气边界层研究进展[J]. 地球物理学报，64(3)：735-751.

戴永久，曾庆存，1996. 陆面过程研究[J]. 水科学进展，7(S1)：40-53.

洪钟祥，1981. 北京 325 米气象塔的测量系统[M]. 北京：科学出版社.

胡非，洪钟祥，雷孝恩，2003. 大气边界层和大气环境研究进展[J]. 大气科学，27(4)：712-728.

胡隐樵，张强，1993. 论大气边界层的局地相似性[J]. 大气科学，17(1)：10-20.

贾文星，2019. 边界层参数化方案对北京地区污染和清洁天大气边界层气象要素模拟的影响研究[D]. 南京：南京信息工程大学.

蒋维楣，徐玉貌，于洪彬，1994. 边界层气象学基础[M]. 南京：南京大学出版社.

李晓东，1997. 气候物理学引论[M]. 北京：气象出版社.

李旭辉，2018. 边界层气象学基本原理[M]. 北京：科学出版社.

刘红年，刘罡，蒋维楣，等，2004. 关于非均匀下垫面大气边界层研究的讨论[J]. 高原气象，23(3)：412-416.

刘辉志，王雷，杜群，2018. 大气边界层物理研究进展（2012—2017 年）[J]. 大气科学，42(4)：823-832.

刘晓东，田良，2014. 青徽高原地表反射率变化对东亚夏系风影响的数值试验[J]. 高原气象，13(4)：468-472.

刘式达，梁福明，刘式适，2008. 大气湍流[M]. 北京：北京大学出版社.

苗世光，蒋维楣，姚克亚，2001. 对流边界层中高架烟流扩散的大涡模拟研究[J]. 中国科学技术大学学报，31(5)：535-5427.

苗世光，蒋维楣，梁萍，等. 2020. 城市气象研究进展[J]. 气象学报，78(3)：477-499.

桑建国，吴刚，1985. 背风坡流场和浓度场的数值模拟[J]. 大气科学，9(3)：226-233.

盛裴轩，毛节泰，李建国，等，2013. 大气物理学[M]. 北京：北京大学出版社.

宋霞，于贵瑞，刘允芬，等，2004. 开路与闭路涡度相关系统通量观测比较研究[J]. 中国科学：D 辑，34(A02)：67-76.

孙菽芬，2005. 陆面过程的物理、生化机理和参数化模型[M]. 北京：气象出版社.

王成刚，罗峰，王咏薇，等，2016. 高密度建筑群及超高建筑物对风环境影响的风洞试验[J]. 大气科学学报，39(1)：133-139.

王成刚，孙鉴泞，胡非，等，2007. 城市水泥下垫面能量平衡特征的观测与分析[J]. 南京大学学报：自然科学版，43(3)：270-279.

王成刚，孙鉴泞，蒋维楣，2008. 南京地区不同季节水泥下垫面辐射特征的对比分析[J]. 太阳能学报，29(7)：856-861.

徐玉貌,周朝辅,李振华,等,1993. 广州市近地层大气的湍流微结构和谱特征[J]. 大气科学,17(3):338-348.

于贵瑞,孙晓敏,2006. 陆地生态系统通量观测的原理与方法[M]. 北京:高等教育出版社.

余志豪,苗曼倩,蒋全荣,等,2004. 流体力学[M]. 3 版 . 北京:气象出版社 .

张霭琛,等,1990. 东莞地区大气边界层结构:乡镇企业密集地区东莞市大气环境容量和规划研究(第 3、4 子课题)[Z].

张宏昇,张小曳,李倩惠,等,2020. 大气边界层高度确定及应用研究进展[J]. 气象学报,78(3):522-536.

张宏昇,2014. 大气湍流基础[M]. 北京:北京大学出版社.

张兆顺,崔桂香,许春晓,2008. 湍流大涡数值模拟的理论和应用[M]. 北京:清华大学出版社.

张强,2003. 大气边界层气象学研究综述[J]. 干旱气象,21(3):74-78.

赵鸣,苗曼倩,王彦昌,1991. 边界层气象学教程[M]. 北京:气象出版社.

赵鸣,2006. 大气边界层动力学[M]. 北京:高等教育出版社.

中国气象局,2003. 地面气象观测规范[M]. 北京:气象出版社.

周明煜,曲绍厚,王世铮,等,1982. 小型系留气艇探测系统[J]. 科学通报,27(24):1509-1509.

周培源,1940. 关于 Reynolds 求似应力方法的推广和湍流的性质[J]. 中国物理学报,4:1-33.

左志燕,张人禾,2007. 中国东部夏季降水与春季土壤湿度的联系[J]. 科学通报,2(14):1722-1724.

左志燕,张人禾,2008. 中国东部春季土壤湿度的时空变化待征[J]. 中国科学:地球科学,38(11):1428-1437.

AISENSHTAT B A, 1966. Investigations on the heat budget of Central Asia[J]. Sowremennye Problemy Klimatologii, Leningrad, 83-129.

ANDRE J C, DE MOOR G, LACARRERE P, et al, 1978. Modelling the 24-hour evolution of the mean and turbulent structures in the planetary boundary layer[J]. Journal of Atmospheric Sciences, 35(10): 1861-1883.

ANGEVINE W M, JIANG H, MAURITSEN T, 2010. Performance of an eddy diffusivity-mass flux scheme for shallow cumulus boundary layers[J]. Monthly Weather Review, 138(7): 2895-2912.

ANSORGE C, MELLADO J P, 2014. Global intermittency and collapsing turbulence in the stratified planetary boundary layer[J]. Boundary-Layer Meteorology, 153(1): 89-116.

ARYA S P, 2001. Introduction to Micrometeorology [M]. San Diego: Academic Press.

BATCHELOR G K, TOWNSENDA A, 1949. The nature of turbulent motion at large wave-numbers[J]. Proceedings of the Royal Society of London. Series A. Mathematical and Physical Sciences, 199(1057): 238-255.

BEAN B R, REPOFF T P, 1983. A study of turbulent energy over complex terrain(STATE, 1978)[J]. Boundary-Layer Meteorology, 25(1): 17-23.

BELCHER S E, 2005. Mixing and transport in urban areas[J]. Philosophical Transactions of the Royal Society A: Mathematical, Physical and Engineering Sciences, 363(1837): 2947-2968.

BJERKNES V, 1904. Das problem der wettervorhersage, betrachtet vom standpunkte der mechanik und der physik, translation by y. mintz: The problem of weather forecasting as a problem in mechanics and physics. Los Angeles,1954[J]. Meteor Zeit,21:1-7.

BLACKADAR A K,1962. The vertical distribution of wind and turbulent exchange in a neutra latmosphere[J]. Journal of Geophysical Research,67(8):3095-3102.

BLACKADAR A K,1978. Modeling pollutant transfer during daytime convection[C]//Preprints Fourth Symposium on Atmospheric Turbulence,Diffusion and Air Quality. Reno Amer Met Soc Amer Met Soc,443-447.

BONAN G B,2008. Forests and climate change:forcings,feedbacks,and the climate benefits of forests[J]. Science,320(5882):1444-1449.

BOUGEAULT P,LACARRERE P,1989. Parameterization of orography-induced turbulence in a Mesobeta-Scale Mode[J]. Monthly Weather Review,117(8):1872-1890.

BOUSSINESQ J,1897. Théorie de l'écoulement tourbillonnant et tumultueux des liquides dans les lits rectilignes a grande section[M]. Paris:Gauthier-Villars.

BRADLEY E F,1968. A micrometeorological study of velocity profiles and surface drag in the region modified by a change of surface roughness[J]. Quarterly Journal of the Royal Meteorological Society,94(401):361-379.

BRETHERTON C S,PARK S,2009. A new moist turbulence parameterization in the community atmosphere model[J]. Journal of Climate,22(12):3422-3448.

BROXTON P D,ZENG X,SULLA-MENASHE D,et al,2014. A global land cover climatology using MODIS data[J]. Journal of Applied Meteorology and Climatology,53(6):1593-1605.

BUDYKO M I,1956. Heat Balance at the Earth's Surface[M]. Russia Leningrad:Gidrometeoizdat.

BUDYKO M I,1974. Climate and Life[M]. New York:Academic Press.

BUSINGER J A,WYNGAARD J C,IZUMI Y,et al,1971. Flux-profile relationship in the atmospheric surface layer[J]. Journal of the Atmospheric Sciences,28(2):181-189.

CAUGHEY S J,WYNGAARD J C,KAIMAL J C,1979. Turbulence in thecvolving stable boundary layer[J]. Journal of the Atmospheric Sciences,36(6):1041-1052.

DAI C, WANG Q, KALOGIROS J A, et al, 2014. Determining boundary—layer height from aircraft measurements[J]. Boundary Layer Meteorology, 152(3):277-302.

CHARNEY J G,1975. Dynamics of deserts and drought in the Sahel[J]. Quarterly Journal of the Royal Meteorological Society,101(428):193-202.

CHEN F,BARLAGE M,TEWARI M,et al,2014. Modeling seasonal snowpack evolution in the complex terrain and forested Colorado Headwaters region:A model inter-comparison study[J]. Journal of Geophysical Research:Atmospheres,119(24):13,795-13,819.

CURRY M J,MURTY R C,1974. Thunderstorm-Generated Gravity Waves[J]. Journal of the ATmospheric Sciences,31(5):1402-1408.

DEARDORFF J W,1972. Numerical investigation of neutral and unstable planetary boundary layers [J]. Journal of the Atmospheric Sciences,29(1):91-115.

DEARDORFF J W,1974. Three-dimensional numerical study of turbulence in an entraining mixed layer[J]. Boundary-Layer meteorology,7(2):199-226.

DEARDORFF J W,1978. Efficient prediction of ground surface temperature and moisture,with inclusion of a layer of vegetation[J]. Journal of Geophysical Research:Oceans,83(C4):1889-1903.

DEARDORFF J W,WILLIS G E,1985. Further results from a laboratory model of the convective planetary boundary layer[J]. Boundary-Layer Meteorology,32(3):205-236.

DICKINSON R E,1984. Modeling evapotranspiration for three-dimensional global climate models [J]. Climate Processes and Climate Sensitivity,29:58-72.

DICKINSON R E,HENDERSON S A,KENNEDY P J,et al. 1986. Biosphere-Atmosphere Tansfer Scheme(BATs)for the NCAR Community Climate Model[R]. NCAR Techn Note 275+STR.

DICKINSON R E, HENDERSON S A, KENNEDY P J, 1993. Biosphere Atmosphere Tansfer Scheme(BATs) Version le as coupled to the NCAR Commumity Climate Model[R]. NCAR Techn Note 378+STR.

DYER A J,BRADLEY E F,1982. An alternative analysis of flux-gradient relationships at the 1976 ITCE[J]. Boundary-Layer Meteorology,22:3-19.

EKMAN V W,1905. On the influence of the earth's rotation on ocean-currents[J]. Arkiv Mat Astron Fysik,2(11):1-53.

ESTOQUE M A,1963. A numerical model of the atmospheric boundary layer[J]. Journal of Geophysical Research,68(4):1103-1113.

FEDOROVICH E,GIBBS J A,SHAPIRO A,2017. Numerical study of nocturnal low-level jets over gently sloping terrain[J]. Journal of the Atmospheric Sciences,74(9):2813-2834.

FERGUSON G,WOODBURY A D,2007. Urban heat island in the subsurface[J]. Geophysical Research Letters,34(23):L23713.

FEYNMAN R,1967. The Character of Physical Law [M]. London:Cox and Wyman Ltd.

FOKENT,2008. Micrometeorology[M]. Berlin Heidelberg:Springer-Verlag.

GARCIA J R,MELLADO J P,2014. The two-layer structure of the entrainment zone in the convective boundary layer[J]. Journal of the Atmospheric Sciences,71(6):1935-1955.

GARRATT J R,1992. The Atmospheric Boundary Layer[M]. Cambridge: Cambridge University Press.

GERMANO M,PIOMELLI U,MOIN P,et al,1991. A dynamic subgrid-scale eddy viscosity model [J]. Physics of Fluids A:Fluid Dynamics,3(7):1760-1765.

GRENIER H,BRETHERTON C S,2001. A moist PBL parameterization for large-scale models and its application to subtropical cloud-topped marine boundary layers[J]. Monthly Weather Review, 129(3):357-377.

HELGANS B,RICHTER D H,2016. Turbulent latent and sensible heat transfer in the presence of evaporative droplets[J]. International Journal of Multiphase Flow,78:1-11.

HERWEHE J A,2015. A numerical study of the effects of large eddies on trace gas measurements and photochemistry in the convective boundary layer[J]. J Eng Gas Turbines Power,136(1): 011502-011511.

HINZE J O,1975. Turbulence,An Introduction to It's Mechanism and Theory[M]. 2 edition. New

York: McGraw-Hill.

HOGSTROM U, 1988. Non-dimcnsional wind and temperature profiles[J]. Boundary-Layer Met, 42: 55-78.

HOLTSLAG A A M, BOVILLE B A, 1993. Local versus nonlocal boundary layer diffusion in a global climate model[J]. Journal of Climate, 6(10): 1825-1842.

HONG S Y, NOH Y, DUDHIA J, 2006. A new vertical diffusion package with an explicit treatment of entrainment processes[J]. Monthly Weather Review, 134(9): 2318-2341.

HONG S Y, PAN H L, 2006. Nonlocal boundary layer vertical diffusion in a medium-range forecast model[J]. Monthly Weather Review, 124(10): 2322-2339.

HUANG Y, MENG Z, LI W, et al, 2019. General features of radar-observed boundary layer convergence lines and their associated convection over a sharp vegetation-contrast area[J]. Geophysical Research Letters, 46(5): 2865-2873.

HUNT J C R, RICHARDS K J, BRIGHTON P W M, 1988. Stably stratified shear flow over low hills[J]. Quarterly Journal of the Royal Meteorological Society, 114(482): 859-886.

HYUN Y K, KIM K E, HA K J. 2005. A comparison of methods to estimate the height of stable boundary layer over a temperature grassland[J]. Agricultural and Forest Meteorology, 132(1—2): 132-1420.

JACKSON P S, HUNT J C R, 1975. Turbulent wind flow over a low hill[J]. Quarterly Journal of the Royal Meteorological Society, 101(430): 929-955.

JANJIC Z I, 1994. The step-mountain eta coordinate model: Further developments of the convection, viscous sublayer, and turbulence closure schemes[J]. Monthly Weather Review, 122(5): 927-945.

JENSEN N O, 1978. Change of surface roughness and the planetary boundary layer[J]. Quarterly Journal of the Royal Meteorological Society, 104(440): 351-356.

JONKER H JJ, VAN REEUWIJK M, SULLIVAN P P, et al, 2013. On the scaling of shear-driven entrainment: a DNS study[J]. Journal of Fluid Mechanics, 732: 150-165.

KAIMAI J C, BUSINGER J A, 1970. Case studies of a convective plume and a dust devil[J]. Journal of Applied Meteorology and Climatology, 9(4): 612-620.

KAIMAL J C, FINNIGAN JJ, 1994. Atmospheric Boundary Layer Flows: Their Structure and Measurement [M]. New York and Oxford: Oxford University Press.

KAIMAL J C, WYNGAARD J C J, IZUMI Y, et al, 1972. Spectral characteristics of surface-layer turbulence[J]. Quarterly Journal of the Royal Meteorological Society, 98(417): 563-589.

KALLISTRATOVA M, KOUZNETSOV R D, KUZNETSOV DD, et al, 2009. Summertime low-level jet characteristics measured by sodars over rural and urban areas [J]. Meteorologische Zeitschrift, 18(3): 289-295.

KARMAN D T, HOWARTH L, 1938. On the statistical theory of isotropic turbulence[J]. Proceedings of the Royal Society of London, Series A-Mathematical and Physical Sciences, 164(917): 192-215.

KIEHL J T, TRENBERTH K E, 1997. Earth's annual global mean energy budget[J]. Bulletin of the American Meteorological Society,78(2):197-208.

KLINE S J,REYNOLDS W C,SCHRAUB F A,et al,1967. The structure of turbulent boundary layers[J]. Journal of Fluid Mechanics,30(4):741-773.

KOKHANENKO G,TERPUGOVA S,2014. Relationship of spatial structure of aerosol and humidity during passage of the internal gravity wave[C]//Proceedings of SPIE—The International Society for Optical Engineering. 9292. 10. 1117/12. 2075503.

KOLMOGOROV A N,1941. The local structure of turbulence in incompressible viscous fluid for very large Reynolds number[J]. Dokl Akad Naud SSSR,30:301-305.

LAWRENCE P J,CHASE T N,2010. Investigating the climate impacts of global land cover change in the community climate system model[J]. International Journal of Climatology,30(13):2066-2087.

LENSCHOW D H,1990. 大气边界层探测[M]. 周秀骥,译. 北京:气象出版社.

LENSCHOW D H,STANKOV BB,1986. Length scales in the convective boundary layer[J]. Journal of Atmospheric Sciences,43(12):1198-1209.

LOPEZ-VILLALOBOS C A, RODRIGUEZ-HERNANDEZ O, CAMPOS-AMEZCUA R, et al, 2018. Wind turbulence intensity at La Ventosa,Mexico:a comparative study with the IEC61400 standards[J]. Energies,11(11):3007.

LORENZ E N,1963. Deterministic nonperiodic flow[J]. Journal of the Atmospheric Sciences,20(2):130-141.

MAHRT L,1982. Momentum balance of gravity flows[J]. Journal of the Atmospheric Sciences,39(12):2701-2711.

MAHRT L,1985. Vertical structure and turbulence in the very stable boundary layer[J]. Journal of the Atmospheric Sciences,42(22):2333-2349.

MAHRT L,PAUMIER J,1984. Heat transport in the atmospheric boundarylayer[J]. Journal of the Atmospheric Sciences,41(21):3061-3075.

MANABE S,1969. Climate and the ocean circulation:I. The atmospheric circulation and the hydrology of the earth'ssurface[J]. Monthly Weather Review,97(11):739-774.

MANABE S,DELWORTH T,1990. The temporal variability of soil wetness and its impact on climate[J]. Climatic Change,16(2):185-192.

MELLADO J P,2017. Cloud-top entrainment in stratocumulus clouds[J]. Annu Rev Fluid Mech,49:145-169.

MERONEY R N,1982. Turbulent Diffusion Near buildings[M]// Plate E,ed. Engineering Meteorology. Amsterdam:Elsevier Scientific Publishing Co:481-525.

MONIN A S,OBUKHOV A M,1954. Basic laws of turbulent mixing in the atmospheric near the ground[J]. Akad Naud SSSR Geofiz Inst,24(151):163-187.

NAKANISHI M,NIINO H,2006. An improved mellor-yamada level-3 model:its numerical stability and application to a regional prediction of advection fog[J]. Boundary-Layer Meteorology,119(2):397-407.

NIKURADSE J, 1933. Str? mungsgesetze in rauhen Rohren[M]// Forschungsarbeiten aus dem Gebiete des Ingenieurwesens. German, Berlin: VDI—Verlag: 361. OKE T R,1982. The energetic basis of the urban heat island[J]. Quarterly Journal of the Royal Meteorological Society, 108 (455):1-24.

OKE T R,1984. Methods in urban climatology[J]. Applied Climatology,14(18):19-29.

OKE T R,1988. Street design and urban canopy layer climate[J]. Energy and Buildings,11(1-3): 103-113.

OKE T R,1989. The micrometeorology of the urban forest[J]. Philosophical Transactions of the Royal Society,Series B,324(1223):335-351.

OKE T R,1997. Urban Environments[M]// edited by:Bailey W G,Oke T R,Rouse W R. The surface climates of Canada. Montreal:McGill - Queen's University Press:303-327.

OKE T R,EAST C,1971. The urban boundary layer in Montreal[J]. Boundary-Layer Meteorology, 1(4):411-437.

OKE T R,et al,2020. 城市气候[M]. 苗世光,等,译. 北京:气象出版社.

ORLANSKI I,1975. A rational subdivision of scales for atmospheric processes[J]. Bulletin of the American Meteorological Society,56:527-530.

ORSZAG S A,PATTERSON G SJr,1972. Numerical simulation of three-dimensional homogeneous isotropic turbulence[J]. Physical Review Letters,28(2):76-79.

PANOFSKY H A, DUTTON J A, 1984. Atmospheric Turbulence[M]. New York: J Wiley and Sons.

PANOFSKY H A,TENNEKES H,LENSCHOW D H,et al,1977. The characteristics of turbulent velocity components in the surface layer under convective conditions[J]. Boundary-Layer Meteorology,11(3):355-361.

PANOFSKY H A,TOWNSENDA A,1964. Change of terrain roughness and the wind profile[J]. Quarterly Journal of the Royal Meteorological Society,90(384):147-155.

PLEIM J E,2007. A combined local and nonlocal closure model for the atmospheric boundary layer. Part II:application and evaluation in a mesoscale meterorological model[J]. Journal of Applied Meteorology and Climatologyol Climatol,46(9):1396-1409.

PRANDTL L,1904. Über Flussigkeitsbewegung bei sehr kleiner Reibung[J]. Verhandlungen des 3 Internationalen Mathematiker-Kongresses Heidelberg,Teubner,Leipzig,S,484-491.

PRANDTL L,1925. Bericht über Untersuchungen zur ausgebildeten Turbulenz[J]. ZAMM-Journal of Applied Mathematics and Mechanics/Zeitschrift für Angewandte Mathematik und Mechanik, 5(2):136-139.

PRIESTLEY C H B,1959. Turbulent Transfer in the Lower Atmosphere[M]. Chicago: University of Chicago Press.

RAO K S,WYNGAARD J C,COTÉ O R,1974. The structure of two-dimensional internal boundary layer over a sudden change of surface roughness[J]. Journal of the Atmospheric Sciences,31(3): 738-746.

REYNOLDS O,1883. An experimental investigation of the circumstances which determine whether the motion of water shall be direct or sinuous,and of the law of resistance in parallel channels[J]. Philosophical Transactions of the Royal society of London,174:935-982.

RICHARDSON L F,1922. Weather Prediction by Numerical Process[M]. Cambridge:Cambridge University Press.

ROBERTS S M,OKE T R,GRIMMOND C S B,et al,2006. Comparison of four methods toestimate urban heat storage[J]. Jourmnal of Applied Meteorology and Climatology,45:1766-1781.

ROTH M,1993. Turbulent transfer relationships over an urban surface. Ⅱ:Integral statistics[J]. Quarterly Journal of the Royal Meteorological Society,119(513):1105-1120.

RUELLE D,TAKENS F,1971. On the nature of turbulence[J]. Les Rencontres Physiciens- Mathematiciens de Strasbourg-RCP25,12:1-44.

SAILOR D J,LU L,2004. A top-down methodology for developing diurnal and seasonal anthropogenic heating profiles for urban areas[J]. Atmospheric Environment,38(17):2737-2748.

SCHOLS J L J,1984. The detection and measurement of turbulent structures in the atmospheric surfacelayer[J]. Boundary-Layer Meteorology,29(1):39-58.

SCHOLS J L J,JANSENA E,KROM J G,1985. Characteristics of turbulent structures in the unstable atmospheric surface layer[J]. Boundary-Layer Meteorology,33(2):173-196.

SCHOLS J L J,WARTENA L,1986. A dynamical description of turbulent structures in the near neutral atmospheric surface layer:the role of static pressure fluctuations[J]. Boundary-Layer Meteorology,34(1):1-15.

SELLERS P J,1992. Biophysical models of land surface processes[J]. Climate System Modeling,1992:451-490.

SELLERS P J,MINTZ Y,SUD Y C,et al,1986. A simple biosphere model(SIB)for use within general circulation models[J]. Journal of the Atmospheric Sciences,43(6):505-531.

SELLERS P J,RANDALL D A,COLLATZ G J,et al,1996. A revised land surface parameterization (SiB2)for atmospheric GCMs. Part I:Model formulation[J]. Journal of Climate,9(4):676-705.

SHAH S K,BOU-ZEID E,2014. Direct numerical simulations of turbulent Ekman layers with increasing static stability:modifications to the bulk structure and second-order statistics[J]. Journal of Fluid Mechanics,760:494-539.

SHAPIRO A,FEDOROVICH E,2008. Coriolis effects in homogeneous and inhomogeneous katabatic flows[J]. Quarterly Journal of the Royal Meteorological Society,134(631):353-370.

SHIN H H,HONG S Y,2011. Intercomparison of planetary Boundary-Layer parameterizations in the WRF model for a single day from CASES-99[J]. Boundary-Layer Meteorology,139(2):261-281.

SHIN H H,HONG S Y,2015. Representation of the subgrid-scale turbulent transport in convective boundary layers at gray-zone resolutions[J]. Monthly Weather Review,143(1):250-271.

SHUKLA J,MINTZ Y,1982. Influence of land-surface evapotranspiration on the earth's climate [J]. Science,215(4539):1498-1501.

SMAGORINSKY J,1963. General circulation experiments with the primitive equation[J]. Monthly Weather Review,91(3):99-165,

SOMMERIA G,1976. Three-dimensional simulation of turbulent processes in an undisturbed trade-wind boundary layer[J]. Journal of the Atmospheric Sciences,33(2):216-241.

STEWART I D,OKE T R,2012. Local Climate Zones for urban temperature studies[J]. Bulletin of the American Meteorological Society,93(12):1879-1900.

STULL R B,1983. Integral Scales for the Nocturnal Boundary Layer. Part II: Heat Budget,Transport and Energy Implications [J]. Journal of Climate and Applied Meteorology, 22 (11): 1932-1941.

STULL R B,1991. 边界层气象学导论[M]. 徐静琦,杨殿荣,译. 青岛:青岛海洋大学出版社.

SUKORIANSKY S,GALPERIN B,STAROSELSKY I,2005. A quasinormal scale elimination model of turbulent flows with stable stratification[J]. Physics of Fluids,17(8):376-381.

TAYLOR G I,1915. Eddy motion in the atmosphere[J]. Philosophical Transactions of the Royal Society of London,215(523-537):1-26.

TAYLOR G I,1935. Statistical theory of turbulence-II[J]. Proceedings of the Royal Society of London,151(873):444-454.

TAYLOR P A,MASON P J,BRADLEY E F,1987. Boundary-Layer flow over low hills[J]. Boundary-Layer Meteorology,39(1):107-132.

VAN DE WIEL B J H,MOENE A F,STEENEVELD G J,et al,2010. A conceptual view on inertial oscillations and nocturnal low-level jets [J]. Journal of the Atmospheric Sciences, 67 (8): 2679-2689.

VAN DER HOVEN I,1957. Power spectrum of horizontal wind speed in the frequency range from 0.0007 to 900 cycles per hour[J]. Journal of the Atmospheric Sciences,14(2):160-164.

VITOUSEK P M,MOONEY H A,LUBCHENCO J,et al,1997. Human domination of Earth's ecosystems[J]. Science,277(5325):494-499.

VON KÁRMÁN T,1931. Mechanische Ähnlichkeit und Turbulenz[C]//Proc Third Int Congress on Applied Mechanics. Sweden,Stockholm,1:85-93.

WILCZAK J M,BUSINGER J A,1983. Thermally indirect motions in the convective atmospheric boundary layer[J]. Journal of the Atmospheric Sciences,40(2):343-358.

WILDE N P,STULL R B,ELORANTA E W,1985. The LCL zone and cumulus onset[J]. Journal of Applied Meteorology and Climatology,24(7):640-657.

WILLIS G E,DEARDORFF J W,1976. On the use of Taylor's translation hypothesis for diffusion in the mixed layer[J]. Quarterly Journal of the Royal Meteorological Society,102(434):817-822.

WOODS J D,1969. On Richardson's number as a criterion for laminar-turbulent-laminar transition in the ocean and atmosphere[J]. Radio Science,4(12):1289-1298.

WYNGAARD J C, 1990. Scalar fluxes in the planetary boundary layer—Theory, modeling, and measurement[J]. Boundary-Layer Meteorology,50(1):49-75.

YAKHOT A,LIU H,NIKITIN N,2006. Turbulent flow around a wall-mounted cube:A direct numerical simulation[J]. International Journal of Heat and Fluid Flow,27(6):994-1009.

YAMADA T, MELLOR G, 1975. A simulation of the Wangara atmospheric boundary layer data [J]. Journal of the Atmospheric Sciences,32(12):2309-2329.

ZHANG D L,ZHANG S,WEAVER S J,2009. Low-Level Jets over the Mid-Atlantic States: Warm-Season Climatology and a Case Study[J]. Journal of Applied Meteorology and Climatology, 45 (1):194-209.

ZHANG H S,CHEN J Y,ZHANG A C,et al,1993. An Experiment and The Results on Flux-Gradient Relationships in The Atmospheric Surface Over Gobi Desert Surface[C]//Proceedings of International Symposium on HEIFE. Kyoto,Japan N-12:349-362.

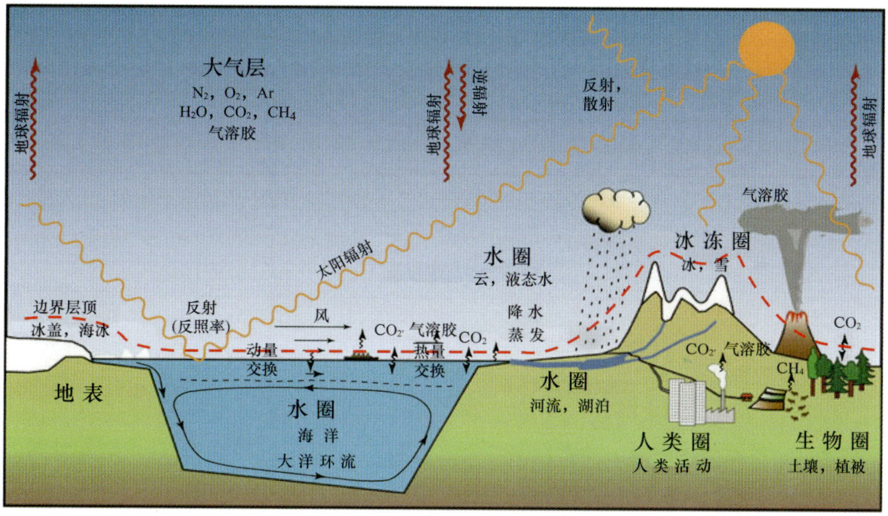

图 4.1　复杂下垫面对大气边界层的影响

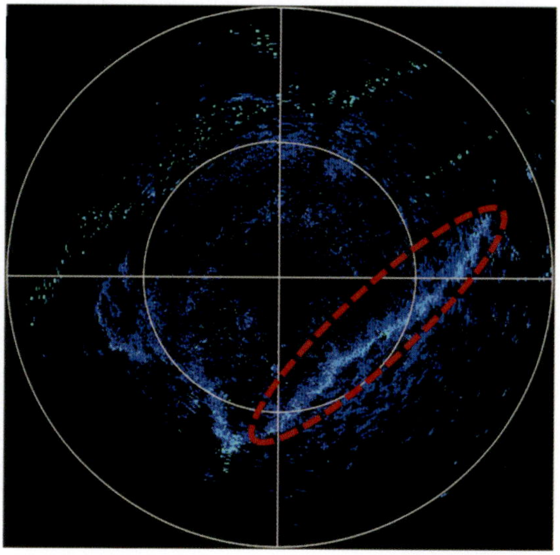

图 6.6　2013 年 6 月 4 日内蒙古临河多普勒雷达观测到的地面辐合线(Huang et al.,2019)

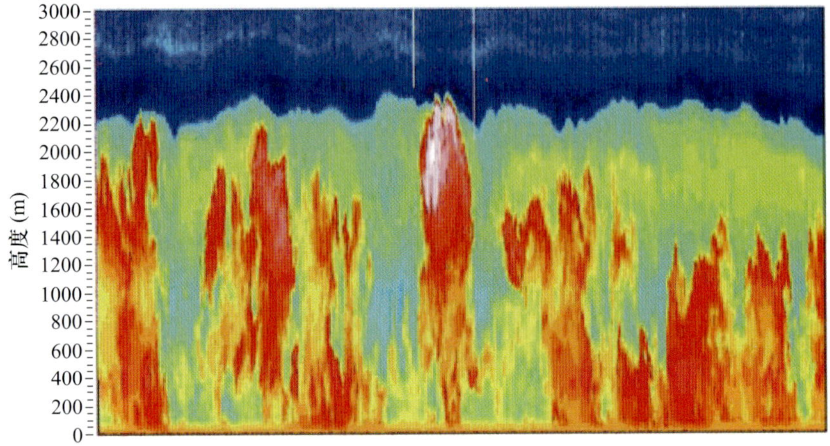

图 6.12　图中亮区为对流羽上升过程中携带的气溶胶高浓度区
（Kokhanenko 和 Terpugova,2014）

图 6.15　覆盖逆温层对污染的阻挡作用

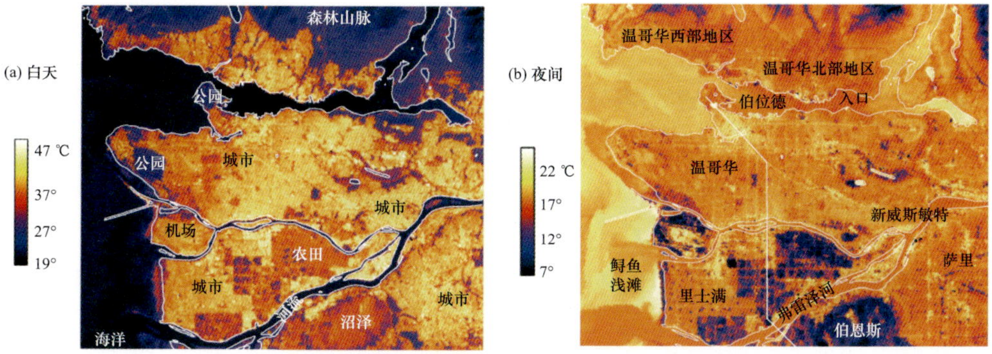

图 11.11　加拿大温哥华地表亮温的热成像图(Oke et al.,2020)

(a)日间:2010 年 9 月 3 日 12 时 24 分;(b)夜间:2008 年 7 月 15 日 23 时 10 分

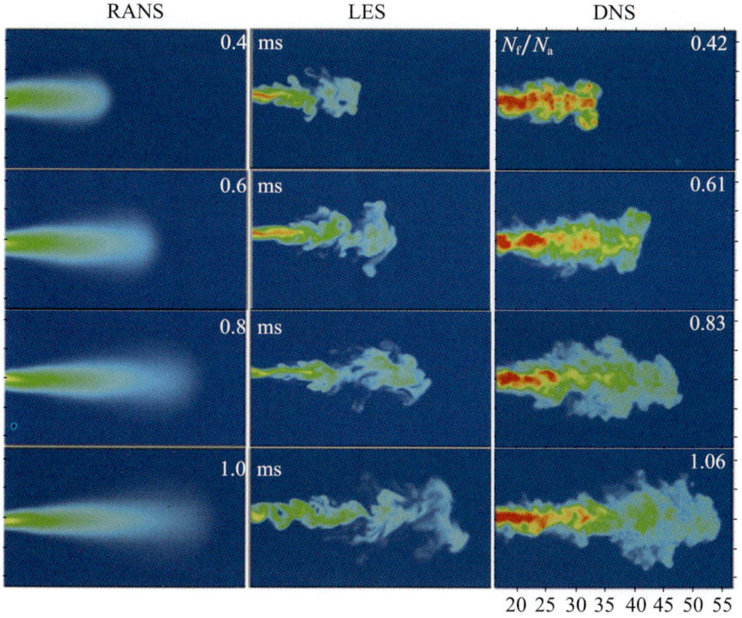

图 12.6　三种模式对同一个气流喷射过程的一个模拟对比

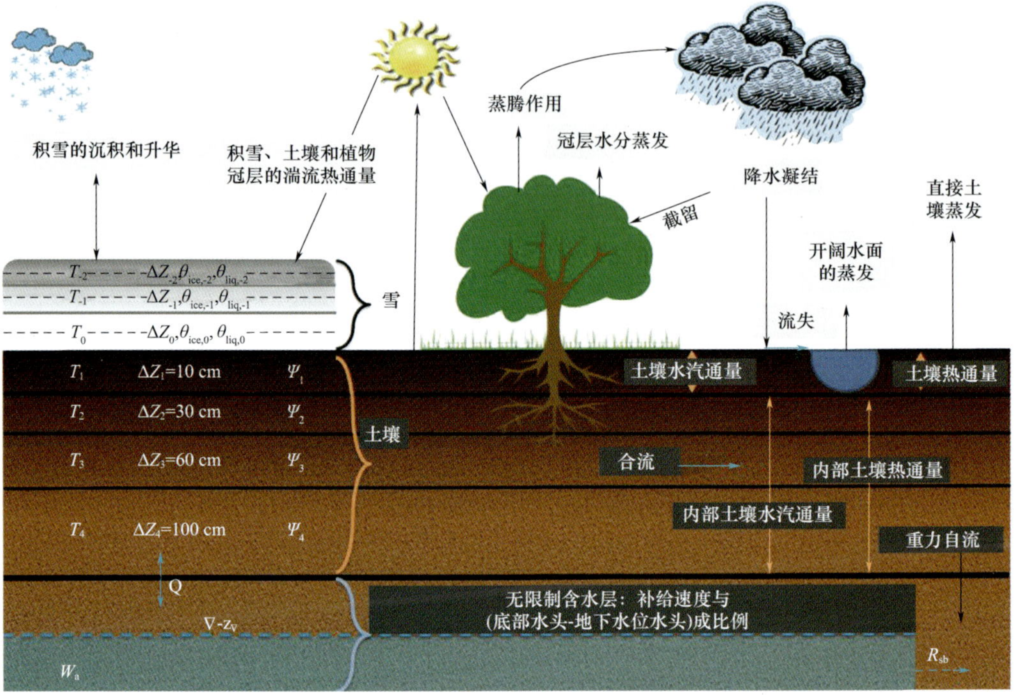

图 12.8　第二代陆面过程模式土壤-植被-大气系统的水热交换过程示意图

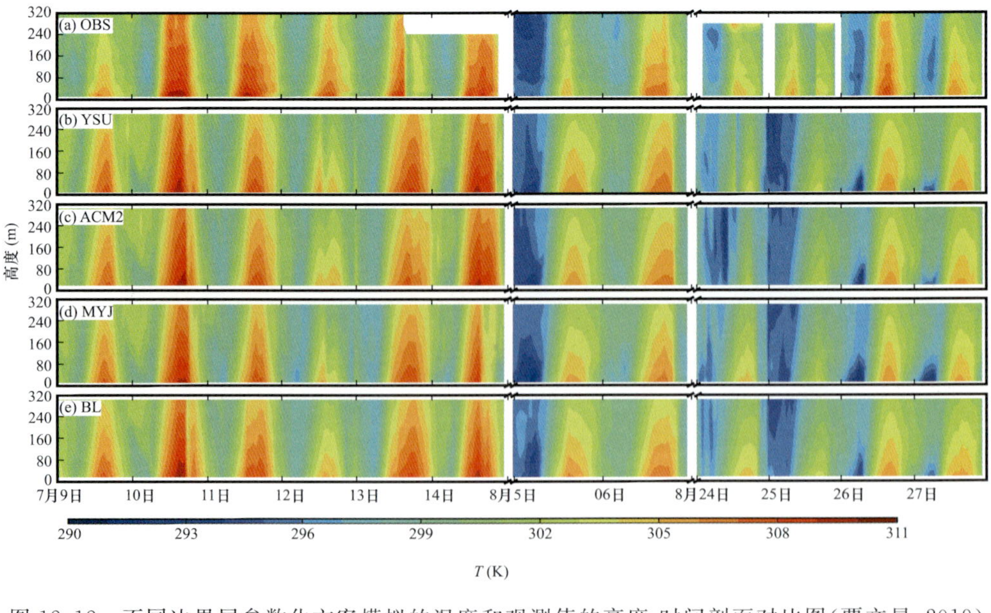

图 12.12　不同边界层参数化方案模拟的温度和观测值的高度-时间剖面对比图(贾文星，2019)